| 제4판 |

생명과학을 위한 수학 I

– 연속모형을 중심으로

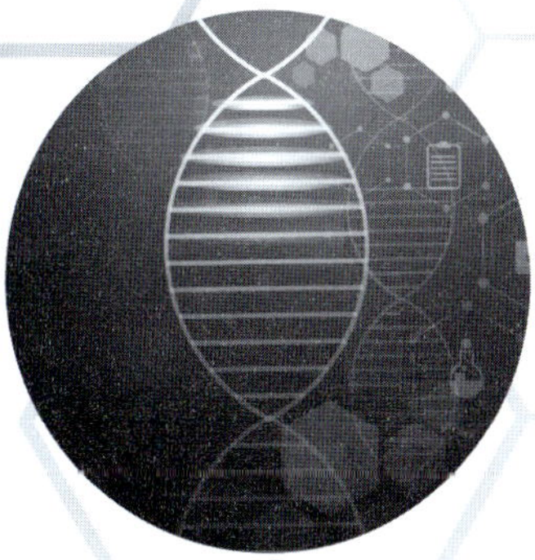

강혜정 지음

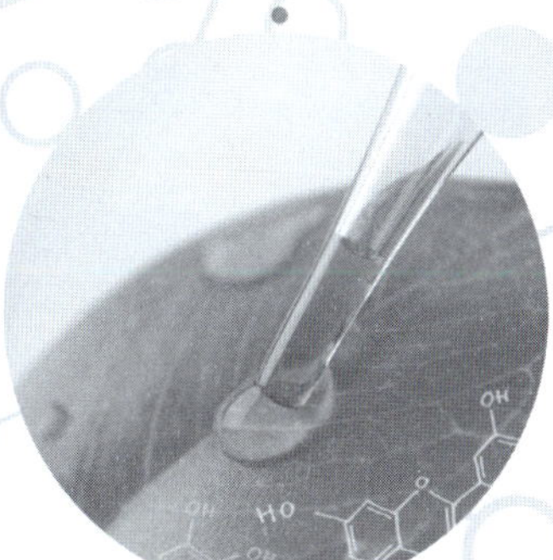

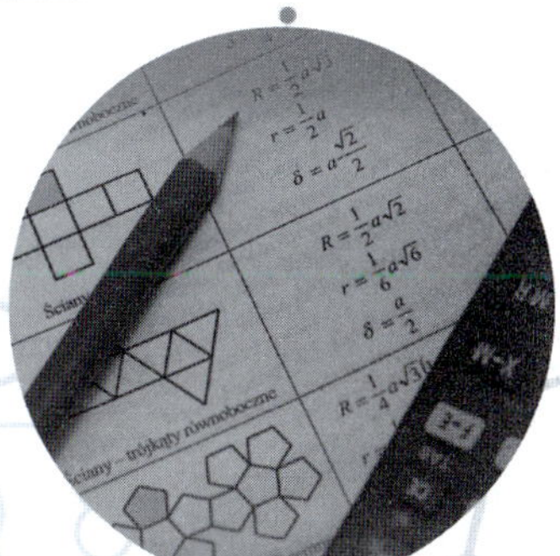

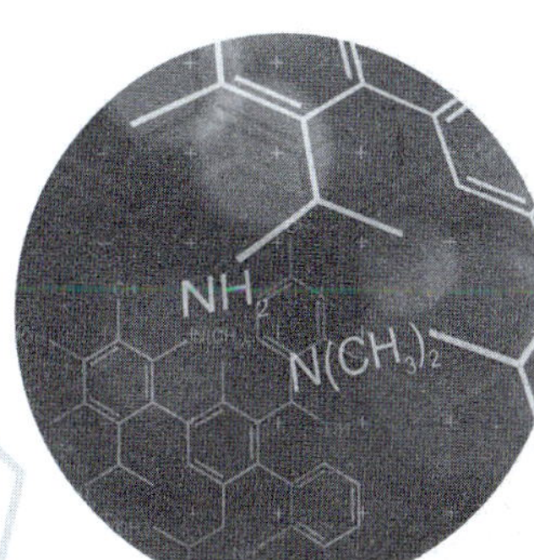

KM 경문사

제4판을 내면서

생명과학을 위한 수학은 제목에서 알 수 있듯이 생명과학에 관련된 전공자를 위한 교재입니다. 그러나 생명과학을 위한 수학이 물리학이나 공학 등 다른 전공자들이 배우는 수학과 다루는 주제가 확연히 다른 것은 아닙니다. 함수의 극한, 미분과 적분, 벡터와 행렬 등의 주제는 대부분의 대학수학에서 다루는 내용이고 미분방정식이나 미분방정식계는 공학수학, 경제수학 등 응용분야에서도 심도 있게 다루는 내용으로 흥미롭고 유용한 응용이 많은 수학의 분야입니다.

생명과학을 위한 수학은 생명과학에 필요한 수학을 다룬다기보다 물리학적인 배경이 약한 생명과학 전공자들이 이해하기 쉽도록 설명하고 보기 등을 생명과학에 관련된 것으로 선별하여 구성한 교재입니다. 인구모형이나 전염병 전파모형 등 수학적 생물학의 보기를 포함하고 있지만 기본적으로 미적분학 교재입니다.

2008년 처음 출간된 《생명과학을 위한 수학 I》은 수업을 진행하면서 교수자와 학생들의 의견을 반영하여 내용과 구성 등을 수정하여 왔습니다. 2015년 제3판이 출간된 이후 고등학교 수학 교과과정에는 큰 변화가 있었습니다. 2017년 대학 신입생들은 행렬을 고등학교에서 배우지 않고 2021년(신입생 기준)부터 공간기하와 벡터가 선택으로 바뀌었습니다. 제4차 개정판은 이러한 고등학교 교과과정의 변화를 반영하였습니다.

고등학교에서 기하와 벡터를 선택하지 않은 학생들도 큰 어려움이 없도록 필요한 내용을 추가하여 구성하였습니다. 그동안 수업을 진행하면서 시간의 제약때문에 다루지 않았던 내용은 삭제하였습니다(이계미분방정식). 그 결과 6개의 장으로 이루어진 것에는 변화가 없지만 제3판에서는 34개의 절이 있었지만 제4판은 29개의 절로 구성되었습니다.

각 장에서 변화는 다음과 같습니다.

1장 함수와 미분: 3절 타원과 쌍곡선 추가
2장 함수와 적분: 리만합과 근삿값, 유리식의 적분 삭제
3장 좌표공간과 벡터: 전체 (좌표공간과 거리, 벡터의 연산, 벡터의 내적) 추가
4장 이변수함수: 3장에서 이동, 6개의 절을 5개의 절로 재구성, 내용 변화 없음
5장 미분방정식: 4장에서 이동, 5장의 이계선형미분방정식만 포함하고 나머지는 모두 삭제
6장 미분방정식계: 6개의 절을 5개의 절로 재구성

용어와 표기법은 다음과 같은 것들이 바뀌었습니다.

자연로그를 log → ln로 바꾸어 표기
중간값 정리 → 사잇값 정리

고등학교에서 기하와 벡터를 충실하게 배운 학생이라면 여유있게 이 교재의 모든 내용을 한 학기 동안 공부할 수 있으리라 생각됩니다. 그렇지 않은 경우 교재의 모든 내용을 다루는 것이 어려울 수 있습니다. 그런 경우 다음 내용은 다른 부분의 내용과 크게 연관이 없어 생략하고 공부를 하는 것이 가능합니다.

1장: 5절 뉴턴의 방법
2장: 3절 삼각함수와 적분
5장: 3.4절 사례연구 치료제의 조절
5절 선형미분방정식

코로나 상황으로 지금까지 경험하지 못했던 세상을 살고 있습니다. 평범했던 일상이 너무나 소중하게 느껴지고 그리워집니다. 의료현장에서 고생하시는 모든 분에게 감사와 존경의 마음을 전합니다.

평범한 일상을 다시 누릴 수 있기를 바라며
2021년 2월
관악산 연구실에서
강혜정

머리말(초판)

현대 문명사회의 발전 속도는 가히 기하급수적이라고 할 수 있습니다. 현대 과학의 두드러진 특징 중 하나는 학제간 융합이라 할 수 있습니다. 다시 말해서, 본질적으로 다른 연구 분야들이 만나 새로운 분야를 만들어 낸다는 것입니다. 생명과학 분야의 경우 수학적생물학(Mathematical Biology)이라 불리는 생명과학과 수학의 만남은 고전적인 예에 속하며, 생물정보학(Bioinformatics)이라 불리는 생명과학과 정보과학의 만남은 최근의 예라고 할 수 있습니다. 이러한 분야는 생물학적인 지식과 더불어 수학, 전산학 등 다양한 배경지식과 이러한 배경지식들을 효과적으로 통합하는 능력을 요구합니다. 그러나 우리나라의 경우 전문 인력이 손꼽을 정도로 적고 학제의 특성상 이러한 필요성을 충족시켜 주는 교육이 현재까지는 거의 이루어지지 않고 있습니다.

서울대학교 수리과학부에서는 이러한 필요성에 따라 2001년도부터 생명과학 관련 전공학생을 대상으로 "생명과학을 위한 수학"이란 강좌를 수학 및 연습의 대체과목으로 개설하였습니다. 이 책은 생명과학을 위한 수학 I의 교재로 기획되었습니다. 1 부에서는 기본적인 수학이론을 다루고 2부에서는 수학 이론을 생명과학에 응용한 수학적 모형화를 다루고 있습니다.

이 책은 고등학교에서 수학 II 및 미분과 적분을 배운 학생을 대상으로 하고 있습니다. 따라서 고등학교에서 다루는 미분과 적분은 간단하게 정의와 필요한 정리만 서술하는 정도로 실었습니다. 고등학교에서 배운 미적분학을 기반으로 하여 좀 더 심도 깊은 미적분학을 다루고 다변수함수와 미분방정식을 다루고 있습니다. 미분과 적분에 관한 배경지식이 약한 학생들은 고등학교의 미분과 적분 교재를 참고하기를 바랍니다.

미적분학의 많은 이론들은 수학 자체적으로도 중요한 의미를 갖지만 자연과학 및 공학, 경제학 등 다른 분야에서도 그 응용의 범위가 아주 넓습니다. 1장과 2

장에서는 역삼각함수, 쌍곡함수 등 새로운 함수를 정의하고 이들의 미분과 적분 등을 구할 수 있는 기법을 다룹니다. 미분의 개념을 이용한 선형화를 정의하고 이를 이용하여 근삿값을 구하는 방법도 소개하고자 합니다. 또한 리만합을 이용하여 적분의 근삿값을 구하는 기법도 다루고 있습니다.

3장에서는 고등학교에서 배운 함수의 개념을 다변수함수로 확장합니다. 다변수함수의 정의를 소개하고 이에 대한 여러 이론을 소개합니다. 구체적으로 다변수함수의 그래프, 다변수함수의 연속성 등을 살펴보고, 편미분의 정의, 방향도함수 등의 정의 및 의미 등을 다룹니다. 이러한 정의로부터 다변수함수의 변화율, 미분계수를 구하는 방법을 다루고 그 응용으로 여러 가지 최적화 문제를 다룹니다.

미분은 변화하는 양을 수학적으로 표현하는 수단입니다. 따라서 변화하는 대상을 다루는 분야는 모두 미분이라는 개념으로 수학적 모형화가 가능합니다. 이러한 수학적 모형화의 가장 근간이 되는 개념이 미분방정식이라고 할 수 있으며 미분방정식은 여러 분야 –물리학, 천문학, 경제학, 생태학, 기상학, 등등– 의 동력학계(Dynamical system)를 수학적으로 표현하는 가장 효율적인 방법이라고 할 수 있습니다.

4장에서는 지금까지 배운 미적분학에 기반하여 현상을 어떻게 미분방정식을 이용하여 나타내는지(수학적 모형화)를 다루고 이러한 미분방정식의 해를 찾는 여러 기법 –변수분리법, 적분인자법 등– 을 다루고 있습니다. 5장에서는 일반적으로 고차원의 미분방정식을 어떻게 푸는지를 동차인 경우에 살펴보고 비동차인 경우로 확장합니다. 마지막으로 6장에서는 미분방정식이 여러 개가 있는 경우(미분방정식계)와 고차미분방정식의 관계를 밝히고 닫힌 해를 구할 수 없는 경우, 다변수함수의 근사식을 이용하여 근사해를 구하는 방법도 소개합니다. 이러한 이론을 먹이사슬모형, 경쟁모형 등 생태학에서의 여러 모델과 전염병모형 등에 실제로 적용하여 봅니다.

이 책에서 논의의 기본 방법은 분석적이기보다는 직관적이라고 할 수 있습니다. 다시 말해서, 수학적인 개념이나 결과들을 수학적으로 엄밀히 정의하거나 증명을 제시하기 보다는 직관적으로 이해하기 쉬운 보기를 이용하거나 그래프들을 이용하여 설명하였습니다. 이를 위하여 가능한 한 많은 보기를 수록하도록 노력하였으며 연습문제를 통하여 이를 심화할 수 있도록 하였습니다. 교재에 수록된 그래프는 대부분이 Maple 이란 수학용 프로그램을 이용하여 그렸습니다. 이러한 그래프를 그려 보고 싶거나 교재에 실린 알고리즘을 실행해보고 싶은 학생들을 위하여 서울대학교 수리과학부 생명과학을 위한 수학 1 사이트에 필요한 메이플 Code를 올려놓았습니다.

http://www.math.snu.ac.kr/taoffice/calculus/syllabi/2015/first-semester/033.007-frame.html

* 표시가 있는 절들은 고등학교에서 배운 내용이지만 다시 언급해야 할 필요성이 있는 주제들입니다. 따라서 진도에서는 제외하고 학생들에게 복습하도록 하여도 무방합니다.

** 표시가 있는 절들은 진도에서 제외하여도 전체 흐름에는 지장이 없는 절입니다.

마지막으로 *** 표시가 있는 절은 도입부분으로 뒤에 다시 나오는 내용들입니다. 앞으로 나올 내용의 동기를 설명하는 절이라 전체적인 흐름을 보기에 도움이 되지만 시간이 부족한 경우에는 제외하여도 무방합니다.

감사의 글(초판)

생명과학을 위한 수학이라는 강좌는 처음 개설된 이후 여러 번의 시행착오를 거쳐 지금의 교과과정에 이르렀습니다. 그 동안 생명과학을 위한 수학을 가르치셨던 많은 선생님들 의 경험과 시행착오가 이 교재가 나오는 데에 큰 밑거름이 되었습니다. 이 자리를 빌려 깊은 감사의 말씀 전합니다. 특히 서울대학교 수리과학부의 정경훈 선생님과 강원대학교의 서승현 선생님께서는 원고를 꼼꼼히 읽어 주시고 오류를 지적하여 주셨습니다. 두 분 선생님의 도움에 깊은 감사의 마음 전합니다.

이 교재가 준비되는 지난 2년 동안 생명과학을 수강한 학생들에게도 감사의 마음 전합니다. 완성되지 않은 강의록으로 수업을 하는 번거로움과 불편함을 감수하고 오타와 오답에서 오는 혼란스러움까지 너그럽게 이해해 주었습니다. 학생들과의 대화를 통하여 보완하여야 할 부분과 추가하여야 할 부분들을 알 수 있었으며 이러한 부분이 책 구성에 긍정적인 영향을 미쳤다고 생각합니다.

이 교재는 서울대학교 수리과학부와 기초교육원의 지원 아래 만들어졌습니다. 특히, 심적으로나 물적으로나 아낌없는 지원을 해주신 수리과학부의 최형인 학부장님과 계승혁 부학부장님께 깊은 감사의 마음 전합니다. 또한 끊임없이 격려해주시고 힘이 되어 주신 김성기 교수님과 강현배 교수님께도 감사의 마음을 전합니다. 일일이 존함을 열거할 수는 없지만 수리과학부와 기초교육원의 모든 선생님들께도 감사의 말씀 전하고자 합니다.

마지막으로 이 교재가 나오기까지 여러 불편함을 기꺼이 참아준 사랑하는 가족에게 사랑의 마음 전합니다.

2008년 봄을 기다리며
관악산에서 강혜정

차례

CHAPTER 2. 함수와 적분

2.1 미적분의 기본정리 • 74

2.2 적분기법* • 92

2.3 삼각함수와 적분 • 107

2.4 특이적분 • 119

2.5 매개곡선 • 131

CHAPTER 3. 좌표공간과 벡터

3.1 좌표공간과 거리 • 152

3.2 벡터와 벡터의 연산 · 166

3.3 벡터의 내적 · 177

CHAPTER 4. 이변수함수

4.1 이변수함수 · 188

4.2 편미분과 선형근사 · 201

4.3 방향미분과 기울기벡터 · 217

4.4 이차곡면과 극값 · 230

4.5 극값과 최적값 · 246

CHAPTER 5. 미분방정식

CHAPTER 6. 미분방정식계

부록

CHAPTER

1

함수와 미분

1.1 미분과 선형근사

함수 $y = f(x)$가 a를 포함하는 열린 구간에서 정의되었다고 하자. 변수 x가 a에서 $a+h$로 변할 때, x의 변화량을

$$\Delta x = h$$

로 나타낸다. 그에 대응하는 종속변수 y의 변화량은

$$\Delta y = f(a+h) - f(a)$$

로 나타낸다.

1.1.1 미분계수와 도함수

y의 변화량 Δy를 x의 변화량 Δx로 나눈 몫

$$\frac{\Delta y}{\Delta x} = \frac{f(a+h)-f(a)}{h}$$

을 구간 $[a, a+h]$에서[1] x에 대한 f의 **평균변화율**(mean rate of change)이라 한다. 이 평균변화율은 다음 그림에서 직선 PQ의 기울기이다.

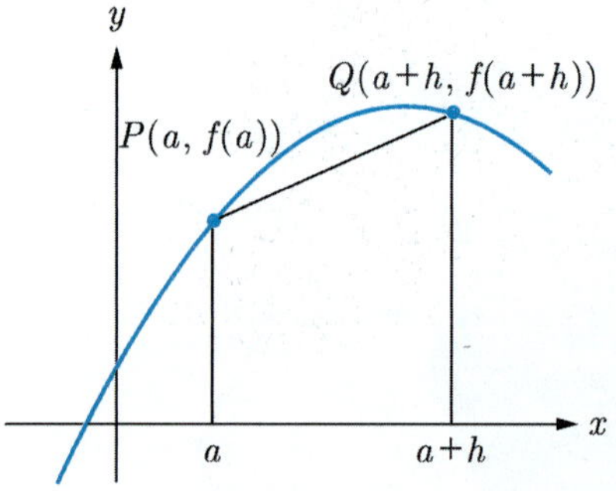

미분계수

$\Delta x = h$가 0에 가까워짐에 따라 평균변화율이 어떤 값에 수렴하면 이 값을 $x = a$에서의 **순간 변화율** 또는 $x = a$에서의 **미분계수**(derivative)라 하고

$$f'(a), \quad y'|_{x=a}, \quad 또는 \left.\frac{dy}{dx}\right|_{x=a}$$

1) $h < 0$이면 구간 $[a+h, a]$에서

로 나타낸다.

$x=a$에서의 미분계수

$$f'(a)=\lim_{\Delta x \to 0}\frac{\Delta y}{\Delta x}=\lim_{h\to 0}\frac{f(a+h)-f(a)}{h}$$

보기 1 직선 $f(x)=ax+b$는

$$\lim_{h\to 0}\frac{f(x+h)-f(x)}{h}=\lim_{h\to 0}\frac{a(x+h)+b-(ax+b)}{h}=\lim_{h\to 0}a=a$$

이므로 모든 점에서 미분계수는 기울기 a와 일치한다. ■

극한값 $f'(a)$가 존재할 때 함수 f는 $x=a$에서 **미분가능하다**(differentiable)고 한다. 극한값 $f'(a)$가 존재하지 않으면 함수 f는 $x=a$에서 미분가능하지 않다고 한다. 예를 들어, $f(x)=x^{1/3}$이라고 할 때

$$\frac{f(h)-f(0)}{h}=\frac{h^{1/3}}{h}=h^{-2/3}$$

이므로 $h\to 0$일 때 극한값은 존재하지 않는다. 따라서 $f(x)=x^{1/3}$은 $x=0$에서 미분가능하지 않다.

$x=a$에서의 미분가능성
극한값 $f'(a)$가 존재할 때 함수 f는 $x=a$에서 **미분가능하다**고 한다.

함수 f가 미분가능한 x의 집합을 I라 하면

$$f'(x)=\lim_{h\to 0}\frac{f(x+h)-f(x)}{h}$$

로 정의된 함수 f'을 f의 **도함수**(derivative)라 한다. f의 도함수는 다음과 같은 여러 가지 방법으로 나타낸다.

$$y',\quad f'(x),\quad \frac{dy}{dx},\quad \frac{df}{dx}(x)$$

1.1.2 국소적 선형성

$f'(a)$가 존재할 때 곡선 $y = f(x)$의 그래프를 점 $P(a,\ f(a))$ 근방에서 확대하면 할수록 곡선은 직선처럼 보인다. 이런 경우 곡선 $y = f(x)$는 $x = a$에서 **국소적으로 선형**(locally linear)이라 한다.2)

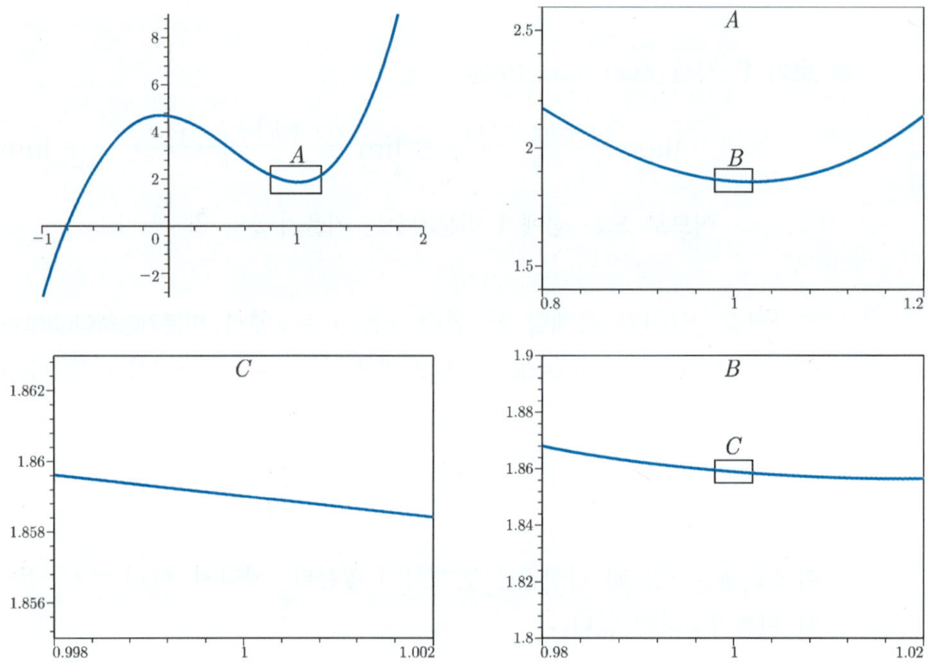

그래프를 확대하면 할수록 직선의 기울기는 $f'(a)$에 수렴한다. 곡선 $y = f(x)$ 위의 한 점 $P(a,\ f(a))$에서 순간 변화율 $f'(a)$를 그 점에서 **곡선의 기울기**(slope of curve)로 정의한다.

보기 2 $a \neq 0$일 때, $x = a$에서 함수 $y = f(x) = \sqrt{|x|}$의 미분계수는

$$f'(a) = \begin{cases} \dfrac{1}{2\sqrt{a}} & a > 0 \\ \dfrac{-1}{2\sqrt{-a}} & a < 0 \end{cases}$$

이다. 다음 그래프들은 $f(x) = \sqrt{|x|}$를 구간 $[0,\ 2]$에서 그린 후 점

2) 곡선 $y = \sqrt[3]{x}$의 그래프는 $O(0,\ 0)$ 근방에서 확대하면 y축과 평행한 직선처럼 보인다. 이 경우 비록 그래프는 국소적으로 선형으로 보이나 국소적 선형이라고 하지 않는다. 즉, 어떤 점에서 국소적 선형이란 확대하였을 때 y축과 평행하지 않으면서 직선처럼 보이는 경우를 일컫는다.

$(1, 1)$의 근방에서 10배씩 확대하여 그린 것이다.

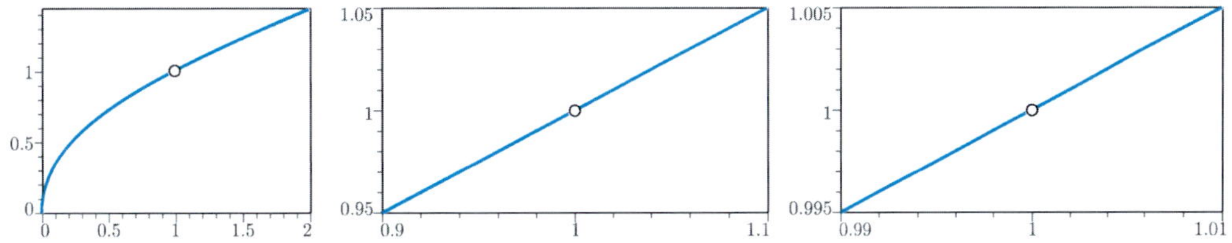

가장 크게 확대한 그래프에서 그래프는 직선처럼 보이고 그래프의 기울기는

$$\frac{\Delta y}{\Delta x} = \frac{1.004987562 - .9949874371}{0.02} = .50000624$$

으로 $f'(1) = 0.5$와 아주 근접함을 알 수 있다. 유사한 방법으로 점 $(0.01, 0.1)$에서 그래프를 확대해 보면 다음과 같다.

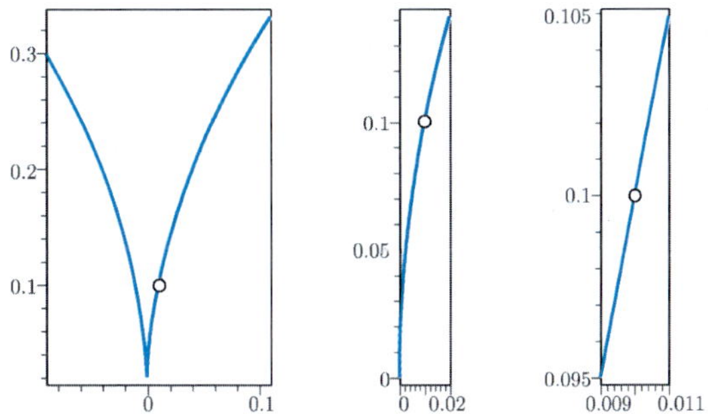

가장 크게 확대한 그래프에서 그래프의 기울기는

$$\frac{\Delta y}{\Delta x} = \frac{.1048808848 - .1048808848}{0.002} = 5.00627750$$

으로 역시

$$f'(0.01) = 5$$

와 아주 근접하다. 그러나 원점에서는 전혀 다른 상황이 벌어진다. 원점 근방에서 그래프를 확대함에 따라 그래프는 더욱 뾰족해 보이고 결코 하나의 직선으로 보이지는 않는다. 즉, 미분계수가 존재하지 않는 경우는 국소적으로 선형이 아니다. ■

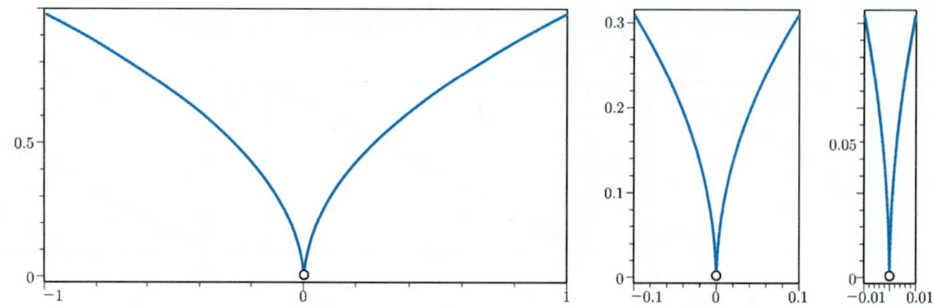

NOTE 메이플에서 함수의 그래프는 명령어 plot을 사용하여 그린다. 예를 들어

```
> with(plots):
> plot(sqrt(x),x=0..2);
```

를 입력하면 **보기 2**의 첫 번째 그래프가 그려진다.

일반적으로 국소적 선형성과 미분가능성은 동치이다.

국소적 선형성과 미분가능성

다음 두 명제는 동치이다.

- $y = f(x)$는 $x = a$에서 국소적으로 선형이다.
- $y = f(x)$는 $x = a$에서 미분가능이다. 즉, $f'(a)$가 존재한다.

1.1.3 접선의 방정식과 선형근사

점 $P(a, f(a))$를 지나고 기울기가 곡선의 기울기와 같은 직선을 점 $P(a, f(a))$에서 함수 $y = f(x)$에 대한 **접선**(tangent line)이라고 한다.

접선의 방정식

$x = a$에서 미분가능한 함수 $y = f(x)$ 위의 점 $P(a, f(a))$에서 접선의 기울기는

$$m = f'(a) = \lim_{h \to 0} \frac{f(a+h) - f(a)}{h}$$

이다. 따라서 점 $P(a, f(a))$에서 접선의 방정식은 다음과 같다.

$$y - f(a) = f'(a)(x - a)$$

보기 3 포물선 $y = x^2$ 위의 점 $P(1, 1)$에서 접선의 기울기는

$$m = \lim_{h \to 0} \frac{(1+h)^2 - 1^2}{h} = \lim_{h \to 0}(2+h) = 2$$

이다. 따라서 접선의 방정식은

$$y - 1 = 2(x-1), \text{ 즉 } y = 2x - 1$$

이다. ■

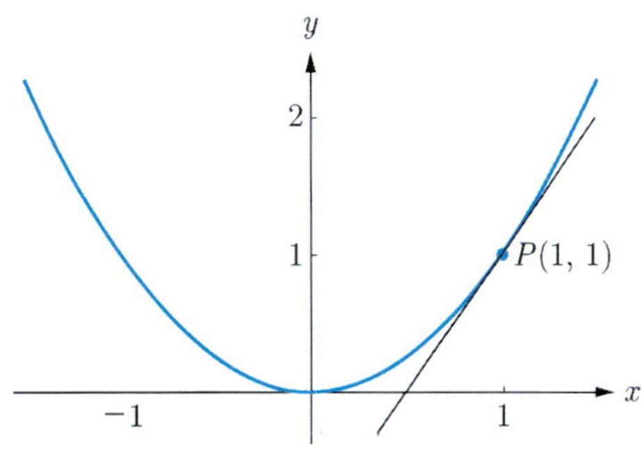

선형근사

미분가능한 한 점에서 곡선의 그래프를 확대하면 할수록 접선과 비슷해진다는 사실은 함수의 근삿값을 구하는 데에 유용하게 활용할 수 있다. 즉, 점 $(a, f(a))$에서 접선의 방정식

$$y = L(x) = f(a) + f'(a)(x-a)$$

는 x가 a에서 충분히 가까울 때 곡선 $y = f(x)$의 근사식으로 쓰인다. 근사식

$$f(x) \fallingdotseq f(a) + f'(a)(x-a)$$

을 함수 f의 a에서의 **선형근사식**(linear approximation) 또는 **일차근사식**(first order approximation)이라고 한다. 선형근사식은 다음과 같이 표현하기도 한다.

$$\begin{aligned} \Delta y &= f(a+\Delta x) - f(a) \\ &\fallingdotseq f'(a)\Delta x = f'(a)(x-a) \end{aligned}$$

선형근사식 또는 일차근사식

함수 $y = f(x)$가 $x = a$에서 미분가능이면 a 근방의 x에 대하여

$$f(x) \fallingdotseq L(x) = f(a) + f'(a)(x-a)$$

이다. 여기서 $L(x)$를 $x = a$에서 f의 선형근사식 또는 일차근사식이라 한다.

보기 4 $x = 0$에서 함수 $f(x) = \sqrt{1+x}$의 선형근사식을 구하여라. 이 결과를 이용하여 $\sqrt{0.99}$, $\sqrt{1.01}$, $\sqrt{1.1}$, $\sqrt{1.5}$, $\sqrt{2}$의 근삿값을 구하여라.

풀이 $x = 0$에서 $f(x) = \sqrt{1+x}$의 미분계수는

$$f'(0) = \lim_{h \to 0} \frac{\sqrt{1+h} - \sqrt{1}}{h} = \lim_{h \to 0} \frac{(\sqrt{1+h} - \sqrt{1})(\sqrt{1+h} + \sqrt{1})}{h(\sqrt{1+h} + \sqrt{1})}$$

$$= \lim_{h \to 0} \frac{h}{h(\sqrt{1+h} + \sqrt{1})} = \frac{1}{2}$$

이다. $f(0) = 1$이므로 $x = 0$에서 $y = \sqrt{1+x}$의 선형근사식은

$$y - 1 = \frac{1}{2}x \quad \text{또는} \quad y = 1 + \frac{1}{2}x$$

이다. 즉,

$$\sqrt{1+x} \fallingdotseq L(x) = 1 + \frac{1}{2}x$$

이므로 다음과 같이 근삿값을 구할 수 있다.

$$\sqrt{0.99} = \sqrt{1+(-0.01)} \fallingdotseq 1 + \frac{1}{2}(-0.01) = 0.995$$

$$\sqrt{1.01} = \sqrt{1+0.01} \fallingdotseq 1 + \frac{1}{2}(0.01) = 1.005$$

$$\sqrt{1.1} = \sqrt{1+0.1} \fallingdotseq 1 + \frac{1}{2}(0.1) = 1.05$$

$$\sqrt{1.5} = \sqrt{1+0.5} \fallingdotseq 1 + \frac{1}{2}(0.5) = 1.25$$

$$\sqrt{2} = \sqrt{1+1} \fallingdotseq 1 + \frac{1}{2}(1) = 1.5$$

다음 그래프는 곡선 $y = \sqrt{1+x}$ 와 $x = 0$ 에서 선형근사식 $y = 1 + \frac{1}{2}x$ 을 그린 것이다.

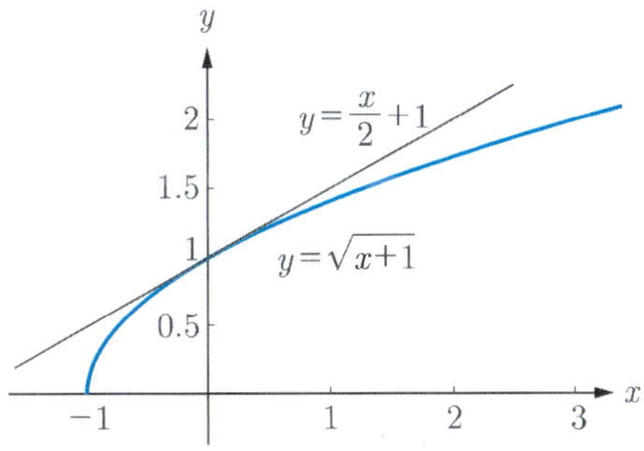

접선이 곡선 위에 있으므로 $x = 0$ 근방에서의 근삿값은 함수의 참값보다 크다. 그 차이는 $|x-0| = |x|$ 값이 커질수록 증가함을 볼 수 있다. 다음 표는 선형근사에 의한 근삿값과 함숫값을 비교한 것이다. 그래프에서 볼 수 있듯이 $|x|$가 큰 경우 오차가 커지므로 좋은 근삿값이라고 할 수 없다.

	근삿값 $L(x)$	함숫값 $f(x)$	오차
$\sqrt{0.99}$	0.995	0.99498743	.00001257
$\sqrt{1.01}$	1.005	1.00498756	.00001244
$\sqrt{1.1}$	1.05	1.04880884	.00119116
$\sqrt{1.5}$	1.25	1.22474487	.02525513
$\sqrt{2}$	1.5	1.41421356	.08578644

자연과학이나 공학에서 중요하게 많이 쓰이는 근사식 중의 하나는

$$(1+x)^k \fallingdotseq 1+kx,\ k\ :\ \text{실수}$$

이다. 이 근사식은 x의 값이 0에 가까울 때 좋은 근삿값을 준다. 이 근사식은

$$\frac{d}{dx}(1+x)^k\bigg|_{x=0} = k(1+x)^{k-1}\bigg|_{x=0} = k$$

임을 알면 당연한 결과이다. 예를 들어, x가 0에 가까울 때

$$\sqrt{1+x} = (1+x)^{\frac{1}{2}} \fallingdotseq 1 + \frac{1}{2}x$$

$$\frac{1}{1+x} = (1+x)^{-1} \fallingdotseq 1 + (-1)x = 1 - x$$

이다. ■

1.1.4 오차

측정에 의한 값들은 계측기 사용으로 인한 측정오차를 항상 수반한다. 즉, 계측기가 갖는 최소 단위로 반올림한 근삿값을 사용한다. 한 변의 길이 s가 50(cm)인 정육면체를 생각해 보자. 측정 오차 Δs는 0.5이므로 한 변의 길이의 참값은 49.5에서 50.5 사이라고 할 수 있다. 실제 정육면체 한 변의 길이를 s라고 할 때, 다음과 같은 표현을 쓰기로 한다.

$$s = 50 \pm 0.5$$

그렇다면 측정오차에 의한 부피 V의 값의 범위는 어떻게 되겠는가? 직접 계산을 해 보면 V의 가능한 최솟값과 최댓값은 각각

$$49.5^3 = 121287.375,\ 50.5^3 = 128787.625$$

이므로

$$121287.375 < V < 128787.625$$

이고, 가능한 최대오차는

$$\begin{aligned}\Delta V &= \max(128787.625 - 125000,\ 125000 - 121287.375)\\ &= 3787.625\,(\mathrm{cm}^3)\end{aligned}$$

이다. 이제 선형근사를 이용하여 V의 오차를 구해 보자.

$$V' = 3s^2$$

이므로 $s = 50$일 때 $V' = 3(50)^2 = 7500$이고

$$\Delta V \fallingdotseq V'(50)\Delta s = 3750\,(\mathrm{cm}^3)$$

이다. 따라서 선형근사에 의한 V의 참값의 범위는

$$V = 125000 \pm 3750\,(\mathrm{cm}^3)$$

이라고 할 수 있다. 선형근사에 의하여 생기는 오차와 가능한 측정오차는 상당히 유사함을 알 수 있다.[3] 따라서 오차측정에 있어서 많은 계산을 필요로 하는 원래

3) 실제로

$$\frac{3787.625 - 3750}{3787.625} \fallingdotseq 0.01$$

이므로 원래의 함수 $V = s^3$을 이용하여 구한 측정의 최대오차와 선형근사를 이용하여 구한 최대오차의 차이는 전체오차의 1%에 불과하다.

의 함수보다 간단하게 계산이 가능한 선형근사를 사용하는 것이 일반적이다.

상대오차

한 변의 길이가 100(cm)인 정육면체를 생각해 보자. 앞에서와 마찬가지로 측정오차 Δs는 0.5(cm)라고 하자. 그러면 부피의 측정오차를 선형근사를 이용하여 구하면

$$\Delta V \fallingdotseq 3 \cdot (100)^2 \cdot 0.5 = 15000(\mathrm{cm}^3)$$

이다. 따라서 한 변의 길이가 100(cm)일 때의 측정오차는 한 변의 길이가 50(cm)일 때의 측정오차의 네 배가 된다. 그렇다면 이 경우 한 변의 길이가 50(cm)인 경우보다 부정확한 측정이라고 할 수 있는가?

일반적으로 측정오차의 크기는 다루는 수의 크기에 따라 결정된다. 큰 수에 대하여는 큰 오차가, 작은 수에 대하여는 작은 오차가 발생하는 것이 자연스러운 현상이다. Δs나 ΔV와 같이 지금까지 다룬 측정오차를 **절대오차**라고 부른다. 절대오차는 다루는 수의 크기에 의존하며 어떤 단위를 사용하는가에 따라 달라진다. 다루는 수의 크기나 단위의 영향을 없애기 위하여는 절대오차와 다루는 수의 비인 **상대오차, 또는 상대오차에 100을 곱한 백분율오차**를 사용한다.

한 변의 길이가 s인 정육면체에서 측정오차 Δs가 0.5(cm)일 때 부피 V의 상대오차는 근사적으로 다음과 같다.

$$\frac{\Delta V}{V} = \frac{V'(s)\Delta s}{V} = \frac{3s^2\Delta s}{s^3} = 3\frac{\Delta s}{s}$$

즉, 부피 V의 상대오차(백분율오차)는 항상 한 변의 길이 s의 상대오차(백분율오차)의 3배이다. 예를 들어 한 변의 길이의 백분율오차가 1%이면 부피의 백분율오차는 3%, 한 변의 길이의 백분율오차가 10%이면 부피의 백분율오차는 30%가 된다.

1.1.5 미분계수의 해석

함수 $y = f(x)$에 대하여 $\dfrac{dy}{dx}$는 x에 대한 y의 변화율로 해석할 수 있음을 보았다. 이 절의 마지막에서는 이러한 해석이 어떤 의미를 갖는지 보기를 통하여 살펴보기로 한다.

보기 5 함수 $P = P(t)$를 시간 t에서 어떤 생물의 개체 수라 하자. 시각 $t = t_1$과 시각 $t = t_2$ 사이의 개체 수의 변화량은 $\Delta P = P(t_2) - P(t_1)$이고, 따라서 이 기간의 평균성장률은

$$[t_1, t_2]\text{에서의 평균성장률} = \frac{\Delta P}{\Delta t} = \frac{P(t_2) - P(t_1)}{t_2 - t_1}$$

이다. 순간성장률은 평균성장률에서 Δt를 0에 가깝게 보내면 얻어진다:

$$\text{순간성장률} = \lim_{\Delta t \to 0} \frac{\Delta P}{\Delta t} = \frac{dP}{dt}$$

그러나 엄밀히 말하자면 이 표현은 정확한 것이 아니다. 왜냐하면 개체 수는 자연수로 주어지므로 개체수함수는 계단함수이고, 불연속점에서는 미분가능하지 않기 때문이다. 그러나 개체 수가 큰 경우 계단함수를 다음 그림처럼 부드러운 곡선으로 근사시킬 수 있다.

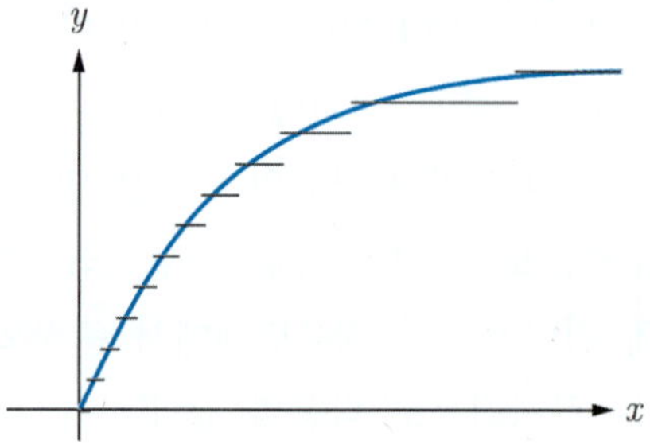

예를 들어 실험실에서 박테리아를 키우는데 공간과 영양이 충분하면 박테리아의 개체 수는 한 시간에 두 배로 늘어난다는 것이 알려져 있다고 하자. 초기 박테리아의 개체 수가 P_0이었다면

$$P(1) = 2P(0) = 2P_0$$
$$P(2) = 2P(1) = 2^2 P_0$$
$$P(3) = 2P(2) = 2^3 P_0$$

이다. 일반적으로 자연수 t에 대하여

$$P(t) = 2^t P_0$$

이므로 임의의 실수 t에 대하여 개체수함수는 $P = 2^t P_0$로 가정할 수 있다. 이때,

$$\frac{d}{dt}(2^t) = \frac{d}{dt}(e^{t\ln 2}) = (\ln 2)2^t \fallingdotseq (0.69)2^t$$

이므로 박테리아 개체 수의 성장률은

$$\frac{dP}{dt} = \frac{d}{dt}(P_0 2^t) \fallingdotseq P_0(0.69)2^t$$

이다. 예를 들어 초기개체수가 $P_0 = 50$이었다면 5시간 후의 성장률은

$$\left.\frac{dP}{dt}\right|_{t=5} \fallingdotseq 50(0.69)2^5 = 1104 \text{ (마리/시간)}$$

이다. 이것은 5시간 후에 박테리아의 개체 수는 시간당 약 1104마리의 비율로 성장한다는 것을 의미한다. ■

연습문제 1.1

01 미분의 정의를 이용하여 다음 함수의 도함수를 구하여라.

(a) $f(x) = \dfrac{1}{x+1}$ (b) $f(x) = x^{1/3}$

(c) $f(x) = \sqrt{1-x^2}$

02 메이플의 `plot` 명령어를 이용하여 다음 함수들의 그래프를 그려보고 $x = 0$에서 연속이 되도록 함수값을 정의하여라. 또한, $x = 0$에서 국소선형인지 여부를 판별하여라.

(a) $y = x\sin\dfrac{1}{x}$ (b) $y = x^2\cos\dfrac{1}{x}$

03 미분계수의 정의를 이용하여 **문제 02**의 함수들이 $x = 0$에서 미분가능인지 여부를 판별하여라.

04 다음 함수의 도함수를 구하여라.

(a) $f(x) = 10x - 4.9x^2$ (b) $f(x) = \dfrac{10}{1+e^{-0.1x}}$

(c) $f(x) = \dfrac{\ln(1+x)}{1+x}$ (d) $f(x) = x^x$

05 **문제 04**를 이용하여 주어진 점에서 다음 함수들의 선형근사식을 구하여라.

(a) $f(x) = 10x - 4.9x^2$, $x = 1$

(b) $f(x) = \dfrac{10}{1+e^{-0.1x}}$, $x = 0$

(c) $f(x) = \dfrac{\ln(1+x)}{1+x}$, $x = 0$

(d) $f(x) = x^x$, $x = 1$

06 선형근사를 이용하여 다음 주어진 값들의 근삿값을 구하여라.

(a) $10 \cdot 0.95 - 4.9 \cdot 0.95^2$

(b) $\dfrac{10}{1+e^{-0.01}}$

(c) $\dfrac{\ln 1.1}{1.1}$

(d) $1.01^{1.01}$

07 선형근사식 $(1+x)^k \fallingdotseq 1+kx$의 근사식을 이용하여 다음 주어진 값들의 근삿값을 구하여라.

(a) $(1.08)^3$

(b) $\sqrt[5]{0.999}$

(c) $\dfrac{1}{5.3}$

(d) $\sqrt{4.2}$

08 시간 t에 대해 한 변의 길이 $s(t)$가 변하는 정육면체가 있다. 이때 다음 물음에 답하여라.

(a) 한 변의 길이가 4인 순간, 길이의 순간 변화율 $\dfrac{ds}{dt}$는 2이다. 이때, 정육면체 부피의 순간 변화율을 구하여라.

(b) 한 변의 길이가 4.13일 때 선형근사를 이용하여 정육면체 부피의 근삿값을 구하여라.

09 반지름이 40 cm인 원판을 주문하였는데, 반지름의 최대오차가 0.3 cm라고 한다.

(a) 선형근사를 이용하여 원판넓이의 최대오차를 구하여라.

(b) (a)의 결과를 이용하여 원판넓이의 최대 상대오차를 구하여라.

10 한 변의 길이가 10 cm인 정사각형이 있다.

(a) 측정오차가 0.1 cm일 때 넓이의 범위를 선형근사를 이용하여 구하여라.

(b) 넓이의 상대오차와 한 변의 길이의 상대오차의 관계식을 구하여라.

(c) 넓이의 상대오차를 0.01 이하로 하려면 한 변의 길이의 측정오차를 얼마 이하로 하여야 하는가?

11 프랑스의 생리학자 프와즈유[4])는 혈압이 일정할 때 단위 시간에 혈관을 흐르는 피의 양 F가 혈관 반지름 R의 네제곱에 비례함을 발견하였다.[5]) 즉,

$$F = kR^4 \quad (k\text{는 상수})$$

혈관 반지름이 7% 증가할 때, 피가 흐르는 양은 몇 % 증가할지를 선형근사를 이용하여 추정하여라.

12 건물 옥상에서 아래로 물체를 던져 바닥에 도착하는 데 걸린 시간을 이용하여 건물 높이를 측정하고 있다. t초 후 물체의 낙하거리 dm는 다음 관계식으로 주어진다.

$$d = 4.9t^2$$

물체가 땅에 닿는 데 5초가 걸렸고 측정오차는 0.05초 이하라고 한다.

(a) 오차를 감안하지 않을 경우, 건물의 높이는 얼마인가?

(b) 시계의 측정오차로 인하여 생기는 높이의 최대오차는 얼마인지 선형근사를 이용하여 구하여라.

13 번개의 섬광을 보고 10초 후에 천둥소리를 들었다고 하자. 기온이 섭씨 10도일 때, 소리는 337.5m/s의 속도로 전달된다. 일반적으로 소리의 속도 v는 **절대온도**(absolute temperature) (=섭씨온도+273) T 의 제곱근에 비례한다. 즉,

$$v(T) = k\sqrt{T} \quad (k\text{는 상수})$$

(a) 위의 주어진 정보를 이용하여 상수 k값을 구하여라.

(b) 섭씨 10도에서 소리의 속도에 대한 선형근사식을 구하여라.

(c) 온도 측정에 2도의 오차가 있었다면 번개가 발생한 곳까지의 거리 측정에는 얼마의 오차가 있을지 선형근사를 이용하여 추정하여라.

---

4) J. Poiseuille(1797~1869)

5) **프와즈유의 법칙**이라고 알려져 있다.

1.2 도함수의 성질

닫힌 구간 $[a, b]$에서 연속인 함수 $f(x)$는 이 구간에서 최댓값과 최솟값을 갖는다. 이 성질을 **최대·최소 정리**(maximum-minimum theorem)라고 한다.

1.2.1 롤의 정리

최대·최소 정리를 이용하면 다음 **롤의 정리**(Rolle's theorem)를 증명할 수 있다.

> **롤의 정리**
> 함수 $f(x)$가 닫힌 구간 $[a, b]$에서 연속이고 열린 구간 (a, b)에서 미분가능하다고 하자. $f(a) = f(b)$이면
> $$f'(c) = 0$$
> 을 만족하는 c가 구간 (a, b) 안에 적어도 하나 존재한다.

함수 $f(x)$가 닫힌 구간 $[a, b]$에서 연속이므로, 최대·최소 정리에 의하면 이 구간에서 최댓값 M과 최솟값 m을 갖는다.

(1) $M = m$이면 $f(x)$는 닫힌 구간 $[a, b]$에서 상수함수이다. 따라서 $a < c < b$인 모든 c에 대하여

$$f'(c) = 0$$

이 성립한다.

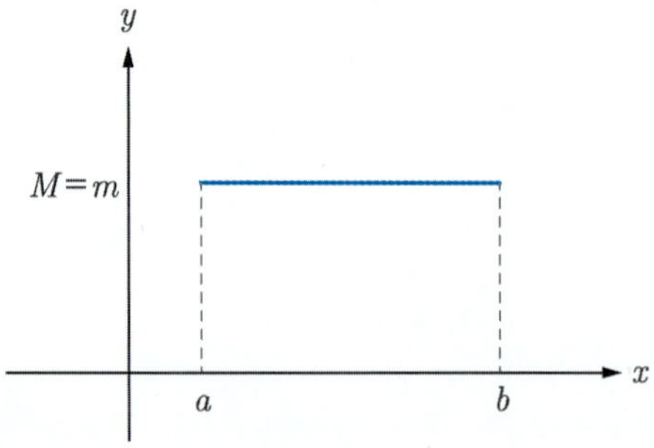

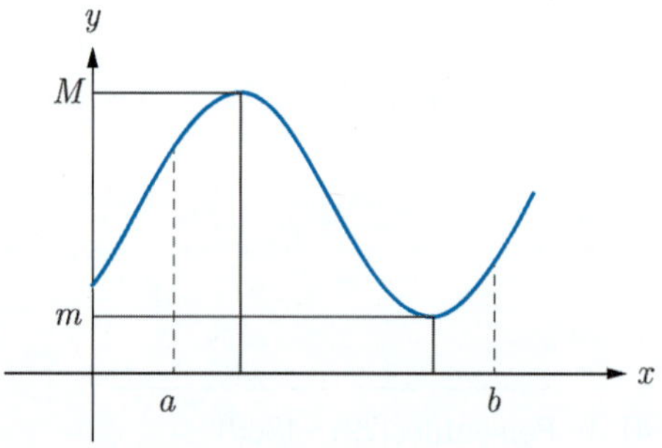

(2) $M > m$이면 $f(a) = f(b)$이므로 열린구간 (a, b)의 한 점 c에 대하여

$$f(c) = M \quad 또는 \quad f(c) = m$$

이 성립한다. 만약 $f(c) = M$이면 $c+h \in [a, b]$인 모든 h에 대하여

$$f(c+h) \le f(c)$$

이다. 따라서 $h > 0$이면

$$\frac{f(c+h) - f(c)}{h} \le 0$$

이고, $f(x)$가 $x = c$에서 미분가능하므로

$$f'(c) = \lim_{h \to 0^+} \frac{f(c+h) - f(c)}{h} \le 0$$

이다. 마찬가지로 $h < 0$이면

$$\frac{f(c+h) - f(c)}{h} \ge 0$$

이고, $f(x)$가 $x = c$에서 미분가능하므로

$$f'(c) = \lim_{h \to 0^-} \frac{f(c+h) - f(c)}{h} \ge 0$$

이다. 따라서 $f'(c) = 0$이다. $f(c) = m$인 경우의 증명은 연습문제로 남긴다.

NOTE 함수 $f(x)$가 열린구간 (a, b)에서 미분가능하다는 조건이 성립하지 않으면 롤의 정리는 성립하지 않을 수도 있다. 예를 들어, $f(x) = |x|$는 닫힌 구간 $[-1, 1]$에서 연속이고 $f(-1) = f(1) = 1$이지만, 열린 구간 $(-1, 1)$에서 $f'(c) = 0$인 c는 존재하지 않는다.

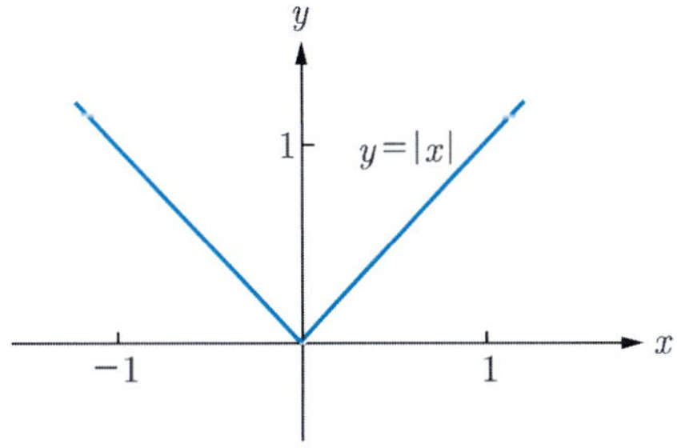

1.2.2 평균값 정리

롤의 정리를 이용하면 다음 **평균값 정리**(mean value theorem)를 얻는다.

평균값 정리

함수 $f(x)$가 닫힌 구간 $[a, b]$에서 연속이고 열린 구간 (a, b)에서 미분가능하다고 하자. 그러면 다음 등식

$$f'(c) = \frac{f(b)-f(a)}{b-a}$$

를 만족하는 c가 구간 (a, b) 안에 적어도 하나 존재한다.

롤의 정리로부터 평균값 정리를 증명하기 위하여 함수 $g(x)$를 다음과 같이 정의하자.

$$g(x) = f(x)-f(a)-\frac{f(b)-f(a)}{b-a}(x-a)$$

$g(x)$는 구간 $[a, b]$에서 연속이고 구간 (a, b)에서는 미분가능하다. 또한

$$g(a) = g(b) = 0$$

이므로 롤의 정리에 의하여

$$0 = g'(c) = f'(c)-\frac{f(b)-f(a)}{b-a}$$

를 만족하는 c가 열린 구간 (a, b) 안에 존재한다.

평균값 정리는 어떤 구간에서 정의된 미분가능한 함수에 대하여 구간의 평균변화율과 같은 순간변화율을 갖는 점이 존재한다는 것을 말해 준다.

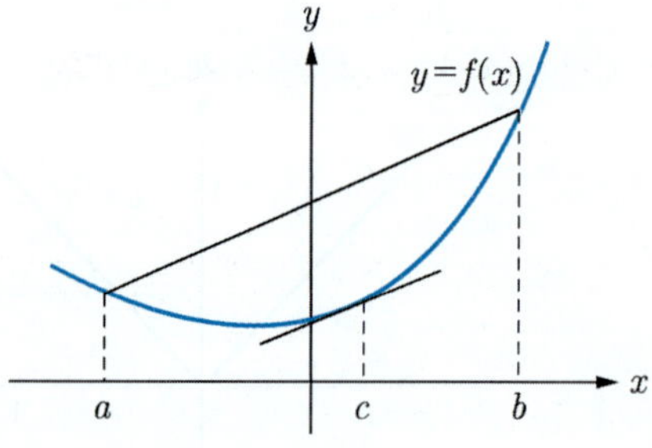

보기 1 $x > -1$일 때, 평균값 정리를 이용하여 다음 부등식을 증명하여라.

$$\ln(1+x) \le x$$

풀이 $f(x) = \ln(1+x)$라고 하자. $x > 0$이면 f는 $[0, x]$에서 연속이고 $(0, x)$에서 미분가능하다. 따라서 평균값 정리에 의하여

$$\frac{f(x)-f(0)}{x-0} = \frac{\ln(1+x)-\ln 1}{x} = f'(c) = \frac{1}{1+c}$$

인 c가 구간 $(0, x)$에 존재한다. $c > 0$이므로 $\frac{1}{1+c} \le 1$이고

$$\frac{\ln(1+x)}{x} \le 1 \Rightarrow \ln(1+x) \le x$$

이다. $-1 < x \le 0$인 경우 부등식이 성립함을 보이는 것은 연습문제로 남긴다. ■

평균값 정리는 두 함수에 대하여 다음과 같이 일반화된 형태로 확장이 가능하다.

코시의 평균값 정리

두 함수 $f(x)$와 $g(x)$가 닫힌 구간 $[a, b]$에서 연속이고 열린 구간 (a, b)에서 미분가능하다고 하자. 그러면

$$f'(c)(g(b)-g(a)) = g'(c)(f(b)-f(a))$$

를 만족하는 점 c가 열린 구간 (a, b)에 존재한다.

코시의 평균값 정리의 증명은 연습문제로 남긴다.[6)]

1.2.3 도함수와 함수의 증감

구간 (a, b)의 모든 x에 대하여 $f'(x) = 0$이라고 하자. 평균값 정리에 의하면

---

6) Hint.

$$h(x) = (f(b)-f(a))g(x)-(g(b)-g(a))f(x)$$

로 정의하고 롤의 정리를 이용하면 쉽게 보일 수 있다.

$x \in (a,\ b)$에 대하여

$$\frac{f(x)-f(a)}{x-a} = f'(c) = 0$$

인 $c \in (a,\ b)$가 존재한다. 따라서 모든 $x \in [a,\ b]$에 대하여

$$f(x) = f(a)$$

인 상수함수가 된다.

이제 구간 I에서 정의된 함수 $y = f(x)$에 대하여 항상 $f'(x) > 0$이면 어떤 일이 일어나는지 살펴보기로 하자. 구간 내의 임의의 두 점 $x,\ y\,(x < y)$에 대하여

$$\frac{f(y)-f(x)}{y-x} = f'(c)$$

인 점 c가 구간 $[x,\ y]$에 존재한다. 따라서 $x < y$이면

$$f(y)-f(x) = f'(c)(y-x) > 0$$

이 성립한다. 다시 말해서 구간 I에서 함수 $y = f(x)$는 **순증가함수**(strictly increasing function)이다.[7] 마찬가지로 구간의 모든 점에서 $f'(x) < 0$이면 f는 그 구간에서 **순감소함수**(strictly decreasing function)이다.

도함수와 함수의 증감

함수 $y = f(x)$가 구간 I의 모든 x에 대하여

- $f'(x) = 0$이면 $f(x)$는 상수함수이다.
- $f'(x) > 0$이면 $f(x)$는 순증가함수이다.
- $f'(x) < 0$이면 $f(x)$는 순감소함수이다.

보기 2 구간 $[0,\ 2\pi]$에서 다음 함수가 순증가하는 구간과 순감소하는 구간을 구하여라.

$$f(x) = x - 2\sin x$$

풀이 $f'(x) > 0$인 구간과 $f'(x) < 0$인 구간을 구하면 된다.

7) 구간 I의 임의의 두 점 $x,\ y\,(x < y)$에 대하여

$$f(x) \le f(y)\ (\text{또는 } f(x) < f(y))$$

이면 f를 증가함수(또는 순증가함수)라고 한다.

$$f'(x) = 1 - 2\cos x = 0 \Leftrightarrow \cos x = \frac{1}{2}$$

이므로 $x = \pi/3,\ 5\pi/3$에서 $f'(x) = 0$이다. 그 이외의 구간에서 $f'(x)$의 부호는 다음과 같다.

	$0 < x < \frac{\pi}{3}$	$\frac{\pi}{3} < x < \frac{5\pi}{3}$	$\frac{5\pi}{3} < x < 2\pi$
$f'(x)$	$-$	$+$	$-$
$f(x)$	↘	↗	↘

따라서 함수 $y = f(x)$는 구간 $\left(\frac{\pi}{3},\ \frac{5\pi}{3}\right)$에서는 순증가하고 나머지 구간에서는 순감소한다. ■

위의 결과는 부등식을 증명하는 데에도 유용하다. 다시 말해서, $f(a) = b$일 때 다음 결과가 성립한다.

모든 $x > a$에 대하여 $f'(x) > 0$이면 $f(x) > b$ ($f'(x) \geq 0$이면 $f(x) \geq b$)

모든 $x > a$에 대하여 $f'(x) < 0$이면 $f(x) < b$ ($f'(x) \leq 0$이면 $f(x) \leq b$)

보기 3 $f(x) = x,\ g(x) = \sin x$에 대하여 $x \geq 0$이면 항상 $f(x) \geq g(x)$임을 보여라.

풀이 $h(x) = f(x) - g(x) = x - \sin x$라고 하자. 그러면 $h(0) = 0$이고

$$h'(x) = 1 - \cos x \geq 0$$

이므로 $h(x)$는 증가함수이다. 따라서 $x \geq 0$이면 $h(x) \geq h(0) = 0$이므로

$$f(x) \geq g(x)$$

가 성립한다. ■

1.2.4 로피탈의 법칙

닫힌 구간 $[a, b]$에서 미분가능한 두 함수 $f,\ g$가

$$f(a) = g(a) = 0$$

이고, 열린 구간 (a, b)에서 $g'(x) \neq 0$이라고 하자. 그러면 코시의 평균값 정리에 의하여

$$\frac{f(x)}{g(x)} = \frac{f(x)-f(a)}{g(x)-g(a)} = \frac{f'(c)}{g'(c)}$$

가 성립하는 점 c가 x와 a 사이에 존재한다. 여기서 x가 a에 가까워지면 c도 a에 가까워지므로 f', g'이 $x=a$에서 연속이면 위 식의 극한값은 같아진다. 따라서 $g'(a) \neq 0$이면

$$\lim_{x \to a} \frac{f(x)}{g(x)} = \frac{f'(a)}{g'(a)}$$

이다. 이 결과는 **로피탈의 법칙**(L'Hospital's rule)의 특수한 경우이다. 로피탈의 법칙은 $a = \pm\infty$일 때도 성립한다. 또한 $x=a$에서의 함숫값이 $\pm\infty$인 경우에도 성립한다.

로피탈의 법칙

미분가능한 함수 f, g에 대하여 극한값 $\lim_{x \to a} \frac{f'(x)}{g'(x)}$가 존재한다고 하자.

$a \in [-\infty, \infty]$에 대하여

- $\lim_{x \to a} f(x) = \lim_{x \to a} g(x) = 0$이거나
- $\lim_{x \to a} f(x) = \lim_{x \to a} g(x) = \pm\infty$

이면 다음 등식이 성립한다.

$$\lim_{x \to a} \frac{f(x)}{g(x)} = \lim_{x \to a} \frac{f'(x)}{g'(x)}$$

로피탈의 법칙은 분자의 극한값과 분모의 극한값이 모두 0인 경우[8]나 모두 $\pm\infty$인 경우[9]의 극한값을 구하는 데 유용하다. 예를 들어

$$\lim_{x \to 0} \frac{\sin x}{x} = \lim_{x \to 0} \frac{\cos x}{1} = 1$$

은 0/0 꼴의 부정형에 로피탈의 법칙을 적용한 것이고, 다음은 ∞/∞ 꼴의 부정형의 계산에 로피탈의 법칙을 적용한 것이다.

---

8) 이런 경우 0/0 꼴의 **부정형**(**indeterminate form**)이라고 부른다.
9) 이런 경우 ∞/∞ 꼴의 부정형이라고 부른다.

$$\lim_{x\to\infty}\frac{\ln x}{x}=\lim_{x\to\infty}\frac{1/x}{1}=0$$

다음과 같이 로피탈의 법칙을 두 번 이상 적용하여 극한값을 구하기도 한다.

보기 4 $f(x)=x^n$(n은 자연수), $g(x)=e^x$에 대하여 $a=\infty$에서 로피탈의 법칙을 반복하여 적용하면

$$\begin{aligned}\lim_{x\to\infty}\frac{x^n}{e^x}&=\lim_{x\to\infty}\frac{nx^{n-1}}{e^x}\\&=\cdots=\lim_{x\to\infty}\frac{n!}{e^x}=0\end{aligned}$$

을 얻는다. 따라서 임의의 다항식 $p(x)$에 대하여

$$\lim_{x\to\infty}\frac{p(x)}{e^x}=0$$

이다. ■

보기 5 다음 극한값을 구하여라.

(a) $\displaystyle\lim_{x\to 0}\frac{1-\cos x}{x^2}$　　(b) $\displaystyle\lim_{x\to 0+}x\ln x$

(c) $\displaystyle\lim_{x\to 0}\left(\frac{1}{\sin x}-\frac{1}{x}\right)$

풀이 (a) $0/0$ 꼴의 부정형이다. 로피탈의 법칙을 두 번 적용하면 다음을 얻는다.

$$\lim_{x\to 0}\frac{1-\cos x}{x^2}=\lim_{x\to 0}\frac{\sin x}{2x}=\frac{1}{2}$$

(b) $0\cdot(-\infty)$ 꼴이지만 다음과 같이 ∞/∞ 꼴로 고쳐서 로피탈의 법칙을 적용할 수 있다.

$$\begin{aligned}\lim_{x\to 0+}x\ln x&=\lim_{x\to 0+}\frac{\ln x}{1/x}=\lim_{x\to 0+}\frac{1/x}{-1/x^2}\\&=\lim_{x\to 0+}(-x)=0\end{aligned}$$

(c) 통분하여 계산하면 다음과 같이 $0/0$ 꼴의 부정형을 얻는다.

$$\lim_{x\to 0}\left(\frac{1}{\sin x}-\frac{1}{x}\right)=\lim_{x\to 0}\frac{x-\sin x}{x\sin x}$$

따라서 로피탈의 법칙을 적용하면 다음을 얻는다.

$$\lim_{x\to 0}\frac{x-\sin x}{x\sin x}=\lim_{x\to 0}\frac{1-\cos x}{\sin x+x\cos x}$$

$$=\lim_{x\to 0}\frac{\sin x}{2\cos x-x\sin x}=0 \qquad ■$$

함수 f가 $x=a$에서 연속이라면 $\lim_{x\to a}f(x)=f(a)$이다. 특히, 지수함수는 모든 점에서 연속이므로 다음 결과가 성립한다.

$$\lim_{x\to a}e^{f(x)}=e^{\lim_{x\to a}f(x)}=e^{f(a)}$$

가 성립한다.

보기 6 $\lim_{x\to 0+}x^x$의 값을 구하여라.

풀이 $\ln x^x=x\ln x$이고 $\lim_{x\to 0+}x\ln x=0$이므로

$$f(x)=e^{\ln f(x)}$$

라는 사실을 이용하면

$$\lim_{x\to 0+}x^x=\lim_{x\to 0+}e^{x\ln x}=e^0=1$$

을 얻는다. ■

연습문제 1.2

01 다음 극한이 존재하는 경우 극한값을 구하여라. 극한값이 존재하지 않는 경우는 ND로 나타내어라.

(a) $\lim_{x\to 0}\frac{e^x-1-x}{x^2}$ (b) $\lim_{x\to 0}\frac{e^x-e^{-x}}{1-\cos x}$

(c) $\lim_{x \to 0+} \sqrt{x} \ln x$

(d) $\lim_{x \to 1} \frac{\ln x}{x-1}$

(e) $\lim_{x \to 1} \left(\frac{1}{\ln x} - \frac{1}{x-1} \right)$

(f) $\lim_{x \to 0+} (-\ln x)^x$

(g) $\lim_{x \to 0+} (1-2x)^{1/x}$

(h) $\lim_{x \to \infty} x^{-1/n} \ln x$

(i) $\lim_{x \to -\infty} x^2 e^x$

(j) $\lim_{x \to 0+} (\sin x)^{\tan x}$

(k) $\lim_{x \to \infty} \left(1 + \frac{a}{x}\right)^{bx}$

(l) $\lim_{x \to \infty} (xe^{1/x} - x)$

(m) $\lim_{x \to \infty} x(\ln(x+1) - \ln(x-1))$

02 (a) 연속함수 $f : [a, b] \to \mathbb{R}$가 (a, b)에서 미분가능하고 모든 x에 대하여 $f'(x) = 0$이면 $f(x)$는 상수함수임을 평균값 정리를 이용하여 보여라.

(b) 두 연속함수 $f, g : [a, b] \to \mathbb{R}$가 (a, b)에서 미분가능하고 모든 x에 대하여 $f'(x) = g'(x)$이면 다음 식이 성립함을 보여라.

$$f(x) = g(x) + C \text{ (단, } C\text{는 상수)}$$

03 실수에서 정의된 함수 f가 미분가능하고 $\lim_{x \to \infty} f'(x) = a$일 때

$$\lim_{x \to \infty} [f(x+1) - f(x-1)]$$

을 구하여라.

04 f가 이차함수이면 평균값 정리에서 $c = \frac{a+b}{2}$임을 보여라.

05 미분가능한 함수 $f : [a, b] \to \mathbb{R}$에 대하여 점 $(a, f(a))$와 점 $(b, f(b))$를 지나는 직선을 $y = l(x)$라고 하자.

$$l(x) = \frac{f(b) - f(a)}{b-a}(x-a) + f(a)$$

$x = c$에서 $|f(x) - l(x)|$의 크기가 최대가 된다면

$$f'(c) = \frac{f(b) - f(a)}{b-a}$$

임을 보여라.

06 함수 $f:(a,\ b)\to\mathbb{R}$가 두 번 미분가능하면 다음 식이 성립함을 보여라.

$$f''(x)=2\lim_{h\to 0}\frac{f(x+h)-f(x)-f'(x)h}{h^2},\quad x\in(a,\ b)$$

07 연속함수 $f:[a,\ b]\to\mathbb{R}$가 $(a,\ b)$에서 미분가능하다. 구간 $(a,\ b)$에서 $f'(x)<0$이면 f는 순감소함수임을 보여라. 즉,

$$a\le c<d\le b\text{이면}\quad f(c)>f(d)$$

임을 보여라.

08 두 함수 f, g와 구간 $[a,\ b]$가 다음과 같을 때 코시의 평균값 정리를 만족하는 c를 구하여라.

(a) $f(x)=x,\ g(x)=x^2,\ [a,\ b]=[0,\ 2]$

(b) $f(x)=x^2,\ g(x)=x^3,\ [a,\ b]=[1,\ 2]$

(c) $f(x)=\dfrac{x^3}{3}-3x,\ g(x)=x^2-2x,\ [a,\ b]=[0,\ 3]$

09 코시의 평균값 정리를 증명하여라.

10 $-1<x\le 0$일 때, $\ln(1+x)\le x$임을 보여라.

11 임의의 양수 $r>0$에 대하여 다음 식이 성립함을 보여라.

(a) $\displaystyle\lim_{x\to\infty}\frac{\ln x}{x^r}=0$

(b) $\displaystyle\lim_{x\to 0+}x^r\ln x=0$

12 임의의 실수 x, y에 대하여

$$|f(x)-f(y)|\le(x-y)^2$$

이면 f는 상수함수임을 보여라.

1.3 타원과 쌍곡선

1.3.1 타원

평면 위의 서로 다른 두 점 F, F'에서 거리의 합이 일정한 점들의 집합을 **타원**(ellipse)이라 하고 두 정점 F, F'을 타원의 **초점**(focus, foci)이라 한다. 다음 그림과 같이 타원에서 두 초점을 잇는 직선이 타원과 만나는 점을 A, A', 선분 FF'의 수직이등분선이 타원과 만나는 점을 각각 B, B'이라 하자.

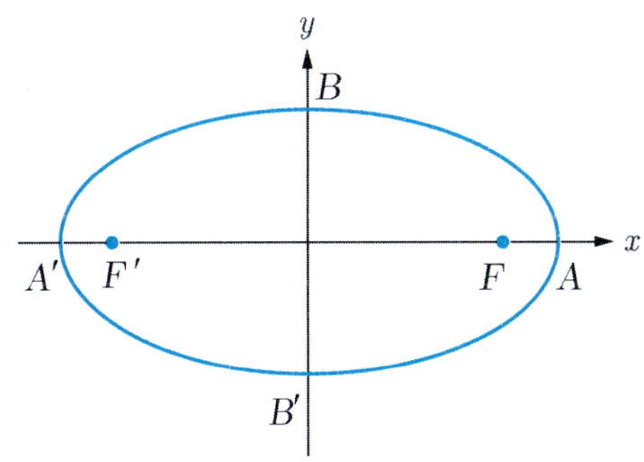

이때 두 점 A, A'을 타원의 **꼭짓점**(vertex, vertices), 선분 AA'을 **장축**(major axis), 선분 BB'을 **단축**(minor axis)이라 하고 장축과 단축의 교점 O를 **중심**(center)이라 한다.

좌표평면 위의 두 점 $F(c,0), F'(-c,0)$을 초점으로 하고 두 초점 F, F'에서의 거리의 합이 $2a\,(a>c>0)$인 타원의 방정식을 구해 보자.

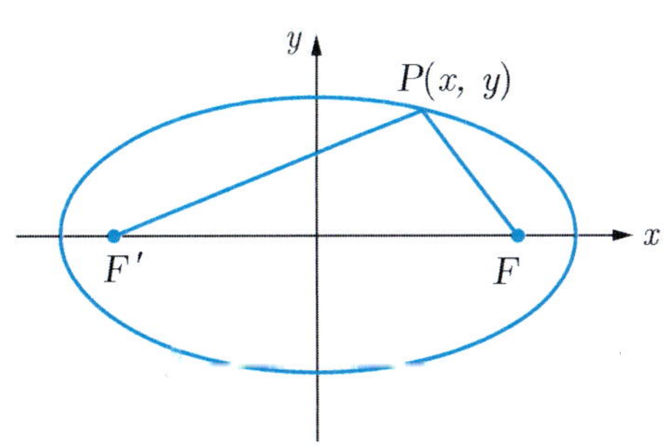

타원 위의 임의의 점을 $P(x,y)$라 하면

$$|PF| = \sqrt{(x-c)^2 + y^2}, \quad |PF'| = \sqrt{(x+c)^2 + y^2}$$

이고

$$|PF| + |PF'| = 2a$$

에서 다음 관계식을 얻는다.

$$2a - \sqrt{(x+c)^2 + y^2} = \sqrt{(x-c)^2 + y^2}$$

양변을 제곱하여 정리하면

$$cx + a^2 = a\sqrt{(x+c)^2 + y^2}$$

이다. 다시 양변을 제곱하여 정리하면

$$(a^2 - c^2)x^2 + a^2y^2 = a^2(a^2 - c^2)$$

이다. 여기서 $a > c > 0$이므로 $b^2 = a^2 - c^2$으로 놓으면

$$b^2x^2 + a^2y^2 = a^2b^2$$

이다. 이 식의 양변을 a^2b^2으로 나누면 다음과 같다.

$$\frac{x^2}{a^2} + \frac{y^2}{b^2} = 1$$

타원의 방정식

두 초점 $F(c,0), F'(-c,0)$에서 거리의 합이 $2a$인 타원의 방정식은

$$\frac{x^2}{a^2} + \frac{y^2}{b^2} = 1 \quad (\text{단, } a > c > 0, \quad b^2 = a^2 - c^2)$$

NOTE 다음 그림과 같이 $a > c > 0$일 때 타원 $\frac{x^2}{a^2} + \frac{y^2}{b^2} = 1$의 두 초점 F, F'의 좌표를 a, b로 나타내면 다음과 같다.

$$F(\sqrt{a^2 - b^2}, 0), \quad F'(-\sqrt{a^2 - b^2}, 0)$$

이때 장축의 길이는 $2a$, 단축의 길이는 $2b$이다.

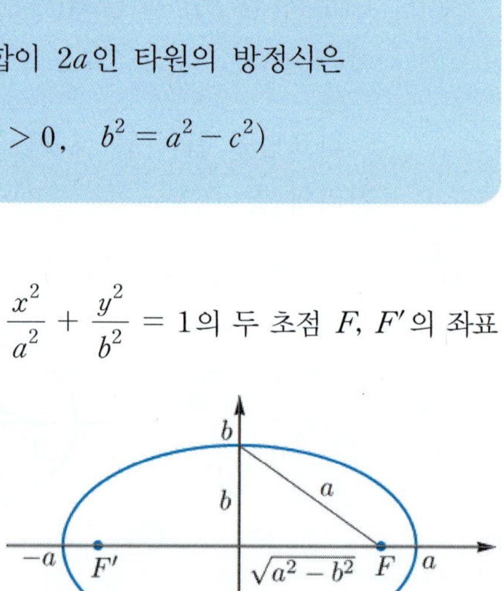

앞에서와 같은 방법으로 두 초점 $F(0, c), F'(0, -c)$에서 거리의 합이 $2b$인 타원의 방정식을 구하면 다음과 같다.

$$\frac{x^2}{a^2}+\frac{y^2}{b^2}=1 \; (b>c>0,\; a^2=b^2-c^2)$$

여기서 $b>a>0$이므로 타원의 초점은

$$F(0, \sqrt{b^2-a^2}\,),\; F'(0, -\sqrt{b^2-a^2}\,)$$

이때 장축의 길이는 $|BB'|=2b$, 단축의 길이는 $|AA'|=2a$이다.

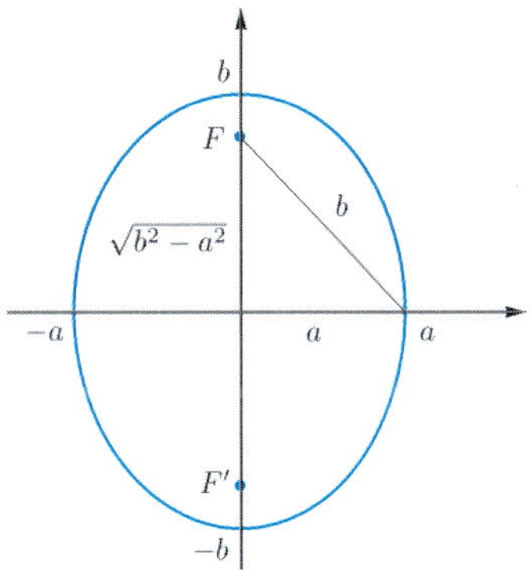

보기 1 다음 타원의 방정식을 구하여라.

(a) 두 초점 $F(3,0), F'(-3,0)$에서 거리의 합이 10인 타원의 방정식

(b) 두 초점 $F(0,3), F'(0,-3)$에서 거리의 합이 10인 타원의 방정식

풀이 구하는 타원의 방정식을

$$\frac{x^2}{a^2}+\frac{y^2}{b^2}=1$$

이라고 하면

(a) 두 초점이 $F(3,0), F'(-3,0)$이므로 $c=3$이고 초점이 x축 위에 있으므로 $a=5$이다. 따라서

$$b^2=a^2-c^2=25-9=16$$

이다. 따라서 구하는 방정식은

$$\frac{x^2}{5^2}+\frac{y^2}{4^2}=1$$

(b) 두 초점이 $F(0,3), F'(0,-3)$이므로 $c=3$이고 초점이 y축 위에 있으므로 $b=5$이다. 따라서

$$a^2=b^2-c^2=25-9=16$$

이다. 따라서 구하는 방정식은

$$\frac{x^2}{4^2}+\frac{y^2}{5^2}=1$$

■

보기 2 다음 타원의 초점의 좌표와, 장축, 단축의 길이를 구하여라.

(a) $x^2+4y^2=4$ (b) $4x^2+y^2=16$

풀이 (a) 주어진 타원의 방정식은

$$\frac{x^2}{2^2}+\frac{y^2}{1^2}=1$$

이므로 장축의 길이는 $2a=4$, 단축의 길이는 $2b=2$이다. 초점은 x축 위에 있고

$$c^2=a^2-b^2=4-1=3$$

이므로 초점의 좌표는 $F(\sqrt{3},0), F'(-\sqrt{3},0)$이다.

(b) 주어진 타원의 방정식은

$$\frac{x^2}{2^2}+\frac{y^2}{4^2}=1$$

이므로 장축의 길이는 $2b=8$, 단축의 길이는 $2a=4$이다. 초점은 y축 위에 있고

$$c^2=b^2-a^2=4^2-2^2=12$$

이므로 초점의 좌표는 $F(0,2\sqrt{3}), F'(0,-2\sqrt{3})$이다. ■

1.3.2 쌍곡선

평면 위의 서로 다른 두 점 F, F'에서 거리의 차가 일정한 점들의 집합을 **쌍곡선**(hyperbola)이라 하고 두 정점 F, F'을 쌍곡선의 **초점**(focus, foci)이라 한다. 다음 그림과 같이 쌍곡선에서 두 초점을 잇는 직선이 쌍곡선과 만나는 점을 A, A'이라 할 때 두 점 A, A'을 쌍곡선의 **꼭짓점**(vertex,vertices), 선분 AA'을 **주축**(major axis), 선분 AA'의 중점을 쌍곡선의 **중심**(center)이라 한다.

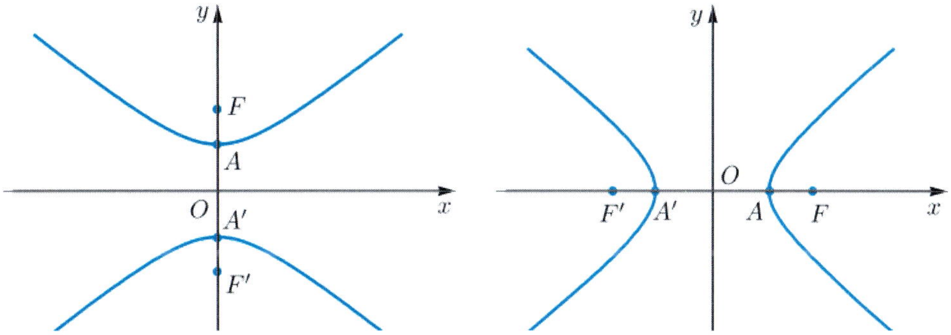

좌표평면 위의 두 점 $F(c,0), F'(-c,0)$을 초점으로 하고 두 초점 F, F'에서의 거리의 차가 $2a(c>a>0)$인 쌍곡선의 방정식을 구해 보자.

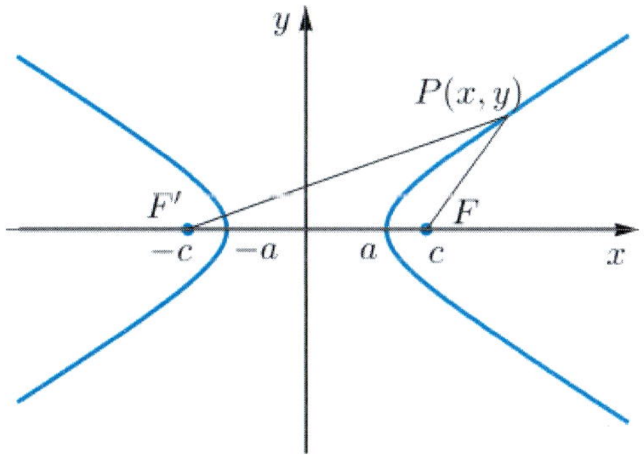

쌍곡선 위의 임의의 점을 $P(x,y)$라 하면

$$|PF|=\sqrt{(x-c)^2+y^2},\quad |PF'|=\sqrt{(x+c)^2+y^2}$$

이고

$$||PF|-|PF'||=2a$$

에서 다음 관계식을 얻는다.

$$\sqrt{(x-c)^2+y^2}=\sqrt{(x+c)^2+y^2}\pm 2a$$

양변을 제곱하여 정리하면

$$cx+a^2=\pm a\sqrt{(x+c)^2+y^2}$$

이다. 다시 양변을 제곱하여 정리하면

$$(c^2-a^2)x^2-a^2y^2=a^2(c^2-a^2)$$

이다. 여기서 $c > a > 0$이므로 $b^2 = c^2 - a^2$으로 놓으면

$$b^2x^2 - a^2y^2 = a^2b^2$$

이다. 이 식의 양변을 a^2b^2으로 나누면 다음과 같다.

$$\frac{x^2}{a^2} - \frac{y^2}{b^2} = 1$$

쌍곡선의 방정식

두 초점 $F(c,0), F'(-c,0)$에서의 거리의 차가 $2a$인 쌍곡선의 방정식은

$$\frac{x^2}{a^2} - \frac{y^2}{b^2} = 1 \quad \text{단, } c > a > 0,\ b^2 = c^2 - a^2$$

NOTE $c^2 = a^2 + b^2$이므로 쌍곡선 $\frac{x^2}{a^2} - \frac{y^2}{b^2} = 1$의 두 초점 $F(c,0), F'(-c,0)$의 좌표를 a,b로 나타내면 다음과 같다.

$$F(\sqrt{a^2+b^2}\,, 0), F'(-\sqrt{a^2+b^2}\,, 0)$$

이때 꼭짓점의 좌표는 $A(a,0)$, $A'(-a,0)$이고 주축의 길이는 $|AA'| = 2a$이다.

앞에서와 같은 방법으로 두 초점 $F(0,c)$, $F'(0,-c)$에서 거리의 차가 $2a$인 쌍곡선의 방정식을 구하면 다음과 같다.

$$\frac{y^2}{a^2} - \frac{x^2}{b^2} = 1 \quad (\, c > a > 0,\ b^2 = c^2 - a^2)$$

여기서 쌍곡선의 초점은

$$F(0, \sqrt{a^2+b^2}\,), F'(0, -\sqrt{a^2+b^2}\,)$$

이고 꼭짓점의 좌표는 $B(0,a)$, $B'(0,-a)$, 주축의 길이는 $|BB'| = 2a$이다.

보기 3 다음 쌍곡선의 방정식을 구하라.

(a) 두 초점 $F(3,0), F'(-3,0)$에서 거리의 차가 4인 쌍곡선의 방정식

(b) 두 초점 $F(0,5), F'(0,-5)$에서 거리의 차가 6인 쌍곡선의 방정식

풀이 (a) 초점이 x축 위에 있으므로 구하는 쌍곡선의 방정식을

$$\frac{x^2}{a^2} - \frac{y^2}{b^2} = 1$$

이라고 하면 $c = \sqrt{a^2 + b^2} = 3$이고 주축의 길이는 $2a = 4$이다.

$$b^2 = c^2 - a^2 = 9 - 4 = 5$$

이므로 구하는 쌍곡선의 방정식은

$$\frac{x^2}{4} - \frac{y^2}{5} = 1$$

(b) 두 초점이 $F(0, 5), F'(0, -5)$이므로 구하는 쌍곡선의 방정식을

$$\frac{y^2}{a^2} - \frac{x^2}{b^2} = 1$$

이라고 하면 $c = \sqrt{a^2 + b^2} = 5$이고 초점이 y축 위에 있으므로 주축의 길이는 $2a = 6$이다. 따라서

$$b^2 = c^2 - a^2 = 25 - 9 = 16$$

이고 구하는 방정식은 $\frac{y^2}{3^2} - \frac{x^2}{4^2} = 1$이다. ■

보기 4 다음 쌍곡선의 초점의 좌표와, 주축의 길이를 구하여라.

(a) $x^2 - 4y^2 = 4$ (b) $4x^2 - y^2 = -16$

풀이 (a) 주어진 쌍곡선의 방정식은

$$\frac{x^2}{2^2} - \frac{y^2}{1^2} = 1$$

이므로 초점은 x축 위에 있고 주축의 길이는 $2a = 4$이다.

$$c^2 = a^2 + b^2 = 4 + 1 = 5$$

이므로 초점의 좌표는 $F(\sqrt{5}, 0), F'(-\sqrt{5}, 0)$이다.

(b) 주어진 쌍곡선의 방정식은

$$\frac{y^2}{4^2} - \frac{x^2}{2^2} = 1$$

이므로 초점은 y축 위에 있고 주축의 길이는 $2a = 8$이다.

$$c^2 = a^2 + b^2 = 4^2 + 2^2 = 20$$

이므로 초점의 좌표는 $F(0, 2\sqrt{5}), F'(0, -2\sqrt{5})$이다. ■

쌍곡선의 방정식 $\frac{x^2}{a^2} - \frac{y^2}{b^2} = 1$을 y에 대하여 풀면 다음과 같다.

$$y = \pm \frac{b}{a} x \sqrt{1 - \frac{a^2}{x^2}}$$

$|x|$의 값이 한없이 커지면 a^2/x^2의 값은 한없이 0에 가까워지므로, 쌍곡선은 두 직선

$$y = \pm \frac{b}{a} x$$

에 한없이 가까워진다. 이 두 직선을 주어진 쌍곡선의 **점근선**(asymptotes)이라 한다. 쌍곡선

$$\frac{y^2}{b^2} - \frac{x^2}{a^2} = 1$$

에 대해서도 같은 결과가 성립한다.

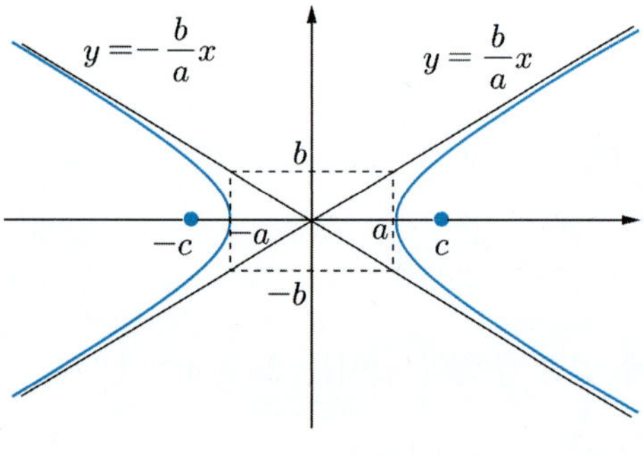

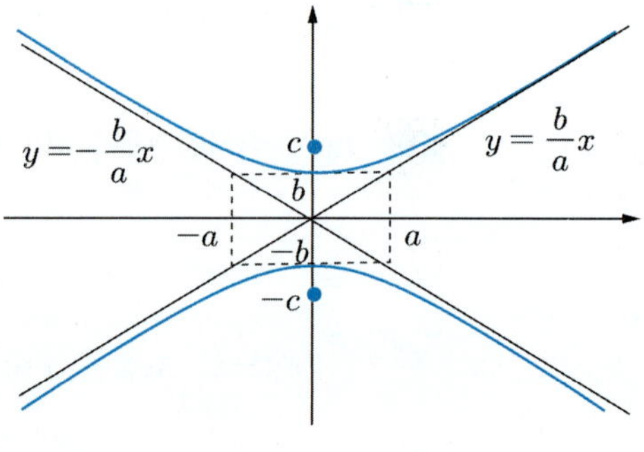

예를 들어, **보기 4**에서 $x^2 - 4y^2 = 4$의 점근선은

$$x^2 - 4y^2 = 0 \quad \Rightarrow \quad y = \pm \frac{1}{2} x$$

$4x^2-y^2=-16$의 점근선은

$$4x^2-y^2=0 \quad \Rightarrow \quad y=\pm 2x$$

이다.

쌍곡선의 점근선

쌍곡선 $\dfrac{x^2}{a^2}-\dfrac{y^2}{b^2}=\pm 1$의 점근선의 방정식은 $y=\pm\dfrac{b}{a}x$이다.

1.3.3 음함수 꼴로 정의된 함수

함수가

$$y=x^2-2, \qquad y=x\ln x$$

와 같이 $y=f(x)$꼴로 쓰여졌을 때 **양함수 꼴로 표현되었다**(defined explicitly)고 한다. 그러나 타원이나 쌍곡선의 방정식

$$x^2+4y^2=4, \qquad x^2-y^2=1$$

과 같이 함수의 관계식이 명확히 주어지지 않는 경우도 있다. 일반적으로

$$F(x,y)=c$$

이라는 관계식으로 함수가 주어진 경우 **음함수 꼴로 표현되었다**(defined implicitly)고 한다.

일반적으로 음함수로 주어진 그래프는 하나의 함수의 그래프가 아니라 여러 함수의 그래프의 합집합이다. 예를 들어 $x^2+4y^2=4$를 y에 대하여 풀면

$$y=\pm\frac{1}{2}\sqrt{4-x^2}$$

이다. 따라서 $x^2+4y^2=4$를 양함수 꼴로 바꾸어 쓰면 다음과 같이 두 개의 함수로 표현된다.

$$f_1(x) = \frac{1}{2}\sqrt{4 - x^2}, \quad f_2(x) = -\frac{1}{2}\sqrt{4 - x^2}$$

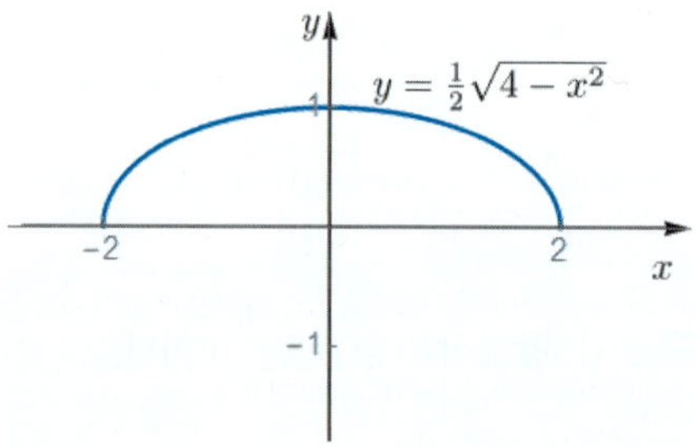

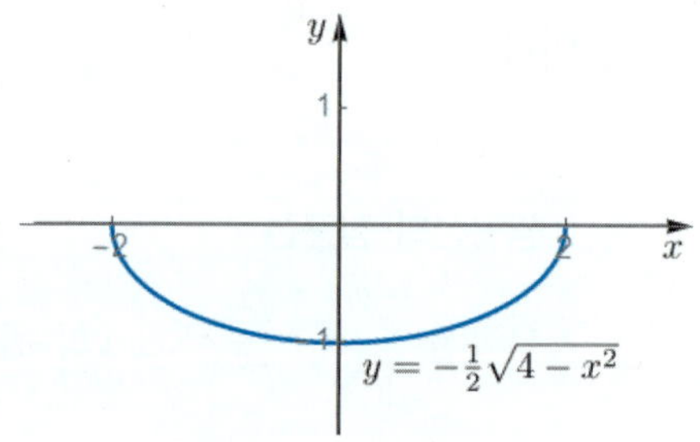

음함수 꼴로 표현된 경우 항상 양함수로 바꾸어 쓸 수 있는 것은 아니다. 그러나 양함수 꼴로 고쳐 쓰지 않아도 수학용 소프트웨어를 이용하면 그래프를 그릴 수 있다. 예를 들어 메이플을 이용하여

$$x^2 + 4y^2 = 4, \quad x^2 - y^2 = 1$$

을 $-3 \le x \le 3$, $-2 \le y \le 2$의 범위에서 그리려면 다음과 같이 각각 입력하면 된다.

```
> implicitplot(x^2+4y^2=4, x=-3..3, y=-2..2);
> implicitplot( x^2 - y^2 = 1,  x=-3..3, y=-2..2);
```

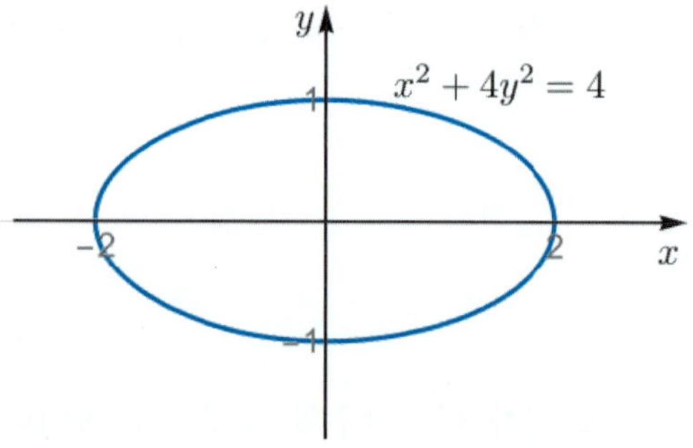

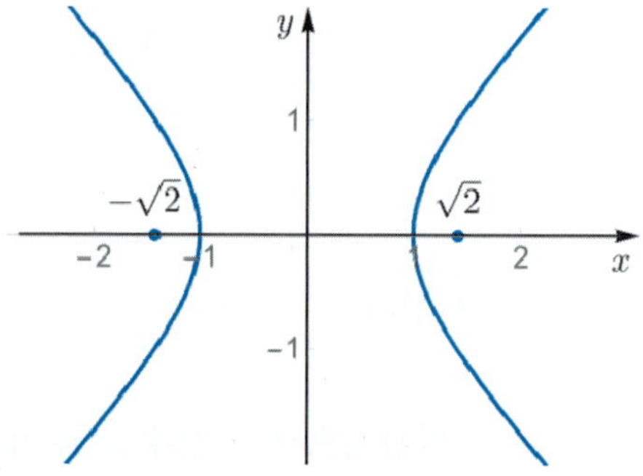

보기 5 타원 $\frac{x^2}{16} + \frac{y^2}{4} = 1$ 위의 점 $(2, \sqrt{3})$에서 접선의 기울기를 구하여라.

풀이 점 $(2, \sqrt{3})$ 근방에서 양함수로 고쳐 쓰면 $y = f(x) = \frac{\sqrt{16 - x^2}}{2}$ 이다.

$$f'(x) = \frac{-x}{2\sqrt{16 - x^2}}$$

이므로 점 $(2,\sqrt{3})$에서 접선의 기울기는

$$f'(2)=-\frac{1}{2\sqrt{3}}$$

이다. 따라서 접선의 방정식은

$$y-\sqrt{3}=-\frac{1}{2\sqrt{3}}(x-2) \Rightarrow y=-\frac{1}{2\sqrt{3}}x+\frac{4}{\sqrt{3}}$$

이다. ■

위의 보기에서 양함수 꼴을 찾지 않아도 다음과 같이 접선의 방정식을 구할 수 있다. 합성함수의 미분법을 이용하여 $\frac{x^2}{16}+\frac{y^2}{4}=1$의 양변을 x에 대하여 미분하면

$$\frac{d}{dx}\left(\frac{x^2}{16}+\frac{y^2}{4}\right)=\frac{d}{dx}(1) \Rightarrow \frac{x}{8}+\frac{y}{2}\frac{dy}{dx}=0$$

이다. 따라서 점 $(2,\sqrt{3})$에서 접선의 기울기는

$$\frac{dy}{dx}=-\frac{x}{4y}=-\frac{1}{2\sqrt{3}}$$

이다.

1.3.4 음함수 미분법

음함수 꼴을 양함수 꼴로 바꾸지 않고 미분계수를 구하는 것을 **음함수 미분법**(implicit differentiation)이라고 한다. 이 방법을 이용하면 음함수 꼴로 주어진 함수를 양함수 꼴로 바꾸지 않아도 주어진 점에서 미분계수를 구할 수가 있다.

음함수의 미분법

- 음함수의 양변을 x에 대하여 미분한다. 이때 y는 x의 함수로 간주한다.
- dy/dx를 포함하는 항을 방정식의 한 변으로 정리하여 dy/dx에 대하여 푼다.

음함수의 미분법은 고계미분계수를 구하는 데에도 사용할 수 있다.

보기 6 관계식 $y^2 + xy = 1$에서 y', y''를 구하여라.

풀이 양변을 x에 대하여 미분하면

$$2yy' + y + xy' = 0 \quad \Rightarrow \quad y' = -\frac{y}{2y+x} \tag{1.1}$$

이고 이 식에서 앞 식의 양변을 다시 x에 대하여 미분하면

$$\left(2(y')^2 + 2yy''\right) + y' + \left(y' + xy''\right) = 0$$

이다.y''을 한변으로 모아 정리하면

$$(2y+x)y'' = -2(y')^2 - 2y'$$

이다. 식 (1.1)을 대입하여 정리하면

$$y'' = -\frac{2(y')^2 + 2y'}{2y+x} = \frac{2y^2 + 2xy}{(2y+x)^3}$$

이다. ■

보기 7 타원 $\dfrac{x^2}{a^2} + \dfrac{y^2}{b^2} = 1$ 위의 점 (x_0, y_0)에서 접선의 방정식은

$$\frac{x_0 x}{a^2} + \frac{y_0 y}{b^2} = 1$$

임을 보여라.

풀이 타원의 방정식의 양변을 x에 대하여 미분하면

$$\frac{2x}{a^2} + \frac{2yy'}{b^2} = 0 \quad \Rightarrow \quad y' = -\frac{b^2}{a^2}\frac{x}{y}$$

이다. 따라서 (x_0, y_0)을 지나는 접선의 방정식은

$$y - y_0 = -\frac{b^2}{a^2}\frac{x_0}{y_0}(x - x_0)$$

이고 양변에 y_0/b^2을 곱하면

$$\frac{y_0y - y_0^2}{b^2} = -\frac{x_0x - x_0^2}{a^2}$$

이다. 점 (x_0, y_0)이 타원 위의 점이므로 다음과 같이 원하는 결과를 얻는다.

$$\frac{x_0x}{a^2} + \frac{y_0y}{b^2} = \frac{x_0^2}{a^2} + \frac{y_0^2}{b^2} = 1$$ ■

보기 7과 같은 방법으로 쌍곡선 $\frac{x^2}{a^2} - \frac{y^2}{b^2} = 1$ 위의 점 (x_0, y_0)에서 접선의 방정식은

$$\frac{x_0x}{a^2} - \frac{y_0y}{b^2} = 1$$

임을 보일 수 있다. 증명은 연습문제로 남긴다.

다음 보기는 타원과 쌍곡선의 접선의 방정식을 구하는 전형적인 방법을 보여준다.

보기 8 (a) 점 $(-3, 2)$에서 타원 $x^2 + \frac{y^2}{4} = 1$에 그은 접선의 방정식을 구하라.

(b) 점 $(8, 8)$에서 쌍곡선 $4x^2 - 5y^2 = 16$에 그은 접선의 방정식을 구하라.

풀이 (a) 구하는 접선의 타원과의 접점을 (x_0, y_0)이라고 하면 접선의 방정식은

$$x_0x + \frac{y_0y}{4} = 1 \quad \Rightarrow \quad 4x_0x + y_0y = 4$$

이다. 이 접선이 점 $(-3, 2)$를 지나고 점 (x_0, y_0)은 타원 위의 점이므로

$$-12x_0 + 2y_0 = 4, \qquad 4x_0^2 + y_0^2 = 4$$

이다. 이 두 식을 연립하여 풀면

$$x_0 = 0,\ y_0 = 2, \quad \text{또는} \quad x_0 = -\frac{3}{5},\ y_0 = -\frac{8}{5}$$

이므로 구하는 접선의 방정식은

$$y = 2 \qquad \text{또는} \qquad 3x + 2y + 5 = 0$$

(b) 구하는 접선의 쌍곡선과의 접점을 (x_0, y_0)이라 하면 접선의 방정식은

$$4x_0 x - 5y_0 y = 16$$

이다. 이 접선이 점 (8,8)을 지나므로

$$32x_0 - 40y_0 = 16 \quad \Rightarrow \quad 4x_0 - 5y_0 = 2$$

이고 점 (x_0, y_0)은 쌍곡선 위의 점이므로

$$4x_0^2 - 5y_0^2 = 16$$

이다. 이 두 식을 연립하여 풀면

$$x_0 = 3, y_0 = 2 \quad \text{또는} \quad x_0 = -7, y_0 = -6$$

이므로 구하는 접선의 방정식은

$$6x - 5y = 8 \quad \text{또는} \quad 14x - 15y = -8$$

■

연습문제 1.3

01 중심이 $(0, 0)$이고 다음을 만족하는 타원의 방정식을 구하여라.

(a) 두 초점이 $F(6,0), F'(-6,0)$이고 두 초점에서 거리의 합이 20

(b) 두 초점이 $F(0,\sqrt{5}), F'(0, -\sqrt{5})$이고 두 초점에서 거리의 합이 6

(c) 한 초점이 $(2, 0)$이고 단축의 길이가 2인 타원

(d) 한 초점이 $(-1,0)$이고 장축의 길이가 4인 타원

(e) 두 초점이 y축 위에 있고, 장축의 길이가 6, 단축의 길이가 2인 타원

02 다음 타원의 장축, 단축의 길이와 초점의 좌표를 구하고 그 그래프를 그려라.

(a) $\dfrac{x^2}{25} + \dfrac{y^2}{16} = 1$

(b) $x^2 + 4y^2 = 8$

(c) $9x^2 + 4y^2 = 1$

03 다음 그림과 같이 두 초점이 F, F'인 타원에서 선분 BF의 길이가 10일 때, 장축의 길이를 구하여라.

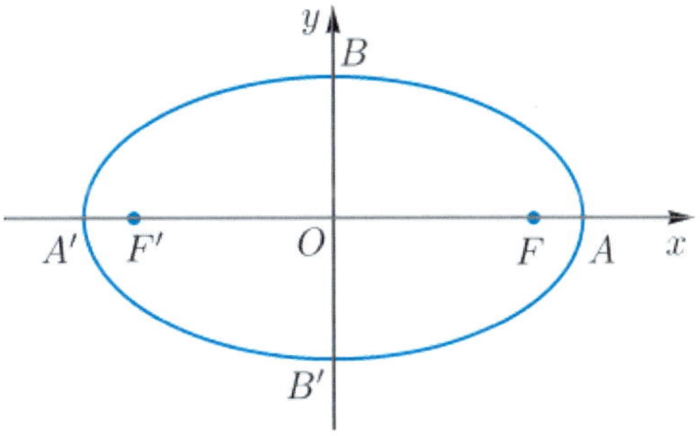

04 타원 $x^2+4y^2=4$에 대하여 다음 조건을 만족하는 접선의 방정식을 구하여라.

(a) 타원 위의 점 $\left(1, -\frac{\sqrt{3}}{2}\right)$을 지난다.

(b) 점 $(4, 1)$을 지난다.

(c) 기울기가 1이다.

(d) 직선 $y=-2x$와 평행이다.

05 중심이 $(0, 0)$이고 다음을 만족하는 쌍곡선의 방정식을 구하여라.

(a) $(1, 0)$이 초점이고 점근선이 $y=\pm 2x$인 쌍곡선

(b) $(0, 1)$이 초점이고 점근선이 $y=\pm 2x$인 쌍곡선

(c) $(2, 0)$이 초점이고 $(1, 0)$이 꼭짓점인 쌍곡선

(d) $(0, 2)$가 초점이고 $(0, -1)$이 꼭짓점인 쌍곡선

06 다음 쌍곡선의 초점과 꼭짓점의 좌표를 구하여라.

(a) $x^2-y^2=1$

(b) $x^2-y^2=-1$

(c) $\frac{x^2}{2}-y^2=1$

(d) $\frac{x^2}{2}-y^2=-1$

07 쌍곡선 $\frac{x^2}{4}-y^2=1$에 대하여 다음을 만족하는 접선의 방정식을 구하여라.

(a) 쌍곡선 위의 점 $(-2\sqrt{2}, 1)$을 지난다.

(b) 점 $(1, 0)$을 지난다.

(c) 기울기가 2이다.

(d) 직선 $y=3x$와 평행하다.

08 음함수의 미분법을 이용하여 dy/dx를 구하여라.

(a) $x^2y+xy^2=1$

(b) $2xy+y^2=x+y$

(c) $\sqrt{xy}=2+x^2y$

(d) $\cos(x-y)=xe^{2x}$

(e) $x^2=\dfrac{x-y}{x+y}$

(f) $\ln xy=e^{x+y}$

(g) $x^y=y^x$(Hint. 양변에 로그를 취한 후 미분한다.)

09 음함수의 미분법을 이용하여 $\dfrac{dy}{dx}$를 구하고 $\dfrac{d^2y}{dx^2}=\dfrac{d}{dx}\left(\dfrac{dy}{dx}\right)$를 구하여라.

(a) $x^2+4y^2=4$

(b) $\sqrt{y}=x-y$

(c) $y^2=e^x+x^2$

10 수학용 소프트웨어를 이용하여 다음 그래프를 그려라. 점 P가 곡선 위에 있음을 확인하고 그 점에서 접선의 방정식을 구하여라.

(a) $x^2+xy-y^2=1$, $P=(2,\ 3)$

(b) $x^{2/3}+y^{2/3}=4$, $P=(3\sqrt{3},\ 1)$

(c) $y^4=y^2-x^2$, $P=\left(\dfrac{\sqrt{3}}{4},\ \dfrac{1}{2}\right)$

(d) $2(x^2+y^2)^2=25(x^2-y^2)$, $P=(3,\ 1)$

11 주어진 점 $x=a$에서 dy/dx를 구하여라. (Hint. 양변에 ln를 취한 후 음함수미분법을 이용한다.)

(a) $y=\sqrt{\dfrac{x^2+16}{(x-2)^3}}$, $a=3$

(b) $y=\sqrt{x}(x^2+1)^2e^{x-1}$, $a=1$

(c) $y=(1+x)^x$, $a=1$

(d) $y=x^{\sin x}$, $a=\dfrac{\pi}{2}$

12 음함수의 미분법을 이용하여 쌍곡선 $\dfrac{x^2}{a^2}-\dfrac{y^2}{b^2}=1$ 위의 점 $(x_0,\ y_0)$에서 접선의 방정식은 다음과 같음을 보여라.

$$\frac{x_0x}{a^2}-\frac{y_0y}{b^2}=1$$

13 다음과 같이 정의되는 곡선을 **아스트로이드**(astroid)라고 부른다.

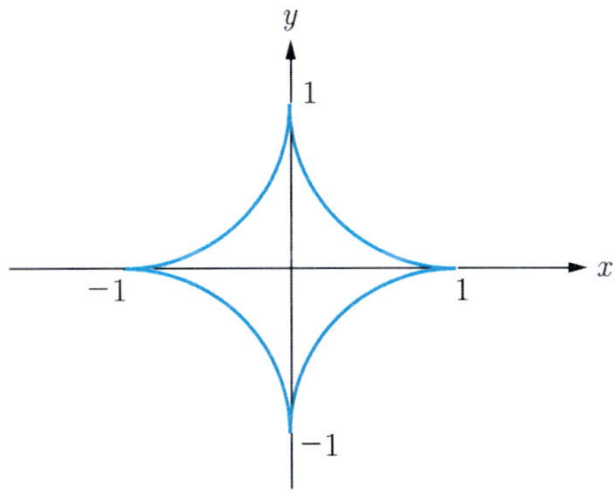

$$|x|^{2/3} + |y|^{2/3} = 1$$

(a) 1사분면에 있는 곡선 위의 점은 $(a^{3/2},\ (1-a)^{3/2})$ $(0 < a < 1)$로 나타낼 수 있음을 보여라.

(b) 곡선 위의 점 $(a^{3/2},\ (1-a)^{3/2})(0 < a < 1)$에서 접선의 방정식을 구하여라.

(c) 1사분면에 있는 곡선 위의 점에서 접선을 그렸을 때, 1사분면에 있는 접선부분의 길이는 일정함을 보여라.

14 0이 아닌 실수 k에 대하여 다음과 같이 주어진 두 곡선이 직교함을 보여라.[10)]

$$2x^2 + y^2 = k^2, \quad x = y^2$$

10) 정확하게 말하자면 두 곡선의 접선이 직교함을 보여라.

1.4 역삼각함수와 쌍곡함수

1.4.1 역함수

함수 f는 **정의역**(domain)의 한 점 x에 **치역**(range)의 한 점 y를 대응시키는 규칙이다. 이때 정의역을 X, 치역을 Y라고 하면 $f : X \to Y$로 표현한다. 함수 f가 정의역의 서로 다른 두 점을 항상 치역의 서로 다른 두 점으로 대응시킬 때, f를 **일대일 대응**(one-to-one correspondence)이라고 한다. f가 일대일 대응일 때 f의 역함수

$$g = f^{-1} : Y \to X$$

는 다음과 같이 정의한다.

$$g(b) = a \Leftrightarrow f(a) = b$$

역함수 $g = f^{-1}$는 함수 f의 영향을 없애는 역할을 한다. 즉, 모든 $x \in X$, $y \in Y$에 대하여 다음 식이 성립한다.[11)]

$$g(f(x)) = x, \quad f(g(y)) = y$$

함수 f가 일대일 대응이 아닌 경우에도 정의역을 제한함으로써 역함수를 정의할 수 있다. 예를 들어, 이차함수 $f(x) = x^2$은 일대일 대응이 아니지만 정의역을 $\mathbb{R}^+ = [0, \infty)$로 제한하면 일대일 대응이 된다. 따라서 $f : \mathbb{R}^+ \to \mathbb{R}^+$은 역함수를 갖는다.

역함수

$f : X \to Y$가 일대일 대응이면 f의 역함수 f^{-1}은 다음과 같이 정의된다.

$$f^{-1}(b) = a \Leftrightarrow f(a) = b$$

f^{-1}의 정의역은 Y, 치역은 X이다.

11) 이 두 관계식을 역함수의 정의로 사용하는 교재들도 있다.

f의 역함수는 다음 두 단계를 거쳐 구할 수 있다.

- 식 $y = f(x)$에서 x와 y를 바꾼다.
- 식 $x = f(y)$를 y에 대하여 풀어준다. 이때 얻은 식 $y = f^{-1}(x)$가 역함수이다.

예를 들어 선형함수

$$y = f(x) = mx + n \ (m \neq 0)$$

의 역함수는 다음과 같이 구할 수 있다.

$$x = my + n \quad \Rightarrow \quad y = f^{-1}(x) = \frac{x}{m} - \frac{n}{m}$$

f의 기울기와 f^{-1}의 기울기는 항상 역수이다. 이것은 직선 $y = x$에 대하여 대칭 이동을 하면 직선의 기울기는 항상 서로의 역수가 되기 때문이다. 또한 함수 $y = f(x)$와 f의 역함수 $y = f^{-1}(x)$의 그래프는 직선 $y = x$에 대하여 대칭이다.

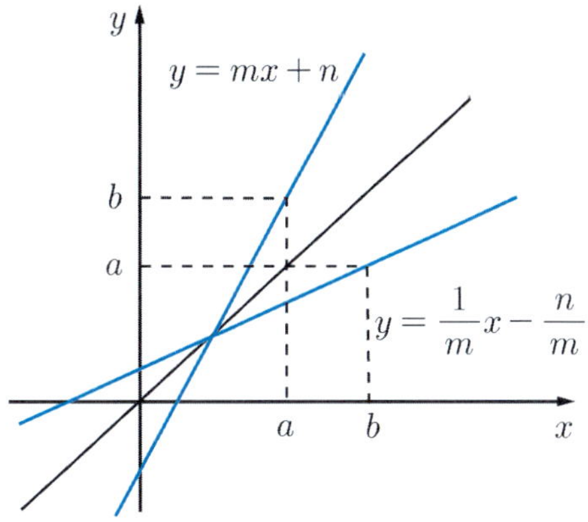

이러한 $f(x) = mx + n$과 $g = f^{-1}$의 기울기에 대한 역수 관계는 선형함수가 아닌 경우에도 역시 성립한다.[12)]

12) 어느 점에서 곡선의 기울기는 그 점에서 접선의 기울기로 정의됨을 기억하자.

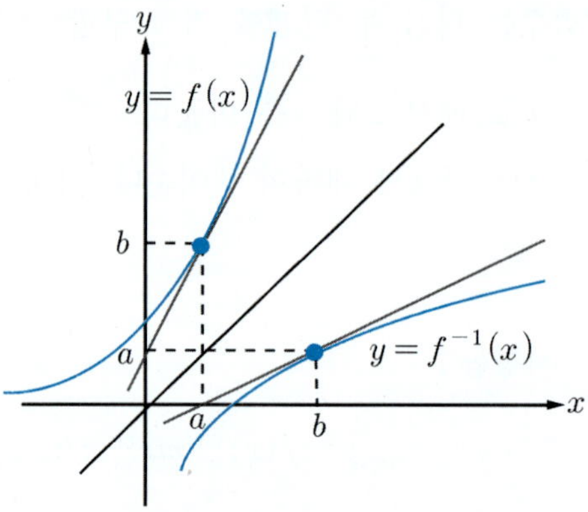

역함수가 존재하는 조건과 미분계수 사이의 관계를 알려주는 다음 정리를 **역함수 정리**(inverse function theorem)라고 한다.

역함수 정리

구간에서 정의된 미분가능한 함수 $y = f(x)$가 정의역의 모든 점에서 $f'(x) \neq 0$이면, f의 역함수 $g = f^{-1}$가 존재하고 미분가능하다. $b = f(a)$에서 $g = f^{-1}$의 미분계수는 다음과 같다.

$$g'(b) = \frac{1}{f'(a)} = \frac{1}{f'(g(b))} \tag{1.2}$$

NOTE

1. 역함수 정리의 결론은 라이프니츠의 표기법을 이용하면 다음과 같이 쓸 수 있다.

$$\frac{dx}{dy} = \frac{1}{dy/dx}$$

2. 역함수가 존재하고 미분가능하다는 것을 안다면 식 (1.2)는 음함수의 미분법으로도 쉽게 보일 수 있다. 즉, $g(f(x)) = x$이므로 양변을 x에 대하여 미분하면

$$g'(f(x))f'(x) = 1$$

이다. $b = f(a)$이면 $a = g(b)$이므로

$$g'(b) = \frac{1}{f'(g(b))}$$

이다.

보기 1 함수 $f(x) = e^x + x$에 대하여 역함수 $g(x) = f^{-1}(x)$가 존재함을 보이고 점 $(1, 0)$에서 $y = g(x)$의 접선의 방정식을 구하여라.

풀이 $f'(x) = e^x + 1 > 0$이므로 모든 실수에 대하여 f는 일대일 대응이고 따라

서 역함수가 존재한다. $f(0)=1$이므로 $g(1)=0$이다. 따라서 $y=f(x)$ 위의 점 (0,1)에 대응하는 $y=g(x)$ 위의 점은 (1,0)이다. $f'(0)=2$이므로,

$$g'(1)=\frac{1}{f'(0)}=\frac{1}{2}$$

이고 역함수의 점 (1,0)에서 접선의 방정식은

$$y-0=\frac{1}{2}(x-1) \quad \Rightarrow \quad y=\frac{1}{2}x-\frac{1}{2}$$

이다. ■

1.4.2 역삼각함수

사인함수 $y=\sin x$는 주기함수이므로 일대일 대응이 아니다. 따라서 실수 전체집합에서 사인함수의 역함수는 정의할 수 없다. 그러나 정의역을 $[-\pi/2, \pi/2]$로 제한하면 사인함수는 $[-\pi/2, \pi/2]$에서 $[-1, 1]$로 가는 일대일 대응이다. 따라서 정의역을 $[-\pi/2, \pi/2]$로 제한한 사인함수는 역함수를 갖는다.

이렇게 정의된 역함수를 **역사인함수**(inverse sine function)라고 부르고

$$y=\arcsin x$$

로 나타낸다.[13)] 역사인함수의 정의역은 $[-1, 1]$이고 치역은 $[-\pi/2, \pi/2]$이다.

$$y=\arcsin x \Leftrightarrow \sin y = x \text{이고 } -\frac{\pi}{2} \le y \le \frac{\pi}{2}$$

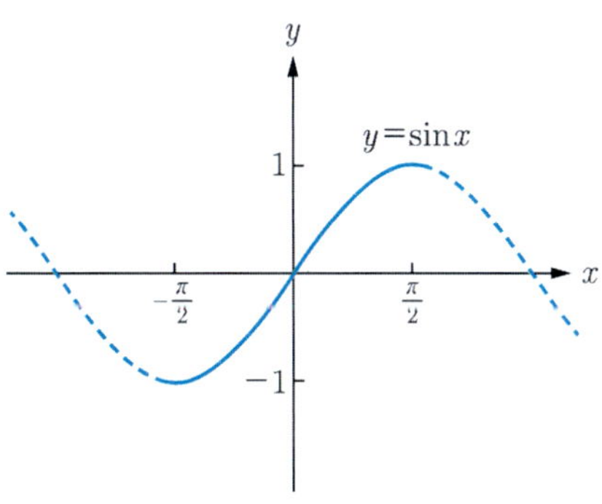

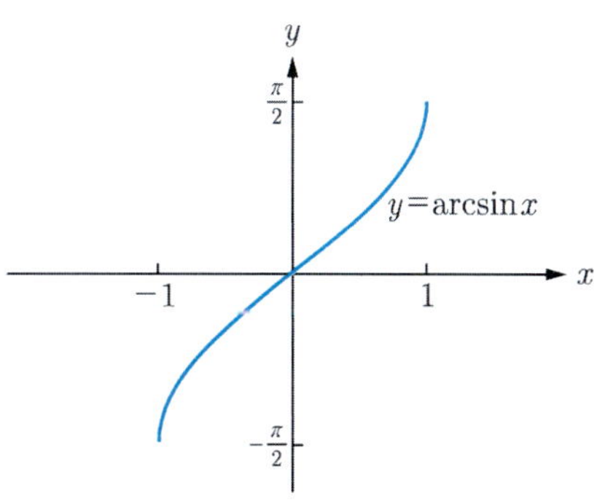

13) 역삼각함수를 $y=\sin^{-1}x$로 표기하기도 한다.

코사인함수 $y = \cos x$의 정의역을 $[0, \pi]$로 제한하여 얻어지는 코사인함수의 역함수를 **역코사인함수**(inverse cosine function)라고 부르고

$$y = \arccos x$$

로 나타낸다. 역코사인함수의 정의역은 $[-1, 1]$이고 치역은 $[0, \pi]$이다.

$$y = \arccos x \Leftrightarrow \cos y = x \text{이고 } 0 \le y \le \pi$$

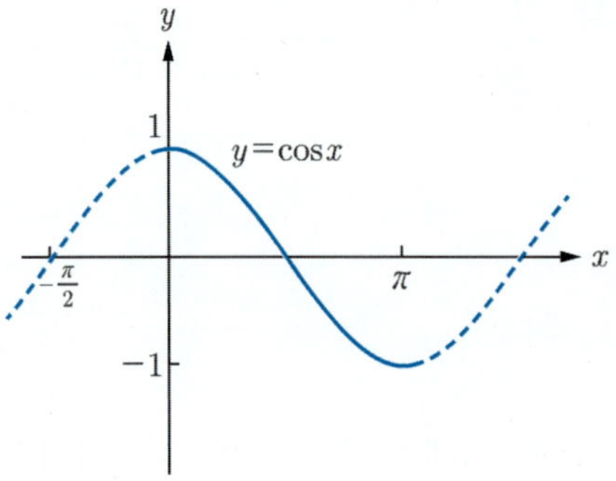

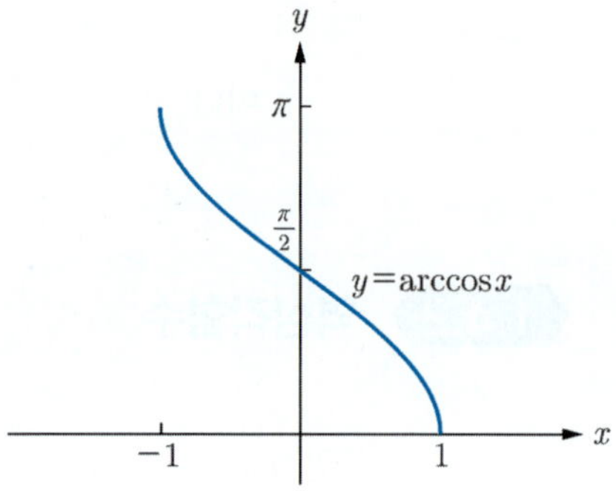

보기 2 다음 값을 구하여라.

(a) $\arcsin\left(\frac{1}{2}\right)$ (b) $\arccos\left(-\frac{1}{2}\right)$ (c) $\tan\left(\arcsin\frac{3}{5}\right)$

풀이 (a) $\sin\frac{\pi}{6} = \frac{1}{2}$이고 $\frac{\pi}{6}$는 $-\frac{\pi}{2}$와 $\frac{\pi}{2}$ 사이에 있으므로

$$\arcsin\left(\frac{1}{2}\right) = \frac{\pi}{6}$$

이다.

(b) $\cos\left(\frac{2\pi}{3}\right) = -\frac{1}{2}$이고 $\frac{2\pi}{3}$는 0과 π 사이에 있으므로

$$\arccos\left(-\frac{1}{2}\right) = \frac{2\pi}{3}$$

이다.

(c) $\theta = \arcsin\left(\frac{3}{5}\right)$이라고 하자. $\sin\theta = \frac{3}{5} > 0$이므로 $0 < \theta < \frac{\pi}{2}$이다. 다음과 같이 한 각이 θ이고 빗변의 길이가 5인 직각삼각형을 그려 보자.

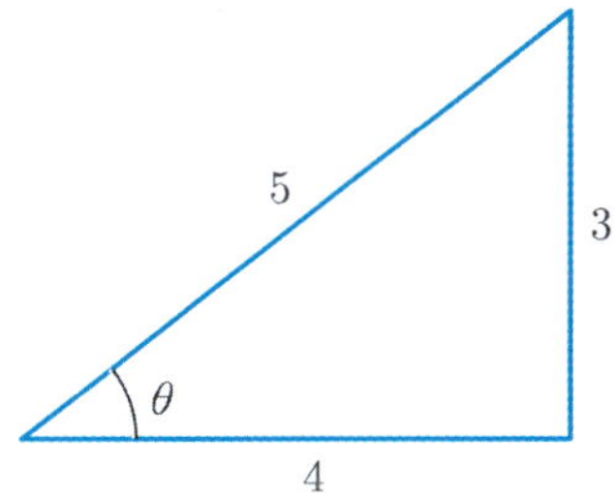

피타고라스 정리에 의하여 밑변의 길이는 4이다. 따라서

$$\tan\left(\arcsin\frac{3}{5}\right) = \tan\theta = \frac{3}{4}$$

이다. ■

탄젠트함수는 정의역을 $(-\pi/2,\ \pi/2)$로 제한하면 일대일 대응이 된다. 따라서 역함수를 정의할 수 있는데 이 역함수를 **역탄젠트함수**(inverse tangent function)라고 부르고

$$y = \arctan x$$

로 나타낸다. 역탄젠트함수의 정의역은 $(-\infty,\ \infty)$이고 치역은 $(-\pi/2,\ \pi/2)$이다.

$$y = \arctan x \iff \tan y = x \text{이고 } -\frac{\pi}{2} < y < \frac{\pi}{2}$$

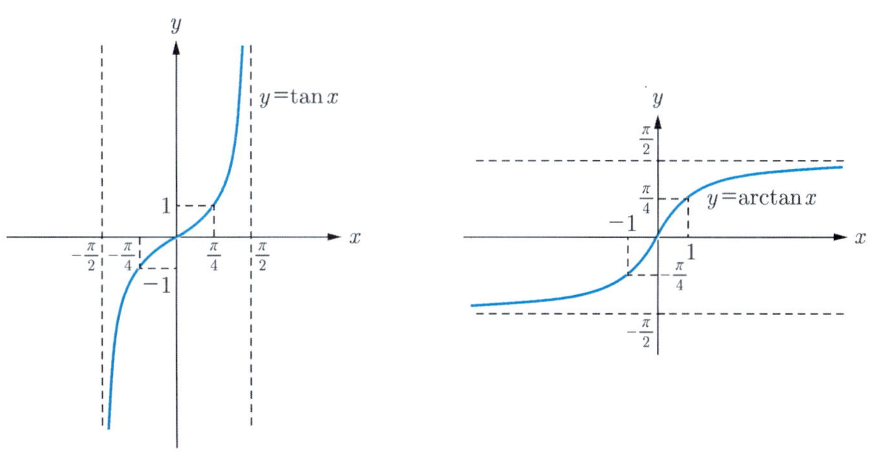

보기 3 $\sin(\arctan x)$를 간단히 하여라.

풀이 $\theta = \arctan x$라고 하자. 그러면 $-\pi/2 < \theta < \pi/2$이다. 다음과 같이 한

각이 θ이고 밑변의 길이가 1인 직각삼각형을 그리자.[14)]

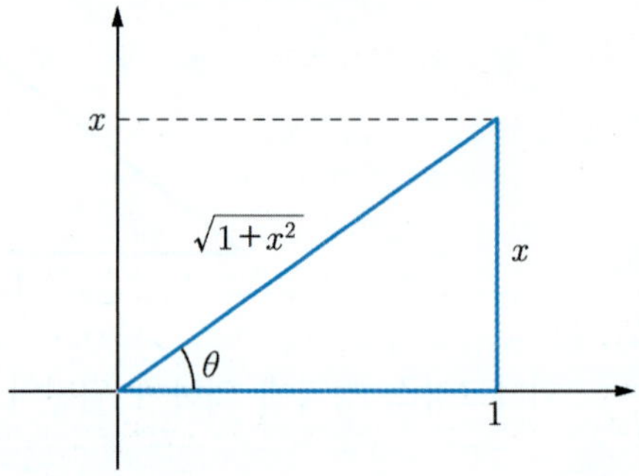

$\tan\theta = x$이므로 삼각형의 높이는 x이고 피타고라스 정리에 의하여 빗변의 길이는 $\sqrt{1+x^2}$이다. 따라서

$$\sin(\arctan x) = \sin\theta = \frac{x}{\sqrt{1+x^2}}$$

이다. ■

역삼각함수

$$y = \arcsin x \Leftrightarrow \sin y = x \text{ and } -\frac{\pi}{2} \le y \le \frac{\pi}{2}$$
$$y = \arccos x \Leftrightarrow \cos y = x \text{ and } 0 \le y \le \pi$$
$$y = \arctan x \Leftrightarrow \tan y = x \text{ and } -\frac{\pi}{2} < y < \frac{\pi}{2}$$

1.4.3 역삼각함수의 도함수

사인함수 $y = f(x) = \sin x$는 모든 점에서 미분가능하고 $-\pi/2 < x < \pi/2$이면

$$y' = \cos x > 0$$

이므로 역함수 정리에 의하여 역사인함수 $y = \arcsin x$는 $-1 < x < 1$일 때 미분가능하다. 다시 역함수 정리의 결과를

$$f(x) = \sin x, \quad g(x) = \arcsin x$$

14) $\theta > 0$이면 삼각형은 1사분면에, $\theta < 0$이면 삼각형은 4사분면에 그려진다.

에 대하여 적용하면

$$\begin{aligned} g'(x) &= \frac{1}{f'(g(x))} = \frac{1}{\cos(\arcsin x)} \\ &= \frac{1}{\sqrt{1-\sin^2(\arcsin x)}} \\ &\left(\because -\frac{\pi}{2} < \arcsin x < \frac{\pi}{2} \Rightarrow \cos(\arcsin x) > 0\right) \\ &= \frac{1}{\sqrt{1-x^2}} \end{aligned}$$

을 얻는다.

$(\tan x)' = \sec^2 x > 0$이므로 역함수 정리에 의하여 역탄젠트함수도 미분가능하다. $y = \arctan x$라고 하면 $x = \tan y$이다. 양변을 x에 대하여 미분하면

$$1 = (\sec^2 y)y' \Rightarrow y' = \frac{1}{\sec^2 y}$$

이고

$$\sec^2 y = 1 + \tan^2 y = 1 + x^2$$

이므로

$$y' = (\arctan x)' = \frac{1}{1+x^2}$$

이다.

역삼각함수의 도함수

$$\frac{d}{dx}(\arcsin x) = \frac{1}{\sqrt{1-x^2}}$$
$$\frac{d}{dx}(\arccos x) = -\frac{1}{\sqrt{1-x^2}}$$
$$\frac{d}{dx}(\arctan x) = \frac{1}{1+x^2}$$

보기 4 나음 함수들의 도함수를 구하여라.

(a) $f(x) = \arcsin\frac{1}{x}$ (b) $g(x) = \arctan\sqrt{x}$

풀이 합성함수의 미분법을 적용한다.

(a) $\left(\arcsin\frac{1}{x}\right)' = \frac{1}{\sqrt{1-(1/x)^2}}\left(\frac{1}{x}\right)'$

$$= \frac{1}{\sqrt{1-1/x^2}}\left(-\frac{1}{x^2}\right) = -\frac{1}{\sqrt{x^4-x^2}}$$

(b) $(\arctan\sqrt{x})' = \frac{1}{1+(\sqrt{x})^2}(\sqrt{x})'$

$$= \frac{1}{1+x}\frac{1}{2\sqrt{x}} = \frac{1}{2\sqrt{x}(1+x)}$$ ■

1.4.4 쌍곡함수

함수 $f(x)$가 정의역의 모든 x에 대하여

$$f(-x) = f(x)$$

를 만족하면 f를 **우함수**(even function)라고 하고 정의역의 모든 x에 대하여

$$f(-x) = -f(x)$$

를 만족하면 f를 **기함수**(odd function)라고 한다. 예를 들어,

$$\cos(-x) = \cos x,\ \sin(-x) = -\sin x$$

이므로 코사인함수는 우함수, 사인함수는 기함수이다. 모든 차수가 짝수인 다항식은 우함수, 모든 차수가 홀수인 다항식은 기함수이다.[15] 예를 들어

$$f(x) = 1-x^2+\frac{1}{x^2},\quad g(x) = x+x^5-\frac{1}{x}$$

일 때, f는 우함수, g는 기함수이다.

NOTE 우함수의 그래프는 항상 y축에 대하여 대칭이다. 반면 기함수의 그래프는 원점에 대하여 대칭이다.

실수에서 정의된 함수 f는 다음과 같이 우함수와 기함수의 합으로 분해하여 쓸 수 있다.

15) 이러한 성질 때문에 우함수를 **짝함수**, 기함수를 **홀함수**라고 부르기도 한다.

$$f(x) = \frac{f(x)+f(-x)}{2} + \frac{f(x)-f(-x)}{2}$$

만약 지수함수 e^x를 이런 방법으로 쓰면 다음과 같다.

$$e^x = \frac{e^x + e^{-x}}{2} + \frac{e^x - e^{-x}}{2}$$

이때 우함수 부분을 **쌍곡코사인함수**(hyperbolic cosine), 기함수 부분을 **쌍곡사인함수**(hyperbolic sine)라고 부른다. 쌍곡코사인함수는 $\cosh x$, 쌍곡사인함수는 $\sinh x$로 나타낸다.

$$\cosh x = \frac{e^x + e^{-x}}{2}, \quad \sinh x = \frac{e^x - e^{-x}}{2}$$

지수함수 e^x는 무한번 미분가능하므로 쌍곡코사인함수와 쌍곡사인함수도 무한번 미분가능하며

$$(\cosh x)' = \sinh x, \quad (\sinh x)' = \cosh x \geq 1$$

이다. $(\sinh x)' > 0$이므로 쌍곡사인함수는 **순증가함수**(strictly increasing function)[16]이다.

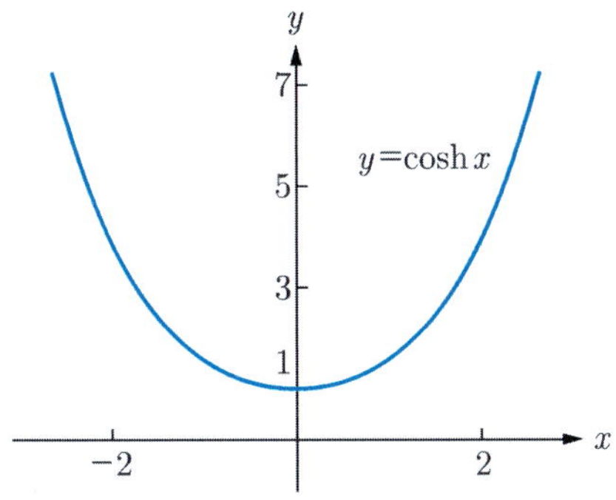

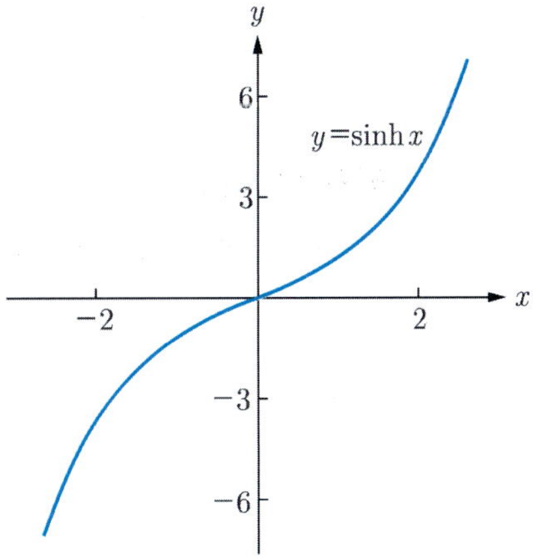

쌍곡함수

쌍곡코사인함수: $\cosh x = \dfrac{e^x + e^{-x}}{2}$, 쌍곡사인함수: $\sinh x = \dfrac{e^x - e^{-x}}{2}$

16) $x_1 < x_2$일 때, $f(x_1) < f(x_2)$이면 f는 순증가함수라고 한다. $x_1 < x_2$일 때, $f(x_1) \leq f(x_2)$이면 f는 증가함수라고 한다.

정의에 의하여

$$\cosh^2 t - \sinh^2 t = \left(\frac{e^t + e^{-t}}{2}\right)^2 - \left(\frac{e^t - e^{-t}}{2}\right)^2 = 1$$

이므로

$$x = \cosh t, \quad y = \sinh t$$

로 놓으면 그 그래프는 **쌍곡선**(hyperbola) $x^2 - y^2 = 1$의 일부가 된다.[17)]

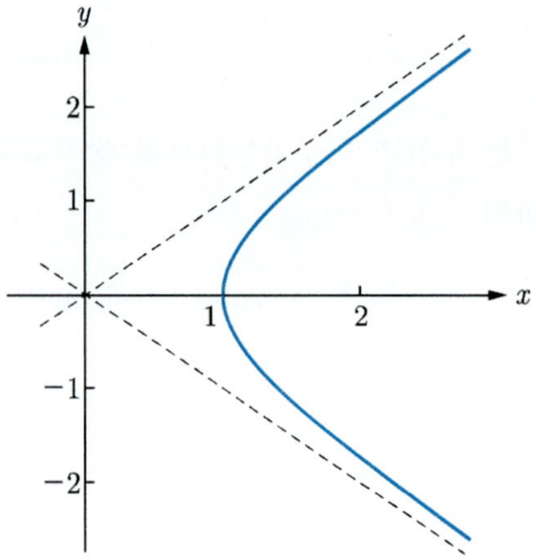

쌍곡선의 매개화

쌍곡함수는 쌍곡선 $x^2 - y^2 = 1$, $x \geq 0$의 매개화에 사용할 수 있다. 즉,

$$x = \cosh t, \quad y = \sinh t$$

라고 하면

$$\cosh^2 t - \sinh^2 t = 1$$

쌍곡탄젠트함수

쌍곡탄젠트함수(hyperbolic tangent)는 쌍곡사인함수와 쌍곡코사인함수의 비로 정의한다.

17) 삼각함수는 원의 매개화에 쓰인다. 즉, 원의 방정식 $x^2 + y^2 = 1$은 $x = \cos t$, $y = \sin t$로 매개화할 수 있다.

$$\tanh x = \frac{\sinh x}{\cosh x} = \frac{e^x - e^{-x}}{e^x + e^{-x}}$$

쌍곡탄젠트함수의 도함수는

$$(\tanh x)' = \left(\frac{\sinh x}{\cosh x}\right)' = \frac{(\sinh x)'\cosh x - \sinh x(\cosh x)'}{\cosh^2 x}$$

$$= \frac{1}{\cosh^2 x}$$

이다. 따라서 쌍곡탄젠트함수는 **순증가함수**(strictly increasing function)이다. 또한

$$\lim_{x\to\infty} \tanh x = 1, \quad \lim_{x\to-\infty} \tanh x = -1$$

이다.

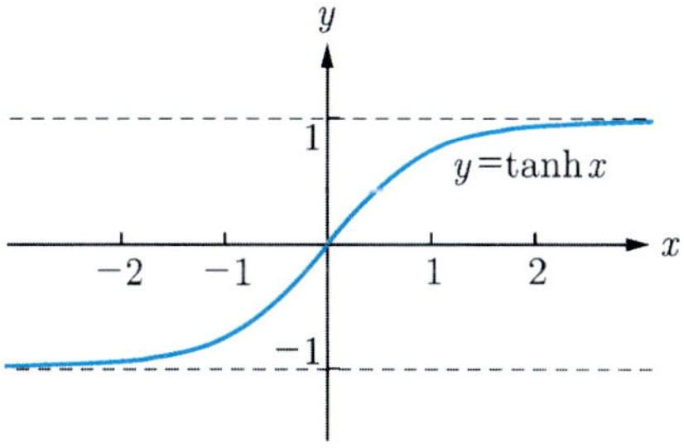

쌍곡함수는 이름이 유사한만큼이나 삼각함수와 유사한 항등식을 만족한다. 예를 들어 다음은 삼각함수의 배각공식과 아주 유사한 형태를 갖는다.[18)]

보기 5 다음 등식이 성립함을 보여라.

$$\sinh 2x = 2\sinh x\cosh x, \quad \cosh 2x = \cosh^2 x + \sinh^2 x$$

풀이 정의를 이용하여 쉽게 보일 수 있다.

$$2\sinh x\cosh x = 2\left(\frac{e^x - e^{-x}}{2}\right)\left(\frac{e^x + e^{-x}}{2}\right)$$

$$= \frac{e^{2x} - e^{-2x}}{2} = \sinh 2x$$

$$\cosh^2 x + \sinh^2 x = \left(\frac{e^x + e^{-x}}{2}\right)^2 + \left(\frac{e^x - e^{-x}}{2}\right)^2$$

$$= \frac{e^{2x} + e^{-2x}}{2} = \cosh 2x$$

■

18) 부호에 유의할 것

1.4.5 쌍곡함수의 역함수

쌍곡사인함수와 쌍곡탄젠트함수는 일대일 대응이므로 역함수가 존재한다. 쌍곡사인함수의 역함수와 쌍곡탄젠트함수의 역함수는

$$y = \sinh^{-1}x, \quad y = \tanh^{-1}x$$

로 각각 나타내기로 한다. 쌍곡사인함수의 역함수는 정의역이 실수의 집합 $\mathbb{R}$인 반면 쌍곡탄젠트함수의 역함수는 정의역이 $-1 < x < 1$이다.

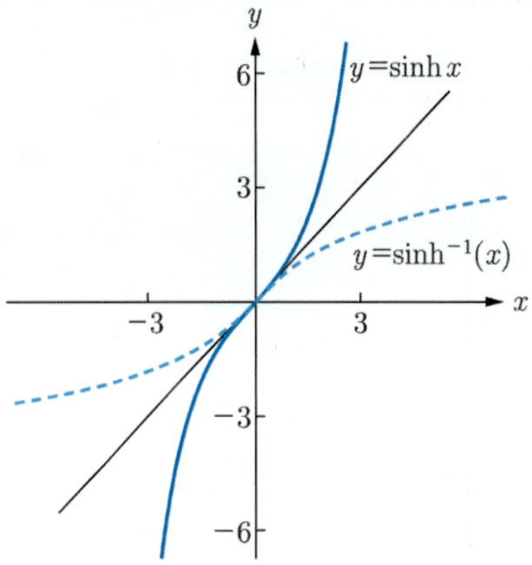

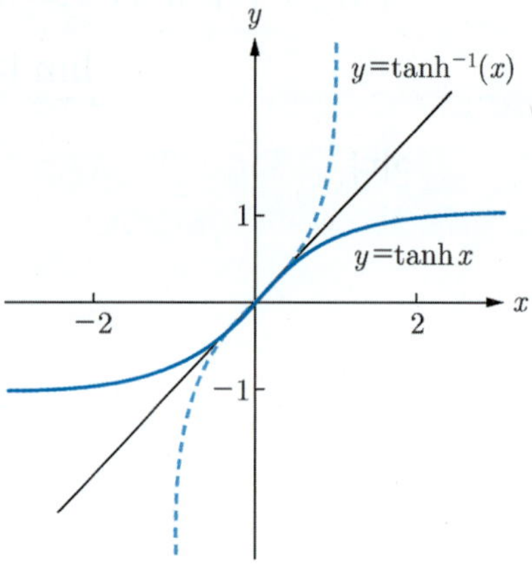

또한 정의역을 $x \geq 0$로 제한하면 쌍곡코사인함수의 역함수도 존재한다. 이때 그 역함수를

$$y = \cosh^{-1}x$$

로 정의한다. $\cosh x \geq 1$이므로 쌍곡코사인함수의 역함수는 정의역이 $x \geq 1$이다. 다음 그림은 쌍곡함수(점선)와 그 역함수(실선)를 같은 평면에 그린 것이다.

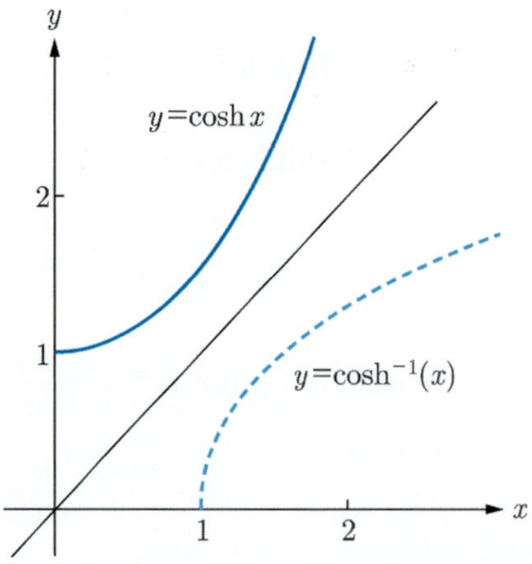

쌍곡함수의 역함수

$$y = \sinh^{-1}x \Leftrightarrow x = \sinh y$$
$$y = \cosh^{-1}x \Leftrightarrow x = \cosh y \text{ and } x \geq 1,\ y \geq 0$$
$$y = \tanh^{-1}x \Leftrightarrow x = \tanh y \text{ and } -1 < x < 1$$

역함수의 미분법과 쌍곡함수의 항등식을 이용하면 역쌍곡함수의 도함수를 구할 수 있다.

보기 6 $\dfrac{d}{dx}\cosh^{-1}x = \dfrac{1}{\sqrt{x^2-1}}$, $(x > 1)$임을 보여라.

풀이 $y = \cosh^{-1}x$라고 하면 $x = \cosh y$, $y \geq 0$이다. 양변을 x에 대하여 미분하면

$$\frac{d}{dx}x = (\sinh y)\frac{dy}{dx}$$

이다. 한편 $\cosh^2 y - \sinh^2 y = 1$이고 $y \geq 0$이므로

$$\sinh y = \sqrt{\cosh^2 y - 1} = \sqrt{x^2 - 1}$$

이다. 따라서

$$\frac{dy}{dx} = \frac{1}{\sinh y} = \frac{1}{\sqrt{x^2-1}}$$

을 얻는다. ■

마지막으로 역쌍곡함수를 다른 형태로 표현해 보고 이 절을 마치기로 한다.

보기 7 $x \geq 1$에 대하여 다음 식이 성립함을 보여라.

$$y = \cosh^{-1}x = \ln(x + \sqrt{x^2-1})$$

풀이 역함수의 정의로부터

$$x = \cosh y = \frac{e^y + e^{-y}}{2}, \quad y \geq 0$$

이므로 양변에 $2e^y$를 곱하면

$$e^{2y} + 1 = 2e^y x \Rightarrow e^{2y} - 2e^y x + 1 = 0$$

을 얻는다. $u = e^y$로 놓으면 u에 대한 이차식

$$u^2 - 2xu + 1 = 0$$

을 얻고 근의 공식에서 $u \geq 1$이므로

$$u = x + \sqrt{x^2 - 1}$$

이다. $u = e^y$이므로 양변에 로그를 취하면

$$y = \ln(x + \sqrt{x^2 - 1})$$

을 얻는다. ■

연습문제 1.4

01 다음 함수의 역함수 $g(x) = f^{-1}(x)$를 구하여라.

(a) $f(x) = \sqrt{11 - 2x}$

(b) $f(x) = \dfrac{2x - 1}{5x + 3}$

(c) $f(x) = e^{\sqrt{x}}$

(d) $f(x) = x^3 + 2$

(e) $f(x) = \ln(x + 1)$

(f) $f(x) = \dfrac{e^x - 1}{e^x + 1}$

02 다음 함수 f는 주어진 구간에서 역함수 $g = f^{-1}$를 가짐을 보이고 주어진 점 $x = b$에서 미분계수 $g'(b)$를 구하여라.

(a) $f(x) = 2x + \sin x - 1, \ -\infty < x < \infty, \ b = -1$

(b) $f(x) = x^3 - 3x^2 + 4x - 5, \ -\infty < x < \infty, \ b = -3$

03 함수 $y = \sqrt{\tan x}$ $\left(0 \leq x < \dfrac{\pi}{2}\right)$의 역함수를 f라고 할 때, $f'(2)$를 구하여라.

04 함수 $y = f(x)$ 위의 점 (a, b)에서의 접선의 방정식이 $y = 2x - 1$이다. $y = f^{-1}(x)$ 위의 점 (b, a)에서 접선의 방정식을 구하여라.

05 다음 값을 구하여라.

(a) $\arcsin\left(-\dfrac{1}{2}\right)$

(b) $\arccos\left(-\dfrac{1}{2}\right)$

(c) $\arcsin(1)$

(d) $\arccos(1)$

(e) $\arcsin\left(\dfrac{\sqrt{3}}{2}\right)$

(f) $\arccos\left(\dfrac{\sqrt{3}}{2}\right)$

(g) $\arcsin(0)$

(h) $\arccos(0)$

(i) $\arctan\left(\dfrac{\sqrt{3}}{3}\right)$

(j) $\arctan(1)$

(k) $\arctan(-\sqrt{3})$

(l) $\arctan(-1)$

06 다음 값을 구하여라.

(a) $\sin\left(\arcsin\left(\dfrac{1}{3}\right)\right)$

(b) $\arcsin\left(\sin\left(\dfrac{\pi}{12}\right)\right)$

(c) $\sin\left(\arcsin\left(-\dfrac{1}{3}\right)\right)$

(d) $\arcsin\left(\sin\left(\dfrac{2\pi}{3}\right)\right)$

(e) $\cos\left(\arccos\left(\dfrac{1}{4}\right)\right)$

(f) $\arccos\left(\sin\left(-\dfrac{\pi}{12}\right)\right)$

(g) $\tan(\arctan(10))$

(h) $\arctan(\tan(\pi))$

(i) $\cos\left(\arcsin\left(\dfrac{5}{13}\right)\right)$

(j) $\sin(\arctan(3))$

(k) $\tan\left(\arccos\left(-\dfrac{3}{4}\right)\right)$

(l) $\sin\left(\arccos\left(\dfrac{3}{5}\right)\right)$

07 다음을 간단히 하여라.

(a) $\cos(\arcsin(x))$

(b) $\tan\left(\arccos\left(\dfrac{x}{2}\right)\right)$

(c) $\sin\left(\arctan(\sqrt{x^2-2x})\right),\ x \geq 2$

08 함수 $f(x) = \ln x + \arctan x$의 역함수 $g = f^{-1}$가 존재함을 보이고 $g'\left(\dfrac{\pi}{4}\right)$의 값을 구하여라.

09 $-1 \leq x \leq 1$에 대하여 다음 식이 성립함을 보여라.

$$\arcsin x + \arccos x = \frac{\pi}{2}$$

10 반지름이 1인 원과 반지름이 $r<1$인 원에 의하여 생긴 초승달 모양(빗금친 부분)의 넓이를 구하여라. 단, 두 원이 만나는 두 점을 이으면 작은 원의 지름이 된다.

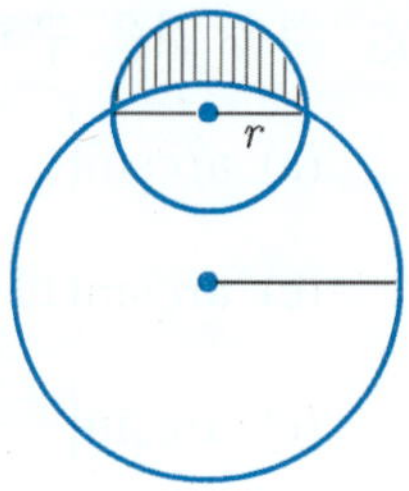

11 $f_i(x)$는 기함수, $g_i(x)$는 우함수일 때($i=1, 2$) 다음 명제가 참이면 증명하고, 거짓이면 반례를 들어라.

(a) $f_1(x)+f_2(x)$는 기함수이다.

(b) $g_1(x)+g_2(x)$는 우함수이다.

(c) $f_1(x)f_2(x)$는 우함수이다.

(d) $g_1(x)g_2(x)$는 우함수이다.

(e) $f_1(x)g_1(x)$는 우함수이다.

(f) $g_1(f_1(x))$는 기함수이다.

12 $\dfrac{d}{dx}\sinh^{-1}x=\dfrac{1}{\sqrt{x^2+1}}$임을 보여라.

13 실수의 집합 $\mathbb{R}$에서 쌍곡사인함수 $y=\sinh x$의 역함수는

$$y=\sinh^{-1}x=\ln\left(x+\sqrt{x^2+1}\right)$$

임을 보이고 이 사실을 이용하여

$$\frac{d}{dx}(\sinh^{-1}x)=\frac{1}{\sqrt{x^2+1}}$$

임을 보여라.

14 $\dfrac{d}{dx}\tanh^{-1}x=\dfrac{1}{1-x^2}$임을 보여라.

15 **문제 14**를 이용하여

$$y=\tanh^{-1}x=\frac{1}{2}\ln\frac{1+x}{1-x}$$

임을 보여라.

16 다음 부등식이 성립함을 보여라.

(a) $|\sin x-\sin y|\le|x-y|,\ x,\ y\in\mathbb{R}$

(b) $|\arcsin x-\arcsin y|\ge|x-y|,\ x,\ y\in[-1,\ 1]$

17 $\cosh x$, $\sinh x$, $\tanh x$ 중 하나의 값이 주어져 있을 때 나머지 함수의 값을 구하여라.

(a) $\sinh x = \sqrt{3}$　　(b) $\cosh x = 3,\ x > 0$

(c) $\tanh x = \dfrac{12}{13}$

18 다음 값을 구하여라.

(a) $\sinh^{-1}\dfrac{5}{12}$　　(b) $\cosh^{-1}\dfrac{5}{4}$

(c) $\tanh^{-1}\dfrac{1}{2}$

19 다음 식을 간단히 하여라.

(a) $2\cosh(\ln x)$　　(b) $\sinh(2\ln x)$

(c) $\tanh(\ln x)$　　(d) $\ln(\cosh 2x + \sinh 2x)$

20 다음 식이 성립함을 보여라.

(a) $\sinh(x+y) = \sinh x \cosh y + \cosh x \sinh y$

(b) $\cosh(x+y) = \cosh x \cosh y + \sinh x \sinh y$

(c) $\tanh(x+y) = \dfrac{\tanh x + \tanh y}{1 + \tanh x \tanh y}$

(d) $\tanh^2 x + \operatorname{sech}^2 x = 1$

(e) $(\cosh x + \sinh x)^n = \cosh nx + \sinh nx$

1.5 뉴턴의 방법

방정식의 해를 찾는 것은 수학에서 아주 오래된 주제이다. 특히, 함수의 최적화(최댓값, 최솟값 구하기) 문제에서 방정식의 해를 구하는 것은 아주 중요한 역할을 한다. 최댓값, 최솟값을 구하려면 함수의 도함수가 0이 되는 점, 즉 임계점을 찾아야 하기 때문이다.

1차방정식 또는 2차방정식의 해를 찾는 것은 아주 간단한 공식(여러분은 이미 중학교 때 이 공식들을 배웠다)에 의하여 가능하다. 약간 더 복잡하긴 하지만 일반적으로 3차, 4차방정식의 해를 구하는 공식도 알려져 있다. 하지만 5차방정식에 대하여는 그런 공식이 존재하지 않는다는 것이 노르웨이의 수학자 **아벨**(Abel)[19]에 의하여 증명되었다.[20]

해를 찾는 일반적인 공식이 존재하지 않는 경우에 대하여 수치적인 방법으로 해의 근삿값을 구하는 방법을 생각해 볼 수 있다. 이 절에서는 이러한 방법들을 살펴보기로 한다.

1.5.1 사잇값 정리

첫 번째로 살펴 볼 방법은 다음의 **사잇값 정리**(intermediate value theorem)를 이용하는 것이다.

> **사잇값 정리**
>
> 함수 f가 닫힌 구간 $[a, b]$에서 연속이고
>
> $$f(a) \neq f(b)$$
>
> 이면 $f(a)$와 $f(b)$ 사이의 임의의 값 r에 대하여
>
> $$f(c) = r$$
>
> 인 점 c가 구간 (a, b)에 적어도 하나 존재한다.

19) Abel, Niels, 1802~1829

20) 일반적으로 5차 이상의 방정식에 대한 결과는 프랑스의 수학자 갈루아에 의하여 증명되었다.

만약 연속함수 f에 대하여 $f(a)\cdot f(b)<0$이면 $f(a)$와 $f(b)$의 부호가 다르므로 $f(c)=0$인 c가 (a, b)에 적어도 하나 존재한다. 다시 말하면

$$f(a)\cdot f(b)<0$$

이면 방정식 $f(x)=0$의 해가 a와 b 사이에 적어도 하나 존재한다.

보기 1 방정식 $x^2-1-\cos x=0$의 양의 해가 있는 구간을 사잇값 정리를 이용하여 구하여라.

풀이 $f(1)=-\cos 1<0$이고

$$f\left(\frac{\pi}{2}\right)=\left(\frac{\pi}{2}\right)^2-1>0$$

이므로 적어도 하나의 해가 구간 $\left(1, \frac{\pi}{2}\right)$에 존재한다. 좀 더 정확한 범위를 구하려면 1보다 크면서 함숫값이 음수가 되는 x와, $\frac{\pi}{2}$보다 작으면서 함숫값이 양수가 되는 x값을 찾아야 한다(아마도 계산기의 도움이 필요할 것 같다). 예를 들어

$$f(1.1)=-0.2435961214,\quad f(1.2)=0.0776422455$$

이므로 1.1과 1.2 사이에 하나의 해가 있다고 말할 수 있다. 또한

$$f'(x)=2x+\sin x$$

는 양수 x에 대하여 항상 양의 값을 가지므로 $y=f(x)$는 순증가함수이다. 따라서 이 해는 $f(x)=0$의 유일한 양의 해이다. ■

보기 2 구간 $[a, b]$에서 정의된 연속함수 f에 대하여 $f(a)$와 $f(b)$가 모두 a보다 크고 b보다 작으면 $f(x_0)=x_0$인 $x_0\in(a,b)$가 존재함을 보여라.21)

풀이 $g(x)=x-f(x)$라고 하자. 그러면 함수 g는 구간 $[a, b]$에서 연속이고

$$g(a)=a-f(a)<0,\quad g(b)=b-f(b)>0$$

이 성립한다. 따라서 $g(x_0)=0$인 $x_0\in(a, b)$가 존재한다. 즉 $f(x_0)=x_0$인 $x_0\in(a, b)$가 존재한다. ■

---

21) 이 결과를 **고정점 정리(fixed point theorem)**라고 한다.

1.5.2 뉴턴의 방법

사잇값 정리를 이용한 방법은 직관적이고 쉽다는 장점을 가지고 있으나 원하는 정확성을 확보하기에는 많은 양의 작업을 필요로 한다. 더군다나 알고리즘을 작성하는 것이 용이하지가 않다는 단점을 갖고 있다.

뉴턴의 방법(Newton's method)[22]은 이런 단점을 보완한 근사법이다. 뉴턴의 방법은 점화관계로 정의되므로 알고리즘을 쉽게 작성할 수 있다. 또한 수렴 속도가 아주 빨라서 대부분의 계산기가 사용하는 방법이기도 하다. 뉴턴의 방법의 기본적인 아이디어는 다음과 같다.

어떤 점 x_0에서 미분가능한 함수 $y = f(x)$는 그 점에서 접선을 가지며 그 함수의 그래프는 점 $(x_0, f(x_0))$ 근방에서 접선과 아주 비슷하다.

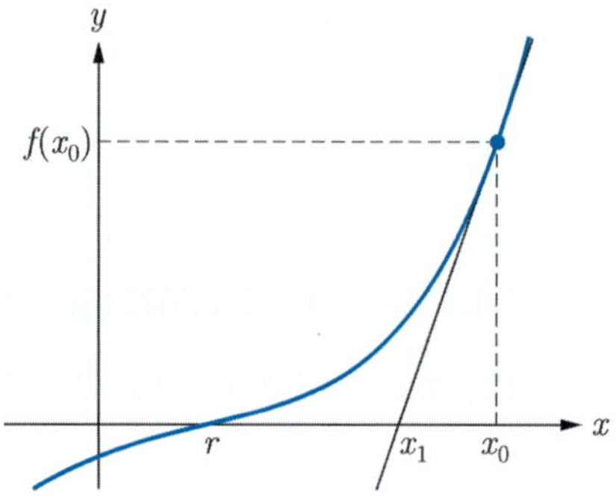

우리가 근사하고자 하는 해를 r이라 하자. 뉴턴의 방법에서 첫 번째 단계는 해에 가까운 초깃값 x_0을 정하는 것이다. 앞서 언급된 방법(사잇값 정리 이용하기)은 초깃값을 정하는 데에 도움이 될 수 있다. 곡선 $y = f(x)$ 위의 점 $(x_0, f(x_0))$에서 그린 접선을 L이라 하면 접선의 방정식은 다음과 같다.

$$y - f(x_0) = f'(x_0)(x - x_0)$$

L의 x 절편을 x_1이라 하면 이때 $y = 0$이므로

$$-f(x_0) = f'(x_0)(x_1 - x_0)$$

이 성립한다. 따라서 $f'(x_0) \neq 0$이면 다음과 같이 첫 번째 근사해 x_1에 관한 관

22) 좀 더 정확하게는 Newton-Raphson 방법이라 한다.

계식을 얻는다. ($f'(x_0)=0$이면 어떤 일이 생기는가?)

$$x_1 = x_0 - \frac{f(x_0)}{f'(x_0)}$$

두 번째 근사해를 구하기 위해서는 x_1을 사용한다. 즉, x_0 대신 x_1을 사용하여 위 과정을 반복하면 두 번째 근사해 x_2에 관한 다음 근사식을 얻는다.

$$x_2 = x_1 - \frac{f(x_1)}{f'(x_1)}$$

이 과정을 계속 반복하면 아래 그림과 같이 근사해의 수열 x_1, x_2, …을 얻게 된다.

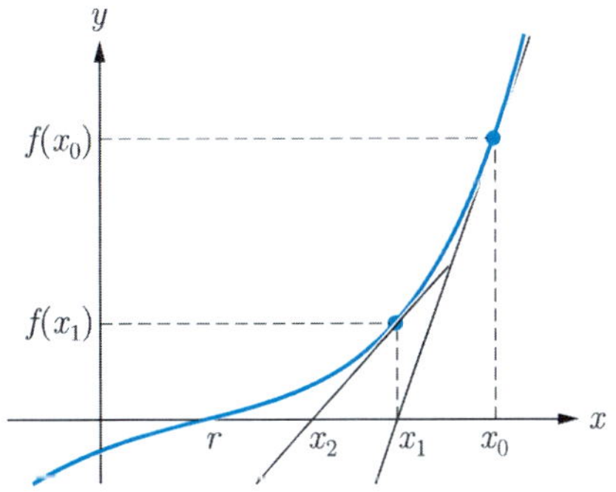

일반적으로 n번째 근사해를 x_n이라 하면 $f'(x_n) \neq 0$일 때, 그 다음 근사해 x_{n+1}은 다음 관계식으로 주어진다.

뉴턴의 방법

$$x_{n+1} = x_n - \frac{f(x_n)}{f'(x_n)} \tag{1.3}$$

보기 3 뉴턴의 방법을 이용하여 $x^3 + x - 1 = 0$의 근사해를 소수 8째 자리까지 구하여라.

풀이 $f(x) = x^3 + x - 1$이라 하자. 그러면

$$f'(x) = 3x^2 + 1$$

이다. f는 순증가함수이고 $f(0) = -1$, $f(1) = 1$이므로 사잇값 정리에

의하여 구간 (0, 1)에 유일한 해가 존재한다는 것을 알 수 있다. 따라서 초깃값을 1로 하여 근사해를 구해 보자. 처음 몇 단계에 대하여 $f(x)$, $f'(x)$, $x-f(x)/f'(x)$의 값을 구하면 다음과 같다.

n	x_n	$f(x_n)$	$f'(x_n)$	$x_{n+1}=x_n-\dfrac{f(x_n)}{f'(x_n)}$
0	1	1	4	0.75
1	0.75	0.17188	2.6875	0.68605
2	0.68605	0.00894	2.41198	0.68234
3	0.68234	2.92310 · 10−5	2.39676	0.68233
4	0.68233	4.70168 · 10−7	2.39671	0.68233
5	0.68233	4.70168 · 10−7	2.39671	0.68233

$n=5$일 때, 소수점 이하 5째 자리에서 반올림하여 4째 자리까지 구하면 $x_5=x_6=0.6823$임에 주목하자.

$$x_{n+1}=x_n$$

이면 식 (1.3) 에서 $f(x_n)=0$임을 알 수 있다. 즉, 0.6823은 소수점 이하 4자리까지 정확한 $f(x)=0$의 근사해이다. ■

알고리즘 Newton(f, x_0, n)은 점화관계로 정의된 뉴턴의 방법을 메이플을 이용하여 만든 것이다. Newton의 내용은 부록을 참고하기 바란다.

보기 4 방정식 $x^5-5x+3=0$의 해를 찾아 보자. 우선 몇 개의 해가 존재하는지 살펴보자. 가장 직관적인 방법은 그래프를 그려 보는 것이다.

$$f(x)=x^5-5x+3$$

이라 하면

$$f'(x)=5x^4-5$$

이므로 임계점은 $x=\pm 1$이다. 각 구간에서 함수의 증감은 다음 표와 같다.

x	$x<-1$	-1	$-1<x<1$	1	$x>1$
$f'(x)$	+	0	−	0	+
$f(x)$	증가	7	감소	−1	증가

함수 $y = f(x)$는 $x = 1$에서 극솟값 -1을 $x = -1$에서 극댓값 7을 갖는다.

이에 유의하여 그래프를 그려보면 다음과 같다.

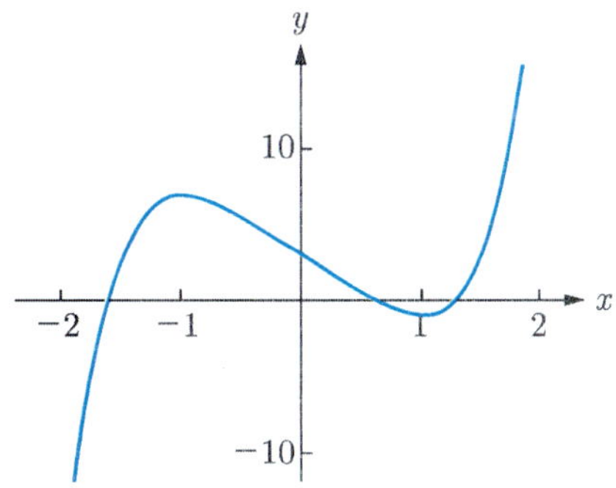

$y = f(x)$는 세 개의 x절편을 가지며 $f(-2) = -19 < 0$, $f(-1) = 7 > 0$, $f(0) = 3 > 0$, $f(1) = -1 < 0$, $f(2) = 25 > 0$이므로 세 개의 x절편은 구간

$$(-2,\ -1),\quad (0,\ 1),\quad (1,\ 2)$$

에 하나씩 존재한다. 먼저 가장 작은 해 r_1을 뉴턴의 방법으로 구해 보자. $x = -1$에서 출발하면 어떤 일이 생기는가?

$$f'(-1) = 0$$

이므로 접선은 x축과 수평이 된다. 따라서 x절편은 존재하지 않는다. (알고리즘 Newton$(x^5 - 5x + 3,\ -1,\ 1)$은 어떤 결과를 주는지 확인해 보아라.)

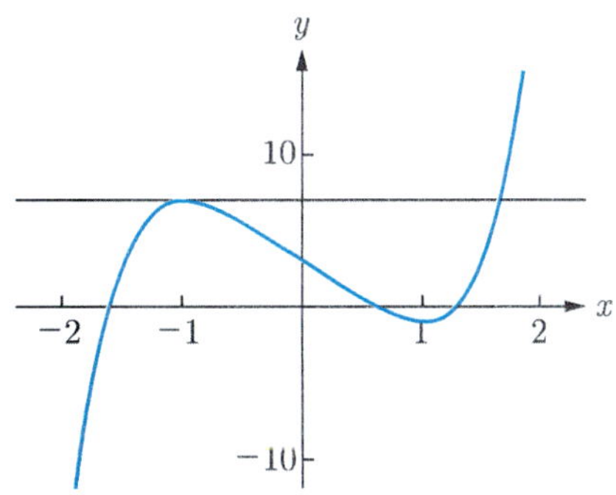

그러므로 새로운 출발점을 선택하여야 한다. $x = -2$를 새로운 출발점으로 하여 뉴턴의 방법을 실행하여 보자. Newton$(x^5 - 5x + 3,\ -2,\ 7)$을 실행하면 다음 결과를 얻는다.

x_1	≒	-1.746666667
x_2	≒	-1.637754258
x_3	≒	-1.618578959
x_4	≒	-1.618034418
x_5	≒	-1.618033989
x_6	≒	-1.618033989
x_7	≒	-1.618033989

x_5와 x_6가 소수점 이하 9째 자리까지 일치하므로 가장 작은 해는 소수점 이하 8째 자리까지 구하면

$$r_1 = -1.61803399$$

이다. 가장 큰 해 r_3를 구하기 위하여 초깃값을 $x = 2$로 선택하면 다음과 같은 결과를 얻는다.

x_1	≒	1.666666667
x_2	≒	1.442524510
x_3	≒	1.320389418
x_4	≒	1.280043896
x_5	≒	1.275729411
x_6	≒	1.275682209
x_7	≒	1.275682204
x_8	≒	1.275682204

따라서 가장 큰 해는

$$r_3 = 1.27568220$$

이다. 나머지 해를 구하는 것은 연습문제로 남긴다. ■

뉴턴의 방법이 항상 유효한 것은 아니다. 뉴턴의 방법으로 만들어진 수열이 수렴한다면 그 극한은 항상 해가 된다는 것이 알려져 있다. 그러나 수열이 항상 수렴하는 것은 아니다.

보기 5 다음 함수는 $x=1$에서 해를 갖는다.

$$f(x)=\begin{cases}\sqrt{x-1} & \text{for} \quad x\geq 1\\ -\sqrt{1-x} & \text{for} \quad x\leq 1\end{cases}$$

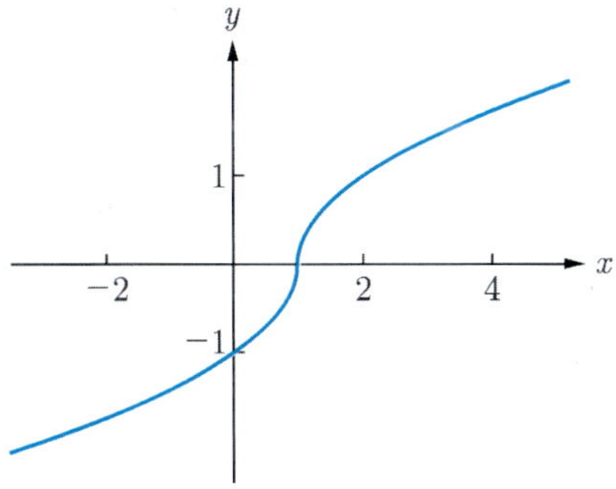

뉴턴의 방법으로 이 해의 근삿값을 구할 수 있는지 살펴보도록 하자. 뉴턴의 방법을 적용시키면 다음 점화관계가 성립한다(연습문제).

$$x_{n+1}=2-x_n$$

따라서 임의의 실수 $h(\neq 0)$에 대하여 $x_0=1+h$로 시작하면 뉴턴의 방법은 다음과 같이 진동하는 수열을 생성한다.

$$x_1=1-h,\quad x_2=1+h$$
$$x_3=1-h,\quad x_4=1+h$$
$$\cdots \qquad \cdots$$

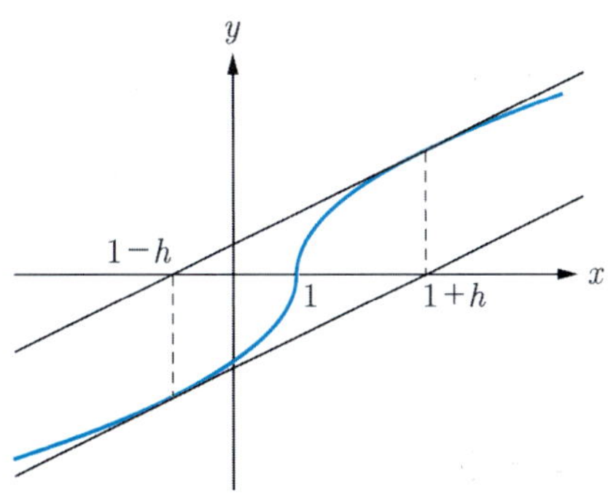

그러므로 이 경우 뉴턴의 방법에 의하여 생성되는 수열은 수렴하지 않으며 따라서 해를 찾는 데에 유효하지가 않다. ■

연습문제 1.5

※ 모든 근삿값은 반올림하여 구한다. 예를 들어서 소수점 이하 2째 자리까지 구하는 것은 소수점 이하 3째 자리에서 반올림하여 계산한다.

01 다음 주어진 방정식에 대해 초깃값을 $x = 2$로 선택했을 때 뉴턴의 방법에 의해 얻은 첫 번째 단계의 근사해 x_1을 각각 구하여라(직접계산). 또 메이플을 이용하여 각각의 방정식에 대해 소수점 이하 9째 자리까지 x_n과 x_{n+1}이 일치하는 최소의 n을 찾고, x_n의 값을 적어라.

(a) $x^3 - 3 = 0$ (b) $x^3 - 3x - 1 = 0$

(c) $x^4 - 4x - 2 = 0$ (d) $x^5 - 10x^3 - 10 = 0$

02 **보기 4**에서 주어진 방정식 $x^5 - 5x + 3 = 0$에 대해 뉴턴의 방법을 이용하여 $x < 1$을 만족하는 해를 모두 구하여라(단, 소수점 이하 9째 자리까지 표기).

03 **문제 01**에 주어진 방정식들에 대해 **문제 01**에서 구한 해 이외에 다른 해가 있는지를 판별하여라. 다른 해가 있다면 뉴턴의 방법을 이용하여 나머지 해를 모두 구하여라. 단, 모든 값은 반올림하여 소수점 이하 9째 자리까지 표기하여라.

04 다음 연립방정식의 해를 구하여라(단, 해들은 모두 소수점 이하 9째 자리까지 표기).

(a) $\begin{cases} y = x \\ y = \cos x \end{cases}$ (b) $\begin{cases} y = x^2 \\ y = e^{-x} \end{cases}$

(c) $\begin{cases} y = x(x-2) \\ x^2 + y^2 = 1 \end{cases}$

05 뉴턴의 방법을 이용하여 아래 주어진 값의 근삿값을 소수점 이하 8째 자리까지 구하여라.

(a) $\sqrt[3]{33}$ (b) $\sqrt[5]{100}$

(c) $\sqrt[7]{777}$

06 **보기 5**에서 주어진 방정식 $f(x)=0$에 대해 뉴턴의 방법을 적용시킬 때, 다음 점화관계가 성립함을 증명하여라.

$$x_{n+1}=2-x_n$$

07 방정식 $1/x-a=0$에 대해 뉴턴의 방법을 적용시킬 때, 다음 점화관계가 성립함을 증명하여라.[23)]

$$x_{n+1}=2x_n-ax_n^2$$

08 **문제 07**을 이용하여 아래 주어진 값에 대해, 소수점 이하 8째 자리까지 근삿값을 구하여라.

(a) $1/3.14156$

(b) $1/2.71828$

(c) $1/2.44948$

---

23) 이 방법을 이용하면 주어진 수 a의 역수 $1/a$를 곱셈과 뺄셈만으로 계산할 수 있다.

CHAPTER 2

함수와 적분

2.1 미적분의 기본정리

2.1.1 정적분의 정의

구간 $[a, b]$를 n 등분하여 양 끝점과 각 분점의 x 좌표를

$$x_0(=a),\ x_1,\ x_2,\ \cdots,\ x_{n-1},\ x_n(=b)$$

이라 하고 부분구간의 길이를

$$\Delta x = \frac{b-a}{n}$$

라 하자. 함수 $f(x)$가 구간 $[x_{k-1}, x_k]$의 임의의 점 x_k^*에 대하여

$$\lim_{n\to\infty}\sum_{k=1}^{n} f(x_k^*)\Delta x$$

의 값이 존재할 때 그 극한값을 함수 f의 $[a, b]$에서의 **리만적분**(Riemann integral)[24] 또는 **정적분**(definite integral)[25]이라 하고, 기호 $\int_a^b f(x)dx$로 나타낸다.

함수 f의 구간 $[a, b]$에서의 리만적분

$$\int_a^b f(x)dx = \lim_{n\to\infty}\sum_{k=1}^{n} f(x_k^*)\Delta x$$

여기서 $\Delta x = \dfrac{b-a}{n}$이고 $x_{k-1} \le x_k^* \le x_k$이다.

NOTE 함수 f가 연속인 경우에는 x_k^*을 어떻게 선택해도 $\sum_{k=1}^{n} f(x_k^*)\Delta x$는 같은 극한값으로 수렴한다는 것이 알려져 있다.

---

24) Bernhard Riemann(1826~1866), 독일의 수학자

25) 적분을 나타내는 기호 $\int$는 합을 나타내는 문자 S를 길게 늘어뜨린 모양이다. 이 기호는 독일의 수학자 라이프니츠에 의하여 고안되었다.

보기 1 다음 극한값을 정적분을 이용하여 나타내어라.

(a) $\lim_{n\to\infty}\frac{1}{n}\left\{\left(\frac{n+1}{n}\right)+\left(\frac{n+2}{n}\right)+\cdots+\left(\frac{n+n}{n}\right)\right\}$

(b) $\lim_{n\to\infty}\frac{1}{n}\left\{\left(\frac{n}{n}\right)^2+\left(\frac{n+2}{n}\right)^2+\cdots+\left(\frac{n+2n-2}{n}\right)^2\right\}$

풀이 (a) $f(x)=1+x$라고 하면 구간의 크기 $\Delta x=1/n$이고 $x_k^*=x_k=k/n$인 경우이다. $x_0=0,\ x_n=1$이므로

$$\begin{aligned}\lim_{n\to\infty}\frac{1}{n}\left\{\left(\frac{n+1}{n}\right)+\left(\frac{n+2}{n}\right)+\cdots+\left(\frac{n+n}{n}\right)\right\}\\ &=\lim_{n\to\infty}\sum_{k=1}^{n}\frac{1}{n}\left(1+\frac{k}{n}\right)=\lim_{n\to\infty}\sum_{k=1}^{n}(1+x_k)\Delta x\\ &=\int_0^1(1+x)dx\end{aligned}$$

이다.

(b) $f(x)=(1+x)^2$이라고 하면 구간의 크기 $\Delta x=2/n$이고 $x_k^*=x_{k-1}=2(k-1)/n$인 경우이다. $x_0=0,\ x_n=2$이므로

$$\begin{aligned}\lim_{n\to\infty}\frac{1}{n}\left\{\left(\frac{n}{n}\right)^2+\left(\frac{n+2}{n}\right)^2+\cdots+\left(\frac{n+2n-2}{n}\right)^2\right\}\\ &=\frac{1}{2}\lim_{n\to\infty}\sum_{k=1}^{n}\frac{2}{n}\left(1+\frac{2(k-1)}{n}\right)^2=\frac{1}{2}\lim_{n\to\infty}\sum_{k=1}^{n}(1+x_{k-1})^2\Delta x\\ &=\frac{1}{2}\int_0^2(1+x)^2dx\end{aligned}$$

이다. ■

NOTE 보기 1의 (b)는 다음과 같이 나타낼 수도 있다. $f(x)=(1+2x)^2$라 하면

$$\Delta x=\frac{1}{n},\quad x_k^*=x_{k-1}=\frac{k-1}{n}$$

이고 $x_0=0,\ x_n=1$이므로

$$\begin{aligned}\lim_{n\to\infty}\frac{1}{n}\left\{\left(1+2\frac{0}{n}\right)^2+\left(1+2\frac{1}{n}\right)^2+\cdots+\left(1+2\frac{n-1}{n}\right)^2\right\}\\ &=\lim_{n\to\infty}\sum_{k=1}^{n}(1+2x_k^*)^2=\int_0^1(1+2x)^2dx\end{aligned}$$

$a \le b$일 때, $\int_a^b f(x)dx$는 함수 $f(x)$의 구간 $[a, b]$에서의 정적분으로

$$\sum_{k=1}^{n} f(x_k^*)\Delta x = \sum_{k=1}^{n} f(x_k^*)\frac{b-a}{n}$$

의 극한값으로 정의한다. 정적분 $\int_b^a f(x)dx$도 같은 방법으로 정의한다. 그러나 이때

$$\Delta x_k = \frac{a-b}{n} = -\frac{b-a}{n}$$

이므로 리만합은 다음과 같다.

$$\begin{aligned}\sum_{k=1}^{n} f(x_k^*)\Delta x_k &= \sum_{k=1}^{n} f(x_k^*)\left(-\frac{b-a}{n}\right)\\ &= -\sum_{k=1}^{n} f(x_k^*)\frac{b-a}{n}\end{aligned}$$

따라서 다음 관계식이 성립한다.

$$\int_b^a f(x)dx = -\int_a^b f(x)dx$$

만약 $a = b$이면 $\Delta x = 0$이므로

$$\int_a^a f(x)dx = 0$$

이다. 정적분의 정의를 이용하여 다음과 같은 정적분의 성질들이 성립함을 보일 수 있다.

정적분의 성질 I

구간 $[a, b]$에서 연속인 두 함수 $f(x)$, $g(x)$에 대하여 다음 관계식이 성립한다.

- $\int_b^a f(x)dx = -\int_a^b f(x)dx$
- $\int_a^b cdx = c(b-a)$
- $\int_a^b [f(x) \pm g(x)]dx = \int_a^b f(x)dx \pm \int_a^b g(x)dx$ (복호동순)
- $\int_a^b cf(x)dx = c\int_a^b f(x)dx$ (c는 상수)

2.1.2 미적분의 기본정리

미분과 적분은 서로 역작용으로 이해할 수 있다. 즉, 어떤 함수를 적분한 후 다시 미분하면 원래의 함수가 되고, 반대로 어떤 함수를 미분한 것을 다시 적분하면 원래의 함수가 된다.[26] 이러한 원리를 **미적분의 기본정리**(Fundamental theorem of calculus)라고 한다.

구간 $[a, b]$에서 연속인 함수 $f(x)$에 대하여

$$F(x) = \int_a^x f(t)dt$$

라고 하자. $f(x) \geq 0$이면 기하학적으로 $F(x)$는 구간 $[a, x]$에서 함수 $y = f(x)$와 x축 사이의 넓이 A를 의미한다.

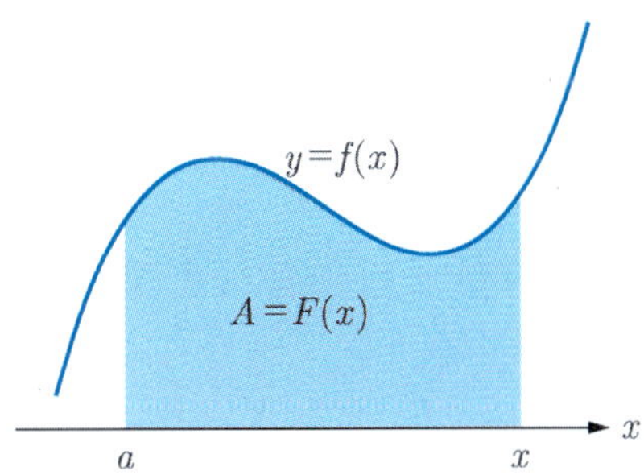

x가 $x+h$까지 변화할 때 $h>0$이면 $F(x+h)-F(x)$는 구간 $[x, x+h]$에서의 넓이이고 $h<0$이면 $F(x+h)-F(x)$는 구간 $[x+h, x]$에서 넓이 $F(x)-F(x+h)$에 (-1)을 곱한 값이다. 구간 $[x, x+h]$ 또는 $[x+h, x]$에서 연속함수 $f(x)$의 최솟값을 m, 최댓값을 M이라고 하자.

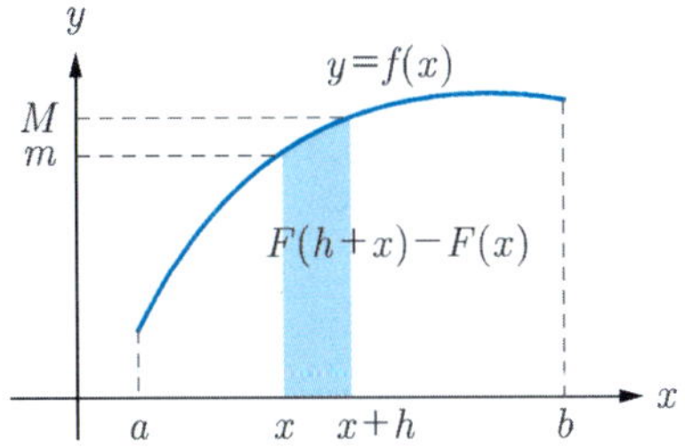

$h>0$

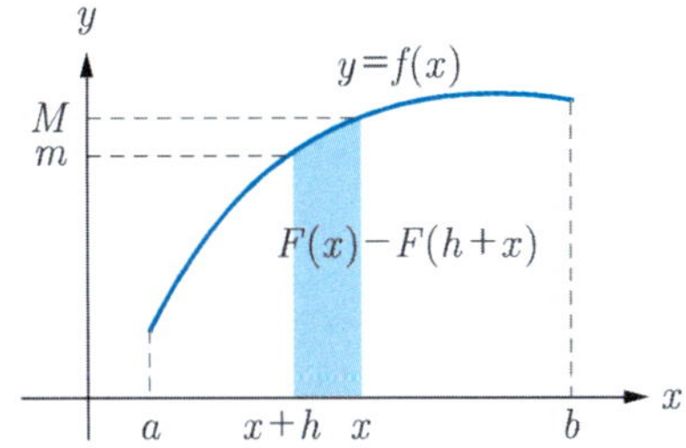

$h<0$

26) 엄밀하게 말하자면 원래의 함수 더하기 상수가 된다.

$h > 0$이면

$$mh \le F(x+h) - F(x) \le Mh$$

이고 $h < 0$이면

$$m(-h) \le F(x) - F(x+h) \le M(-h)$$

이므로 두 경우 모두

$$m \le \frac{F(x+h) - F(x)}{h} \le M$$

이다. 함수 f는 연속이므로 $h \to 0$이면 m, $M \to f(x)$이다. 따라서 다음 등식이 성립한다.

$$F'(x) = \lim_{h \to 0} \frac{F(x+h) - F(x)}{h} = f(x)$$

미적분의 기본정리 I

연속함수 $f(x)$에 대하여 다음 등식이 성립한다.

$$\frac{d}{dx}\left(\int_a^x f(t)dt\right) = f(x)$$

NOTE

1. $F(x) = \int_a^x f(t)dt$라고 하면

$$\int_x^a f(t)dt = -\int_a^x f(t)dt = -F(x)$$

이다. 따라서

$$\frac{d}{dx}\left(\int_x^a f(t)dt\right) = -f(x)$$

가 성립한다.

2. $G(x) = \int_a^{g(x)} f(t)dt$라고 하면

$$G(x) = F(g(x))$$

이다. 따라서 합성함수의 미분법을 사용하면

$$G'(x) = F'(g(x))g'(x) = f(g(x))g'(x)$$

가 성립한다. 다시 말해서 다음 식이 성립한다.

$$\frac{d}{dx}\left(\int_a^{g(x)} f(t)dt\right) = f(g(x))g'(x)$$

보기 2 다음을 구하여라.

(a) $\dfrac{d}{dx}\displaystyle\int_0^x \sin^3 t dt$　　(b) $\dfrac{d}{dx}\displaystyle\int_a^x \frac{1}{1+t^2}dt$

(c) $\dfrac{d}{dx}\displaystyle\int_x^2 2t^2e^t dt$　　(d) $\dfrac{d}{dx}\displaystyle\int_2^{\sqrt{x}} t^2e^{-t^2} dt$

풀이 (a) $f(t) = \sin^3 t$는 모든 t에 대하여 연속이므로

$$\frac{d}{dx}\int_0^x \sin^3 t dt = \sin^3 x$$

이다.

(b) $f(t) = \dfrac{1}{1+t^2}$은 모든 t에 대하여 연속이므로

$$\frac{d}{dx}\int_a^x \frac{1}{1+t^2}dt = \frac{1}{1+x^2}$$

이다.

(c) $\displaystyle\int_x^2 2t^2e^t dt = -\int_2^x 2t^2e^t dt$이고 $f(t) = 2t^2e^t$는 연속이므로

$$\frac{d}{dx}\int_x^2 2t^2e^t dt = -2x^2e^x$$

이다.

(d) $f(t) = t^2e^{-t^2}$는 모든 t에 대하여 연속이므로

$$\begin{aligned}\frac{d}{dx}\int_2^{\sqrt{x}} t^2e^{-t^2} dt &= (\sqrt{x})^2e^{-(\sqrt{x})^2}(\sqrt{x})' \\ &= xe^{-x}\frac{1}{2\sqrt{x}} \\ &= \frac{\sqrt{x}}{2}e^{-x}\end{aligned}$$

이다. ■

2.1.3 역도함수와 부정적분

이제 미적분의 기본정리를 이용하여 정적분의 값을 어떻게 구하는지 살펴보기로 한다. 도함수가 $f(x)$인 함수를 하나 찾았다고 하자. 다시 말해서 어떤 함수 $F(x)$가

$$\frac{d}{dx}F(x) = f(x)$$

를 만족한다고 하자. 이러한 성질을 갖는 함수 $F(x)$를 $f(x)$의 **역도함수**(antiderivative)라고 한다. 예를 들어

$$(x^{n+1})' = (n+1)x^n$$

이므로 $\frac{1}{n+1}x^{n+1}(n \neq -1)$은 x^n의 역도함수이다. 그러면 미적분의 기본정리 I에서

$$\frac{d}{dx}\int_a^x f(t)dt = f(x)$$

이므로 모든 x에 대하여

$$\frac{d}{dx}\left[\int_a^x f(t)dt - F(x)\right] = f(x) - f(x) = 0$$

이다. 도함수가 0인 함수는 상수함수이므로

$$\int_a^x f(t)dt - F(x) = C$$

이다. $x = a$이면 $-F(a) = C$이므로

$$\int_a^x f(t)dt = F(x) - F(a)$$

가 성립한다. $x = b$이면 다음 결과를 얻는다.

미적분의 기본정리 II

함수 $f(x)$가 구간 $[a, b]$에서 연속이라고 하자. 함수 $F(x)$가 $f(x)$의 역도함수이면

$$\int_a^b f(x)dx = F(b) - F(a)$$

이다.

NOTE 1. 미적분의 기본정리 II에서 $F(b) - F(a)$를

$$[F(x)]_a^b \quad \text{또는} \quad F(x)\,\Big|_a^b$$

로 나타내기도 한다. 이 기호에 의하면

$$F'(x) = f(x) \Rightarrow \int_a^b f(x)dx = [F(x)]_a^b$$

로 쓸 수 있다.

2. 미적분의 기본정리 II는 다음과 같이 쓸 수 있다.

$$\int_a^b F'(x)dx = F(b) - F(a)$$

보기 3 다음 정적분을 구하여라.

(a) $\int_1^4 \sqrt{x}\,dx$ (b) $\int_{-2}^2 3x^2 dx$

풀이 (a) $\int_1^4 \sqrt{x}\,dx = \dfrac{1}{1+\frac{1}{2}} x^{1+\frac{1}{2}} \Bigg|_1^4 = \dfrac{2}{3} x\sqrt{x} \Bigg|_1^4$

$$= \frac{2}{3}(4\sqrt{4} - 1\sqrt{1}) = \frac{14}{3}$$

(b) $\int_{-2}^2 3x^2 dx = x^3 \,\Big|_{-2}^2 = (2^3 - (-2)^3) = 16$ ■

보기 4 함수 $F(x) = \int_x^{x+1} (t^3 - t)dt$의 극값을 구하여라.

풀이 $F(x) = \int_0^{x+1}(t^3-t)dt - \int_0^{x}(t^3-t)dt$이므로 미적분의 기본정리에 의하여

$$F'(x) = [(x+1)^3-(x+1)](x+1)' - (x^3-x) = 3x^2+3x = 3x(x+1)$$

이다. 구간별로 함수의 증감을 조사하면

x		-1		0	
$F'(x)$	$+$	0	$-$	0	$+$
$F(x)$	↗	극댓값	↘	극솟값	↗

이므로 $x=-1$일 때 $F(x)$는 극댓값을 갖고 $x=0$일 때 $F(x)$는 극솟값을 갖는다.

$$F(-1) = \int_{-1}^{0}(t^3-t)dt = \left(\frac{1}{4}t^4-\frac{1}{2}t^2\right)\Big|_{-1}^{0} = -\left(\frac{1}{4}-\frac{1}{2}\right) = \frac{1}{4}$$

$$F(0) = \int_0^1(t^3-t)dt = \left(\frac{1}{4}t^4-\frac{1}{2}t^2\right)\Big|_0^1 = \left(\frac{1}{4}-\frac{1}{2}\right) = -\frac{1}{4}$$

이므로 극댓값은 $F(-1)=\frac{1}{4}$, 극솟값은 $F(0) = -\frac{1}{4}$이다. ■

부정적분

위에서 살펴 본 것과 같이 정적분의 값을 구하기 위해서는 함수 $f(x)$의 역도함수를 구하는 것이 필요하다. 이렇게 함수 $f(x)$의 역도함수를 구하는 것을 $f(x)$를 x에 대하여 **적분한다**(integrate)고 하고 함수 $f(x)$를 **피적분함수**(integrand)라고 부른다. $F(x)$가 $f(x)$의 한 역도함수라면 임의의 상수 C에 대하여 다음 식이 성립한다.

$$(F(x)+C)' = f(x)$$

또한 $G(x)$가 $f(x)$의 다른 역도함수라면

$$(F(x)-G(x))' = f(x)-f(x) = 0$$

이다. 즉, 어떤 상수 C에 대하여

$$G(x) = F(x)+C$$

가 성립한다. 따라서 $f(x)$의 모든 역도함수는 임의의 상수 C에 대하여

$$F(x)+C$$

로 나타낼 수 있다. 함수 $f(x)$의 역도함수의 집합을 **부정적분**(indefinite integral)이라 하고

$$\int f(x)dx$$

로 나타낸다. 그러나 집합기호는 쓰지 않으며 다음과 같이 이해하기로 한다.[27]

$$f(x) = F'(x) \Leftrightarrow \int f(x)dx = F(x)+C$$

여기서 상수 C를 **적분상수**(constant of integration)라 한다. 도함수와 부정적분의 관계는 다음과 같이 정리할 수 있다.

도함수와 부정적분

$$\frac{d}{dx}\left(\int f(x)dx\right) = f(x) \ (\text{여기서 } y = f(x)\text{는 연속함수})$$

$$\int f'(x)dx = f(x)+C \ (\text{여기서 } y = f(x)\text{는 미분가능한 함수})$$

연속함수 $f(x)$, $g(x)$의 부정적분을 각각 $F(x)$, $G(x)$라고 하면

$$F'(x) = f(x), \quad G'(x) = g(x)$$

이므로 임의의 상수 k에 대하여

$$[kF(x)]' = kF'(x) = kf(x)$$

$$[F(x) \pm G(x)]' = F'(x) \pm G'(x) = f(x) \pm g(x) \ (\text{복호동순})$$

이다. 따라서 부정적분에 대한 다음 공식이 성립한다.

부정적분의 성질

$$\int kf(x)dx = k\int f(x)dx \ (k\text{는 상수})$$

$$\int [f(x) \pm g(x)]dx = \int f(x)dx \pm \int g(x)dx \ (\text{복호동순})$$

---

27) 엄밀히 말하자면 역도함수와 부정적분을 구분하여 사용하여야 하지만 혼동의 위험이 없는 경우는 두 용어를 구분하지 않고 사용한다.

2.1.4 여러 함수의 부정적분

미분공식으로부터 다음 부정적분은 쉽게 구하여진다.

여러 함수의 부정적분

$$(x^{n+1})' = (n+1)x^n \Rightarrow \int x^n dx = \frac{1}{n+1}x^{n+1} + C \ (n \neq -1)$$

$$(\ln|x+a|)' = \frac{1}{x+a} \Rightarrow \int \frac{1}{x+a}dx = \ln|x+a| + C$$

$$(a^x)' = a^x \ln a \Rightarrow \int a^x dx = \frac{a^x}{\ln a} + C \ (a>0,\ a \neq 1)$$

보기 5 다음 부정적분을 구하여라.

(a) $\int \frac{x^2 - x\sqrt{x}+1}{x^2}dx$　　　(b) $\int (2^x + 2^{-x})dx$

(c) $\int \frac{x}{x^2-1}dx - \int \frac{1}{x^2-1}dx$

풀이 (a) 피적분함수를 간단히 한 후 부정적분을 구하면

$$\int \frac{x^2 - x\sqrt{x}+1}{x^2}dx = \int \left(1 - x^{-\frac{1}{2}} + x^{-2}\right)dx$$

$$= x - \frac{1}{\left(-\frac{1}{2}\right)+1}x^{\left(-\frac{1}{2}\right)+1} + \frac{1}{-2+1}x^{-2+1} + C$$

$$= x - 2\sqrt{x} - \frac{1}{x} + C$$

을 얻는다.

(b) $2^{-x} = \left(\frac{1}{2}\right)^x$ 이므로

$$\int 2^{-x}dx = \int \left(\frac{1}{2}\right)^x dx = \frac{1}{\ln\frac{1}{2}}\left(\frac{1}{2}\right)^x + C = -\frac{1}{\ln 2}2^{-x} + C$$

이다. 따라서

$$\int(2^x+2^{-x})dx = \frac{1}{\ln 2}2^x - \frac{1}{\ln 2}2^{-x}+C = \frac{1}{\ln 2}(2^x-2^{-x})+C$$

이다.

(c) 피적분함수끼리 더한 후 부정적분을 구한다.

$$\begin{aligned}\int\frac{x}{x^2-1}dx-\int\frac{1}{x-1}dx &= \int\frac{x-1}{x^2-1}dx \\ &= \int\frac{1}{x+1}dx \\ &= \ln(x+1)+C\end{aligned}$$ ■

삼각함수의 미분공식으로부터 다음 적분공식을 얻는다.

삼각함수의 적분공식 I

$$(\sin x)' = \cos x \Rightarrow \int\cos x\,dx = \sin x + C$$

$$(\cos x)' = -\sin x \Rightarrow \int\sin x\,dx = -\cos x + C$$

$$(\tan x)' = \sec^2 x \Rightarrow \int\sec^2 x\,dx = \tan x + C$$

$$(\sec x)' = \sec x\tan x \Rightarrow \int\sec x\tan x\,dx = \sec x + C$$

$$(\csc x)' = -\csc x\cot x \Rightarrow \int\csc x\cot x\,dx = -\csc x + C$$

$$(\cot x)' = -\csc^2 x \Rightarrow \int\csc^2 x\,dx = -\cot x + C$$

2.1.5 구간별 적분

함수 $f(x)$가 세 점 a, b, c를 포함하는 구간에서 연속이라고 하자. $F(x)$가 $f(x)$의 한 역도함수라고 하면

$$\begin{aligned}\int_a^c f(x)dx+\int_c^b f(x)dx &= F(c)-F(a)+F(b)-F(c) \\ &= F(b)-F(a) \\ &= \int_a^b f(x)dx\end{aligned}$$

가 성립한다. 이 관계식은 a, b, c의 대소관계에 상관없이 항상 성립한다.

정적분의 성질 II

$$\int_a^b f(x)dx = \int_a^c f(x)dx + \int_c^b f(x)dx$$

다음 그림은 $a \le c \le b$인 경우 $f(x) \ge 0$일 때의 상황을 그래프로 나타낸 것이다.

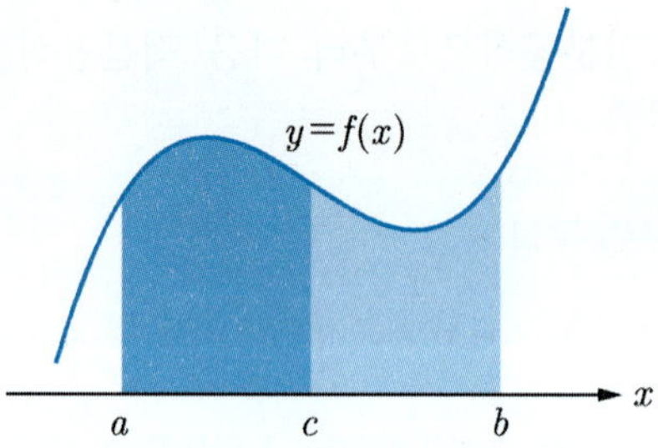

NOTE 정적분의 성질 II는 다음과 같이 차의 형태로도 나타낼 수 있다.

$$\int_c^b f(x)dx = \int_a^b f(x)dx - \int_a^c f(x)dx$$

조각적으로 정의된 함수

연속함수가 구간마다 다르게 정의되어 있으면 전체 구간에서 역도함수를 구하는 것이 어려워진다. 이런 경우 구간별로 정적분을 구하여 더하면 전체 정적분의 값을 구할 수 있다.

보기 6 정적분 $\int_0^2 |x-1|dx$의 값을 구하여라.

풀이 $|x-1| = \begin{cases} x-1, & x \ge 1 \\ 1-x, & x \le 1 \end{cases}$이므로

$$\int_0^2 |x-1|dx = \int_0^1 (1-x)dx + \int_1^2 (x-1)dx$$

$$= \left[x - \frac{1}{2}x^2\right]_0^1 + \left[\frac{1}{2}x^2 - x\right]_1^2$$

$$= \left(1 - \frac{1}{2}\right) + \left[\frac{1}{2}2^2 - 2 - \left(\frac{1}{2} - 1\right)\right]$$

$$= \frac{1}{2} + \frac{1}{2} = 1$$ ■

조각적으로 정의된 함수가 각 구간에서 연속이면 **조각적으로 연속**(piecewise continuous)이라고 한다.

보기 7 $[x]$를 x를 넘지 않는 최대 정수라고 하자. 예를 들어

$$[1] = 1, \quad [1.7] = 1, \quad [-0.9] = -1$$

이다. 다음과 같이 정의된 함수 $f(x)$와 $g(x)$는 모두 정수 n에 대하여 구간 $[n, n+1)$에서 연속이므로 조각적으로 연속이다. ■

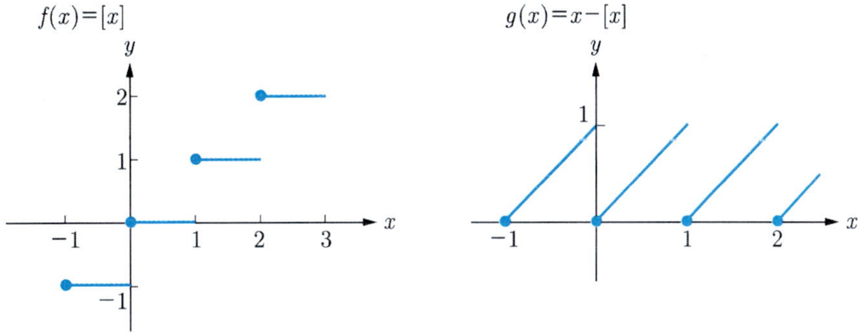

조각적으로 연속인 함수의 정적분은 구간별 적분의 합으로 정의한다. 예를 들어, 구간 $[a, c)$에서 연속인 함수 $g(x)$와 구간 $(c, b]$에서 연속인 함수 $h(x)$에 대하여

$$f(x) = \begin{cases} g(x), & x \in [a, c) \\ h(x), & x \in (c, b] \\ f(c), & x = c \end{cases}$$

라고 하자. 그러면 구간 $[a, b]$에서 $f(x)$의 정적분은 다음과 같이 정의한다.

$$\int_a^b f(x)dx = \int_a^c g(x)dx + \int_c^b h(x)dx$$

이러한 정의는 명백한 방법으로 조각적으로 연속인 함수에 대하여 확장된다.

보기 7에 주어진 함수 $f(x)$, $g(x)$에 대하여

$$\int_{-1}^{2} f(x)dx = \int_{-1}^{0}(-1)dx + \int_{0}^{1}(0)dx + \int_{1}^{2}(1)dx$$
$$= -1+0+1 = 0$$

$$\int_{-1}^{2} g(x)dx = \int_{-1}^{0} g(x)dx + \int_{0}^{1} g(x)dx + \int_{1}^{2} g(x)dx$$
$$= 3 \cdot \frac{1}{2} = \frac{3}{2}$$

이 성립한다. 마지막 식에서 각 적분은 밑변이 1이고 높이가 1인 직각이등변삼각형의 넓이와 같다.

연습문제 2.1

01 다음 극한값을 정적분을 이용하여 나타내어라.

(a) $\lim_{n\to\infty}\sum_{k=0}^{n-1}\frac{k^3}{n^4}$

(b) $\lim_{n\to\infty}\sum_{k=1}^{n}\frac{1}{n}\left(1+\frac{k^3}{n^3}\right)$

(c) $\lim_{n\to\infty}\sum_{k=1}^{n}\frac{1}{n}\left(\frac{(n+k)^3}{n^3}\right)$

(d) $\lim_{n\to\infty}\sum_{k=1}^{n}\frac{1}{n}\left(1+\frac{(2k)^3}{n^3}\right)$

02 연속인 두 함수 $f(x)$, $g(x)$에 대하여

$$\int_{1}^{2} f(x)dx = -2, \quad \int_{1}^{4} f(x)dx = 6, \quad \int_{1}^{4} g(x)dx = 11$$

일 때, 다음을 구하여라.

(a) $\int_{2}^{4} f(x)dx$

(b) $\int_{4}^{1} g(x)dx$

(c) $\int_{1}^{4}[2f(x)-g(x)]dx$

03 구간 $[a, b]$에서 연속함수 $f(x)$가 최댓값 M, 최솟값 m을 갖는다고 하자. 즉, $x \in (a, b)$일 때

$$m \le f(x) \le M$$

이 성립한다면 다음 부등식이 성립함을 보여라.

$$m(b-a) \le \int_a^b f(x)dx \le M(b-a)$$

04 함수 f의 구간 $[a, b]$에서의 평균 $\overline{f}$는 다음과 같이 정의한다.

$$\overline{f} = \frac{1}{b-a}\int_a^b f(x)dx$$

(a) $\int_a^b (f(x) - \overline{f})dx = 0$임을 보여라.

(b) f가 연속이면

$$f(c) = f$$

가 되는 점 $c \in (a, b)$가 존재함을 보여라.

(c) $u(t) = \int_a^b (f(x) - t)^2 dx$라고 하자. $u(t)$는 $t = \overline{f}$일 때 최솟값을 가짐을 보여라.

[**Hint.** $u(t)$는 t에 관한 이차식이다.]

05 함수 $f(x) = \sqrt{4 - x^2}$의 구간 $[0, 2]$에서의 평균 $\overline{f}$를 구하여라.

06 f가 구간 $[a, b](a < b)$에서 연속인 함수이고

$$\int_a^b f(x)dx = 0$$

이면 $f(c) = 0$인 $c \in (a, b)$가 존재함을 보여라.

07 다음 함수의 도함수를 구하여라.

(a) $f(x) = \int_1^x \frac{1}{1+t^2}dt$

(b) $g(x) = \int_{-1}^x e^{-t^2/2}dt$

(c) $f(x) = \int_1^{\sqrt{x}} t^2 \cos(t^2)dt$

(d) $f(x) = \int_0^{\sin x} \frac{1}{\sqrt{1-t^2}}dt, \ |x| < \frac{\pi}{2}$

(e) $f(x)=\int_{\tan x}^{0}\frac{1}{1+t^2}dt$

(f) $f(x)=\int_{-x}^{x}\frac{1-t^2}{1+t^2}dt$

(g) $f(x)=\int_{x^2}^{e^{2x}}\frac{1}{\sqrt{t}}dt,\ x>0$

(h) $f(x)=\int_{\arcsin x}^{\arccos x}\sin t\,dt$

08 다음 극한값을 구하여라.

(a) $\lim_{x\to 1}\frac{1}{x-1}\int_1^x e^{-t^2}dt$

(b) $\lim_{x\to 1}\frac{1}{x^2-1}\int_1^x e^{-t^2}dt$

(c) $\lim_{x\to 0}\frac{1}{x^3}\int_0^x \frac{t^2}{t^4+1}dt$

(d) $\lim_{x\to 0+}\frac{1}{x\sqrt{x}}\int_0^{\sqrt{x}}\frac{t^2}{t^4+1}dt$

09 다음에 주어진 $F(x)$는 $f(x)$의 역도함수임을 보여라.

(a) $F(x)=\frac{1}{2}\tan(2x-1),\ f(x)=\sec^2(2x-1)$

(b) $F(x)=xe^x-e^x,\ f(x)=xe^x$

(c) $F(x)=\frac{1}{2}\tan^2 x,\ f(x)=\tan x\sec^2 x$

(d) $F(x)=\frac{1}{a}\arctan\left(\frac{x}{a}\right),\ f(x)=\frac{1}{a^2+x^2}$

(e) $F(x)=\arcsin\left(\frac{x}{a}\right),\ a>0,\ f(x)=\frac{1}{\sqrt{a^2-x^2}}$

(f) $F(x)=x\arctan x-\frac{1}{2}\ln(x^2+1),\ f(x)=\arctan x$

(g) $F(x)=\ln|\tan x+\sec x|,\ f(x)=\sec x$

10 다음 부정적분을 구하여라.

(a) $\int x^{-1/3}dx$

(b) $\int\frac{x\sqrt{x}+\sqrt{x}}{x^2}dx$

(c) $\int x^{-2}(x+x^{-1})dx$

(d) $\int\frac{1}{x^2+x}dx+\int\frac{x}{x^2+x}dx$

(e) $\int\frac{1}{2-x}dx$

(f) $\int\frac{1}{1-x^2}dx$

(g) $\int e^{2x}dx$

(h) $\int(\sqrt{2})^x dx$

(i) $\int(1+2\tan^2 x)dx$

(j) $\int\sec x(\tan x+\sec x)dx$

11 다음 정적분의 값을 구하여라.

(a) $\int_0^{\pi} |\cos x|\, dx$

(b) $\int_0^4 (x\sqrt{x}+1)^2 dx + \int_0^4 (x\sqrt{x}-1)^2 dx$

(c) $\int_1^3 x^{-2}(x+x^{-1})dx$

(d) $\int_{-1}^1 \frac{1}{2+|x|} dx$

(e) $\int_{-\pi/4}^{\pi/4} |\sec x \tan x|\, dx$

(f) $\int_{-1}^2 |x-x^2|\, dx$

(g) $\int_0^1 (x-[2x])dx$, 여기서 $[x]$는 x를 넘지 않는 최대정수를 의미한다.

12 역함수가 존재하는 연속함수 $y=f(x)$에 대하여 다음 조건이 성립한다.

$$f(0)=0, \quad f(1)=1, \quad \int_0^1 f(x)dx = A$$

(a) A의 범위를 구하여라.

(b) $g=f^{-1}$일 때 $\int_0^1 g(x)dx$를 구하여라.

13 역함수가 존재하는 연속함수 $y=f(x)$에 대하여 다음 조건이 성립한다.

$$f(0)=0, \quad f(a)=b, \quad \int_0^a f(x)dx = A, \quad a>0, \quad b>0$$

(a) A의 범위를 구하여라.

(b) $g=f^{-1}$일 때 $\int_0^b g(x)dx$를 구하여라.

14 다음 극한값을 구하여라.

$$\lim_{n\to\infty} \sum_{k=1}^{n} \frac{1}{n+k}$$

2.2 적분기법*

미적분의 기본정리에서 볼 수 있듯이 정적분을 구하기 위해서는 부정적분을 구하는 것이 필수적이다. 미분과 적분은 역작용으로 이해할 수 있으므로 모든 미분법칙에는 대응되는 적분법칙이 있다. 예를 들어 **치환적분법**(integration by substitution)은 미분의 연쇄법칙에 대응하는 방법이다. 곱의 미분에 대응하는 적분법은 **부분적분법**(integration by parts)이라고 불린다.

2.2.1 치환적분법

치환법칙은 미분에서의 연쇄법칙과 밀접한 관계가 있다. 예를 들어, 다음 부정적분을 구한다고 하자.

$$\int 2x(x^2+1)^2 dx$$

$2x(x^2+1)^2 = 2x^5+4x^3+2x$이므로

$$\begin{aligned}\int 2x(x^2+1)^2 dx &= \int (2x^5+4x^3+2x)dx \\ &= \frac{1}{3}x^6+x^4+x^2+C \\ &= \frac{1}{3}(x^6+3x^4+3x^2+1)+C' \\ &= \frac{1}{3}(x^2+1)^3+C'\end{aligned}$$

을 얻는다. 여기서 $C' = C-\frac{1}{3}$이다. 그러나 연쇄법칙을 이용하여 미분을 구하면

$$\left(\frac{1}{3}(x^2+1)^3\right)' = 3\frac{1}{3}(x^2+1)^2(x^2+1)' = 2x(x^2+1)^2$$

이므로

$$\int 2x(x^2+1)^2 dx = \frac{1}{3}(x^2+1)^3 + C$$

임을 알 수 있다. 일반적으로 함수 $u = g(x)$가 미분가능하고 함수 $f(u)$의 한 부정적분이 $F(u)$일 때, 연쇄법칙에 의하여

$$\begin{aligned}[F(g(x))]' &= F'(g(x))g'(x) \\ &= f(g(x))g'(x)\end{aligned}$$

를 얻는다. 즉, $F(g(x))$는 $f(g(x))g'(x)$의 부정적분이다.

$$\int f(g(x))g'(x)dx = F(g(x)) + C = F(u) + C$$

이다. $\int f(u)du = F(u) + C$이므로 다음 공식을 얻는다.

$$\int f(g(x))g'(x)dx = F(u) + C = \int f(u)du$$

이렇게 합성함수 $f(g(x))$에서 $g(x)$를 u로 치환하여 적분하는 방법을 **치환적분법**(integration by substitution)이라고 한다.

치환적분법

함수 $u = g(x)$가 미분가능할 때 다음 식이 성립한다.

$$\int f(g(x))g'(x)dx = \int f(u)du$$

NOTE 라이프니츠의 표기법을 이용하면 위 식은 다음과 같이 쓸 수 있다.

$$\int f(g(x))g'(x)dx = \int f(u)\frac{du}{dx}dx = \int f(u)du$$

따라서 $u = g(x)$일 때 $\frac{du}{dx} = g'(x)$를

$$du = g'(x)dx$$

로 나타내기로 한다.

보기 1 다음 부정적분을 구하여라.

(a) $\int \sqrt{2x+1}\,dx$ (b) $\int \frac{x}{\sqrt{1-2x^2}}dx$

(c) $\int \frac{\ln x}{x}dx$ (d) $\int xe^{-x^2/2}dx$

풀이 (a) $u = 2x+1$이라고 하면 $du = 2dx$이므로 $dx = \frac{1}{2}du$이다. 따라서

$$\begin{aligned}\int\sqrt{2x+1}\,dx &= \frac{1}{2}\int\sqrt{u}\,du \\ &= \frac{1}{2}\frac{1}{1+\frac{1}{2}}u^{3/2}+C \\ &= \frac{1}{3}(2x+1)^{3/2}+C\end{aligned}$$

이다.

(b) $u = 1-2x^2$이라고 놓으면

$$-4x\,dx = du \quad \text{또는} \quad x\,dx = -\frac{1}{4}du$$

이다.

$$\begin{aligned}\int\frac{x}{\sqrt{1-2x^2}}dx &= -\frac{1}{4}\int\frac{1}{\sqrt{u}}\,du \\ &= -\frac{1}{4}\frac{1}{1-\frac{1}{2}}u^{1/2}+C \\ &= -\frac{1}{2}(1-2x^2)^{1/2}+C\end{aligned}$$

(c) $u = \ln x$라고 놓으면 $du = dx/x$이다.

$$\int\frac{\ln x}{x}dx = \int u\,du = \frac{1}{2}u^2+C = \frac{1}{2}(\ln x)^2+C$$

(d) $u = x^2/2$라고 놓으면 $du = x\,dx$이므로

$$\begin{aligned}\int xe^{-x^2/2}dx &= \int e^{-u}du \\ &= -e^{-u}+C = -e^{-x^2/2}+C\end{aligned}$$

이다. ■

$f'(x)/f(x)$의 적분

$f(x)\neq 0$인 분수함수 $\frac{f'(x)}{f(x)}$의 부정적분을 구하여 보자. $u = f(x)$라고 하면

$$du = f'(x)dx$$

이므로 다음 결과를 얻는다.

$$\int \frac{f'(x)}{f(x)}dx = \int \frac{1}{u}du = \ln|u| + C$$
$$= \ln|f(x)| + C$$

보기 2 다음 부정적분을 구하여라.

(a) $\int \tan x\, dx$ (b) $\int \sec x\, dx$

풀이 (a) $\tan x = \dfrac{\sin x}{\cos x}$ 이므로 $u = \cos x$로 치환하자.

$$du = -\sin x\, dx$$

이므로

$$\int \tan x\, dx = \int \frac{\sin x}{\cos x}dx = -\int \frac{1}{u}du$$
$$= -\ln|u| + C = -\ln|\cos x| + C$$
$$= \ln|\sec x| + C$$

이다.

(b) $(\sec x + \tan x)' = \sec x \tan x + \sec^2 x = \sec x(\tan x + \sec x)$이므로

$$u = \sec x + \tan x$$

로 치환하면

$$du = \sec x(\tan x + \sec x)dx$$

이다. 따라서

$$\int \sec x\, dx = \int \sec x\left(\frac{\sec x + \tan x}{\sec x + \tan x}\right)dx$$
$$= \int \frac{1}{u}du = \ln|u| + C$$
$$= \ln|\sec x + \tan x| + C$$

이다. ■

2.2.2 정적분의 치환적분법

이제 정적분 $\int_a^b f(g(x))g'(x)\,dx$를 구하는 방법을 알아 보기로 하자. $F(u)$가 $f(u)$의 한 역도함수라면 부정적분의 치환적분법에 의하면 $u=g(x)$일 때

$$\int f(g(x))g'(x)\,dx = \int f(u)\,du = F(u)+C = F(g(x))+C$$

이다. 따라서

$$\begin{aligned}\int_a^b f(g(x))g'(x)\,dx &= F(g(b))-F(g(a)) \\ &= \int_{g(a)}^{g(b)} f(u)\,du\end{aligned}$$

를 얻는다.

정적분의 치환적분법

구간 $(a,\ b)$에서 g'이 연속이고 f가 $u=g(x)$의 치역에서 연속이면 다음 식이 성립한다.

$$\int_a^b f(g(x))g'(x)\,dx = \int_{g(a)}^{g(b)} f(u)\,du$$

보기 3 **보기 1**의 결과를 이용하여 다음 정적분을 구하여라.

(a) $\int_0^4 \sqrt{2x+1}\,dx$ (b) $\int_0^{0.5} \frac{x}{\sqrt{1-2x^2}}\,dx$

(c) $\int_1^e \frac{\ln x}{x}\,dx$ (d) $\int_0^2 xe^{-x^2/2}\,dx$

풀이 (a) $u=g(x)=2x+1$이라고 하면 $g(0)=1,\ g(4)=9$이다.
$f(u)=\sqrt{u}$는 구간 $[1,\ 9]$에서 연속이므로

$$\begin{aligned}\int_0^4 \sqrt{2x+1}\,dx &= \frac{1}{2}\int_1^9 \sqrt{u}\,du = \frac{1}{3}u^{3/2}\Big|_1^9 \\ &= \frac{1}{3}(3^3-1^3) = \frac{26}{3}\end{aligned}$$

이다.

(b) $u = g(x) = 1-2x^2$이라고 놓으면 $g(0) = 1$, $g(0.5) = 0.5$이다.

$f(u) = \dfrac{1}{\sqrt{u}}$은 구간 $[0.5, 1]$에서 연속이고

$$\begin{aligned}\int_0^{0.5} \frac{x}{\sqrt{1-2x^2}}\,dx &= -\frac{1}{4}\int_1^{0.5} \frac{1}{\sqrt{u}}\,du \\ &= -\frac{1}{2}u^{1/2}\Big|_1^{0.5} \\ &= \frac{1}{2}(1-\sqrt{0.5})\end{aligned}$$

이다.

(c) $u = g(x) = \ln x$라고 놓으면 $g(1) = 0$, $g(e) = 1$이고 $f(u) = u$는 구간 $[0, 1]$에서 연속이다.

$$\int_1^e \frac{\ln x}{x}\,dx = \int_0^1 u\,du = \frac{1}{2}u^2\Big|_0^1 = \frac{1}{2}$$

이다.

(d) $u = g(x) = x^2/2$라고 놓으면 $g(0) = 0$, $g(2) = 2$이므로

$$\int_0^2 xe^{-x^2/2}\,dx = \int_0^2 e^{-u}\,du = -e^{-u}\Big|_0^2 = 1-e^{-2}$$

이다. ■

2.2.3 대칭함수의 적분

적분구간이 원점에 대하여 대칭인 경우, 즉 적분구간이 $[-a, a]$인 경우 피적분함수의 대칭성을 이용하면 정적분을 간단히 구할 수 있다. 연속함수 f에 대하여 정적분의 성질을 사용하면

$$\begin{aligned}\int_{-a}^{a} f(x)\,dx &= \int_{-a}^{0} f(x)\,dx + \int_0^a f(x)\,dx \\ &= -\int_0^{-a} f(x)\,dx + \int_0^a f(x)\,dx\end{aligned}$$

이다. 마지막 식의 첫 번째 정적분에서 $u = -x$로 치환하면 $du = -dx$이고

$x = -a$일 때 $u = a$이다. 따라서

$$-\int_0^{-a} f(x)\,dx = -\int_0^a f(-u)(-du)$$
$$= \int_0^a f(-u)\,du$$

가 성립한다. $y = f(x)$가 우함수이면, 즉

$$f(-u) = f(u)$$

이면 $\int_0^a f(-u)\,du = \int_0^a f(u)\,du$이므로

$$\int_{-a}^a f(x)\,dx = 2\int_0^a f(x)\,dx$$

이다. 반면에 $y = f(x)$가 기함수이면, 즉

$$f(-x) = -f(x)$$

이면 $\int_0^a f(-u)\,du = -\int_0^a f(u)\,du$이므로

$$\int_{-a}^a f(x)\,dx = -\int_0^a f(u)\,du + \int_0^a f(x)\,dx = 0$$

이다.

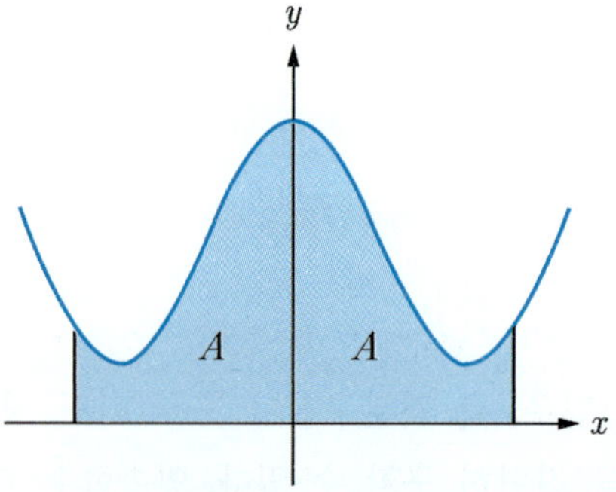

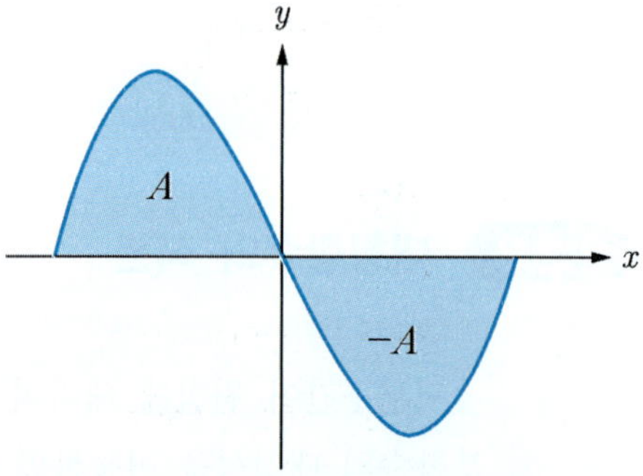

대칭함수의 정적분

구간 $[-a, a]$에서 연속인 함수 f에 대하여

- f가 우함수이면$(f(-x) = f(x))$, $\int_{-a}^a f(x)\,dx = 2\int_0^a f(x)\,dx$
- f가 기함수이면$(f(-x) = -f(x))$, $\int_{-a}^a f(x)\,dx = 0$

보기 4 다음 정적분을 구하여라.

(a) $\int_{-2}^{2}(x^5+x^4+x^3+x^2+x+1)dx$

(b) $\int_{-1}^{1}\frac{\sin x}{1+x^2}dx$

풀이 (a) $y=x^n$은 n이 홀수이면 기함수, 짝수이면 우함수이므로

$$\begin{aligned}\int_{-2}^{2}(x^5+x^4+x^3+x^2+x+1)dx &= 2\left(\int_{0}^{2}(x^4+x^2+1)dx\right)\\ &= \frac{2}{5}2^5+\frac{2}{3}2^3+2\cdot 2\\ &= \frac{332}{15}\end{aligned}$$

를 얻는다.

(b) $f(x)=\frac{\sin x}{1+x^2}$라고 하면 f는 모든 실수에 대하여 연속이고

$$f(-x)=\frac{\sin(-x)}{1+(-x)^2}=-\frac{\sin x}{1+x^2}$$

이므로 f는 기함수이다. 따라서

$$\int_{-1}^{1}\frac{\sin x}{1+x^2}dx=0$$

이다. ■

2.2.4 부분적분법

미분가능한 두 함수 $f(x)$, $g(x)$에 대하여 두 함수의 곱에 대한 미분은

$$[f(x)g(x)]'=f'(x)g(x)+f(x)g'(x)$$

으로 주어진다. 양변을 부정적분을 이용하여 나타내면

$$f(x)g(x)=\int[f'(x)g(x)+f(x)g'(x)]dx$$

가 된다. 따라서 다음과 같은 관계식을 얻는다.

$$\int f(x)g'(x)dx = f(x)g(x) - \int f'(x)g(x)dx$$

이 공식에 의한 적분법을 **부분적분법**(integration by parts)이라고 한다.

부분적분법

$$\int f(x)g'(x)dx = f(x)g(x) - \int f'(x)g(x)dx$$

NOTE 부분적분법은 다음 형태로 바꾸어 쓰면 기억하기가 더 좋다.

$$u = f(x), \quad v = g(x)$$

라고 놓으면

$$du = f'(x)dx, \quad dv = g'(x)dx$$

이다. 따라서 치환적분법에 의하면 부분적분법은 다음과 같이 쓸 수 있다.

$$\int u\,dv = uv - \int v\,du$$

보기 5 다음 부정적분을 구하여라.

(a) $\int x\sin x\,dx$ (b) $\int xe^x\,dx$

(c) $\int x\ln x\,dx$

풀이 (a) $u = x$, $dv = \sin x\,dx$라고 하면

$$du = dx, \quad v = -\cos x$$

이다. 따라서 부분적분법에 의하면

$$\begin{aligned}\int x\sin x\,dx &= x\cdot(-\cos x) - \int(-\cos x)dx \\ &= -x\cos x + \int \cos x\,dx \\ &= -x\cos x + \sin x + C\end{aligned}$$

(b) $u = x$, $dv = e^x\,dx$라고 하면 $du = dx$, $v = e^x$이다. 따라서 부분적분법에 의하면

$$\int xe^x\,dx = x\cdot e^x - \int e^x dx$$

$$= xe^x - e^x + C$$

(c) $u = \ln x$, $dv = x\,dx$라고 하면 $du = \frac{1}{x}dx$, $v = \frac{1}{2}x^2$이다. 따라서 부분적분법에 의하면

$$\begin{aligned}\int x \ln x\,dx &= \frac{1}{2}x^2 \cdot (\ln x) - \int \frac{1}{2}x^2 \frac{1}{x}dx \\ &= \frac{1}{2}x^2 \ln x - \int \frac{1}{2}x\,dx \\ &= \frac{1}{2}x^2 \ln x - \frac{1}{4}x^2 + C\end{aligned}$$

■

NOTE 부분적분법은 두 함수의 곱을 적분할 때 유용한 방법이다. 그러나 하나의 함수도 두 함수의 곱으로 생각할 수 있다. 즉,

$$f(x) = 1 \cdot f(x) = (x)' \cdot f(x)$$

로 놓으면 하나의 함수의 부정적분도 부분적분법을 이용하여 구할 수 있다.

보기 6 $\int \ln x\,dx$를 구하여라.

풀이 $\ln x = (x)' \ln x$로 생각하고 $u = \ln x$, $dv = dx$로 놓으면

$$\begin{aligned}\int \ln x\,dx &= \int u\,dv \\ &= uv - \int v\,du = x \ln x - \int x \cdot \frac{1}{x}dx \\ &= x \ln x - x + C\end{aligned}$$

를 얻는다. ■

두 함수의 곱을 적분하는데 한 함수가 x의 다항식이면 부분적분법에 의하여 차수가 하나씩 내려간다. 따라서 부분적분을 반복하면 결국 한 함수의 적분 형태를 얻게 된다. 그러나 두 함수 모두 다항식이 아니면 부분적분법을 사용하여도 피적분함수가 더 단순한 형태로 바뀌지 않는다. 그러나 피적분함수가 지수함수나 삼각함수의 형태이면 부분적분을 반복하면 같은 형태의 피적분함수를 얻게 되어 부정적분을 구할 수 있다.

보기 7 $\int e^x \sin x\, dx$를 구하여라.

풀이 e^x나 $\sin x$는 모두 미분에 의하여 더 간단한 형태로 바뀌지 않는다. 그러나 우선

$$u = e^x, \quad dv = \sin x\, dx$$

로 치환하자. 그러면 $du = e^x dx$, $v = -\cos x$이고 부분적분법에 의하여

$$\int e^x \sin x\, dx = e^x \cdot (-\cos x) - \int e^x(-\cos x)\, dx \quad (2.1)$$

를 얻는다. 오른쪽 부정적분을 구하기 위하여 다시

$$u = e^x, \quad dv = \cos x\, dx$$

로 치환하자. 그러면 $du = e^x dx$, $v = \sin x$이고

$$\int e^x \cos x\, dx = e^x \sin x - \int e^x \sin x\, dx$$

를 얻는다. 이 식을 식 (2.1)에 대입하면

$$\int e^x \sin x\, dx = -e^x \cos x + e^x \sin x - \int e^x \sin x\, dx$$

이다. 이 식을 정리하면

$$\int e^x \sin x\, dx = \frac{1}{2} e^x(\sin x - \cos x) + C$$

이다. ■

NOTE 위 보기에서 $u = \sin x$, $dv = e^x dx$로 놓고 풀어도 같은 결과를 얻는다.

2.2.5 정적분의 부분적분법

$f(x)g(x) = \int [f'(x)g(x) + f(x)g'(x)]\, dx$이므로 미적분의 기본정리를 적용하면

$$f(x)g(x)\Big|_a^b = \int_a^b [f'(x)g(x) + f(x)g'(x)]\, dx$$

이다. 따라서 정적분의 부분적분법은 다음과 같다.

정적분의 부분적분법

$$\int_a^b f(x)g'(x)\,dx = f(x)g(x)\Big|_a^b - \int_a^b f'(x)g(x)\,dx$$

보기 8 다음 정적분의 값을 구하여라.

(a) $\displaystyle\int_0^{\pi} x\sin x\,dx$ (b) $\displaystyle\int_0^{\pi/2} e^{2x}\sin x\,dx$

풀이 (a) **보기 5**의 결과를 이용하면

$$\int_0^{\pi} x\sin x\,dx = (-x\cos x+\sin x)\Big|_0^{\pi} = (-\pi)(-1) = \pi$$

이다.

(b) $u = e^{2x}$, $dv = \sin x\,dx$라고 놓으면

$$du = 2e^{2x}dx, \quad v = -\cos x$$

이다. 따라서 부분적분법에 의하여

$$\int_0^{\pi/2} e^{2x}\sin x\,dx = e^{2x}(-\cos x)\Big|_0^{\pi/2} - \int_0^{\pi/2} 2e^{2x}(-\cos x)\,dx$$

$$= 1+2\int_0^{\pi/2} e^{2x}\cos x\,dx$$

이고, 마지막 정적분에 다시 부분적분법을 적용하면

$$\int_0^{\pi/2} e^{2x}\cos x\,dx = e^{2x}(\sin x)\Big|_0^{\pi/2} - \int_0^{\pi/2} 2e^{2x}(\sin x)\,dx$$

$$= e^{\pi} - 2\int_0^{\pi/2} e^{2x}\sin x\,dx$$

이다. $A = \displaystyle\int_0^{\pi/2} e^{2x}\sin x\,dx$라고 하면 위의 두 식으로부터

$$A = 1+2\int_0^{\pi/2} e^{2x}\cos x\,dx$$

$$= 1 + 2e^{\pi} - 4A$$

를 얻는다. 따라서

$$A = \int_0^{\pi/2} e^{2x} \sin x \, dx = \frac{1}{5}(1 + 2e^{\pi})$$

이다. ■

연습문제 2.2

01 다음 부정적분을 구하여라.

(a) $\int x\sqrt{x-2}\, dx$

(b) $\int x^2\sqrt{x^3+2}\, dx$

(c) $\int \frac{\sin\sqrt{x}}{\sqrt{x}}\, dx$

(d) $\int \frac{(\ln x)^2}{x}\, dx$

(e) $\int \frac{1}{x\sqrt{\ln x}}\, dx$

(f) $\int \frac{3+2x}{\sqrt{1+3x+x^2}}\, dx$

(g) $\int \frac{\arctan x}{1+x^2}\, dx$

(h) $\int \frac{e^x+1}{e^x}\, dx$

(i) $\int \frac{e^x}{e^x+1}\, dx$

02 다음 부정적분을 구하여라.

(a) $\int xe^{-x}\, dx$

(b) $\int x\sec^2 x\, dx$

(c) $\int (\ln x)^2\, dx$

(d) $\int e^{-t}\cos t\, dt$

(e) $\int \sqrt{t}\ln t\, dt$

(f) $\int \cos(\ln t)\, dt$

(g) $\int \frac{t^3}{\sqrt{4t^2+1}}\, dt$

(h) $\int \sin\sqrt{x}\, dx$

(i) $\int e^{\sqrt{x}}\, dx$

(j) $\int x^3 e^{x^2}\, dx$

03 다음 정적분을 구하여라.

(a) $\displaystyle\int_{\pi/6}^{\pi/3} \sec\theta\, d\theta$ (b) $\displaystyle\int_0^{\sqrt{\pi}} t^3 \cos(t^2)\, dt$

(c) $\displaystyle\int_{-2}^{2} (x+1)\sqrt{4-x^2}\, dx$ (d) $\displaystyle\int_0^2 \sqrt{1+4x}\, dx$

(e) $\displaystyle\int_0^{\sqrt{\pi}} x\cos(x^2)\, dx$ (f) $\displaystyle\int_0^1 x^2(2+x^3)^4\, dx$

(g) $\displaystyle\int_0^a x\sqrt{a^2-x^2}\, dx,\ a>0$ (h) $\displaystyle\int_0^1 x\sqrt{1-x^4}\, dx$

(i) $\displaystyle\int_0^{\pi/4} x\sec^2 x\, dx$ (j) $\displaystyle\int_0^{\ln 2} x\sinh x\, dx$

(k) $\displaystyle\int_{-a}^{a} \frac{\sin x\cos x}{1+x^4}\, dx$

04 임의의 상수 c에 대하여 다음 식이 성립함을 보여라.

$$\int_a^b f(x+c)\,dx = \int_{a+c}^{b+c} f(x)\,dx$$

05 (a) 연속함수 f와 상수 a에 대하여 다음 식이 성립함을 보여라.

$$\int_0^a f(x)\,dx = \int_0^a f(a-x)\,dx$$

(b) $\displaystyle\int_0^1 x(1-x)^{15}\,dx$를 구하여라.

06 연속함수 f에 대하여 다음이 성립함을 보여라.

(a) $\displaystyle\int_0^{\frac{\pi}{2}} f(\sin x)\,dx = \int_0^{\frac{\pi}{2}} f(\cos x)\,dx$ (b) $\displaystyle\int_0^{\pi} f(\sin x)\,dx = 2\int_0^{\frac{\pi}{2}} f(\sin x)\,dx$

07 (a) 부분적분을 이용하여 다음 식이 성립함을 보여라.

$$\int f(x)\,dx = xf(x) - \int xf'(x)\,dx$$

(b) $g = f^{-1}$이고 f'이 연속일 때 다음 관계식이 성립함을 보여라.

$$\int_a^b f(x)\,dx = bf(b) - af(a) - \int_{f(a)}^{f(b)} g(t)\,dt$$

08 부분적분을 이용하여 다음 관계식이 성립함을 보여라.

(a) $\int (\ln x)^n \, dx = x(\ln x)^n - n\int (\ln x)^{n-1} \, dx$

(b) $\int x^n e^x \, dx = x^n e^x - n\int x^{n-1} e^x \, dx$

09 (a) 부분적분을 이용하여 다음 관계식이 성립함을 보여라.

$$\int \sin^n x \, dx = -\frac{1}{n}\cos x \sin^{n-1} x + \frac{n-1}{n}\int \sin^{n-2} x \, dx$$

(b) $n \geq 2$이면

$$\int_0^{\pi/2} \sin^n x \, dx = \frac{n-1}{n}\int_0^{\pi/2} \sin^{n-2} x \, dx$$

임을 보여라.

(c) $n = 2,\ 3,\ 4,\ 5$에 대하여 $\int_0^{\pi/2} \sin^n x \, dx$를 구하여라.

(d) $n = 2k+1$일 때

$$\int_0^{\pi/2} \sin^{2k+1} x \, dx = \frac{2 \cdot 4 \cdot 6 \cdots (2k)}{3 \cdot 5 \cdot 7 \cdots (2k+1)}$$

임을 보여라.

(e) $n = 2k$일 때

$$\int_0^{\pi/2} \sin^{2k} x \, dx = \frac{1 \cdot 3 \cdot 5 \cdots (2k-1)}{2 \cdot 4 \cdot 6 \cdots (2k)} \cdot \frac{\pi}{2}$$

임을 보여라.

2.3 삼각함수와 적분

2.3.1 삼각함수의 적분공식

이 절에서는 삼각함수에 관련된 적분을 구하는 방법을 살펴보기로 한다.

각 α, β에 대하여 다음 등식이 성립한다.

$$\sin(\alpha \pm \beta) = \sin\alpha\cos\beta \pm \cos\alpha\sin\beta$$
$$\cos(\alpha \pm \beta) = \cos\alpha\cos\beta \mp \sin\alpha\sin\beta$$

특히 $\alpha = \beta = x$이면 다음과 같은 배각공식을 얻는다.

삼각함수의 배각공식

$$\sin 2x = 2\sin x\cos x$$
$$\cos 2x = \cos^2 x - \sin^2 x = 2\cos^2 x - 1 = 1 - 2\sin^2 x$$

삼각함수의 반각공식은 배각공식으로부터 쉽게 얻을 수 있다.

$$\sin^2 x = \frac{1-\cos 2x}{2}, \quad \cos^2 x = \frac{1+\cos 2x}{2}$$

보기 1 다음 값을 구하여라.

$$\int_0^{\pi/4} \sqrt{1-\cos 2x}\, dx$$

풀이 $1-\cos 2x = 2\sin^2 x$이므로 $\sqrt{1-\cos 2x} = \sqrt{2}\,|\sin x|$이다. 따라서

$$\begin{aligned}\int_0^{\pi/4} \sqrt{1-\cos 2x}\, dx &= \sqrt{2}\int_0^{\pi/4} \sin x\, dx \\ &= \sqrt{2}\,[-\cos x]_0^{\pi/4} \\ &= \sqrt{2}\left(-\frac{\sqrt{2}}{2}+1\right) = \sqrt{2}-1\end{aligned}$$

이다. ■

삼각함수의 덧셈정리를 이용하여 삼각함수의 곱을 합 또는 차의 꼴로 나타낼 수 있다. 예를 들어 덧셈공식

$$\sin(\alpha+\beta) = \sin\alpha\cos\beta + \cos\alpha\sin\beta$$
$$\sin(\alpha-\beta) = \sin\alpha\cos\beta - \cos\alpha\sin\beta$$

에서 두 식을 변끼리 더하면

$$\sin(\alpha+\beta)+\sin(\alpha-\beta) = 2\sin\alpha\cos\beta$$

이므로

$$\sin\alpha\cos\beta = \frac{1}{2}\{\sin(\alpha+\beta)+\sin(\alpha-\beta)\}$$

를 얻는다. 마찬가지로 계산하면 다음 공식을 얻는다.

곱을 합 또는 차로 바꾸는 공식

$$\sin\alpha\cos\beta = \frac{1}{2}\{\sin(\alpha+\beta)+\sin(\alpha-\beta)\}$$

$$\cos\alpha\cos\beta = \frac{1}{2}\{\cos(\alpha+\beta)+\cos(\alpha-\beta)\}$$

$$\sin\alpha\sin\beta = -\frac{1}{2}\{\cos(\alpha+\beta)-\cos(\alpha-\beta)\}$$

보기 2 서로 다른 자연수 m, k에 대하여 다음 등식이 성립함을 보여라.

$$\int_{-\pi}^{\pi}\cos mx\cos kx\,dx = 0$$

풀이 $\cos mx\cos kx = \frac{1}{2}\{\cos(k+m)x+\cos(k-m)x\}$ 이므로

$$\begin{aligned}\int_{-\pi}^{\pi}\cos mx\cos kx\,dx &= \frac{1}{2}\int_{-\pi}^{\pi}[\cos(k+m)x+\cos(k-m)x]\,dx\\ &= \frac{1}{2}\left[\frac{1}{k+m}\sin(k+m)x+\frac{1}{k-m}\sin(k-m)x\right]_{-\pi}^{\pi}\\ &= 0\end{aligned}$$

이다. ■

같은 방법으로 서로 다른 자연수 m, k에 대하여 다음 등식도 성립함을 보일 수 있다.

$$\int_{-\pi}^{\pi} \sin mx \cos kx \, dx = 0$$

$$\int_{-\pi}^{\pi} \sin mx \sin kx \, dx = 0$$

2.3.2 $\sin^m x \cos^k x$ 의 적분

음이 아닌 정수 m, k에 대하여 다음과 같은 꼴의 부정적분을 구하여 보자.

$$\int \sin^m x \cos^k x \, dx$$

이 부정적분을 구하는 방법은 두 가지 경우로 나누어 생각할 수 있다.

- **m 또는 k가 홀수인 경우** : $t = \sin x$ 또는 $t = \cos x$로 치환하여 구한다.

보기 3 다음 부정적분을 구하여라.

(a) $\int \cos^3 x \, dx$ (b) $\int \sin^3 x \cos^2 x \, dx$

풀이 (a) $\cos^3 x = (1-\sin^2 x)\cos x$이므로 $\sin x = t$로 치환하자.

$\cos x \, dx = dt$이므로

$$\int \cos^3 x \, dx = \int (1-t^2)\,dt = t - \frac{1}{3}t^3 + C$$
$$= \sin x - \frac{1}{3}\sin^3 x + C$$

이다.

(b) $\cos x = t$로 치환하면 $-\sin x \, dx = dt$이다. 따라서

$$\int \sin^3 x \cos^2 x \, dx = \int (-\sin^2 x)\cos^2 x(-\sin x)dx$$
$$= \int (t^2-1)t^2\,dt = \frac{1}{5}t^5 - \frac{1}{3}t^3 + C$$
$$= \frac{1}{5}\cos^5 x - \frac{1}{3}\cos^3 x + C$$

이다. ■

- ***m*, *k* 모두 짝수인 경우** : 삼각함수의 반각공식을 이용하여 차수를 낮춘 후 구한다.

보기 4 다음 부정적분을 구하여라.

(a) $\int \cos^2 x\,dx$　　　　(b) $\int \sin^2 x \cos^2 x\,dx$

풀이 (a) $\cos^2 x = \dfrac{1+\cos 2x}{2}$ 이므로

$$\int \cos^2 x\,dx = \int \frac{1+\cos 2x}{2}\,dx = \frac{1}{2}x + \frac{1}{4}\sin 2x + C$$

이다.

(b) 반각공식을 반복해서 이용하면 다음 결과를 얻는다.

$$\begin{aligned}\int \sin^2 x \cos^2 x\,dx &= \int \frac{1-\cos 2x}{2}\,\frac{1+\cos 2x}{2}\,dx \\ &= \int \frac{1-\cos^2 2x}{4}\,dx = \int \frac{\sin^2 2x}{4}\,dx \\ &= \int \frac{1-\cos 4x}{8}\,dx \\ &= \frac{1}{8}x - \frac{1}{32}\sin 4x + C\end{aligned}$$

■

2.3.3 $\tan^m x \sec^k x$ 의 적분

원칙적으로는

$$\tan^m x \sec^k x = \frac{\sin^m x}{\cos^m x}\,\frac{1}{\cos^k x} = \frac{\sin^m x}{\cos^{m+k} x}$$

이므로 $\sin^n x \cos^k x$의 적분법을 사용할 수 있다. 그러나 여기서는 다음 관계식

$$(\tan x)' = \sec^2 x$$
$$(\sec x)' = \sec x \tan x$$

$$1 + \tan^2 x = \sec^2 x$$

를 염두에 두고 치환적분과 부분적분을 이용하여 구하는 방법을 살펴보기로 한다.

보기 5 다음 부정적분을 구하여라.

(a) $\int \tan^3 x\, dx$ (b) $\int \sec^3 x\, dx$

풀이 (a) $\tan^2 x = \sec^2 x - 1$이므로 $u = \tan x$로 치환하자. 그러면

$$du = \sec^2 x\, dx$$

이므로

$$\begin{aligned} \int \tan^3 x\, dx &= \int \tan x (\sec^2 x - 1)\, dx \\ &= \int \tan x \sec^2 x\, dx - \int \tan x\, dx \\ &= \frac{\tan^2 x}{2} - \ln|\sec x| + C \end{aligned}$$

(b) 부분적분법을 사용하기로 한다.

$$u = \sec x, \quad dv = \sec^2 x\, dx$$

로 놓으면

$$du = \sec x \tan x\, dx, \quad v = \tan x$$

이므로

$$\begin{aligned} \int \sec^3 x\, dx &= \sec x \tan x - \int \tan x (\sec x \tan x\, dx) \\ &= \sec x \tan x - \int \sec x (\sec^2 x - 1)\, dx \\ &= \sec x \tan x + \int \sec x\, dx - \int \sec^3 x\, dx \\ &= \sec x \tan x + \ln|\sec x + \tan x| - \int \sec^3 x\, dx \end{aligned}$$

를 얻는다. 따라서

$$\int \sec^3 x\, dx = \frac{1}{2}(\sec x \tan x + \ln|\sec x + \tan x|) + C$$

이다. ■

2.3.4 삼각함수 치환

역삼각함수의 도함수가 각각

$$(\arcsin x)' = \frac{1}{\sqrt{1-x^2}}, \quad (\arctan x)' = \frac{1}{1+x^2}$$

임을 기억하면 각각 다음과 같은 부정적분을 얻는다.

$$\int \frac{1}{\sqrt{1-x^2}}\,dx = \arcsin x + C, \qquad \int \frac{1}{1+x^2}\,dx = \arctan x + C$$

첫 번째 부정적분은 다음과 같이 치환적분에 의하여 구할 수도 있다.

$$x = \sin\theta \left(-\frac{\pi}{2} \le \theta \le \frac{\pi}{2}\right)$$

로 치환하면 $dx = \cos\theta\,d\theta$이고

$$\sqrt{1-x^2} = \sqrt{1-\sin^2\theta} = \cos\theta$$

이다. 따라서

$$\begin{aligned}\int \frac{1}{\sqrt{1-x^2}}\,dx &= \int \frac{1}{\cos\theta}\cos\theta\,d\theta \\ &= \int 1\,d\theta \\ &= \theta + C = \arcsin x + C\end{aligned}$$

를 얻는다.

이와 같이 삼각함수 치환을 이용하면

$$\sqrt{a^2-x^2}, \quad \sqrt{x^2-a^2}, \quad \sqrt{a^2+x^2}$$

등의 무리함수를 포함하는 부정적분을 구하는 것이 가능하다. 이러한 함수들의 부정적분을 구하기 위해서는 제곱근 아래의 식

$$a^2-x^2, \quad x^2-a^2, \quad a^2+x^2$$

을 제곱식으로 만들어야 하는데 이는 삼각함수의 항등식

$$\sin^2 x + \cos^2 x = 1$$

과 양변을 $\cos^2 x$로 나누어 얻는 식

$$\tan^2 x + 1 = \sec^2 x$$

을 이용하면 가능하다. 즉,

- $x = a\sin\theta$로 치환하면

$$a^2 - x^2 = a^2 - a^2\sin^2\theta = a^2(1 - \sin^2\theta) = a^2\cos^2\theta$$

- $x = a\sec\theta$로 치환하면

$$x^2 - a^2 = a^2\sec^2\theta - a^2 = a^2(\sec^2\theta - 1) = a^2\tan^2\theta$$

- $x = a\tan\theta$로 치환하면

$$a^2 + x^2 = a^2 + a^2\tan^2\theta = a^2(1 + \tan^2\theta) = a^2\sec^2\theta$$

보기 6 다음 부정적분을 구하여라.

(a) $\displaystyle\int \frac{x^2}{\sqrt{4 - x^2}}\,dx$ (b) $\displaystyle\int \frac{1}{\sqrt{4 + x^2}}\,dx$

풀이 (a) $x = 2\sin\theta \left(-\dfrac{\pi}{2} < \theta < \dfrac{\pi}{2}\right)$로 치환하면 $dx = 2\cos\theta\, d\theta$이고

$$4 - x^2 = 4 - 4\sin^2\theta = 4\cos^2\theta$$

이다. 따라서

$$\begin{aligned}\int \frac{x^2}{\sqrt{4 - x^2}}\,dx &= \int \frac{8\sin^2\theta\cos\theta}{2\cos\theta}\,d\theta \\ &= 4\int \sin^2\theta\, d\theta \\ &= 4\int \frac{1 - \cos 2\theta}{2}\,d\theta \\ &= 2\theta - \sin 2\theta + C \\ &= 2\theta - 2\sin\theta\cos\theta + C\end{aligned}$$

이다. $\sin\theta = x/2$이므로

$$\cos\theta = \sqrt{1 - \sin^2\theta} = \sqrt{4 - x^2}/2$$

을 얻는다.

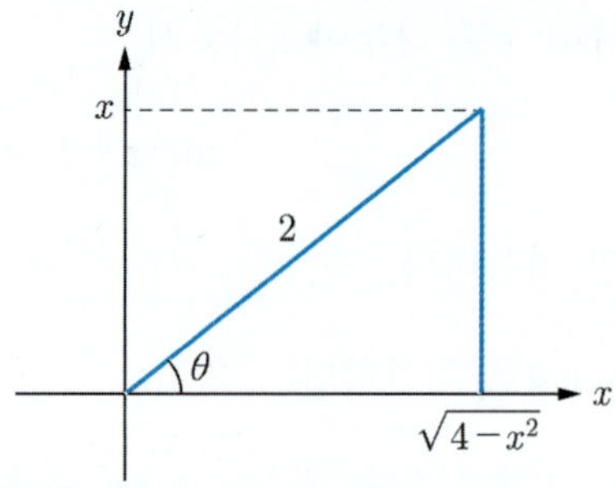

$\theta = \arcsin\frac{x}{2}$ 이므로

$$\int \frac{x^2}{\sqrt{4-x^2}}\,dx = 2\arcsin\frac{x}{2} - \frac{x\sqrt{4-x^2}}{2} + C$$

이다.

(b) $x = 2\tan\theta \left(-\frac{\pi}{2} < \theta < \frac{\pi}{2}\right)$로 치환하면 $dx = 2\sec^2\theta\, d\theta$이고

$$4 + x^2 = 4 + 4\tan^2\theta = 4\sec^2\theta$$

이다. 따라서

$$\int \frac{1}{\sqrt{4+x^2}}\,dx = \int \frac{2\sec^2\theta}{2\sec\theta}\,d\theta = \int \sec\theta\, d\theta$$
$$= \ln|\sec\theta + \tan\theta| + C$$

이다. $\tan\theta = \frac{x}{2}$ 이므로 밑변이 2이고 높이가 x인 직각삼각형을 생각해 보면 빗변의 길이는 $\sqrt{4+x^2}$ 이다.

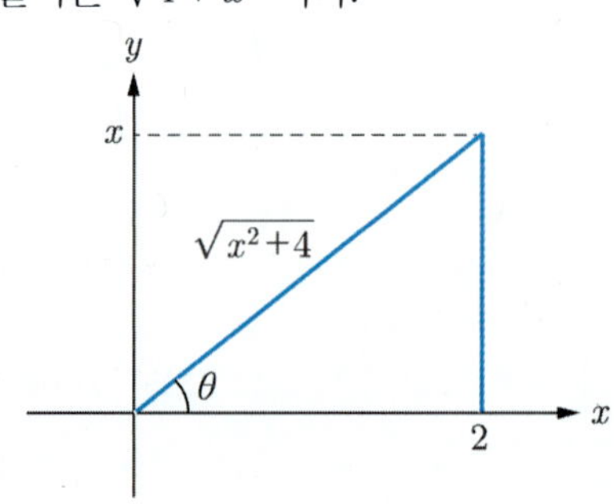

따라서 $\sec\theta = \frac{\sqrt{4+x^2}}{2}$ 이고

$$\int \frac{1}{\sqrt{4+x^2}}\,dx = \ln\left|\frac{\sqrt{4+x^2}}{2} + \frac{x}{2}\right| + C$$

$$= \ln(\sqrt{4+x^2}+x)+C$$

이다. ■

보기 7 다음 식으로 주어진 타원의 넓이를 구하여라. 단, $a>0$, $b>0$이다.

$$\frac{x^2}{a^2}+\frac{y^2}{b^2}=1$$

풀이 주어진 타원은 x축과 y축에 대하여 대칭이므로 타원의 넓이는 1사분면에 있는 영역의 넓이를 4배한 것과 같다.

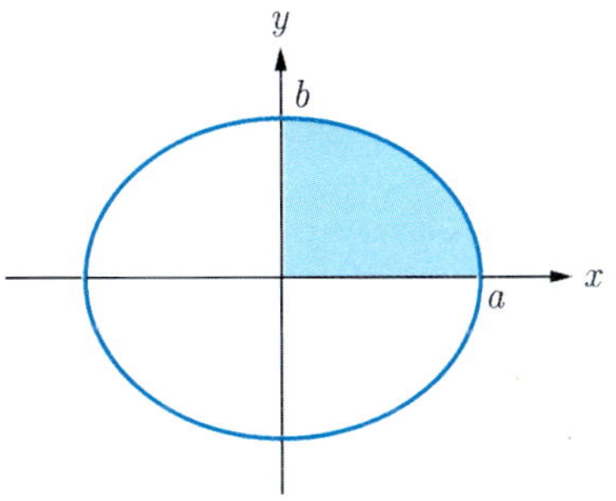

$y \geq 0$일 때 1사분면에서 타원의 방정식을 y에 대하여 풀어 쓰면

$$y = \frac{b}{a}\sqrt{a^2-x^2}, \quad 0 \leq x \leq a$$

이다. 따라서 타원의 넓이는

$$A = 4\int_0^a \frac{b}{a}\sqrt{a^2-x^2}\,dx$$

로 쓸 수 있다. $x=a\sin\theta$로 치환하면 $x=0$일 때 $\theta=0$, $x=a$일 때 $\theta=\frac{\pi}{2}$이다. 또한 $dx=a\cos\theta\,d\theta$이므로

$$\begin{aligned} A &= 4\frac{b}{a}\int_0^{\pi/2} a\cos\theta\cdot a\cos\theta\,d\theta \\ &= 4ab\int_0^{\pi/2}\cos^2\theta\,d\theta \\ &= 4ab\int_0^{\pi/2}\frac{1+\cos 2\theta}{2}\,d\theta \\ &= 2ab\left[\theta+\frac{\sin 2\theta}{2}\right]_0^{\pi/2} = \pi ab \end{aligned}$$

를 얻는다. 특히 $a = b = r$이면 반지름이 r인 원의 넓이는 πr^2이다. ■

마지막으로 역삼각함수의 부정적분을 구해 보고 이 절을 마치기로 한다.

보기 8 $\int \arcsin x\,dx$를 구하여라.

풀이 $\arcsin x = (x)' \arcsin x$로 생각하고 부분적분법을 사용하자.

$$u = \arcsin x, \quad dv = dx$$

라고 하면

$$du = \frac{1}{\sqrt{1-x^2}}, \quad v = x$$

이므로

$$\begin{aligned}\int \arcsin x\,dx &= x\arcsin x - \int x\frac{1}{\sqrt{1-x^2}}\,dx \\ &= x\arcsin x + \sqrt{1-x^2} + C\end{aligned}$$

를 얻는다. 마지막 식은 $\int x\frac{1}{\sqrt{1-x^2}}\,dx$에서 $u = 1-x^2$으로 치환하면 얻어진다. ■

연습문제 2.3

01 다음 적분을 구하여라.

(a) $\int_{\pi/6}^{\pi/3} \sec x\,dx$ (b) $\int_0^{\pi/2} \sqrt{1-\cos x}\,dx$

(c) $\int_0^{\pi/2} \sqrt{1+\cos 2x}\,dx$ (d) $\int \sin^3 x \cos x\,dx$

(e) $\int \sin^2 x \cos^3 x\,dx$ (f) $\int \cos^4 x\,dx$

(g) $\int \sin^3 x \cos^5 x\,dx$

02 치환 $u = \sec x$를 이용하여 다음 적분을 구하여라.

(a) $\int \tan^3 x \sec x \, dx$ (b) $\int \tan^3 x \sec^3 x \, dx$

03 치환 $u = \tan x$를 이용하여 다음 적분을 구하여라.

(a) $\int \tan^2 x \sec^2 x \, dx$ (b) $\int \tan^3 x \sec^4 x \, dx$

04 다음 적분의 값을 구하여라.

(a) $\int_0^{\pi/2} \cos x \cos 2x \, dx$ (b) $\int_0^{\pi/2} \sin x \sin 2x \, dx$

(c) $\int_{-\pi/2}^{\pi/2} \sin 2x \cos 4x \, dx$ (d) $\int_0^{\pi/2} \sin 2x \cos 4x \, dx$

05 다음 적분을 구하여라.

(a) $\int \sqrt{4 - x^2} \, dx$ (b) $\int_0^{0.5} \sqrt{4x^2 + 1} \, dx$

(c) $\int_0^1 \frac{x^2}{(4 - x^2)^{3/2}} \, dx$ (d) $\int_{-2}^2 \frac{dx}{4 + x^2}$

(e) $\int_0^{\frac{3}{2}} \frac{dx}{\sqrt{9 - x^2}}$ (f) $\int \sqrt{25 - t^2} \, dt$

(g) $\int \frac{dx}{x^2 \sqrt{x^2 - 1}}$ (h) $\int \frac{8}{s^2 \sqrt{4 - s^2}} \, ds$

(i) $\int_0^{\frac{1}{2}\ln 3} \frac{e^t}{e^{2t} + 1} \, dt$ (j) $\int_1^e \frac{du}{u\sqrt{1 - (\ln u)^2}}$

06 다음 적분을 구하여라.

(a) $\int \frac{1}{x^2 - 2x + 2} \, dx$ (b) $\int \frac{2x^2 + 1}{x^2 - 2x + 2} \, dx$

(c) $\int \frac{1}{(x^2 - 2x + 2)^2} \, dx$ (d) $\int \frac{1}{(x^2 - 2x + 2)^{3/2}} \, dx$

07 다음 식을 증명하여라.

$$\int \arctan x \, dx = x \arctan x - \frac{1}{2} \ln(1 + x^2) + C$$

08 쌍곡선 $x^2-y^2=1$과 직선 $x=2$로 둘러싸인 영역의 넓이를 구하여라.

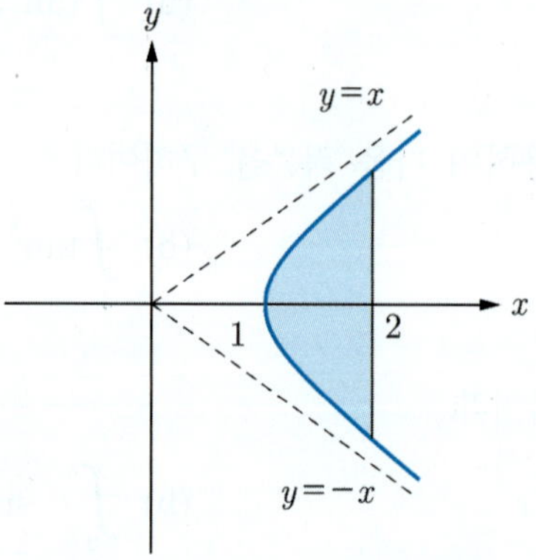

2.4 특이적분

지금까지 우리는 **유한한 닫힌 구간** $[a, b]$에서 정의된 **연속함수** f에 대하여 정적분 $\int_a^b f(x)dx$를 정의하였다. 이 절에서는 두 가지 조건 중에서 적어도 하나가 성립하지 않는 경우의 정적분을 정의한다. 이러한 경우의 정적분을 **특이적분** (improper integral)이라 부른다.

2.4.1 무한구간에서 정의된 특이적분

1사분면에서 곡선 $y = e^{-x}$ 아래 있는 영역을 생각해 보자.

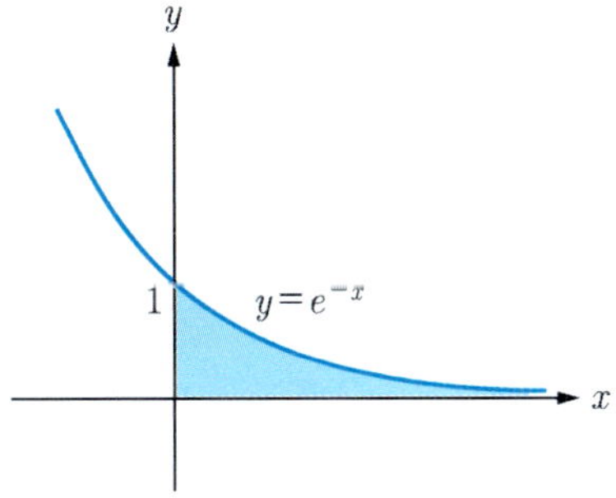

이 영역의 넓이는 구간 $[0, \infty)$에서 정의된 정적분의 값으로 이해할 수 있다. 임의의 양수 t에 대하여 구간 $[0, t]$에서의 넓이를 $A(t)$라고 하자. 그러면 정적분의 정의에 의하여

$$A(t) = \int_0^t e^{-x}dx = -e^{-x}\Big|_0^t = 1-e^{-t}$$

이다. $t \to \infty$일 때, $A(t)$의 값은 1로 수렴한다. 따라서 색칠한 부분의 넓이는 1이라고 할 수 있다.

일반적으로 무한 구간 $[a, \infty)$에서 정의된 연속함수 f에 대하여 $\lim_{t\to\infty}\int_a^t f(x)dx$가 존재하면 $\int_a^\infty f(x)dx$를 다음과 같이 정의한다.

$$\int_a^{\infty} f(x)\,dx = \lim_{t\to\infty}\int_a^t f(x)\,dx$$

이 극한값이 존재할 때 특이적분 $\int_a^{\infty} f(x)\,dx$는 **수렴한다**(converge)고 말한다. 극한값이 존재하지 않을 때는 **발산한다**(diverge)고 한다. 특이적분 $\int_{-\infty}^{a} f(x)\,dx$도 비슷한 방법으로 정의한다.

무한구간에서의 특이적분

- 무한구간 $[a, \infty)$에서 정의된 연속함수 f에 대하여 특이적분 $\int_a^{\infty} f(x)\,dx$는 다음과 같이 정의한다.

$$\int_a^{\infty} f(x)\,dx = \lim_{t\to\infty}\int_a^t f(x)\,dx$$

- 무한구간 $(-\infty, b]$에서 정의된 연속함수 f에 대하여 특이적분 $\int_{-\infty}^{b} f(x)\,dx$는 다음과 같이 정의한다.

$$\int_{-\infty}^{b} f(x)\,dx = \lim_{t\to-\infty}\int_t^b f(x)\,dx$$

위의 두 극한값이 존재할 때, 특이적분 $\int_a^{\infty} f(x)\,dx$과 $\int_{-\infty}^{b} f(x)\,dx$는 **수렴한다**고 한다. 수렴하지 않는 경우는 **발산한다**고 한다.

- 무한구간 $(-\infty, \infty)$에서 정의된 연속함수 f가 어떤 점 a에 대하여 특이적분 $\int_{-\infty}^{a} f(x)\,dx$와 $\int_a^{\infty} f(x)\,dx$가 수렴할 때, $\int_{-\infty}^{\infty} f(x)\,dx$를 다음과 같이 정의한다.

$$\int_{-\infty}^{\infty} f(x)\,dx = \int_{-\infty}^{a} f(x)\,dx + \int_a^{\infty} f(x)\,dx$$

보기 1 특이적분 $\int_1^{\infty} \frac{\ln x}{x^2}\,dx$가 수렴하는지 판단하고 수렴한다면 적분값을 구하여라.

풀이 $u = \ln x$로 치환하면 $du = \frac{dx}{x}$이다. 또한 $x = e^u$이므로

$$\int_1^t \frac{\ln x}{x^2}dx = \int_0^{\ln t}\frac{u}{e^u}du = \int_0^{\ln t} ue^{-u}du$$

를 얻는다. 부분적분을 이용하면

$$\begin{aligned}\int ue^{-u}du &= -ue^{-u} - \int(-e^{-u})du = -ue^{-u} + \int e^{-u}du \\ &= -ue^{-u} - e^{-u}\end{aligned}$$

이다. 따라서

$$\begin{aligned}\int_0^{\ln t} ue^{-u}du &= \left[-ue^{-u} - e^{-u}\right]_0^{\ln t} \\ &= -(\ln t)e^{-\ln t} - e^{-\ln t} + 1 \\ &= -\frac{\ln t}{t} - \frac{1}{t} + 1\end{aligned}$$

이고 이 값은 $t\to\infty$일 때 1로 수렴한다. 따라서 다음 결과를 얻는다.

$$\int_1^\infty \frac{\ln x}{x^2}dx = \lim_{t\to\infty}\int_1^t \frac{\ln x}{x^2}dx = 1$$ ■

보기 2 다음 특이적분의 값을 구하여라.

(a) $\displaystyle\int_{-\infty}^0 xe^x\,dx$　　　(b) $\displaystyle\int_{-\infty}^\infty xe^{-x^2}dx$

풀이 (a) $u = x$, $dv = e^x dx$라 하자. 그러면 $du = dx$, $v = e^x$이므로 부분적분법을 사용하면

$$\int_t^0 xe^x\,dx = xe^x\Big|_t^0 - \int_t^0 e^x\,dx = -te^t - 1 + e^t$$

이다. $\lim_{t\to-\infty} e^t = 0$이고 로피탈의 정리에 의하여

$$\lim_{t\to-\infty} te^t = \lim_{t\to-\infty}\frac{t}{e^{-t}} = \lim_{t\to-\infty}\frac{1}{-e^{-t}} = 0$$

이다. 그러므로 특이적분의 정의에 의하여

$$\int_{-\infty}^0 xe^x\,dx = \lim_{t\to-\infty}(-te^t - 1 + e^t) = -1$$

을 얻는다.

(b) $f(x) = xe^{-x^2}$이라고 하면 f는 기함수이다. 그러므로 $\int_0^{\infty} f(x)\,dx$가 수렴한다면 주어진 특이적분의 값은 0이다. 이제 $\int_0^{\infty} f(x)\,dx$가 수렴하는지 살펴보자. $x^2 = u$로 치환하면 $2x\,dx = du$이므로

$$\int_0^t xe^{-x^2}\,dx = \int_0^{t^2} \frac{1}{2}e^{-u}\,du$$
$$= -\frac{1}{2}e^{-u}\Big|_0^{t^2} = \frac{1}{2}\left(1 - e^{-t^2}\right)$$

이고 이 값은 $t \to \infty$일 때 $\frac{1}{2}$로 수렴한다. 즉

$$\int_0^{\infty} f(x)\,dx = \frac{1}{2}$$

이고 구하는 특이적분의 값은 0이 된다. ■

보기 3 특이적분 $\int_1^{\infty} \frac{1}{x^p}\,dx$이 수렴하는 p의 범위를 구하여라.

풀이 $p = 1$이면 $t \to \infty$일 때

$$\int_1^t \frac{1}{x}\,dx = [\ln x]_1^t = \ln t \to \infty$$

이므로 특이적분은 발산한다. $p \neq 1$이면

$$\int_1^t \frac{1}{x^p}\,dx = \int_1^t x^{-p}\,dx = \left[\frac{1}{1-p}x^{1-p}\right]_1^t$$
$$= \frac{1}{1-p}(t^{1-p} - 1)$$

이다. $p > 1$이면 $1 - p < 0$이므로 $t \to \infty$일 때 $t^{1-p} \to 0$이다. 그러므로

$$\int_1^{\infty} \frac{1}{x^p}\,dx = \lim_{t\to\infty}\int_1^t \frac{1}{x^p}\,dx = \frac{1}{p-1}, \quad p > 1$$

이다. 반면 $p < 1$이면 $t \to \infty$일 때 $t^{1-p} \to \infty$이므로 특이적분은 발산한다. 따라서 주어진 특이적분이 수렴하는 p의 범위는 $p > 1$이다. ■

2.4.2 불연속함수의 특이적분

특이적분의 다른 형태는 피적분함수가 유한한 구간에서 정의되지만 구간의 한 점에서 불연속인 경우에 정의된다. 예를 들어, 1사분면에서 곡선 $y = \frac{1}{\sqrt{x}}$과 직선 $x = 1$에 의하여 만들어지는 영역을 생각해 보자.

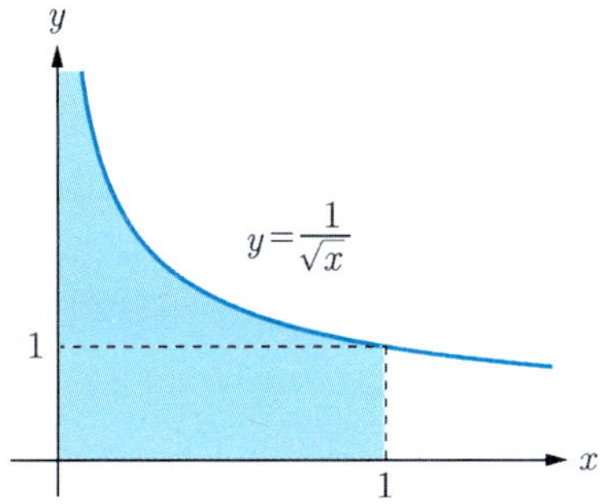

우선 $0 < t < 1$일 때, 구간 $[t, 1]$에서 영역의 넓이를 구하면 다음과 같다.

$$\int_t^1 x^{-\frac{1}{2}} dx = \frac{1}{\frac{1}{2}+1} x^{\frac{1}{2}} \bigg|_t^1 = 2(\sqrt{1} - \sqrt{t})$$

주어진 영역의 넓이는 $t \to 0+$일 때의 극한값으로 주어진다. 즉

$$\int_0^1 \frac{1}{\sqrt{x}} dx = \lim_{t \to 0+} 2(\sqrt{1} - \sqrt{t}) = 2$$

이다. 일반적으로 함수 $f(x)$가 구간 $(a, b]$에서 연속이고 $x = a$에서 불연속이면[28] 특이적분 $\int_a^b f(x)\,dx$는 다음과 같이 정의한다.

$$\int_a^b f(x)dx = \lim_{t \to a+} \int_t^b f(x)dx$$

함수 $f(x)$가 구간 $[a, b)$에서 연속이고 $x = b$에서 불연속인 경우도 같은 방법으로 정의한다.

28) 엄밀히 말하자면 $x = a$에서 불연속이거나 정의되지 않으면

불연속함수의 특이적분

- 함수 $f(x)$가 구간 $(a, b]$에서 연속이고 $x = a$에서 불연속이면 특이적분 $\int_a^b f(x)dx$는 다음과 같이 정의한다.

$$\int_a^b f(x)dx = \lim_{t \to a+} \int_t^b f(x)dx$$

- 함수 $f(x)$가 구간 $[a, b)$에서 연속이고 $x = b$에서 불연속이면 특이적분 $\int_a^b f(x)dx$는 다음과 같이 정의한다.

$$\int_a^b f(x)dx = \lim_{t \to b-} \int_a^t f(x)dx$$

위의 두 극한값이 존재할 때, 특이적분 $\int_a^b f(x)dx$는 **수렴한다**(converge)고 한다. 수렴하지 않는 경우는 **발산한다**(diverge)고 한다.

- f가 $x = c$ $(a < c < b)$에서 불연속이고 특이적분 $\int_a^c f(x)dx$와 $\int_c^b f(x)dx$가 수렴하면 $\int_a^b f(x)dx$는 다음과 같이 정의한다.

$$\int_a^b f(x)dx = \int_a^c f(x)dx + \int_c^b f(x)dx$$

보기 4 다음 특이적분이 수렴하는지 살펴보아라.

(a) $\int_0^1 \frac{1}{x} dx$　　　　(b) $\int_{-1}^1 \frac{1}{x} dx$

풀이 (a) $y = \frac{1}{x}$은 $x = 0$에서 불연속이다.

$$\int_0^1 \frac{1}{x} dx = \lim_{t \to 0+} \int_t^1 \frac{1}{x} dx = \lim_{t \to 0+} \ln x \Big|_t^1$$
$$= \lim_{t \to 0+} (-\ln t) = \infty$$

이고 따라서 주어진 특이적분은 발산한다.

(b) 특이적분 $\int_0^1 \frac{1}{x} dx$가 발산하므로 주어진 특이적분 $\int_{-1}^1 \frac{1}{x} dx$도 발산한다. ■

NOTE 위 보기의 (b)에서 $f(x) = \dfrac{1}{x}$은 기함수이므로

$$\int_{-1}^{1} \frac{1}{x}\, dx = 0$$

이라고 결론을 내려서는 안 된다. 불연속점 $x = c$가 구간 안에 있는 경우, 특이적분 $\int_a^c f(x)\,dx$와 $\int_c^b f(x)\,dx$가 모두 수렴하는 경우에만 특이적분 $\int_a^b f(x)\,dx$는 수렴한다고 정의한다.

보기 5 $\int_0^1 \ln x\, dx$를 구하여라.

풀이 $f(x) = \ln x$는 $x = 0$에서 정의되지 않으며 $\lim_{x\to 0+} \ln x = -\infty$이다. 따라서

$$\int_0^1 \ln x\, dx = \lim_{t\to 0+} \int_t^1 \ln x\, dx$$

이다. $u = \ln x$, $dv = dx$라고 하고 부분적분을 이용하면 $du = \dfrac{1}{x}dx$, $v = x$이므로

$$\begin{aligned}\int_t^1 \ln x\, dx &= x \ln x \Big|_t^1 - \int_t^1 x \frac{1}{x}\, dx \\ &= (x\ln x - x)\Big|_t^1 = (0-1) - (t\ln t - t) \\ &= t - 1 - t\ln t\end{aligned}$$

를 얻는다. $t \to 0+$일 때 극한값을 얻기 위하여 로피탈의 정리를 이용하면

$$\lim_{t\to 0+} t\ln t = \lim_{t\to 0+} \frac{\ln t}{1/t} = \lim_{t\to 0+} \frac{1/t}{-1/t^2} = 0$$

이므로 다음 결과를 얻는다.

$$\int_0^1 \ln x\, dx = \lim_{t\to 0+} (t - 1 - t\ln t) = -1$$ ■

보기 6 $\int_{\pi/4}^{3\pi/4} \sec^2 x\, dx$를 구하여라.

풀이 함수 $f(x) = \sec^2 x$은 $x = \dfrac{\pi}{2}$에서 정의되지 않으며 수직점근선을 갖는다. 따라서

$$\int_{\pi/4}^{3\pi/4} \sec^2 x\,dx = \int_{\pi/4}^{\pi/2} \sec^2 x\,dx + \int_{\pi/2}^{3\pi/4} \sec^2 x\,dx$$

를 계산하여야 한다.

$$\begin{aligned}\int_{\pi/4}^{\pi/2} \sec^2 x\,dx &= \lim_{t\to\frac{\pi}{2}} \int_{\pi/4}^{t} \sec^2 x\,dx \\ &= \lim_{t\to\frac{\pi}{2}-} \tan x \Big|_{\pi/4}^{t} = \lim_{t\to\frac{\pi}{2}-} (\tan t - 1) = \infty\end{aligned}$$

이므로 주어진 적분은 발산한다. ■

2.4.3 특이적분의 비교판정법

특이적분의 정확한 값을 구하는 것은 대부분의 경우 아주 어렵거나 불가능하다. 이런 경우 특이적분의 수렴여부는 다른 함수의 특이적분과 비교하여 판정할 수 있다. 이러한 판정법을 특이적분에 대한 **비교판정법**(comparison test)이라고 한다.

비교판정법

두 연속함수 f, g가 $x \geq a$일 때 $f(x) \geq g(x) \geq 0$이라고 하자. 그러면

- $\int_a^\infty f(x)\,dx$가 수렴하면 $\int_a^\infty g(x)\,dx$도 수렴한다.
- $\int_a^\infty g(x)\,dx$가 발산하면 $\int_a^\infty f(x)\,dx$도 발산한다.

양의 값을 갖는 함수의 적분은 함수의 그래프와 x축 사이의 넓이로 이해할 수 있으므로 비교판정법은 작은 함수의 넓이가 큰 함수의 넓이보다 작다는 사실로부터 유추할 수 있다.

보기 7 다음 특이적분의 수렴여부를 판정하여라.

(a) $\displaystyle\int_0^1 \frac{1}{\sin x}\,dx$ (b) $\displaystyle\int_0^1 \frac{1}{\sqrt{\sin x}}\,dx$

풀이 (a) $0 < x < 1$이면 $0 \le \sin x \le x$이므로

$$0 \le \frac{1}{x} \le \frac{1}{\sin x} \tag{2.4}$$

이다.

$$\lim_{t\to 0+}\int_t^1 \frac{1}{x}\,dx = \lim_{t\to 0+} \ln x\Big|_t^1 = \lim_{t\to 0+}(-\ln(t)) = \infty$$

이므로 비교판정법에 의하여 주어진 특이적분은 발산한다.

(b) $\displaystyle\int_0^1 \frac{1}{\sqrt{x}}\,dx$는 수렴하지만 이 경우 부등식

$$0 < \frac{1}{\sqrt{x}} \le \frac{1}{\sqrt{\sin x}}$$

은 비교판정법에서는 아무 역할을 하지 못한다. 작은 함수의 적분값이 수렴한다고 해서 큰 함수의 적분값이 수렴한다고는 할 수 없기 때문이다. 따라서 반대 방향의 부등식이 필요하다. $y = \sin x$는 구간 $[0, \pi/2]$에서

$$(\sin x)'' = -\sin x \le 0$$

이므로 위로 볼록하다. 따라서 $y = \sin x$의 그래프는 점 $(0, 0)$과 점 $(\pi/2, \sin(\pi/2)) = (\pi/2, 1)$를 잇는 직선 $y = \dfrac{2}{\pi}x$보다 위에 있다. 즉, 다음 부등식이 성립한다.

$$\sin x \ge \frac{2}{\pi}x, \quad x \in \left[0, \frac{\pi}{2}\right]$$

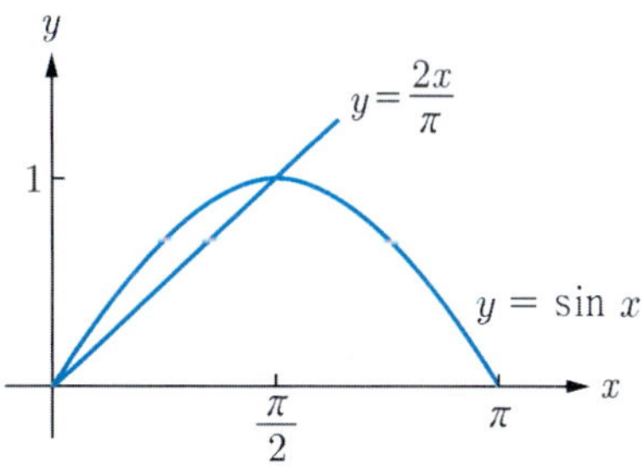

따라서 $\dfrac{1}{\sqrt{\sin x}} \le \sqrt{\dfrac{\pi}{2}}\dfrac{1}{\sqrt{x}}$ 이고

$$\int_0^1 \frac{1}{\sqrt{x}}\,dx = 2 < \infty$$

이므로 주어진 특이적분은 비교판정법에 의하여 수렴한다. ■

연습문제 2.4

01 다음 적분이 발산하면 D라고 적고, 수렴하면 그 값을 구하여라.

(a) $\displaystyle\int_0^\infty \frac{1}{(2x+1)^2}\,dx$ (b) $\displaystyle\int_{-\infty}^\infty \sin x\,dx$

(c) $\displaystyle\int_0^\infty xe^{-x}\,dx$ (d) $\displaystyle\int_0^1 \frac{\ln x}{x}\,dx$

(e) $\displaystyle\int_0^1 x\ln x\,dx$ (f) $\displaystyle\int_1^3 \frac{x}{\sqrt{x^2-1}}\,dx$

(g) $\displaystyle\int_0^{\frac{\pi}{2}} \tan x\,dx$ (h) $\displaystyle\int_0^\infty \frac{2}{x^2+4}\,dx$

(i) $\displaystyle\int_0^1 \frac{1}{\sqrt{1-x^2}}\,dx$ (j) $\displaystyle\int_1^2 \frac{1}{x\sqrt{x^2-1}}\,dx$

(k) $\displaystyle\int_0^\infty \frac{1}{(x+1)(x^2+1)}\,dx$ (l) $\displaystyle\int_{-\infty}^\infty \frac{x}{x^2+1}\,dx$

(m) $\displaystyle\int_1^\infty \frac{1}{\sinh x}\,dx$ (n) $\displaystyle\int_0^1 \frac{1}{\sinh x}\,dx$

02 다음 등식을 이용하여 주어진 적분을 구하여라.

$$\frac{1}{(x-a)(x-b)} = \frac{1}{a-b}\left(\frac{1}{x-a} - \frac{1}{x-b}\right)$$

(a) $\displaystyle\int \frac{1}{x^2-1}\,dx$ (b) $\displaystyle\int \frac{1}{x(x+1)}\,dx$

(c) $\displaystyle\int \frac{1}{x^2-x-6}\,dx$

03 다음 적분이 발산하면 D라고 적고, 수렴하면 그 값을 구하여라.

(a) $\displaystyle\int_1^2 \frac{1}{x^2-1}dx$ (b) $\displaystyle\int_2^\infty \frac{1}{x^2-1}dx$

(c) $\displaystyle\int_0^1 \frac{1}{x(x+1)}dx$ (d) $\displaystyle\int_1^\infty \frac{1}{x(x+1)}dx$

(e) $\displaystyle\int_1^3 \frac{1}{x^2-x-6}dx$ (f) $\displaystyle\int_0^2 \frac{1}{x^2-x-6}dx$

04 비교판정법을 이용하여 다음 적분이 수렴하면 C, 발산하면 D라고 적어라.

(a) $\displaystyle\int_0^\infty \frac{\sin^2 x}{1+x^2}dx$ (b) $\displaystyle\int_1^\infty \frac{\sin^2 x}{x^2}dx$

(c) $\displaystyle\int_0^\infty \frac{1}{\cosh x}dx$ (d) $\displaystyle\int_0^1 \frac{e^{-x}}{\sqrt{x}}dx$

(e) $\displaystyle\int_1^\infty \frac{e^{-x}}{\sqrt{x}}dx$ (f) $\displaystyle\int_0^1 \frac{e^{-x}}{x}dx$

(g) $\displaystyle\int_1^\infty \frac{e^{-x}}{x}dx$ (h) $\displaystyle\int_0^\infty \frac{3}{e^x+x}dx$

05 다음 특이적분이 수렴하는 p의 범위를 구하여라.

$$\int_e^\infty \frac{1}{x(\ln x)^p}dx$$

06 (a) 특이적분 $\displaystyle\int_0^\infty e^{-x^2/2}dx$는 수렴함을 보여라.

(b) 다음 등식이 성립함을 보여라.

$$\int_0^\infty x^2 e^{-x^2/2}dx = \int_0^\infty e^{-x^2/2}dx$$

(c) $\displaystyle\int_{-\infty}^\infty e^{-x^2/2}dx = \sqrt{2\pi}$ 임이 알려져 있다. 이 사실을 이용하여 다음 특이적분의 값을 구하여라.

$$\int_{-\infty}^\infty x^2 e^{-x^2/2\sigma^2}dx$$

(d) $\displaystyle\int_{-\infty}^\infty ce^{-\frac{(x-\mu)^2}{2\sigma^2}}dx = 1$이 되는 상수 c의 값을 구하여라.

07 함수 $f(t)$가 $t \geq 0$에서 연속이라 하자. f의 **라플라스 변환**(Laplace transform) $\mathscr{L}f$는 특이적분이 수렴하는 s에 대하여 다음과 같이 정의된다.

$$(\mathscr{L}f)(s) = \int_0^{\infty} e^{-st} f(t)\,dt$$

다음 함수에 대하여 라플라스 변환 $(\mathscr{L}f)(s)$를 구하여라.

(a) $f(t) = 1$

(b) $f(t) = t$

(c) $f(t) = e^{at}$

(d) $f(t) = \cos(at)$

(e) $f(t) = \cosh(at)$

2.5 매개곡선

2.5.1 매개변수방정식

좌표평면에서 움직이는 점 P의 좌표 (x, y)가 변수 t의 함수

$$x = f(t), \quad y = g(t)$$

로 나타내어질 때, 변수 t를 **매개변수**(parameter)라 하고 이 표현을 매개변수방정식이라 한다. 이 식을 만족하는 점

$$X = (x, y) = (f(t), g(t))$$

들의 집합을 **매개곡선**(parametric curve) 또는 **궤적**(trajectory)이라 한다. 혼동의 여지가 없으면 단순히 **곡선**(curve)이라 부르기도 한다. 매개변수방정식으로 주어진 곡선의 그래프는 함수의 그래프를 그리는 것과 같은 방법으로 시간 t에서의 (x, y) 값을 구한 후 부드러운 곡선으로 연결하여 준다. 예를 들어

$$x = \cos t, \quad y = \cos 2t, \quad 0 \le t \le \pi$$

의 그래프를 그려보기로 하자. 우선 몇 개의 t에 대하여 x와 y의 값을 구하여 다음과 같이 표를 만들었다.

t	0	$\frac{\pi}{6}$	$\frac{\pi}{4}$	$\frac{\pi}{3}$	$\frac{\pi}{2}$	$\frac{2\pi}{3}$	$\frac{3\pi}{4}$	$\frac{5\pi}{6}$	π
x	1	$\frac{\sqrt{3}}{2}$	$\frac{\sqrt{2}}{2}$	$\frac{1}{2}$	0	$-\frac{1}{2}$	$-\frac{\sqrt{2}}{2}$	$-\frac{\sqrt{3}}{2}$	-1
y	1	$\frac{1}{2}$	0	$-\frac{1}{2}$	-1	$-\frac{1}{2}$	0	$\frac{1}{2}$	1

이 값들을 xy평면에서 찾아 부드러운 곡선으로 이어주면 다음과 같다.

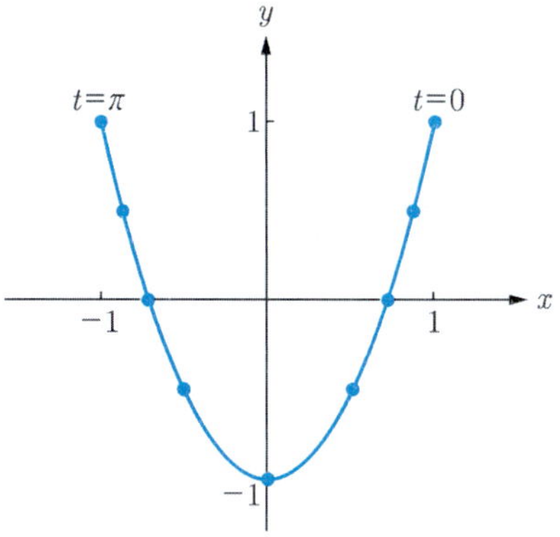

대부분의 공학용 계산기나 수학용 소프트웨어는 그래프 기능을 갖고 있다. 따라서 양함수 꼴로 표현하기 어려운 매개곡선의 그래프도 이런 기능을 이용하면 쉽게 그릴 수 있다. 다음은 메이플을 이용하여 주어진 매개곡선을 그린 것이다.[29)]

$x = \sin 2t,\ y = \cos 3t$

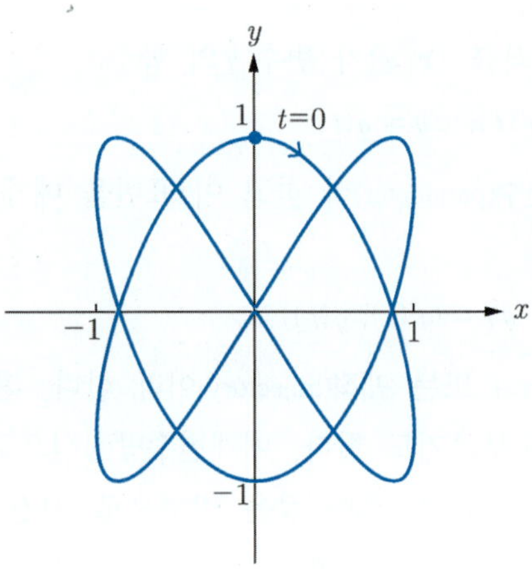

$x = \sin t - \cos t,\ y = 2\sin t + \cos t$

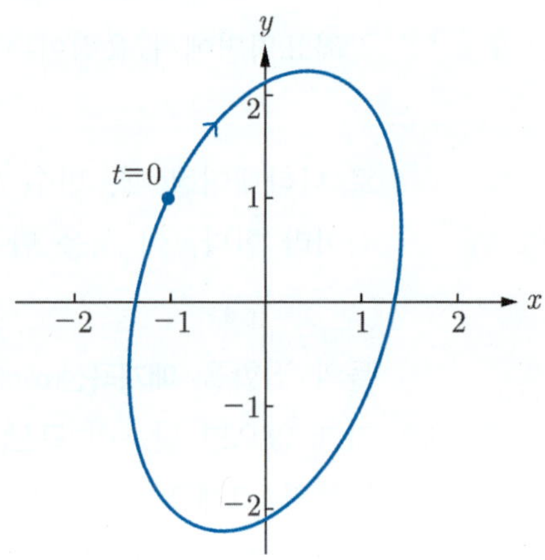

$x = e^{t/5}\cos t,\ y = e^{t/5}\sin t$

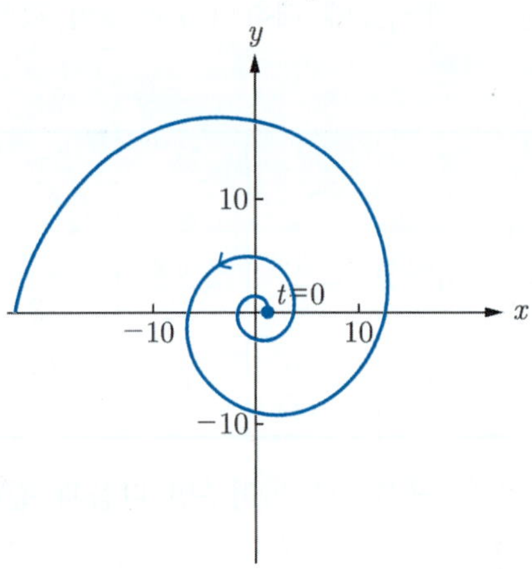

$x = e^{2t} - e^{-t},\ y = e^{2t} + 2e^{-t}$

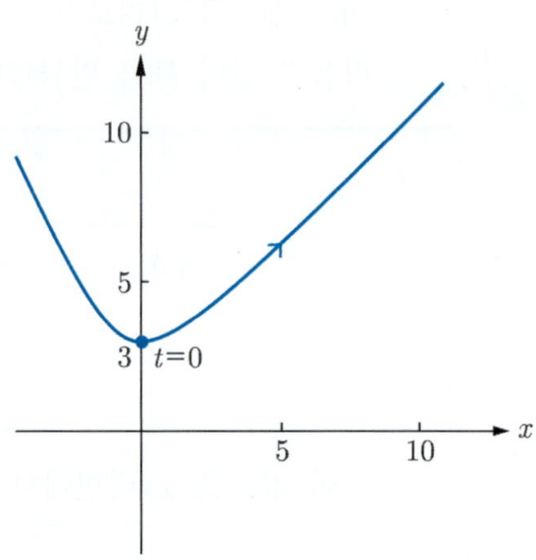

보기 1 좌표평면 위를 움직이는 점 P의 좌표 (x,y)가 매개변수 t의 함수로 다음과 같이 주어질 때 x와 y 사이의 관계식을 구하고 움직임을 설명하여라.

29) 메이플에서 매개곡선의 그래프를 그리는 명령어는 일반 곡선과 마찬가지로 plot을 사용한다. 예를 들어 다음과 같이 입력하면 첫 번째 매개곡선이 그려진다.

```
> with(plots):
> plot([ sin(2*t),cos(3*t), t=0..2*Pi]);
```

(a) $x = \cos t,\ \ y = \sin t,\ 0 \le t \le 2\pi$

(b) $x = \cos 2t,\ \ y = -\sin 2t,\ 0 \le t \le 2\pi$

풀이 (a) $(\cos t)^2 + (\sin t)^2 = 1$이므로 점 P는 항상 단위원 $x^2 + y^2 = 1$ 위에 있다. t가 증가함에 따라 점은 시계반대방향으로 움직이며 $t = 2\pi$가 되면 출발점 $(x(0), y(0)) = (1,0)$으로 돌아온다.

(b) $(\cos 2t)^2 + (-\sin 2t)^2 = 1$이므로 이 경우도 점 P는 항상 단위원 $x^2 + y^2 = 1$ 위에 있다. t가 증가함에 따라 점은 시계방향으로 움직이며 $t = \pi$가 되면 출발점 $(x(0), y(0)) = (1,0)$으로 돌아온다. 시간이 2π가 흐르면 원을 두 바퀴 돌아 출발점으로 돌아온다.

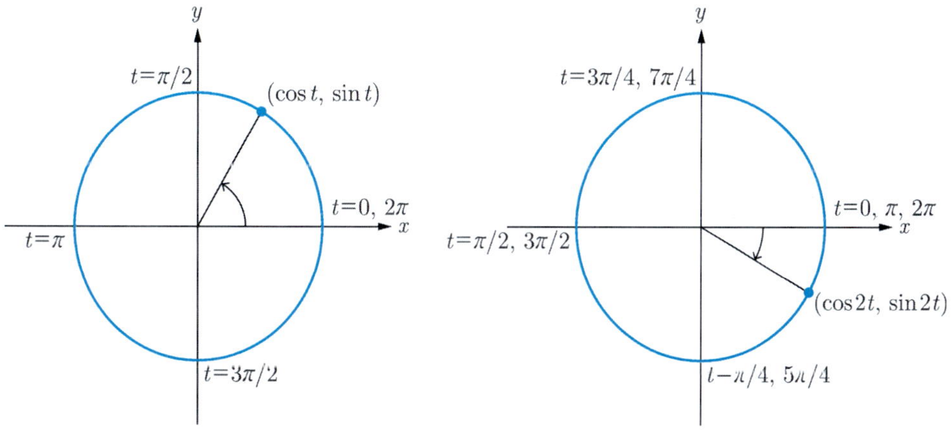

보기 2 다음 매개변수방정식에서 매개변수를 소거하여 x와 y 사이의 관계식을 구하여라. 이때 매개곡선을 xy평면에 그려 보아라. t가 증가할 때 곡선은 어느 방향으로 움직이는지 화살표를 이용하여 나타내어라.

(a) $x = a\sin t,\ y = b\cos t,\ t \ge 0,\ a > b > 0$

(b) $x = (e^t + e^{-t})/2,\ y = (e^t - e^{-t})/2,\ t \ge 0$

풀이 (a) $\dfrac{x}{a} = \sin t,\ \dfrac{y}{b} = \cos t$이므로 다음 식이 성립한다.

$$\frac{x^2}{a^2} + \frac{y^2}{b^2} = 1, \qquad -a \le x \le a,\ -b \le y \le b$$

궤적은 점 $(0,\ b)$에서 출발하여 타원 위를 시계방향으로 움직이며 t가 2π가 지나면 출발점으로 돌아오는 운동을 주기적으로 반복한다.

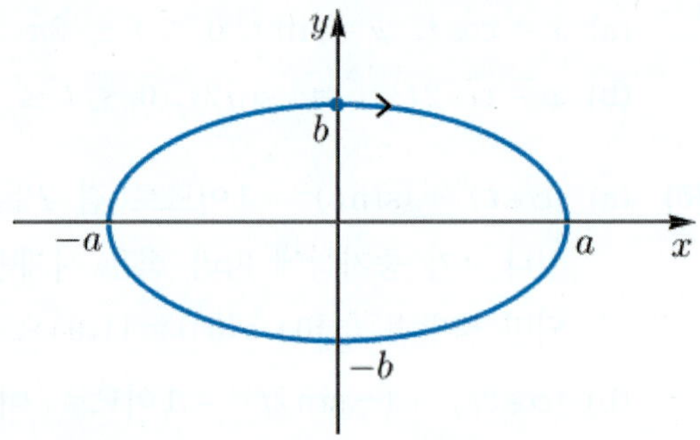

(b) $t \geq 0$일 때

$$x = \frac{1}{2}(e^t + e^{-t}) \geq \frac{1}{2} 2\sqrt{e^t e^{-t}} = 1$$

이고 $x^2 - y^2 = 1$을 만족하므로 궤적은 쌍곡선의 일부이다. 또한

$$\frac{dx}{dt} = y = \frac{1}{2}(e^t - e^{-t}) \geq 0, \quad \frac{dy}{dt} = x = \frac{1}{2}(e^t + e^{-t}) \geq 0$$

이므로 궤적은 왼쪽에서 오른쪽으로, 아래에서 위로 움직인다. ■

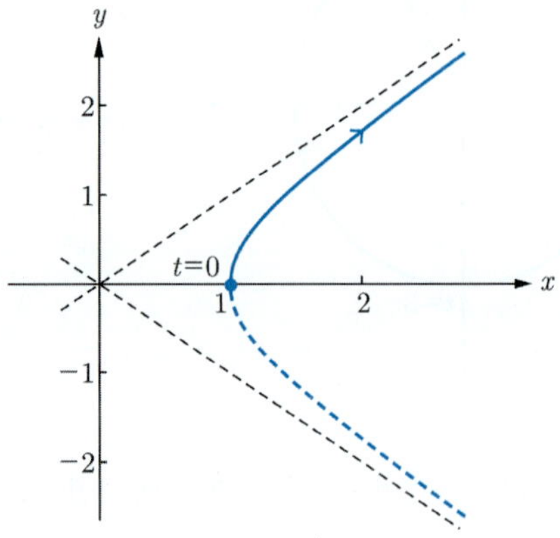

사이클로이드

원 모양의 굴렁쇠를 직선 위로 굴린다고 하자. 이때 굴렁쇠의 한 점이 나타내는 궤적을 **사이클로이드**(cycloid)라 정의한다. 사이클로이드를 매개변수방정식으로 어떻게 나타낼 수 있는지 알아보자.

보기 3 중심이 $(0, 1)$이고 반지름이 1인 원이 x축의 양의 방향으로 움직인다고 하자. 원 위의 한 점 P가 원점이라고 할 때 P의 자취의 매개변수방정식을 구하여라.

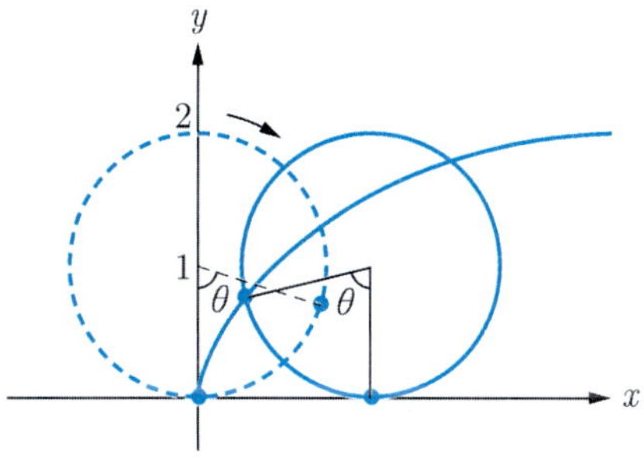

풀이 원이 회전한 각도를 θ라고 하자. 원이 θ 만큼 회전했을 때 중심각과 호의 길이는 같으므로 원이 움직인 거리는 호의 길이와 같으므로 중심의 위치는 $C(\theta,\ 1)$이다.

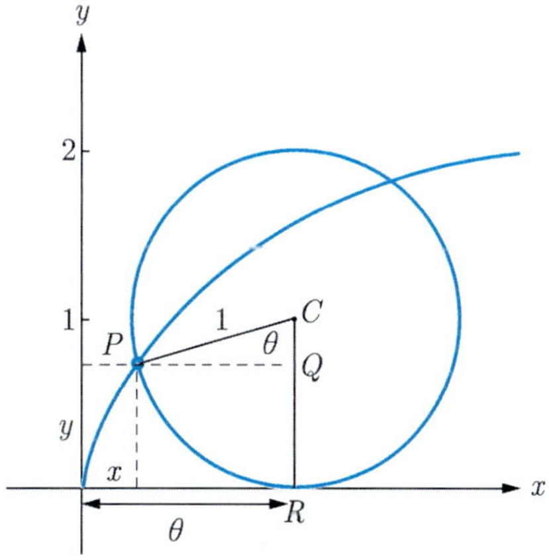

삼각형 CPQ에서

$$|PQ| = \sin\theta, \quad |QC| = \cos\theta$$

이므로

$$x = \theta - \sin\theta, \quad y = 1 - \cos\theta$$

으로 나타낼 수 있다. ■

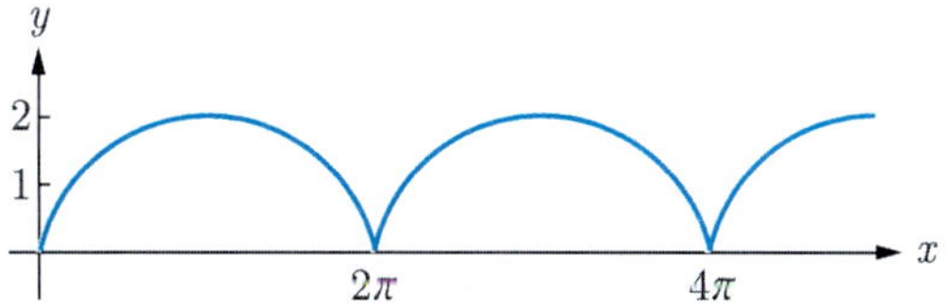

곡선의 매개화

주어진 곡선을 매개화하는 방법은 무수히 많다. 예를 들어 임의의 실수 k에 대하여

$$\begin{cases} x = \cos kt \\ y = \sin kt \end{cases}, \quad \begin{cases} x = -\cos kt \\ y = \sin kt, \end{cases} \quad \begin{cases} x = \cos kt \\ y = -\sin kt, \end{cases} \quad \begin{cases} x = -\cos kt \\ y = \sin kt, \end{cases}$$

는 모두 단위원

$$x^2 + y^2 = 1$$

을 매개화한다. 어떤 방법으로 매개화하였는가에 따라 곡선이 움직이는 방향이나 속도 등이 달라질 수 있다. 그러나 곡선의 길이와 같은 값은 매개화한 방법에 상관없이 변하지 않는다. 함수 $y = f(x)$로 주어진 곡선은 항상

$$x = t, \quad y = f(t)$$

와 같이 매개화할 수 있다.

단위원을 매개화하는 방법은 일반적인 원이나 타원 등을 매개화하는 데에도 적용이 가능하다.

도형	방정식	매개화
원	$(x-a)^2+(y-b)^2 = r^2$	$[x-a = r\cos t,\ y-b = r\sin t]$
타원	$\dfrac{x^2}{a^2}+\dfrac{y^2}{b^2} = 1$	$[x = a\cos t,\ y = b\sin t]$
아스트로이드	$\lvert x\rvert^{\frac{2}{3}}+\lvert y\rvert^{\frac{2}{3}} = 1$	$[x = \sin^3 t,\ y = \cos^3 t]$

쌍곡함수가 만족하는 항등식

$$\cosh^2 t - \sinh^2 t = 1$$

을 이용하면 다음과 같이 쌍곡선을 매개화할 수 있다.

$$\text{쌍곡선 : } \frac{x^2}{a^2} - \frac{y^2}{b^2} = 1 \ (x \ge 0), \quad [x = a\cosh t,\ y = b\sinh t]$$

2.5.2 속도벡터와 속력

평면의 점 (x_0, y_0)를 지나는 직선 위를 일정한 속도로 움직이는 입자를 생각해 보자. x 방향의 변화율과 y 방향의 변화율을 각각 a, b라 하면, 즉

$$a = \frac{dx}{dt}, \quad b = \frac{dy}{dt}$$

이면 시간 t에서 x 좌표와 y 좌표는 각각

$$x = x_0 + at, \quad y = y_0 + bt$$

이다. 이때 a는 단위시간 동안 x 좌표의 변화를, b는 단위시간 동안 y 좌표의 변화를 나타낸다. 따라서 이 직선은 (x_0, y_0)을 지나고 기울기는

$$\frac{y-y_0}{x-x_0} = \frac{bt}{at} = \frac{b}{a} \quad (\text{단, } a \neq 0)$$

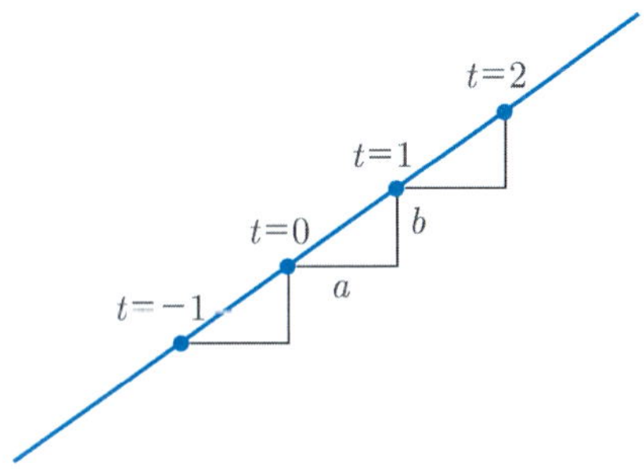

또한 단위 시간 동안 움직인 거리는 피타고라스의 정리에 의하면 $\sqrt{a^2+b^2}$이다. 따라서 이 입자의 속력은

$$\text{속력} = \frac{\text{움직인 거리}}{\text{시간}} = \frac{\sqrt{a^2+b^2}}{1} = \sqrt{a^2+b^2}$$

이다.

매개곡선 $X = (x(t), y(t))$에서 $x(t)$, $y(t)$가 연속일 때 곡선 X는 **연속(continuous)**이라 한다. 마찬가지로 $x(t)$, $y(t)$가 미분가능이면 곡선 X는 **미분가능하다(differentiable)**고 정의한다.

일반적으로 미분가능한 곡선

$$X = (x(t), y(t))$$

에서 $v_x = dx/dt$는 x방향의 순간 변화율(순간속도)을, $v_y = dy/dt$는 y방향의 순간 변화율(순간속도)을 나타낸다. 시각 t_0에서 **속도벡터**(velocity vector)는

$$\begin{aligned} X'(t_0) &= \lim_{\Delta t \to 0} \frac{X(t_0+\Delta t) - X(t_0)}{\Delta t} \\ &= \lim_{\Delta t \to 0} \left(\frac{x(t_0+\Delta t) - x(t_0)}{\Delta t},\ \frac{y(t_0+\Delta t) - y(t_0)}{\Delta t} \right) \\ &= (x'(t_0),\ y'(t_0)) \end{aligned}$$

로 정의한다. 이때 속도벡터 $X'(t_0)$는 시점이 $X(t_0)$이고 종점이 $X(t_0)+X'(t_0)$인 화살표를 이용하여 나타낸다.[30)]

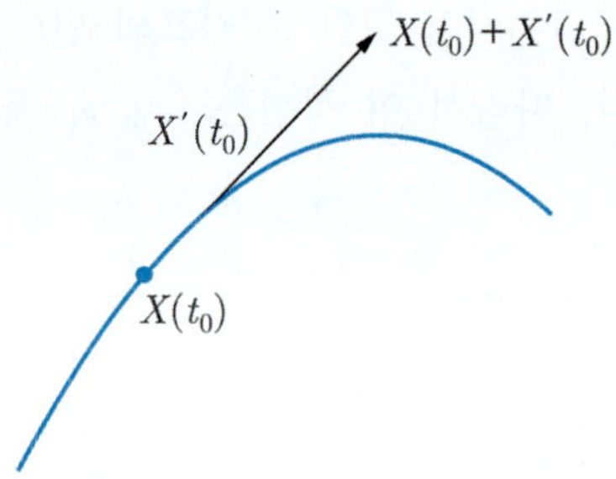

곡선의 속도벡터의 크기를 **속력**(speed)이라고 정의한다.

$$v(t) = \| X'(t) \| = \sqrt{\left(\frac{dx}{dt}\right)^2 + \left(\frac{dy}{dt}\right)^2}$$

보기 4 **보기 1**(a)에서 임의의 시간 t에서의 속도벡터는

$$X'(t) = (-\sin t,\ \cos t)$$

이므로 $t = 0,\ \pi$에서의 속도벡터는 각각

$$(0,\ 1),\ (0,\ -1)$$

이다(왼쪽 그림). 반면, **보기 1**(b)에서의 속도벡터는

$$X'(t) = (-2\sin 2t,\ -2\cos 2t)$$

이다. 그러므로 $t = 0,\ \pi/2$에서의 속도벡터는 각각

$$(0,\ -2),\ (0,\ 2)$$

이다(오른쪽 그림). ■

30) 벡터의 정의와 성질은 3장에서 자세히 다룬다.

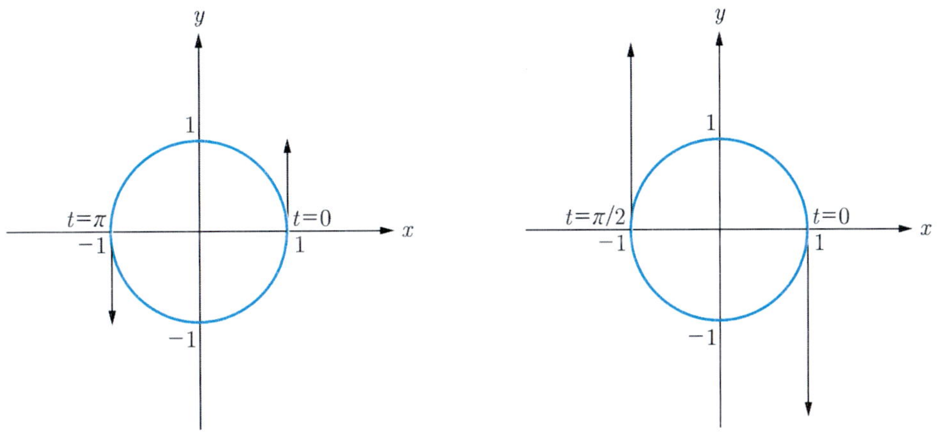

한 점에서의 속도벡터를 알고 있으면 곡선이 그 점에서 어느 방향으로 얼마나 빠르게 움직이는지 추측할 수 있다. 즉, 시간 $t=t_0$에서 Δt에 의한 x의 변화량과 y의 변화량은 각각

$$\Delta x \fallingdotseq x'(t_0)\Delta t, \quad \Delta y \fallingdotseq y'(t_0)\Delta t$$

이므로 시간 $t_0+\Delta t$에서 곡선의 위치 $X(t_0+\Delta t)$는 근사적으로 $X(t_0)+X'(t_0)\Delta t$라고 할 수 있다.

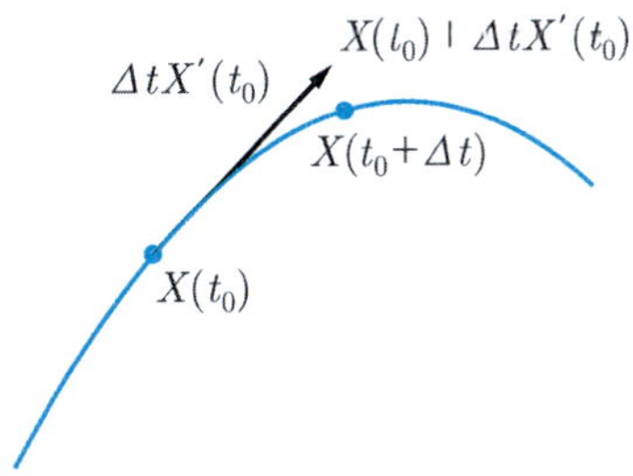

2.5.3 매개곡선의 기울기와 길이

매개변수방정식

$$x=f(t), \quad y=g(t), \quad f, g\text{: 미분가능}$$

에서 f'이 연속이고 $f'(t)\neq 0$이면 역함수정리에 의하여

$$\frac{dt}{dx} = \frac{1}{f'(t)}$$

이다. 한편 합성함수의 미분법에 의하여 다음 식이 성립한다.

$$\frac{dy}{dx} = \frac{dy}{dt}\frac{dt}{dx} = g'(t)\frac{1}{f'(t)} = \frac{g'(t)}{f'(t)}$$

매개곡선의 기울기

매개곡선 위의 점 $(f(t_0), g(t_0))$에서 $\dfrac{dx}{dt} = f'(t_0) \neq 0$이면 이 점에서 곡선의 기울기는 다음과 같다.

$$\frac{dy}{dx} = \frac{g'(t_0)}{f'(t_0)} = \frac{dy/dt}{dx/dt}$$

NOTE $\dfrac{dx}{dt} = f'(t_0) = 0$이고 $\dfrac{dy}{dt} = g'(t_0) \neq 0$이면 수직접선을 갖는다.

보기 5 사이클로이드에서 $\theta = \dfrac{\pi}{3}$일 때 접선의 방정식을 구하여라.

풀이 $\dfrac{dx}{d\theta} = 1 - \cos\theta$, $\dfrac{dy}{d\theta} = \sin\theta$이므로 $\theta = \dfrac{\pi}{3}$일 때 접선의 기울기는

$$\frac{dy}{dx} = \frac{\sin\frac{\pi}{3}}{1 - \cos\frac{\pi}{3}} = \sqrt{3}$$

이고 사이클로이드 위의 점 $\left(\dfrac{\pi}{3} - \dfrac{\sqrt{3}}{2}, \dfrac{1}{2}\right)$을 지난다. 따라서 접선의 방정식은 다음과 같다.

$$y - \frac{1}{2} = \sqrt{3}\left(x - \frac{\pi}{3} + \frac{\sqrt{3}}{2}\right) \Rightarrow y = \sqrt{3}x - \frac{\sqrt{3}}{3}\pi + 2$$ ■

곡선의 길이

시간 $a \le t \le b$에서 매개곡선

$$x = f(t), \quad y = g(t)$$

의 길이 L을 구하여 보자. 시간의 구간 $[a, b]$를 구간의 크기 Δt인 n개의 부분구간으로 나누자. 부분구간의 각 끝점을

$$t_0 = a,\ t_1 = a + \Delta t,\ \cdots,\ t_n = b$$

라 하고

$$x_k = f(t_k), \quad y_k = g(t_k)$$

를 시간 $t = t_k$에서 곡선 위의 점 $P_k(x_k, y_k)$의 좌표라고 하자.

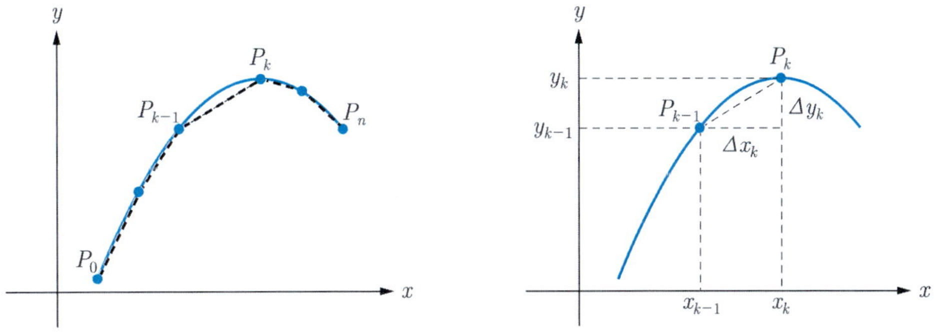

선분 $P_{k-1}P_k$의 길이를 모두 더한 값은 구하고자 하는 곡선의 길이의 근삿값이 된다. 이때 부분구간의 길이 Δt를 작게 할수록 근삿값은 곡선의 길이에 가까워진다. 즉

$$L = \lim_{n \to \infty} \sum_{k=1}^{n} |P_{k-1}P_k|$$

이다. $\Delta x_k = x_k - x_{k-1}$, $\Delta y_k = y_k - y_{k-1}$라 하면 선분 $P_{k-1}P_k$의 길이는

$$|P_{k-1}P_k| = \sqrt{(\Delta x_k)^2 + (\Delta y_k)^2}$$

이다. 평균값 정리로부터

$$\frac{\Delta x_k}{\Delta t} = \frac{f(t_k) - f(t_{k-1})}{\Delta t} = f'(t_k^*), \quad \frac{\Delta y_k}{\Delta t} = \frac{g(t_k) - g(t_{k-1})}{\Delta t} = g'(t_k^{**})$$

인 점 t_k^*, t_k^{**}가 구간 $[t_{k-1}, t_k]$에 존재한다. 따라서 정적분의 정의로부터 다음 식을 얻는다.

$$L = \lim_{n \to \infty} \sum_{k=1}^{n} |P_{k-1}P_k| = \lim_{n \to \infty} \sum_{k=1}^{n} \sqrt{[f'(t_k^*)]^2 + [g'(t_k^{**})]^2}\, \Delta t$$

$$= \int_a^b \sqrt{[f'(t)]^2 + [g'(t)]^2}\, dt$$

따라서 곡선의 길이는 속력 $\|X'(t)\|$을 적분하여 구할 수 있다.

곡선의 길이

매개변수방정식

$$x = f(t), \quad y = g(t), \quad a \le t \le b$$

로 정의된 곡선의 길이는 다음과 같다.

$$L = \int_a^b \sqrt{[f'(t)]^2 + [g'(t)]^2}\, dt = \int_a^b |X'(t)|\, dt$$

보기 6 다음 아스트로이드의 길이를 구하여라.

$$|x|^{2/3} + |y|^{2/3} = 1$$

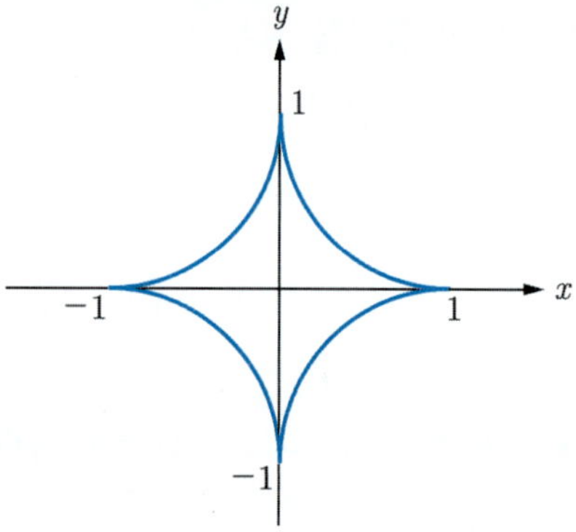

풀이 $x = \cos^3 t$, $y = \sin^3 t$로 놓으면

$$\frac{dx}{dt} = 3\cos^2 t \sin t, \quad \frac{dy}{dt} = 3\sin^2 t \cos t$$

이므로 곡선이 길이는 다음과 같다.

$$\int_0^{2\pi} \sqrt{[3\cos^2 t \sin t]^2 + [3\sin^2 t \cos t]^2}\, dt = \int_0^{2\pi} 3|\cos t \sin t|\, dt$$

$$= 12\int_0^{\pi/2} \cos t \sin t \, dt \;\; = 6\int_0^{\pi/2} \sin 2t \, dt$$

$$= 3(-\cos 2t)\big|_0^{\pi/2} = 6 \quad ■$$

$y = f(x)$의 길이

함수 $y = f(x)$, $a \le x \le b$는 항상 다음과 같이 매개화가 가능하다.

$$x = t, \quad y = f(t), \quad a \le t \le b$$

따라서 주어진 그래프의 길이 L은 다음과 같이 구할 수 있다.

$$L = \int_a^b \sqrt{1 + (f'(x))^2}\, dx$$

보기 7 쌍곡코사인함수 $y = \frac{1}{2}(e^x + e^{-x})$, $0 \le x \le \ln 2$의 길이를 구하여라.

풀이 $y' = \frac{1}{2}(e^x + e^{-x})' = \frac{1}{2}(e^x - e^{-x})$이므로 $\sqrt{1 + (y')^2} = \frac{1}{2}(e^x + e^{-x})$이고 주어진 그래프의 길이는

$$L = \frac{1}{2}\int_0^{\ln 2} (e^x + e^{-x})dx = \frac{1}{2}(e^x - e^{-x})\Big|_0^{\ln 2} = \frac{3}{4}$$

이다. ■

2.5.4 매개곡선으로 정의되는 영역의 넓이

어떤 곡선이 매개변수방정식

$$x = f(t), \quad y = g(t), \quad a \le t \le b$$

로 주어졌다고 하자. 함수 f가 순증가하거나 순감소하면 역함수 f^{-1}가 존재하므로

$$y = g(t) = g(f^{-1}(x))$$

로 쓸 수 있다. 따라서 $x = f(t)$가 순증가함수인 경우 주어진 곡선과 x축 사이

의 영역의 넓이 A는

$$A = \int_{f(a)}^{f(b)} |g(f^{-1}(x))|\,dx$$

로 구할 수 있다. $x = f(t)$로 치환하면 $t = f^{-1}(x)$, $dx = f'(t)dt$이므로

$$A = \int_{f(a)}^{f(b)} |g(f^{-1}(x))|\,dx = \int_{a}^{b} |g(t)|f'(t)dt = \int_{f(a)}^{f(b)} |y|\,dx$$

를 얻는다. $x = f(t)$가 순감소함수이면 구하는 넓이는

$$\int_{f(b)}^{f(a)} |g(t)|f'(t)dt = \int_{b}^{a} |g(t)|f'(t)dt$$

이다. 두 경우를 합하여 정리하면 다음 결과를 얻는다.

매개곡선으로 정의되는 영역의 넓이

f가 순증가 또는 순감소하는 함수이면 매개곡선 $(x, y) = (f(t), g(t))$, $a \le t \le b$에서 매개곡선과 x축 사이 영역의 넓이는 다음과 같다.

$$\int_{a}^{b} |g(t)f'(t)|\,dt$$

보기 8 사이클로이드에서 원이 한 바퀴 굴러서 생기는 곡선과 x축 사이의 넓이를 구하여라.

풀이 $x = t - \sin t$, $y = 1 - \cos t$이므로 구하는 넓이는

$$\begin{aligned} A &= \int_0^{2\pi} y\,dx = \int_0^{2\pi} (1-\cos t)(1-\cos t)dt \\ &= \int_0^{2\pi} (1 - 2\cos t + \cos^2 t)\,dt \\ &= \int_0^{2\pi} \left(1 - 2\cos t + \frac{1+\cos 2t}{2}\right)dt \\ &= \left[\frac{3}{2}t - 2\sin t + \frac{\sin 2t}{4}\right]\Big|_0^{2\pi} = 3\pi \end{aligned}$$

이다. ■

보기 9 아스트로이드 내부의 넓이를 구하여라.

풀이 1사분면의 넓이를 네 배하면 아스트로이드 내부의 넓이를 구할 수 있다. 1사분면에서$(0 \le t \le \frac{\pi}{2})$ $x = \cos^3 t$는 단조감소함수이므로 구하는 넓이는

$$\begin{aligned} 4\int_0^1 |y|\,dx &= 4\int_{\frac{\pi}{2}}^0 \sin^3 t\,(3\cos^2 t)(-\sin t)\,dt \\ &= 12\int_0^{\frac{\pi}{2}} \sin^4 t\cos^2 t\,dt \end{aligned}$$

이다. 삼각함수의 배각공식

$$\sin 2t = 2\sin t\cos t, \quad \sin^2 t = \frac{1-\cos 2t}{2}$$

를 이용하면

$$\begin{aligned} \sin^4 t\cos^2 t &= \frac{1}{8}(\sin^2 2t)(1-\cos 2t) = \frac{1}{8}(\sin^2 2t - \sin^2 2t\cos 2t) \\ &= \frac{1}{16}(1-\cos 4t - 2\sin^2 2t\cos 2t) \end{aligned}$$

를 얻는다.

$$\int_0^{\frac{\pi}{2}} \cos 4t\,dt = 0, \quad \int_0^{\frac{\pi}{2}} \sin^2 2t\cos 2t\,dt = 0$$

이므로

$$\begin{aligned} \int_0^{\frac{\pi}{2}} \sin^4 t\cos^2 t\,dt &= \frac{1}{16}\int_0^{\frac{\pi}{2}} (1-\cos 4t - 2\sin^2 2t\cos 2t)\,dt \\ &= \frac{\pi}{32} \end{aligned}$$

이다. 따라서 아스트로이드의 넓이는

$$12\frac{\pi}{32} = \frac{3\pi}{8}$$

이다. ■

연습문제 2.5

01 주어진 매개변수방정식에서 매개변수를 소거하여 궤적의 방정식을 구하여라. 또 궤적이 움직이는 방향을 그래프 위에 화살표를 이용하여 나타내어라. t의 범위가 주어지지 않은 경우 t의 범위는 모든 실수라고 생각한다.

(a) $x = 1 - t,\ y = 2t + 3$

(b) $x = t^2 + 1,\ y = 3 - 2t$

(c) $x = \sqrt{t},\ y = 1 - t,\ t \geq 0$

(d) $x = t^2,\ y = t^3$

(e) $x = \cos(\pi - t),\ y = \sin(\pi - t),\ 0 \leq t \leq \pi$

(f) $x = \sin t + 1,\ y = \cos t - 1,\ 0 \leq t \leq \pi$

(g) $x = 2\cos t,\ y = 3\sin t,\ 0 \leq t \leq 2\pi$

(h) $x = \cos^2 t,\ y = \sin t,\ 0 \leq t \leq \pi$

(i) $x = \tan t - 1,\ y = \sec^2 t,\ -\pi/2 < t < \pi/2$

(j) $x = \sec t,\ y = \tan t,\ -\pi/2 < t < \pi/2$

(k) $x = \cos^3 t,\ y = \sin^3 t,\ 0 \leq t \leq \pi$

02 주어진 매개변수방정식에서 매개변수를 소거하여 궤적의 방정식을 구하여라. 소프트웨어를 이용하여 곡선의 그래프를 그려 보아라.

(a) $x = \cos t - \sin t,\ y = \cos t + \sin t,\ 0 \leq t \leq 2\pi$

(b) $x = 2\cos t - \sin t,\ y = \cos t + 2\sin t,\ 0 \leq t \leq 2\pi$

(c) $x = e^t,\ y = e^{2t}$

(d) $x = e^{-t},\ y = e^{-2t}$

(e) $x = e^t + e^{-t},\ y = e^t + 2e^{-t}$

(f) $x = e^t + e^{2t},\ y = 2e^t - e^{2t}$

(g) $x = e^{-2t} - e^{-t},\ y = e^{-2t} + 2e^{-t}$

03 xy평면의 한 점에서 출발하여 단위원 $x^2 + y^2 = 1$ 위를 움직이는 입자의 움직임이 다음과 같을 때 매개변수방정식을 구하여라. 단, 매개변수의 범위는 $0 \leq t \leq 2\pi$이다.

(a) $(1,\ 0)$에서 출발하여 시계반대방향으로 두 바퀴

(b) $(1,\ 0)$에서 출발하여 시계방향으로 두 바퀴

(c) (0, 1)에서 출발하여 시계반대방향으로 세 바퀴

(d) (−1, 0)에서 출발하여 시계방향으로 세 바퀴

04 다음 곡선의 매개변수방정식을 구하여라.

(a) 두 점 (1, 0)과 (3, −1)을 잇는 선분

(b) 한 점 (2, 3)에서 출발하여 (−1, 0)을 지나는 반직선

(c) 포물선 $x-1=y^2$의 꼭짓점 아래 부분

(d) 포물선 $y=x^2-2x$의 꼭짓점 오른쪽 부분

05 다음 매개방정식으로 정의된 곡선에 대하여 주어진 t 값에서 접선의 방정식을 구하여라.

(a) $x=t^3-t,\ \ y=t^2,\ \ t=2$

(b) $x=\sin 3t,\ \ y=\sin 4t,\ \ t=\pi$

(c) $x=\cos t-\sin 2t,\ \ y=\sin t+\cos t,\ \ t=0$

(d) $x=t\cos t,\ \ y=t\sin t,\ \ t=\pi$

06 입자의 위치가 다음 매개방정식으로 주어진다.

$$x=t^3-3t,\quad y=t^2-t$$

(a) 입자가 수직 방향으로 움직이는 경우가 있는가? 있다면 언제 어디에서인가?

(b) 입자가 수평 방향으로 움직이는 경우가 있는가? 있다면 언제 어디에서인가?

07 개미 한 마리가 반지름이 R인 원판의 중심에서 반지름을 따라 오른쪽으로 초당 0.5cm의 속도로 움직이고 있다. 이 원판을 1초에 한바퀴씩 시계반대 방향으로 회전을 시킨다고 하자. 위에서 볼 때, 개미의 위치를 매개변수방정식으로 나타내어라. 원판의 중심을 좌표평면의 원점으로 간주하기로 한다. 5초 후 개미의 속력은 얼마인가?

08 다음 곡선의 길이를 구하여라.

(a) $y=2x^{3/2},\ \ 0\le x\le 7$

(b) $y=\ln(\cos x),\ \ 0\le x\le \dfrac{\pi}{4}$

09 다음 그래프는 매개곡선

$$x=3t^2,\quad y=t^3-3t$$

을 그린 것이다.[31)]

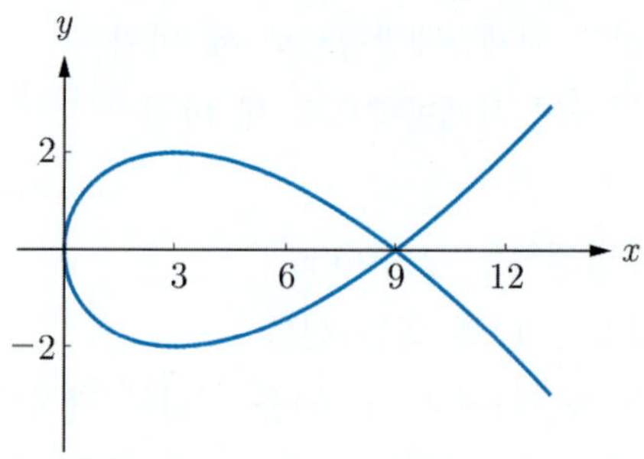

(a) $t = 0,\ \pm 1,\ \pm 2$일 때 $(x,\ y)$의 좌표를 그래프에 표시하고 t가 증가할 때 곡선이 움직이는 방향을 화살표로 나타내어라.

(b) $(9,\ 0)$에서 접선의 방정식을 구하여라.

(c) 수직접선과 수평접선이 존재하면 구하여라.

(d) 곡선으로 만들어지는 폐곡선의 길이를 구하여라.

(e) 곡선으로 둘러싸인 영역의 넓이를 구하여라.

10 다음 그래프는 매개곡선

$$x = 4\sqrt{2}\cos t, \quad y = \sin 2t$$

를 그린 것이다.

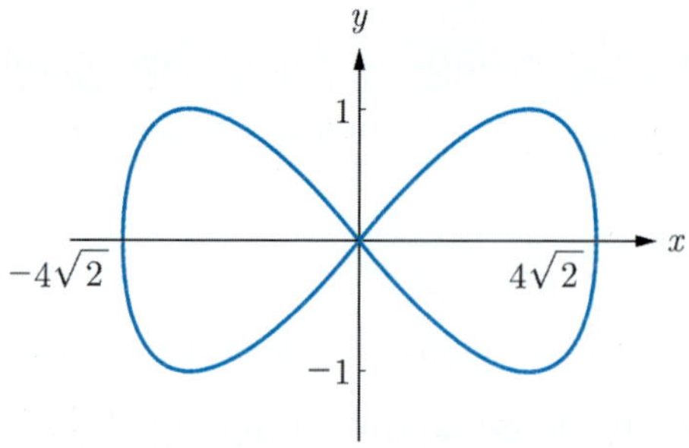

(a) $t = k\pi/4$, $k = 0,\ 1,\ \cdots,\ 8$일 때 $(x,\ y)$의 좌표를 그래프에 표시하고 t가 증가할 때 곡선이 움직이는 방향을 화살표로 나타내어라.

(b) $(0,\ 0)$에서 접선의 방정식을 구하여라.

(c) 수직접선과 수평접선이 존재하면 구하여라.

(d) $x \geq 0$에서 곡선으로 만들어지는 폐곡선의 길이를 구하여라.

(e) $x \geq 0$에서 곡선으로 둘러싸인 영역의 넓이를 구하여라.

31) **알파곡선(alpha curve)**이라고 불린다.

11 다음 매개곡선의 길이를 구하여라.

(a) $x = e^t + e^{-t}$, $y = 1 + 2t$, $0 \le t \le \ln 2$

(b) $x = t\sin t$, $y = t\cos t$, $0 \le t \le 4$

(c) $x = \cos t$, $y = t + \sin t$, $0 \le t \le \pi$

CHAPTER 3

좌표공간과 벡터

3.1 좌표공간과 거리

3.1.1 좌표공간

수직선은 직선에 실수 집합을 일대일 대응시킨 것이다. 직선에 원점과 단위 길이를 정하면, 이 직선 상의 한 점은 하나의 실수를 나타낸다. 비슷하게, 평면은 서로 수직인 두 직선을 좌표축으로 갖는 좌표평면으로 생각할 수 있고 이때 좌표평면의 각 점은 두 실수의 순서쌍 (a,b)로 표시한다.

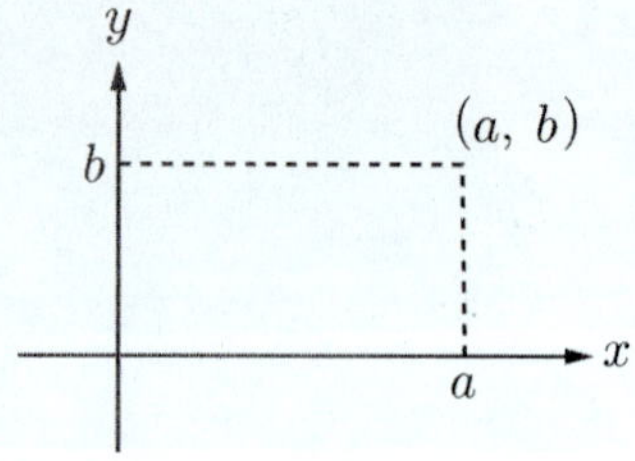

공간에서 고정된 점 O를 지나고 서로 수직인 세 수직선을 각각 x축, y축, z축이라 하자. x축과 y축을 포함하는 평면을 $xy-$평면이라 하며 방정식 $z=0$으로 나타낸다. 마찬가지로 y축과 z축, z축과 x축을 포함하는 평면을 각각 $yz-$평면, $zx-$평면이라 하고

$x=0$ $\quad yz-$평면

$y=0$ $\quad zx-$평면

으로 나타낸다. $xy-$평면, $yz-$평면, $zx-$평면은 각각 $z-$축, $x-$축, $y-$축에 수직이다.

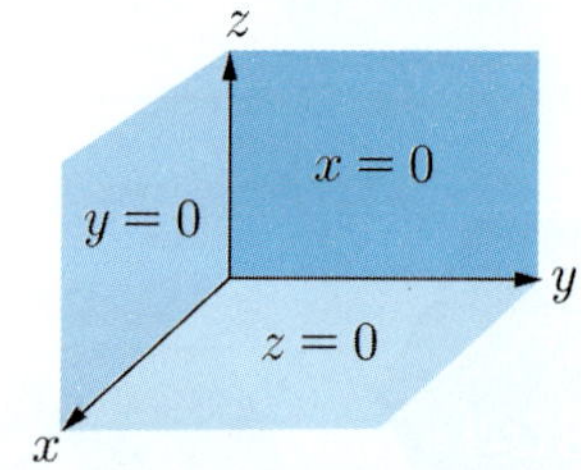

공간의 한 점 P에 대하여 점 P를 지나고 $yz-$평면, $zx-$평면, $xy-$평면에 평행한 평면이 x축, y축, z축과 만나는 점을 각각 A, B, C라 하자. 이때 세 점 A, B, C의 x축, y축, z축 위에서의 좌표를 각각 a, b, c라고 하면 점 P에 대응하는 세 실수의 순서쌍 (a,b,c)가 정해진다. 역으로 세 실수의 순서쌍 (a,b,c)가 주어지면 공간의 한 점 P가 주어진다.

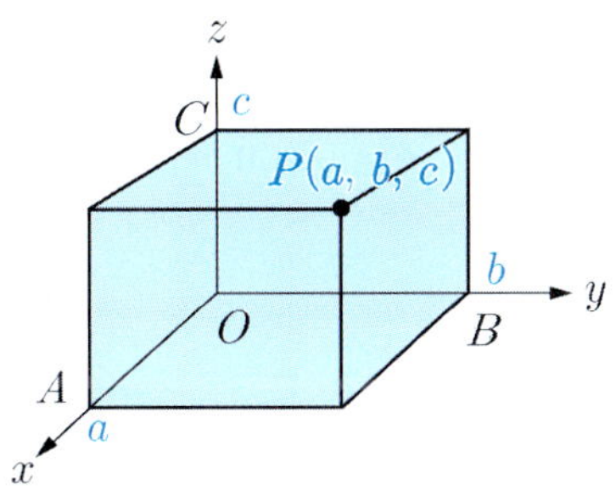

따라서 공간의 점 전체의 집합과 세 실수의 순서쌍의 집합은 일대일대응이 된다. 이때 점 P에 대응하는 순서쌍 (a,b,c)를 점 P의 좌표라 하고

$$P(a,b,c)$$

와 같이 나타낸다. 또, a,b,c를 점 P의 x좌표, y좌표, z좌표라 한다. x−축 위의 점은 $(a,0,0)$, y−축 위의 점은 $(0,b,0)$, z−축 위의 점은 $(0,0,c)$ 꼴로 나타낼 수 있다. 마찬가지로 xy−평면 위의 점은 $(a,b,0)$, yz−평면 위의 점은 $(0,b,c)$, zx−평면 위의 점은 $(a,0,c)$ 꼴로 나타낼 수 있다.

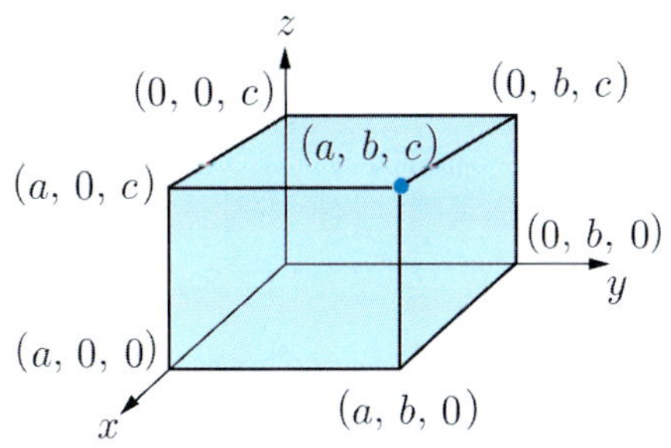

이와 같이 세 개의 수직인 좌표축이 주어진 공간을 **직교좌표공간** 또는 간단히 **좌표공간**이라고 한다. 세 좌표축이 만나는 점 O를 **원점**이라고 하고 $O(0,0,0)$으로 나타낸다.

보기 1 다음 그림의 직육면체에서 꼭짓점 A의 좌표가 $(4,-3,2)$일 때 다음 점의 좌표를 구하여라.

(a) 꼭짓점 B, D, E

(b) 꼭짓점 C, F, G

(c) 점 A의 zx−평면에 대한 대칭점

(d) 점 A의 z−축에 대한 대칭점

풀이 (a) 두 점 A, B의 x좌표와 z좌표는 같고 점 B는 $zx-$평면 위에 있으므로 점 B의 y좌표는 0이다. 따라서 $B(4,0,2)$이다. 같은 방법으로 $D(0,-3,2)$, $E(4,-3,0)$이다.

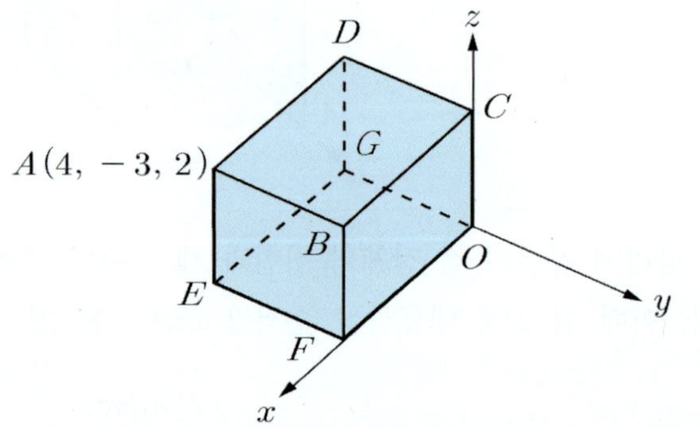

(b) 두 점 A, C 의 z좌표는 같고 점 C는 $z-$축 위에 있으므로 점 C의 x좌표와 y좌표는 0이다. 따라서 $C(0,0,2)$이다. 같은 방법으로 $F(4,0,0)$, $G(0,-3,0)$이다.

(c) 점 A의 zx 평면에 대한 대칭점을 A'이라고 하면 두 점 A, A'의 x좌표와 z좌표는 같다. 또 직선 AA'은 $zx-$평면에 수직이므로 y축과 평행이다. 즉, 두 점 A, A'의 y좌표는 절댓값이 같고 부호는 반대이다. 따라서 $A'(4,3,2)$이다.

(d) 점A의 $z-$축에 대한 대칭점을 A''이라고 하면 두 점 A, A''의 z좌표는 같다. 또 두 점 E, E''은 $xy-$평면에서 원점에 대하여 대칭이므로 즉, 두 점 A, A''의 x좌표와 y좌표는 절댓값이 같고 부호는 반대이다. 따라서 $A''(-4,3,2)$이다. ■

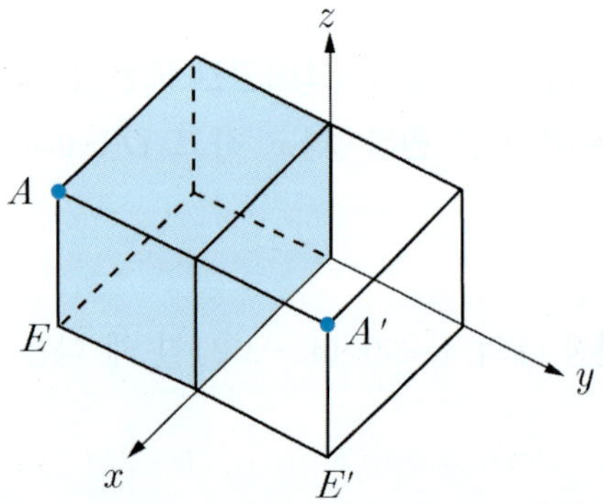

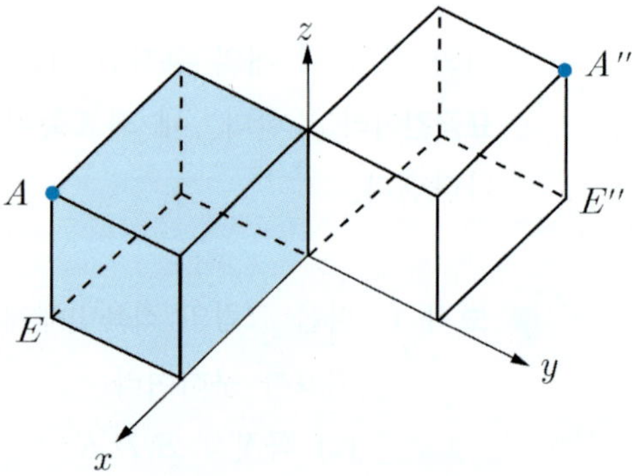

점 $P(a,b,c)$에서 $xy-$평면 위로 내린 수선의 발은 $(a,b,0)$, $yz-$평면 위로 내린 수선의 발은 $(0,b,c)$, $zx-$평면 위로 내린 수선의 발은 $(a,0,c)$이다. 일반적으

로 공간의 한 점 P에서 평면 α에 내린 수선의 발을 점 P의 평면 α 위로의 **정사영**(projection)이라 한다. 또 도형 F의 각 점의 평면 α 위로의 정사영으로 이루어진 도형을 도형 F의 평면 α 위로의 정사영이라 한다.

좌표공간에서 점 $P(a,b,c)$를 지나고 $xy-$평면에 평행한 평면 위의 점의 z좌표는 모두 c이다.

다른 두 좌표에 대해서도 같은 결과가 성립한다. 따라서 $P(a,b,c)$를 지나고 $xy-$평면과 평행한 평면, $zx-$평면과 평행한 평면, $yz-$평면과 평행한 평면의 방정식은 각각 다음과 같다.

$$z=c, \quad y=b, \quad x=a$$

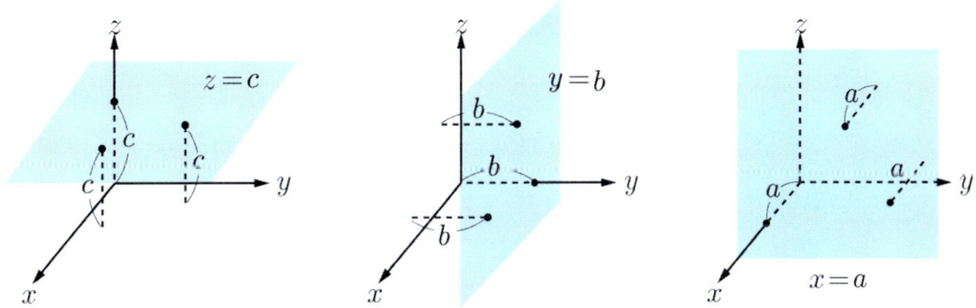

3.1.2 선분의 내분점, 외분점

좌표평면 위에 있는 두 점 $A(x_1, y_1)$과 $B(x_2, y_2)$에 대하여 선분 AB를 $m:n$으로 내분하는 점 P와 외분하는 점 Q의 좌표는 각각 다음과 같다

$$\text{내분점: } P\left(\frac{mx_2+nx_1}{m+n}, \frac{my_2+ny_1}{m+n}\right),$$

$$\text{외분점: } Q\left(\frac{mx_2-nx_1}{m-n}, \frac{my_2-ny_1}{m-n}\right) (m \neq n)$$

좌표공간의 두 점 $A(x_1,y_1,z_1)$과 $B(x_2,y_2,z_2)$에 대하여 선분 AB를 $m:n$으로 내분하는 점 P와 외분하는 점 Q의 좌표는 다음과 같이 구할 수 있다.

$$\text{내분점: } P\left(\frac{mx_2+nx_1}{m+n}, \frac{my_2+ny_1}{m+n}, \frac{mz_2+nz_1}{m+n}\right)$$

$$\text{외분점: } Q\left(\frac{mx_2-nx_1}{m-n}, \frac{my_2-ny_1}{m-n}, \frac{mz_2-nz_1}{m-n}\right) (m \neq n)$$

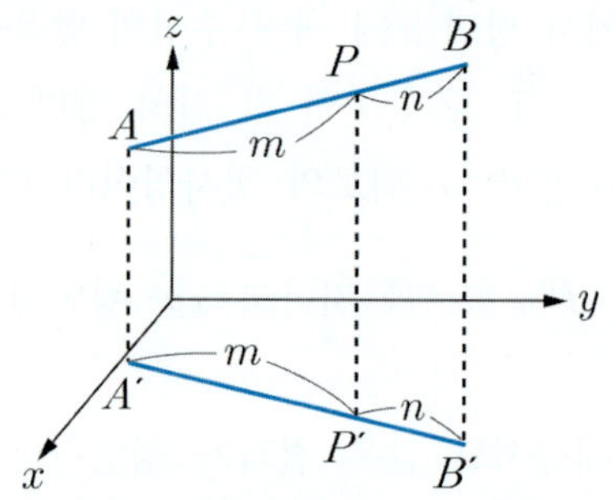

특히 선분 AB의 중점 M의 좌표는 다음과 같다.

$$M\left(\frac{x_1+x_2}{2}, \frac{y_1+y_2}{2}, \frac{z_1+z_2}{2}\right)$$

보기 2 세 점 $A(x_1, y_1, z_1), B(x_2, y_2, z_2), C(x_3, y_3, z_3)$를 꼭짓점으로 하는 삼각형 ABC에 대하여 무게중심 G의 좌표를 구하여라.

풀이 선분 AB의 중점 M의 좌표는 $M\left(\frac{x_1+x_2}{2}, \frac{y_1+y_2}{2}, \frac{z_1+z_2}{2}\right)$이고 무게중심 $G(x, y, z)$는 선분 CM을 2:1로 내분하는 점이므로

$$x = \frac{2\frac{x_1+x_2}{2}+x_3}{2+1} = \frac{x_1+x_2+x_3}{3}$$

이다. 같은 방법으로 계산하면 무게중심 G의 좌표는 다음과 같다.

$$G\left(\frac{x_1+x_2+x_3}{3}, \frac{y_1+y_2+y_3}{3}, \frac{z_1+z_2+z_3}{3}\right)$$ ■

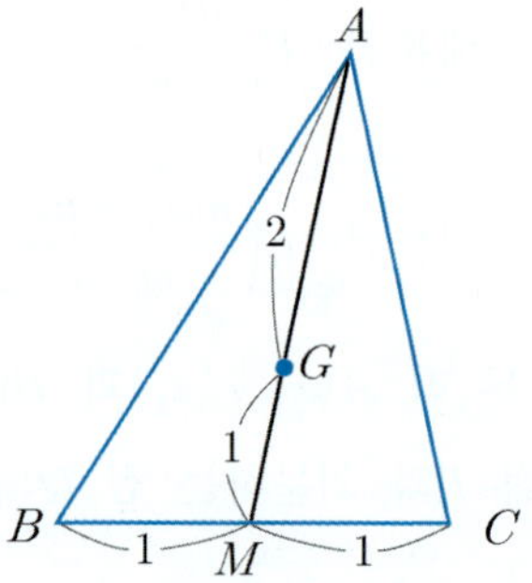

두 점의 중심을 이용하면 한 점에 대한 대칭점을 쉽게 구할 수 있다. 예를 들어 점 $A(2,3,4)$의 $B(-1,2,5)$에 대한 대칭점을 $P(x, y, z)$라 하면 점 B는 선분

AP의 중점이다. 따라서

$$\frac{2+x}{2} = -1,\ \frac{3+y}{2} = 2,\ \frac{4+z}{2} = 5$$

이므로 $P(-4,1,6)$이다.

3.1.3 거리와 구의 방정식

좌표평면에서 두 점 $P_1(x_1,y_1)$, $P_2(x_2,y_2)$ 사이의 거리는 선분 P_1P_2의 길이로 정의하고 $|P_1P_2|$로 나타낸다.[32)]

$$|P_1P_2| = \sqrt{(x_2-x_1)^2+(y_2-y_1)^2}$$

다음 그림과 같이 세 모서리의 길이가 a,b,c인 직육면체에서 삼각형 EFG와 EGC는 모두 직각삼각형이다.

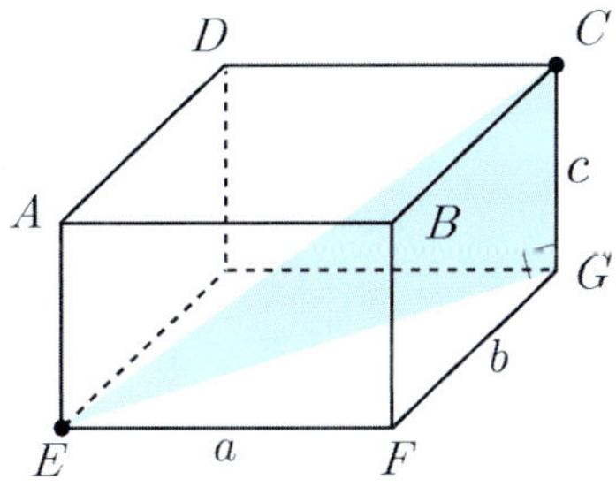

피타고라스의 정리에 의하면 대각선 EG의 길이는

$$|EG| = \sqrt{a^2+b^2}$$

이므로 직각삼각형 EGC에서 대각선 EC의 길이는 다음과 같다.

$$|EC| = \sqrt{|EG|^2+c^2} = \sqrt{a^2+b^2+c^2}$$

일반적으로 다음과 같이 P_1, P_2가 마주보는 꼭짓점이고 각 면이 좌표평면과 평행인 직육면체를 생각하자.

32) 교재에 따라 $\overline{P_1P_2}$로 쓰기도 한다.

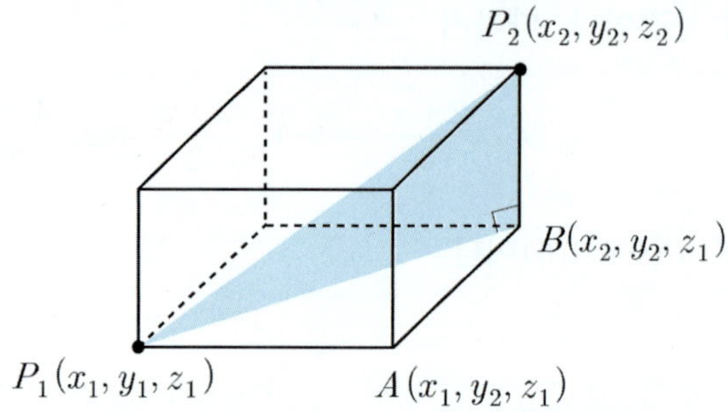

직육면체 위의 두 점 $A(x_2, y_1, z_1)$, $B(x_2, y_2, z_1)$에 대하여

$$|P_1A| = |y_2 - y_1|, \quad |AB| = |x_2 - x_1|, \quad |BP_2| = |z_2 - z_1|$$

이므로 공간의 두 점 P_1, P_2 사이의 거리, 즉 선분 P_1P_2의 길이는 다음과 같다.

좌표공간의 두 점 $P_1(x_1, y_1, z_1)$, $P_2(x_2, y_2, z_2)$ 사이의 거리

$$|P_1P_2| = \sqrt{(x_2 - x_1)^2 + (y_2 - y_1)^2 + (z_2 - z_1)^2}$$

특히 원점 O와 점 $P(x_1, y_1, z_1)$ 사이의 거리는

$$|OP| = \sqrt{x_1^2 + y_1^2 + z_1^2}$$

이다.

보기 3 좌표공간의 두 점 $P(2, 3, -1)$, $Q(0, 1, 3)$에서 같은 거리에 있는 x-축 위의 점을 구하여라.

풀이 x-축 위의 점을 $R(a, 0, 0)$이라 하면

$$|PR| = |QR| \quad \Rightarrow \quad |PR|^2 = |QR|^2$$

에서

$$(a-2)^2 + 3^2 + (-1)^2 = a^2 + 1^2 + 3^2$$

이다. 이 식을 전개해서 정리하면 $a = 1$이므로 구하는 점의 좌표는 $(1, 0, 0)$이다. ■

보기 4 좌표공간의 두 점 $A(a_1,a_2,a_3)$, $B(b_1,b_2,b_3)$에 대하여 두 선분 OA, OB가 서로 수직일 때

$$a_1b_1 + a_2b_2 + a_3b_3 = 0$$

임을 보여라.

풀이 삼각형 OAB가 각 $\angle AOB$가 직각인 직각삼각형이므로

$$|OA|^2 + |OB|^2 = |AB|^2$$
$$\Rightarrow \quad a_1^2 + a_2^2 + a_3^2 + b_1^2 + b_2^2 + b_3^2 = (b_1 - a_1)^2 + (b_2 - a_2)^2 + (b_3 - a_3)^2$$

이다. 우변을 전개하여 정리하면 원하는 결과를 얻는다. ■

구의 방정식

좌표공간에서 **구**(sphere)는 한 점에서 같은 거리에 있는 점들의 집합이다. 이때 한 점을 **구의 중심**(center of sphere), 거리를 **구의 반지름**(radius of sphere)이라 한다. 좌표공간의 거리공식을 이용하면 구의 방정식을 바로 얻을 수 있다. 중심이 $P_0(a,b,c)$이고 반지름이 r인 구 위의 점을 $P(x,y,z)$라 하면

$$|PP_0| = \sqrt{(x-a)^2 + (y-b)^2 + (z-c)^2} = r$$

이므로 다음과 같은 구의 방정식을 얻는다.

중심이 (a,b,c)이고 반지름이 r인 구의 방정식

$$(x-a)^2 + (y-b)^2 + (z-c)^2 = r^2$$

특히 중심이 원점 $O(0,0,0)$이고 반지름이 r인 구의 방정식은 다음과 같다.

$$x^2 + y^2 + z^2 = r^2$$

보기 5 다음 구의 방정식을 구하여라.

(a) 중심이 $(1,-2,3)$이고 원점을 지나는 구

(b) 두 점 $A(2,4,0)$, $B(4,0,-2)$를 지름의 양 끝점으로 하는 구

풀이 (a) 반지름 r는 중심 $(1,-2,3)$과 원점 $(0,0,0)$ 사이의 거리이다.

$$r = \sqrt{1^2 + (-2)^2 + 3^2} = \sqrt{14}$$

따라서 구의 방정식은 다음과 같다.

$$(x-1)^2 + (y+2)^2 + (z-3)^2 = 14$$

(b) 구의 중심은 두 점 $A(2,4,0), B(4,0,-2)$의 중점 $(3,2,-1)$이고 반지름은

$$r = \frac{1}{2}\sqrt{(4-2)^2 + (0-4)^2 + (-2-0)^2} = \sqrt{6}$$

이므로 구하는 구의 방정식은 다음과 같다.

$$(x-3)^2 + (y-2)^2 + (z+1)^2 = 6$$ ■

보기 6 다음 구의 방정식을 구하여라.

(a) 중심이 (a,b,c)인 구가 $xy-$평면에 접할 때

(b) 중심이 (a,b,c)인 구가 $z-$축에 접할 때

풀이 (a) 중심이 (a,b,c)인 구가 $xy-$평면에 접할 때 구의 중심의 z좌표가 구의 반지름을 결정하므로 $r = |c|$가 되고 구의 방정식은 다음과 같다.

$$(x-a)^2 + (y-b)^2 + (z-c)^2 = c^2$$

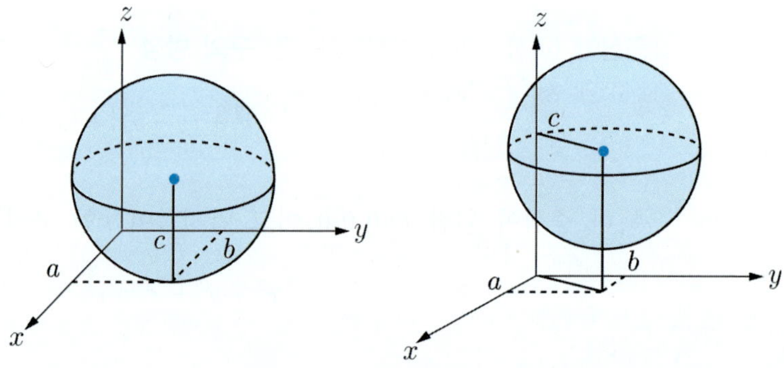

(b) 중심이 (a,b,c)인 구가 $z-$축에 접하는 경우 구의 중심의 x좌표, y좌표가 구의 반지름을 결정하므로

$$a^2 + b^2 = r^2$$

이 되고 구의 방정식은 다음과 같다.

$$(x-a)^2+(y-b)^2+(z-c)^2=a^2+b^2$$

NOTE **보기 6**에서 구가 yz-평면, zx-평면에 접하는 경우도 같은 방법으로 반지름을 구하면 각각 다음과 같다.

$$r=|a|,\quad r=|b|$$

또한 x-축, y-축에 구가 접하는 경우도 같은 방법으로 반지름을 구하면 각각 다음과 같다.

$$r^2=b^2+c^2,\quad r^2=a^2+c^2$$

중심이 (a,b,c)이고 반지름이 r인 구의 방정식을 전개하여 정리하면

$$x^2+y^2+z^2-2ax-2by-2cz+a^2+b^2+c^2-r^2=0$$

이다. 따라서 구의 방정식은 실수 A,B,C,D에 대하여

$$x^2+y^2+z^2+Ax+By+Cz+D=0 \qquad (3.1)$$

으로 나타낼 수 있다. 역으로 방정식 (3.1)을 변형하면

$$\left(x+\frac{A}{2}\right)^2+\left(y+\frac{B}{2}\right)^2+\left(z+\frac{C}{2}\right)^2=\frac{A^2+B^2+C^2-4D}{4}$$

이므로 $A^2+B^2+C^2-4D>0$이면 (3.1)은 구를 나타내는 방정식이다. 이때 중심은 $\left(-\frac{A}{2},-\frac{B}{2},-\frac{C}{2}\right)$, 반지름은 $\frac{\sqrt{A^2+B^2+C^2-4D}}{2}$이다.

보기 7 다음을 구하여라.

(a) 공간의 네 점 $(0,0,0)$, $(1,0,-1)$, $(0,2,2)$, $(3,1,0)$을 지나는 구의 방정식

(b) 방정식 $x^2+y^2+z^2+2x-4z-11=0$이 나타내는 구의 중심과 반지름

풀이 (a) 구하는 구의 방정식을

$$x^2+y^2+z^2+Ax+By+Cz+D=0$$

라 하고 네 점을 대입하면 다음 관계식을 얻는다.

$$D=0,\ A-C=-2,\ 2B+2C=-8,\ 3A+B=-10$$

이것을 풀면 $A=-2$, $B=-4$, $C=0$이므로 구하는 구의 방정식은 다

음과 같다.

$$x^2+y^2+z^2-2x-4y=0$$

(b) $x^2+y^2+z^2+2x-4z=11$

$$\Rightarrow x^2+2x+1+y^2+z^2-4z+4=11+1+4\text{이므로}$$

주어진 구의 방정식은 다음과 같이 쓸 수 있다.

$$(x+1)^2+y^2+(z-2)^2=4^2$$

따라서 중심은$(-1,0,2)$, 반지름은 4이다.

3.1.4 n차원 공간

일반적으로 자연수 n에 대해

$$\mathbb{R}^n=\{(a_1,a_2,\cdots,a_n)\,|\,a_1,a_2,\cdots,a_n\in\mathbb{R}\}$$

로 나타낸다. 이때 $\mathbb{R}^n$을 **n차원 좌표공간**(n dimensional space), 혹은 간단히 **n공간**이라 부르고, 이 공간의 원소$(a_1,a_2,\cdots,a_n)$를 **점**(point)이라 부른다. 또 a_i를 i-번째 좌표라고 한다. 좌표평면은 2차원공간 $\mathbb{R}^2$, 좌표공간은 3차원 공간 $\mathbb{R}^3$이다.

$$\mathbb{R}^2=\{(x,y)\,|\,x\in\mathbb{R}\ y\in\mathbb{R}\}$$
$$\mathbb{R}^3=\{(x,y,z)\,|\,x\in\mathbb{R},\ y\in\mathbb{R},\ z\in\mathbb{R}\}$$

$\mathbb{R}^n$의 두 점 $A(a_1,a_2,\cdots,a_n)$와 $B(b_1,b_2,\cdots,b_n)$는 대응하는 좌표들이 모두 같을 때 같다고 하고 $A=B$로 쓴다.

$$A=B\ \Leftrightarrow\ a_i=b_i\,(i=1,2,\cdots,n)$$

$\mathbb{R}^n$에서 덧셈과 상수곱은 다음과 같이 성분별로 정의한다.

$$(a_1,a_2,\cdots,a_n)+(b_1,b_2,\cdots,b_n)=(a_1+b_1,a_2+b_2,\cdots,a_n+b_n)$$
$$t(a_1,a_2,\cdots,a_n)=(ta_1,ta_2,\cdots,ta_n),\ (t\in\mathbb{R})$$

좌표평면, 또는 좌표공간에서 두 점 A,B의 합은 OA,OB를 이웃하는 두 변으로 가지는 평행사변형의 나머지 꼭지점임을 알 수 있다. 또한 점 A의 상수곱

tA는 선분 OA의 연장선상에 있는 점이다.

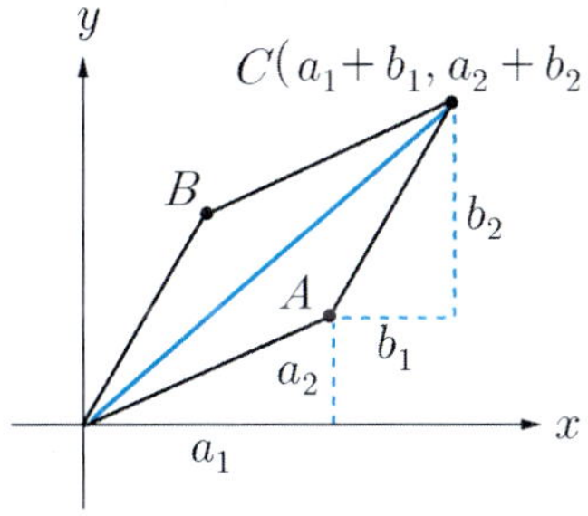

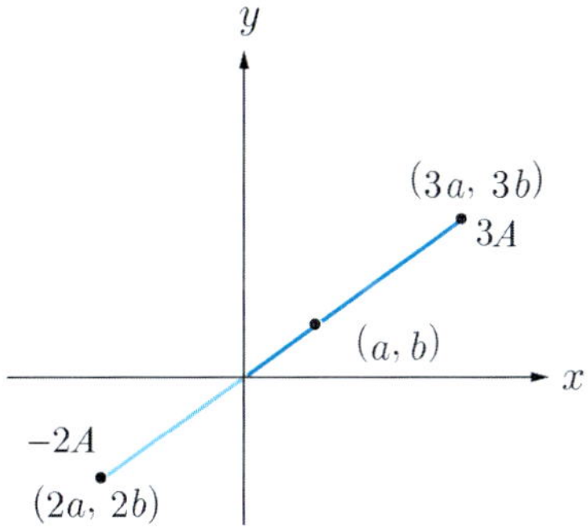

두 점의 덧셈과 상수곱은 실수의 덧셈과 곱을 자연스럽게 확장한 것이다. 따라서 실수의 연산에 대하여 성립하는 다음과 같은 성질 역시 자연스럽게 성립한다.

$\mathbb{R}^n$의 덧셈과 상수곱의 성질

(교환법칙) $A+B=B+A$

(결합법칙) $(A+B)+C=A+(B+C)$

(덧셈에 대한 항등원 O) $A+O=O+A=A$

점 $A=(a_1,a_2,\cdots,a_n)$의 덧셈에 대한 역원: $-A=(-a_1,-a_2,\cdots,-a_n)$

$$A+(-A)=(-A)+A=O$$

$$(rs)A=r(sA),\quad (r,s\in\mathbb{R})$$

$$r(A+B)=rA+rB,\quad (r+s)A=rA+sA,\quad (r,s\in\mathbb{R})$$

$\mathbb{R}^n$의 점 $A(a_1,a_2,\cdots,a_n)$의 크기, 혹은 절댓값을

$$|A|=\sqrt{a_1^2+a_2^2+\cdots+a_n^2}$$

이라 정의한다. 이는 피타고라스 정리를 확장한 것으로 원점과 점 A 사이의 거리이다.

$\mathbb{R}^n$ 상의 두 점 $A(a_1,a_2,\cdots,a_n)$, $B(b_1,b_2,\cdots,b_n)$ 사이의 거리도 $|AB|$로 나타내며

$$|AB|=\sqrt{(a_1-b_1)^2+(a_2-b_2)^2+\cdots+(a_n-b_n)^2}$$

으로 정의한다. 정의에 의하면 두 점 $A(a_1,a_2,\cdots,a_n)$, $B(b_1,b_2,\cdots,b_n)$ 사이의 거리는 원점과 점 $B-A=(b_1-a_1,b_2-a_2,\cdots,b_n-a_n)$ 사이의 거리와 일치한다.

$$|AB|=|B-A|=\sqrt{(a_1-b_1)^2+(a_2-b_2)^2+\cdots+(a_n-b_n)^2}$$

연습문제 3.1

01 점 $P(4,2,-1)$에 대하여 다음 점의 좌표를 구하여라.

(a) $xy-$평면에 내린 수선의 발

(b) $z-$축에 내린 수선의 발

(c) 원점에 대하여 대칭인 점

(d) $yz-$평면에 대하여 대칭인 점

(e) $x-$축에 대하여 대칭인 점

(f) 점 $(1, 1, 1)$에 대하여 대칭인 점

02 좌표공간의 점 $(3, 7, -4)$에서 다음까지의 거리를 구하여라.

(a) $xy-$평면

(b) $yz-$평면

(c) $zx-$평면

(d) $x-$축

(e) $y-$축

(f) $z-$축

03 두 점 $A(3,4,5)$, $B(7,5,3)$와 같은 거리에 있는 $z-$축 위의 점의 좌표를 구하여라.

04 세 점 $A(2,4,-1)$, $B(5,3,3)$, $C(-1,2,-2)$에 대해서

(a) A, B, C로부터 같은 거리에 있는 $zx-$평면 위의 점

(b) 네 점 A, B, C, D가 평행사변형의 꼭짓점이 되는 점 D의 좌표를 모두 구하여라.

05 중심이 $(1, 2, 3)$이고 다음 조건을 만족하는 구의 방정식을 구하여라.

(a) 반지름이 $\sqrt{7}$인 구

(b) 점 $(-2, 2, -1)$을 지나는 구

(c) $xy-$평면에 접하는 구

(d) $y-$축에 접하는 구

(e) zx평면과 만나서 생기는 도형의 넓이가 9π일 때

06 다음 구의 중심과 반지름을 구하여라.

(a) $x^2+y^2+z^2-6x+4y=12$

(b) $x^2+y^2+z^2=2x+2y+2z$

(c) $2x^2+2y^2+2z^2-8z-7=0$

(d) $4x^2+4y^2+4z^2=8x+1$

07 네 점 $(0, 0, 0)$, $(1, 1, 0)$, $(2, 0, 0)$, $(2, 3, 1)$을 지나는 구의 방정식을 구하고 중심의 좌표와 반지름을 구하여라.

08 두 구 $x^2+y^2+z^2=4$, $x^2+y^2+z^2-2x+4y-4z+a=0$이 외접할 때 a의 값을 구하여라.

09 두 점 $A(4, 2, 3)$, $B(3, 4, 2)$와 $xy-$평면 위의 점 P에 대하여 $|AP|+|BP|$의 최솟값을 구하여라.

3.2 벡터와 벡터의 연산

3.2.1 벡터의 정의

길이, 질량, 속력 등은 크기만 알면 표현이 가능하다. 그러나 이동, 힘, 속도 등은 크기뿐만 아니라 방향을 알아야 표현이 가능하다. 이렇게 크기와 방향이 주어진 양을 **벡터**(vector)라 한다. 2차원, 또는 3차원 공간에서 벡터는 **화살표**(arrow)를 이용하여 나타낸다. 화살의 방향은 벡터의 방향을 나타내고, 화살의 길이는 벡터의 크기를 나타낸다. 화살의 **꼬리**(tail)는 벡터의 **시점**(initial point), 화살의 **머리**(head)는 벡터의 **종점**(terminal point)이라 부른다.

벡터를 한 문자로 나타낼 때는 **a**, **v**, **x**와 같이 볼드체의 소문자를 이용하여 나타내기로 한다.

아래 그림처럼 벡터 **v**의 시점이 A, 종점이 B인 경우

$$\mathbf{v} = \overrightarrow{AB}$$

로 나타낸다.

벡터의 크기

n차원 공간의 두 점 A, B에 대하여 두 점 사이의 거리를 벡터 $\overrightarrow{AB}$의 **크기**(norm)라 하고 이것을 기호 $\|\overrightarrow{AB}\|$로 나타낸다.

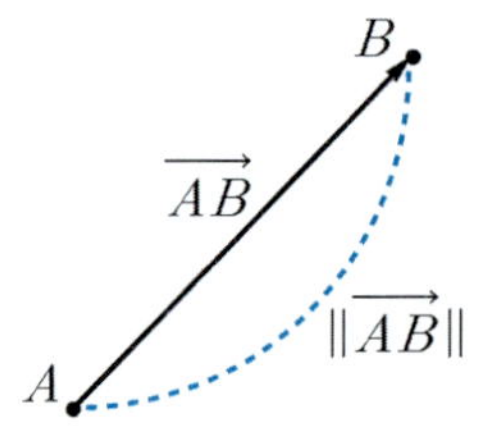

보기 1 다음 그림과 같이 $|AB| = 2$, $|AD| = 1$인 직사각형에서

$$\|\overrightarrow{AB}\| = \|\overrightarrow{DC}\| = 2,\ \ \|\overrightarrow{AC}\| = \|\overrightarrow{BD}\| = \sqrt{5}\text{ 이다.}$$ ■

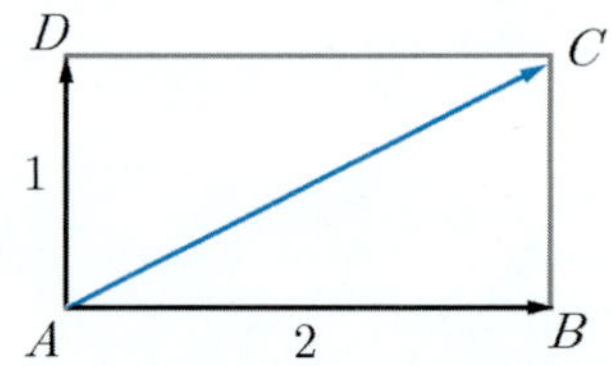

NOTE $\overrightarrow{AD}$, $\overrightarrow{BC}$와 같이 크기가 1인 벡터를 **단위벡터**(unit vector)라 한다.

서로 같은 벡터

보기 1에서 벡터 $\overrightarrow{AB}$, $\overrightarrow{DC}$는 크기도 같고 방향도 같음을 알 수 있다. 이와 같이 두 벡터 $\mathbf{v}$, $\mathbf{w}$가 크기와 방향이 각각 같을 때 두 벡터 $\mathbf{v}$, $\mathbf{w}$는 서로 **같다**고 하며 이것을 기호로 다음과 같이 나타낸다.

$$\mathbf{v} = \mathbf{w}$$

시점의 위치는 다르지만 평행이동하여 포개어지는 두 벡터는 서로 같음을 알 수 있다. 또한 두 벡터 $\mathbf{v} = \overrightarrow{AB}$, $\mathbf{w} = \overrightarrow{CD}$ 가 서로 같으면 사각형 $ABDC$는 평행사변형임을 알 수 있다.

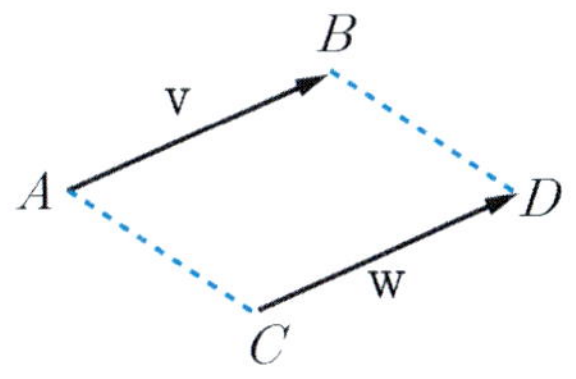

벡터 $\overrightarrow{AB}$와 벡터 $\overrightarrow{BA}$는 크기는 같지만 방향은 반대이다. 이와 같이 벡터 $\mathbf{v}$와 크기는 같고 방향이 반대인 벡터를

$$-\mathbf{v}$$

로 나타낸다. 즉,

$$\overrightarrow{BA} = -\overrightarrow{AB}$$

이다.

보기 2 다음 그림의 직육면체에서

$$\overrightarrow{AB} = \overrightarrow{DC} = \overrightarrow{EF} = \overrightarrow{HG}$$

이다. 또한

$$\overrightarrow{AC} = \overrightarrow{EG},\quad \overrightarrow{FC} = \overrightarrow{ED},\quad \overrightarrow{DG} = \overrightarrow{AF}$$

이고 다음 식도 성립한다.

$$\overrightarrow{GH} = -\overrightarrow{AB},\quad \overrightarrow{HF} = -\overrightarrow{BD}$$ ■

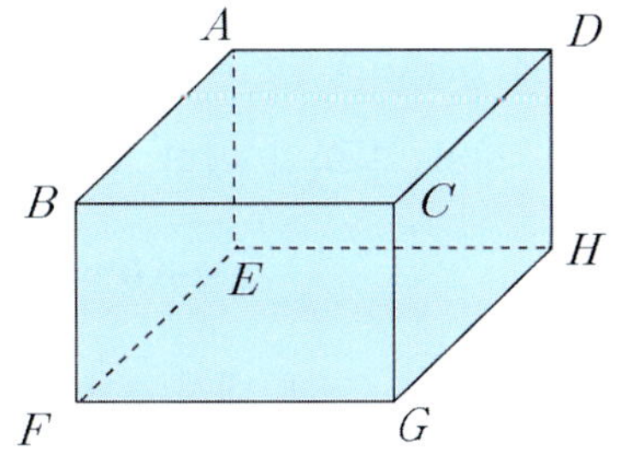

3.2.2 벡터의 연산

어떤 입자가 A에서 B까지 움직였다면 이때 벡터는 $\overrightarrow{AB}$로 나타낸다. 다시 이 입자가 B에서 C까지 움직였다면 이때의 벡터는 $\overrightarrow{BC}$이다. 그러면 이 입자는 결국 A에서 C로 움직인 것이다. 이때 벡터 $\overrightarrow{AC}$를 두 벡터 $\overrightarrow{AB}$와 $\overrightarrow{BC}$의 합으로 정의한다.

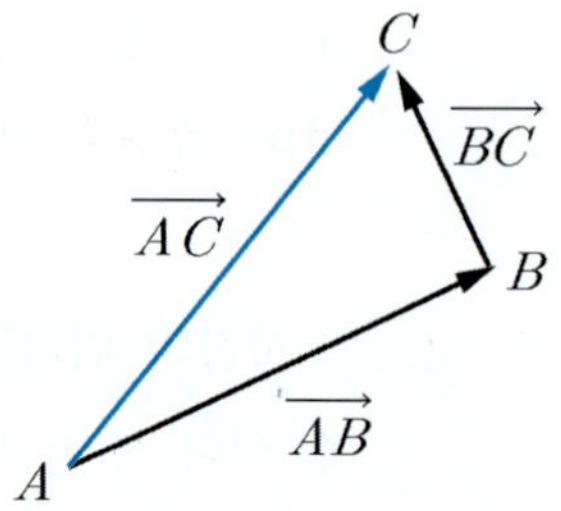

$$\overrightarrow{AB} + \overrightarrow{BC} = \overrightarrow{AC}$$

일반적으로 임의의 두 벡터 $\mathbf{v}, \mathbf{w}$에 대하여 두 벡터의 합 $\mathbf{v}+\mathbf{w}$는 다음과 같은 방법으로 정의한다. 벡터 $\mathbf{w}$의 시작점이 벡터 $\mathbf{v}$의 끝점과 일치하도록 $\mathbf{w}$를 이동한다. 이때 시작점은 $\mathbf{v}$와 일치하고 끝점은 $\mathbf{w}$와 일치하는 벡터를 $\mathbf{v}+\mathbf{w}$로 정의한다.(왼쪽 그림) 만약 $\mathbf{v}$와 $\mathbf{w}$의 시작점이 일치하게 놓는다면 $\mathbf{v}+\mathbf{w}$는 $\mathbf{v}$와 $\mathbf{w}$로 만들어지는 평행사변형의 대각선으로 정의되는 벡터이다.(오른쪽 그림)

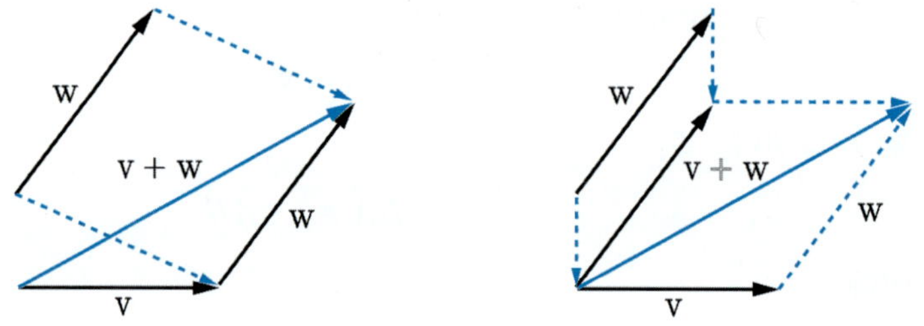

정의에 의하면 두 벡터 $\mathbf{v}+\mathbf{w}$와 $\mathbf{w}+\mathbf{v}$는 같다.($\mathbf{v}+\mathbf{w} = \mathbf{w}+\mathbf{v}$)

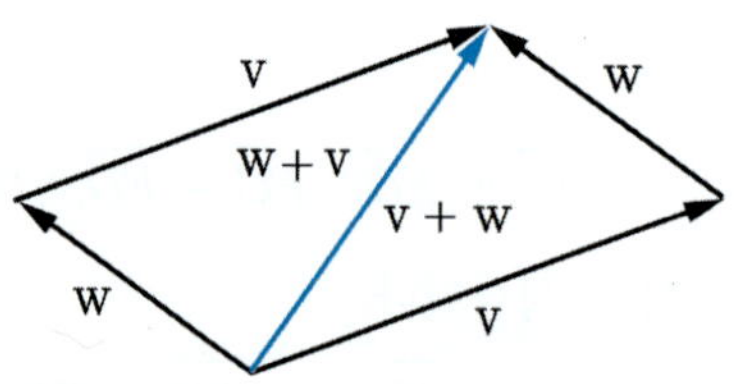

벡터 $\overrightarrow{AA}$와 같이 시점과 종점이 일치하는 벡터의 크기는 0이다. 이와 같이 크기가 0인 벡터를 **영벡터**라 하고 기호 $\mathbf{0}$로 나타낸다. 영벡터는 덧셈에 대한 항등원이다. 다시 말해서, 임의의 벡터 $\mathbf{v}$에 대하여 다음 식이 성립한다.

$$\mathbf{v}+\mathbf{0} = \mathbf{0}+\mathbf{v} = \mathbf{v}$$

영벡터가 아닌 벡터 $\mathbf{v}$에 대하여 $\mathbf{v}$와 크기는 같고 방향은 반대인 벡터 $-\mathbf{v}$

는 덧셈에 대한 v의 역원이다.

$$\mathbf{v}+(-\mathbf{v})=(-\mathbf{v})+\mathbf{v}=\mathbf{0}$$

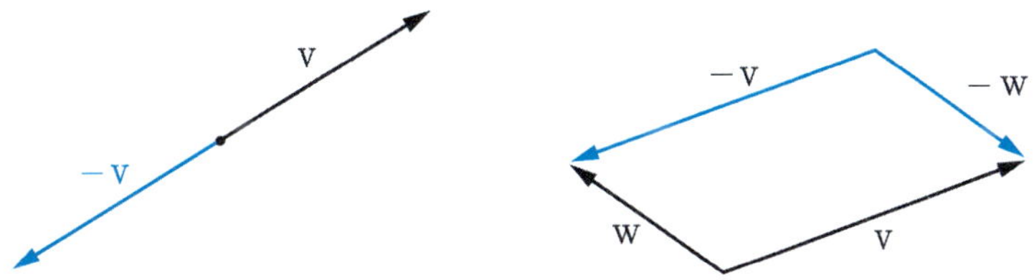

두 벡터의 **차**(difference)는

$$\mathbf{v}-\mathbf{w}=\mathbf{v}+(-\mathbf{w})$$

로 정의한다. 만약 v와 w의 시작점을 같은 위치에 놓는다면(왼쪽 그림) v− w는 w의 끝점에서 v의 끝점으로 가는 벡터이다.(오른쪽 그림)

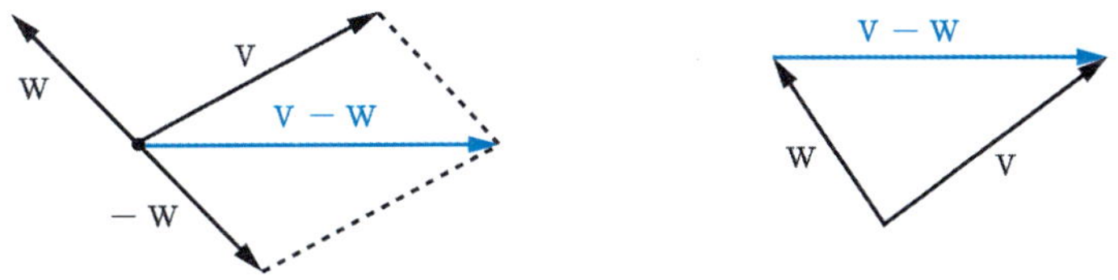

영벡터가 아닌 벡터 v의 **상수곱**(scalar multiple) $k\mathbf{v}$는 크기가 벡터 v의 $|k|$배이고 $k>0$이면 v와 **같은 방향**(same direction), $k<0$이면 v와 **반대 방향**(opposite direction)인 벡터이다. 특히,

$$(-1)\mathbf{v}=-\mathbf{v}, \quad 0\mathbf{v}=\mathbf{0}$$

으로 정의한다. 영벡터가 아닌 두 벡터 v, w의 방향이 같거나 반대일 때, 두 벡터는 **평행하다**(parallel)고 하고

$$\mathbf{v}//\mathbf{w}$$

로 나타낸다. 영벡터가 아닌 두 벡터가 평행할 조건은 다음과 같다.

$$\mathbf{v}//\mathbf{w} \iff \mathbf{w}=k\mathbf{v} \quad (k\text{는 0이 아닌 실수})$$

보기 3 다음 그림과 같은 정육각형에서 $\mathbf{v}=\overrightarrow{AB}$, $\mathbf{w}=\overrightarrow{AF}$ 라고 할 때

(a) v와 같은 벡터를 모두 구하면 다음과 같다.

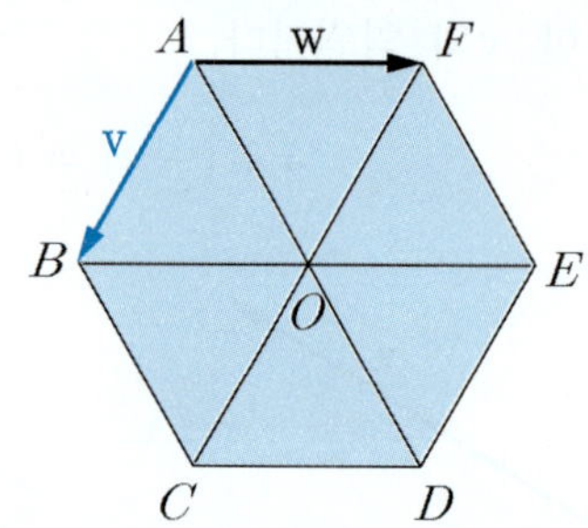

$$\mathbf{v} = \overrightarrow{FO} = \overrightarrow{OC} = \overrightarrow{ED}$$

(b) $\overrightarrow{AD}$를 벡터를 v, w로 나타내면

$$\overrightarrow{AD} = 2\overrightarrow{AO} = 2(\mathbf{v} + \mathbf{w}) = 2\mathbf{v} + 2\mathbf{w}$$

이다. ■

3.2.3 벡터의 성분

평면 혹은 공간 상의 점 A가 주어지면 원점을 시점, 점 A를 종점으로 하는 벡터 $\mathbf{a} = \overrightarrow{OA}$를 생각할 수 있다.

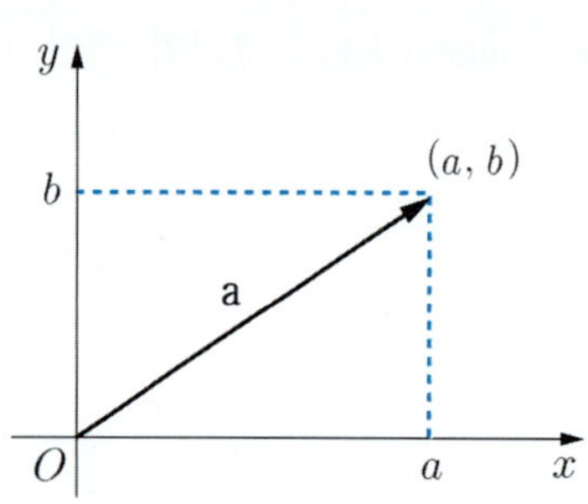

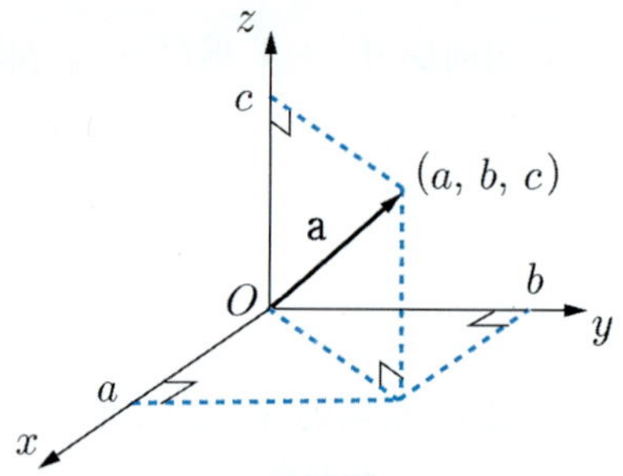

이때 $\overrightarrow{OA}$를 점 A의 **위치벡터**(position vector)라 부르고 평면에서는

$$\mathbf{a} = \overrightarrow{OA} = (a, b)$$

공간에서는

$$\mathbf{a} = \overrightarrow{OA} = (a, b, c)$$

로 나타낸다. 이때 실수 a, b 또는 a, b, c를 $\mathbf{a}$의 **성분**(components)이라 한다. 모든 평면, 또는 공간의 점은 위치벡터와 일대일 대응시킬 수 있으므로 $\mathbb{R}^2$, $\mathbb{R}^3$은

좌표평면, 좌표공간의 점들의 집합을 나타내기도 하고, 평면과 공간의 위치벡터들의 집합을 나타내기도 한다.[33)]

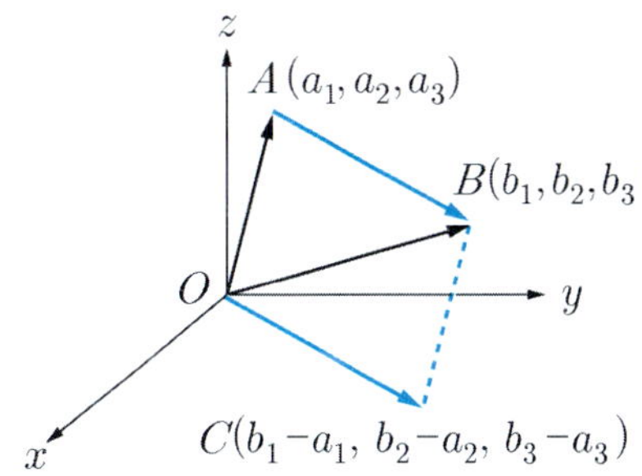

공간의 두 점 $A(a_1, a_2, a_3)$와 $B(b_1, b_2, b_3)$를 각각 시점과 종점으로 하는 벡터 $\overrightarrow{AB}$를 평행이동하여 원점 O가 벡터의 시점이 되도록 하면 그 종점 C는

$$C(b_1-a_1,\ b_2-a_2,\ b_3-a_3)$$

이고

$$\overrightarrow{AB} = \overrightarrow{OC} = (b_1-a_1, b_2-a_2, b_3-a_3)$$

이다. 따라서 모든 벡터는 동등한 위치벡터를 가지며 각 벡터의 성분은 위치벡터의 성분과 같다.

$\overrightarrow{AB} = \overrightarrow{OB} - \overrightarrow{OA}$이므로 다음 관계식이 성립한다.

$$(b_1-a_1, b_2-a_2, b_3-a_3) = (b_1, b_2, b_3) - (a_1, a_2, a_3)$$

또한 좌표공간에서 두 점의 합과 상수곱은 성분별로 계산이 가능하므로 위치벡터의 합과 상수곱도 성분별로 계산할 수 있다. 다시 말해서

$$\mathbf{a} = (a_1, a_2, a_3), \quad \mathbf{b} = (b_1, b_2, b_3)$$

일 때 다음 식이 성립한다.

$$\mathbf{a} + \mathbf{b} = (a_1 + b_1, a_2 + b_2, a_3 + b_3), \quad k\mathbf{a} = (ka_1, ka_2, ka_3)$$

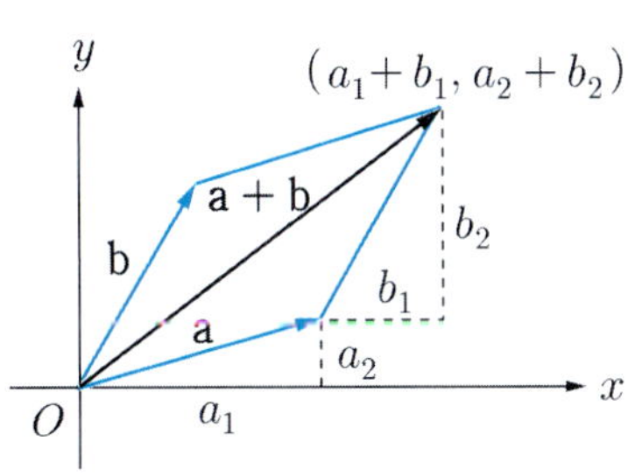

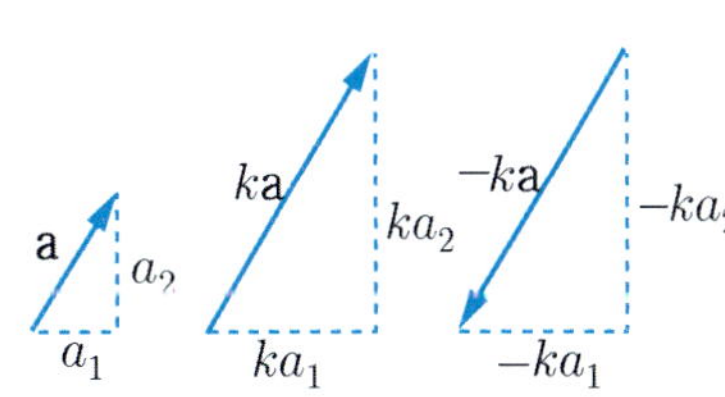

33) 교재에 따라서는 $\begin{pmatrix} a \\ b \end{pmatrix}$, $\begin{pmatrix} a \\ b \\ c \end{pmatrix}$로 나타내기도 한다.

벡터의 크기

2차원과 3차원 벡터 $\mathbf{v}=(a,b)$, $\mathbf{w}=(a,b,c)$의 크기는 벡터의 길이이므로 각각 다음과 같다.

$$\|\mathbf{v}\|=\sqrt{a^2+b^2},\quad \|\mathbf{w}\|=\sqrt{a^2+b^2+c^2}$$

마찬가지로 공간의 두 점 $A(a_1,a_2,a_3)$, $B(b_1,b_2,b_3)$을 각각 시점과 종점으로 하는 벡터 $\overrightarrow{AB}$의 크기는 두 점 A와 B 사이의 거리와 일치한다.

$$\|\overrightarrow{AB}\|=\sqrt{(b_1-a_1)^2+(b_2-a_2)^2+(b_3-a_3)^2}$$

종점이 같은 두 위치벡터는 서로 같으므로 두 벡터 $\mathbf{v}=(v_1,v_2,v_3)$, $\mathbf{w}=(w_1,w_2,w_3)$의 각 성분이 같으면 두 벡터는 서로 같다.

$$\mathbf{v}=\mathbf{w}\quad\Leftrightarrow\quad v_1=w_1,\ v_2=w_2,\ v_3=w_3$$

영벡터는 크기가 0이므로 모든 성분이 0이다. 예를 들어 2차원 공간의 영벡터는 $\mathbf{0}=(0,0)$, 삼차원 공간의 영벡터는 $\mathbf{0}=(0,0,0)$이다.

$\mathbb{R}^3$에서 각각 $x-$축, $y-$축, $z-$축 양의 방향을 나타내는 단위벡터

$$(1,0,0),\ (0,1,0),\ (0,0,1)$$

을 $\mathbb{R}^3$의 **표준단위벡터**(standard unit vector)라 하고 각각 $\mathbf{e}_1$, $\mathbf{e}_2$, $\mathbf{e}_3$로 나타낸다. 표준단위벡터 $\mathbf{e}_1$, $\mathbf{e}_2$, $\mathbf{e}_3$는 모두 단위벡터이고 양의 방향을 가리킨다.

3.2.4 직선의 방정식

좌표평면에서 한 점 $P_0(x_0,y_0)$을 지나고 직선의 기울기가 m인 직선 위의 점을 $P(x,y)$라 하면 다음 식이 성립한다.

$$\frac{y-y_0}{x-x_0}=m\quad\Rightarrow\quad y=m(x-x_0)+y_0$$

좌표공간에서 직선의 방정식은 직선 위의 한 점과 직선과 평행인 벡터를 알면 구할 수 있다.

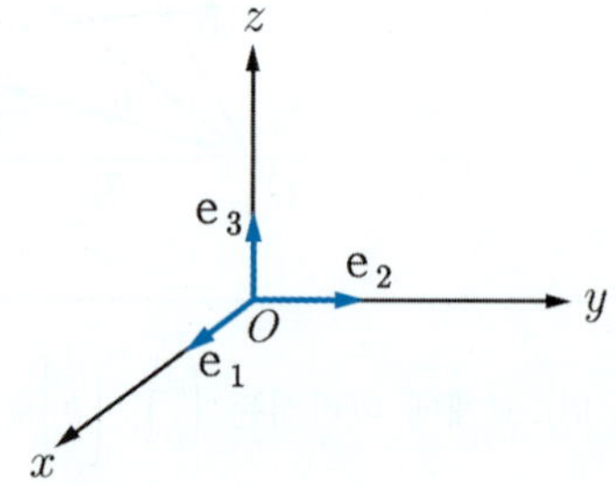

직선이 한 점 $P_0(x_0, y_0, z_0)$을 지나고 벡터 $\mathbf{v} = (a, b, c)$와 평행하다고 하자. 직선 위의 임의의 점을 $P(x, y, z)$라 하면 벡터 $\overrightarrow{P_0P}$ 는 $\mathbf{v}$와 평행이므로

$$\overrightarrow{P_0P} = t\mathbf{v} \tag{3.2}$$

인 실수 t가 존재한다.

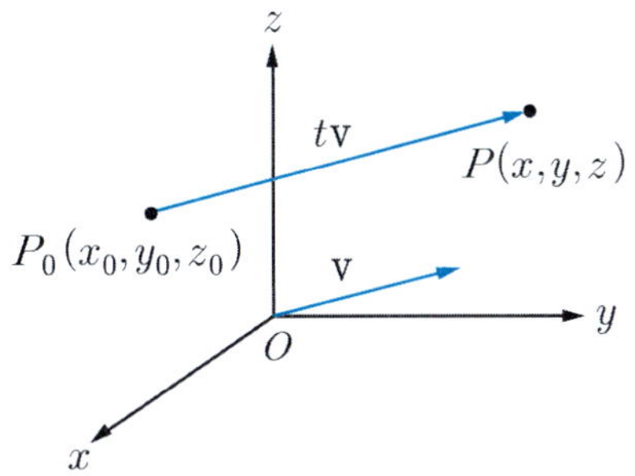

$\overrightarrow{OP} = \mathbf{x}$, $\overrightarrow{OP_0} = \mathbf{x}_0$이라 하면 식 (3.2)는 다음과 같이 쓸 수 있다.

$$\mathbf{x} - \mathbf{x}_0 = t\mathbf{v} \quad \Rightarrow \quad \mathbf{x} = \mathbf{x}_0 + t\mathbf{v}$$

이 방정식에서 벡터 $\mathbf{v}$는 직선의 방향을 나타내는데 이를 이 직선의 **방향벡터** (directional vector)라 한다. 또한 식 (3.2)를 성분별로 나타내면

$$(x - x_0, y - y_0, z - z_0) = (ta, tb, tc)$$

이므로 직선의 방정식은 매개변수 t를 이용하여 다음과 같이 쓸 수 있다.

$$x = x_0 + ta, \quad y = y_0 + tb, \quad z = z_0 + tc \tag{3.3}$$

$abc \neq 0$이면 t를 소거하여 다음과 같이 쓸 수 있다.

$$\frac{x - x_0}{a} = \frac{y - y_0}{b} = \frac{z - z_0}{c}$$

점 $P_0(x_0, y_0, z_0)$을 지나고 벡터 $\mathbf{v} = (a, b, c)$와 평행한 직선의 방정식

직선 위의 점을 $P(x, y, z)$라 할 때

- 벡터방정식: $\mathbf{x} = \mathbf{x}_0 + t\mathbf{v} (-\infty < t < \infty)$, $\overrightarrow{OP} = \mathbf{x}$, $\overrightarrow{OP_0} = \mathbf{x}_0$
- 매개변수방정식: $x = x_0 + at$, $y = y_0 + bt$, $z = z_0 + ct$ $(-\infty < t < \infty)$
- 대칭방정식 $(abc \neq 0)$: $\dfrac{x - x_0}{a} = \dfrac{y - y_0}{b} = \dfrac{z - z_0}{c}$

$abc = 0$이면 식 (3.3)을 이용하여 비슷한 방법으로 나타낼 수 있다. 예를 들어,

$c=0, ab\neq 0$이면

$$\frac{x-x_0}{a}=\frac{y-y_0}{b},\ z=z_0$$

으로 나타낼 수 있다. 이때 직선은 x-축과 수직인 평면 $z=z_0$에 포함된다.

좌표공간의 서로 다른 두 점 A, B를 지나는 직선은 유일하다. 이때 방향벡터는 $\overrightarrow{AB}$다.

보기 4 (a) 공간의 두 점 $A(2,4,-1)$과 $B(3,1,2)$를 지나는 직선의 벡터방정식을 구하여라.

(b) 이 직선과 xy-평면이 만나는 점의 좌표를 구하여라.

풀이 (a) 구하려는 직선은 벡터

$$\overrightarrow{AB}=\overrightarrow{OB}-\overrightarrow{OA}=(3-2, 1-4, 2-(-1))=(1,-3,3)$$

와 평행하다. 따라서 점 $A(2,4,-1)$을 지나고 $\overrightarrow{AB}$와 평행한 직선의 벡터방정식은

$$\mathbf{x}=(2,4,-1)+t(1,-3,3)$$

(b) xy-평면의 방정식은 $z=0$이므로 직선이 xy-평면과 만나는 점에서

$$-1+3t=0,\ 즉\ t=\frac{1}{3}$$

이므로 $x=\frac{7}{3}$, $y=3$이다. 따라서 구하는 점의 좌표는 $\left(\frac{7}{3}, 3, 0\right)$이다.

■

연습문제 3.2

01 다음 평행사변형에서 동등한 벡터들을 모두 찾아라. 단, E는 두 대각선의 교점이다.

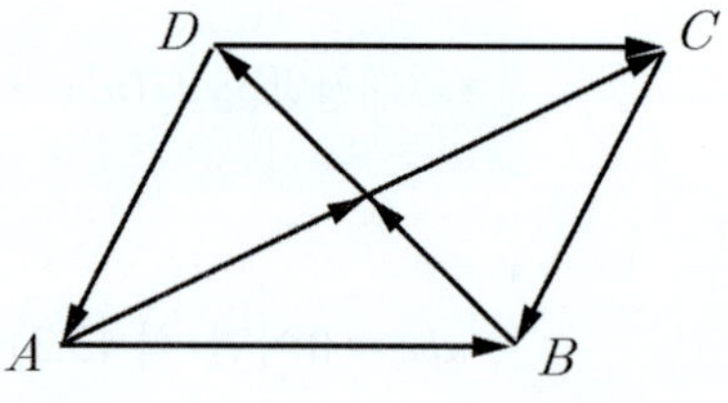

02 다음 벡터의 연산을 하나의 벡터로 나타내어라.

(a) $\overrightarrow{PQ}+\overrightarrow{QS}$

(b) $\overrightarrow{RP}+\overrightarrow{PS}$

(c) $\overrightarrow{PQ}-\overrightarrow{SQ}$

(d) $\overrightarrow{RS}+\overrightarrow{SQ}+\overrightarrow{QP}$

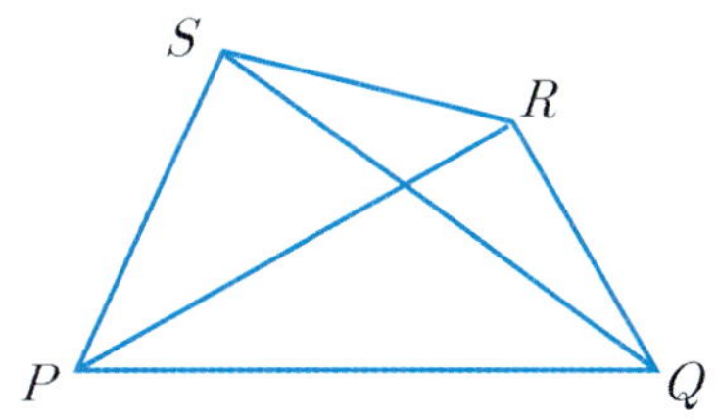

03 다음 정삼각형에서 D는 무게중심, E는 선분 BC의 중점이다. 다음 벡터들을 $\mathbf{a}=\overrightarrow{AB}$, $\mathbf{b}=\overrightarrow{AC}$를 이용하여 나타내어라.

(a) $\overrightarrow{BC}$ (b) $\overrightarrow{AE}$

(c) $\overrightarrow{AD}$ (d) $\overrightarrow{DB}$

(e) $\overrightarrow{CD}$ (f) $\overrightarrow{BE}$

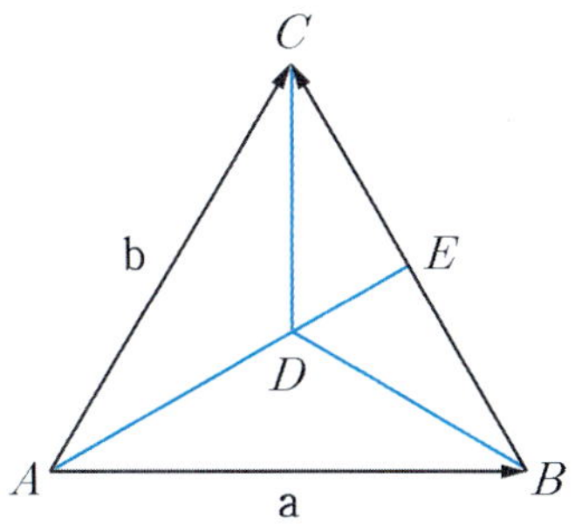

04 다음 정육각형에서 다음 벡터들을 $\mathbf{a}=\overrightarrow{OA}$, $\mathbf{b}=\overrightarrow{OB}$를 이용하여 나타내어라.

(a) $\overrightarrow{AB}$ (b) $\overrightarrow{BC}$

(c) $\overrightarrow{AD}$ (d) $\overrightarrow{CF}$

(e) $\overrightarrow{AC}$ (f) $\overrightarrow{BC}+\overrightarrow{DE}+\overrightarrow{FA}$

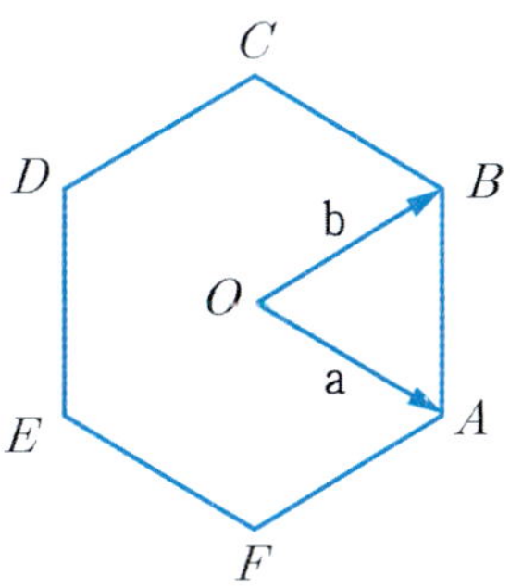

05 주어진 벡터 $\mathbf{a}, \mathbf{b}$에 대하여 다음 벡터를 그려 보아라.

(a) $\mathbf{a}+\mathbf{b}$ (b) $2\mathbf{a}+\mathbf{b}$

(c) $\mathbf{a}-\mathbf{b}$ (d) $\mathbf{b}-2\mathbf{a}$

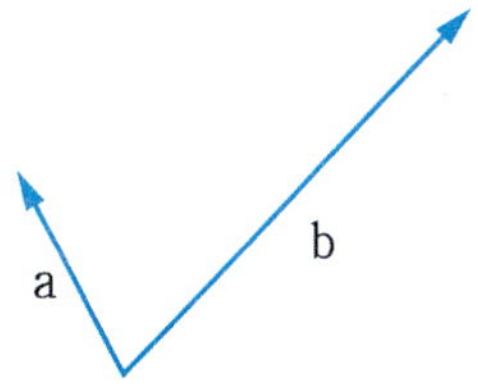

06 주어진 두 점 P, Q에 대하여 벡터 $\overrightarrow{PQ}$, $\overrightarrow{QP}$를 구하고 $\|\overrightarrow{PQ}\|$, $\|\overrightarrow{QP}\|$을 구하여라.

(a) $P(1,3)$, $Q(2,-1)$

(b) $P(5,7,-1)$, $Q(2,9,-2)$

07 M이 두 점 $P(2,-1), Q(-4,3)$의 중점일 때, 다음 벡터를 구하고 벡터의 크기를 구하여라.

(a) $\overrightarrow{PQ}$　　　(b) $\overrightarrow{OM}$

(c) $\overrightarrow{PM}$　　　(d) $\overrightarrow{MQ}$

08 다음 벡터와 같은 방향의 단위벡터를 구하여라.

(a) $(-3,4)$　　　(b) $-3\mathbf{e}_1+2\mathbf{e}_2+4\mathbf{e}_3$

(c) $(-4,2,-4)$

09 다음 조건을 만족하는 $\mathbb{R}^2$의 단위벡터를 구하여라.

(a) 기울기가 1

(b) 기울기가 2

(c) x-축의 양의 방향과 60° 의 각을 이룬다.

(d) x-축의 양의 방향과 120° 의 각을 이룬다.

10 주어진 $\mathbf{a}, \mathbf{b}$에 대하여 $\mathbf{a}+\mathbf{b}$, $2\mathbf{a}-3\mathbf{b}$, $\|\mathbf{a}\|$, $\|\mathbf{a}-\mathbf{b}\|$을 구하여라.

(a) $\mathbf{a}=(5,-12)$, $\mathbf{b}=(-3,-1)$

(b) $\mathbf{a}=(5,-1,2)$, $\mathbf{b}=(2,3,-1)$

(c) $\mathbf{a}=\mathbf{e}_1+4\mathbf{e}_2$, $\mathbf{b}=-\mathbf{e}_1+2\mathbf{e}_2$

(d) $\mathbf{a}=\mathbf{e}_1-2\mathbf{e}_2+3\mathbf{e}_3$, $\mathbf{b}=\mathbf{e}_1-2\mathbf{e}_2-3\mathbf{e}_3$

11 다음 직선과 평행인 벡터를 구하고 직선의 대칭방정식을 구하여라.

(a) 점 $(1,0,-2)$를 지나고 벡터 $(2,-3,5)$와 평행인 직선

(b) 두 점 $(3,3,7)$, $(-2,1,4)$를 지나는 직선

(c) 원점을 지나고 직선 $x=2t$, $y=3t-2$, $z=1-t$와 평행한 직선

3.3 벡터의 내적

두 벡터의 합이나 벡터의 상수곱은 성분별로 계산할 수 있고 따라서 실수에서 성립하는 연산의 성질이 대부분 성립한다. 그렇다면 벡터와 벡터의 곱을 정의하는 것은 가능한가? 가능하다면 어떤 의미를 갖는가? 여기서는 벡터와 벡터의 곱의 한 형태로 **내적**(inner product)에 대하여 알아보기로 한다.

3.3.1 내적의 정의

두 벡터 $\mathbf{a}=(a_1,a_2,a_3)$, $\mathbf{b}=(b_1,b_2,b_3)$에 대하여 $\mathbf{a}$와 $\mathbf{b}$의 내적은 $\mathbf{a}\cdot\mathbf{b}$로 나타내고[34)]

$$\mathbf{a}\cdot\mathbf{b}=a_1b_1+a_2b_2+a_3b_3$$

로 정의한다. n−벡터에 대하여 내적의 정의는 다음과 같이 자연스럽게 확장한다.

$$(a_1,\cdots,a_n)\cdot(b_1,\cdots,b_n)=a_1b_1+a_2b_2+\cdots+a_nb_n$$

두 벡터의 내적의 결과는 스칼라로 주어지므로 내적을 scalar product라 부르기도 한다. 또는 기호 · 을 이용하므로 dot product라 부르기도 한다.

예를 들어 표준단위벡터 $\mathbf{e}_1,\mathbf{e}_2,\cdots,\mathbf{e}_n$에 대하여 다음 결과가 성립한다.

$$\mathbf{e}_i\cdot\mathbf{e}_i=1,\quad \mathbf{e}_i\cdot\mathbf{e}_j=0\ (i\neq j)$$

실수의 곱에서 성립하는 다음과 같은 성질들이 내적에 대해서도 성립한다.

---

34) $\mathbf{a}$와 $\mathbf{b}$가 열벡터일 때에도 같은 방법으로 정의한다. 행벡터 $\mathbf{a}=(a_1,\cdots,a_n)$와 열벡터 $\mathbf{b}=\begin{pmatrix}b_1\\ \vdots\\ b_n\end{pmatrix}$의 곱은 $\mathbf{ab}$로 나타내며 같은 방식으로 정의한다.

$$\mathbf{ab}=(a_1,\cdots,a_n)\begin{pmatrix}b_1\\ \vdots\\ b_n\end{pmatrix}=a_1b_1+\cdots+a_nb_n$$

내적의 성질

$\mathbf{a}, \mathbf{b}, \mathbf{c}$가 $\mathbb{R}^n$의 벡터들이고 c는 실수라 하자. 그러면

(a) $\mathbf{a} \cdot \mathbf{b} = \mathbf{b} \cdot \mathbf{a}$

(b) $\mathbf{a} \cdot (\mathbf{b} + \mathbf{c}) = \mathbf{a} \cdot \mathbf{b} + \mathbf{a} \cdot \mathbf{c}$

(c) $(c\mathbf{a}) \cdot \mathbf{b} = c(\mathbf{a} \cdot \mathbf{b}) = \mathbf{a} \cdot (c\mathbf{b})$

(d) $\mathbf{a} \cdot \mathbf{a} = \|\mathbf{a}\|^2 \geq 0$

보기 1 다음 등식이 성립함을 보여라.

$$\|\mathbf{a} + \mathbf{b}\|^2 + \|\mathbf{a} - \mathbf{b}\|^2 = 2(\|\mathbf{a}\|^2 + \|\mathbf{b}\|^2)$$

풀이 내적의 성질에서

$$\|\mathbf{a} + \mathbf{b}\|^2 = (\mathbf{a} + \mathbf{b}) \cdot (\mathbf{a} + \mathbf{b}) = \mathbf{a} \cdot \mathbf{a} + \mathbf{b} \cdot \mathbf{a} + \mathbf{a} \cdot \mathbf{b} + \mathbf{b} \cdot \mathbf{b}$$

$$= \|\mathbf{a}\|^2 + 2\mathbf{a} \cdot \mathbf{b} + \|\mathbf{b}\|^2$$

$$\|\mathbf{a} - \mathbf{b}\|^2 = (\mathbf{a} - \mathbf{b}) \cdot (\mathbf{a} - \mathbf{b}) = \mathbf{a} \cdot \mathbf{a} - \mathbf{b} \cdot \mathbf{a} - \mathbf{a} \cdot \mathbf{b} + \mathbf{b} \cdot \mathbf{b}$$

$$= \|\mathbf{a}\|^2 - 2\mathbf{a} \cdot \mathbf{b} + \|\mathbf{b}\|^2$$

이므로

$$\|\mathbf{a} + \mathbf{b}\|^2 + \|\mathbf{a} - \mathbf{b}\|^2 = 2(\|\mathbf{a}\|^2 + \|\mathbf{b}\|^2)$$

이 성립한다. ■

NOTE 위의 보기를 평행사변형을 이용하여 나타내면 다음과 같다. 따라서 이 등식을 **평행사변형의 법칙**(parallelogram law)이라 한다.

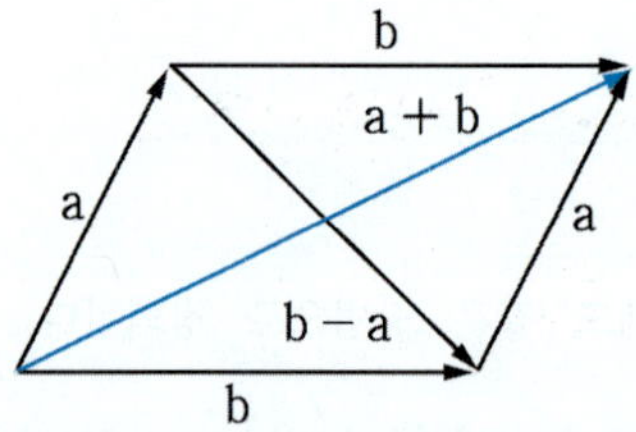

3.3.2 두 벡터의 사잇각

두 벡터의 내적은 두 벡터 사이의 낀 각 θ를 이용하여 나타낼 수도 있다. 평면, 또는 공간의 두 벡터 $\mathbf{a}, \mathbf{b}$가 시점이 일치하도록 놓였다고 하자. 두 벡터의 **사잇각**(angle between two vectors)은 $\mathbf{a}, \mathbf{b}$가 이루는 각 중에서 작은 각으로 정의한다. 만약 두 벡터가 평행이라면 $\theta = 0$(같은 방향) 또는 $\theta = \pi$(반대 방향)이다.

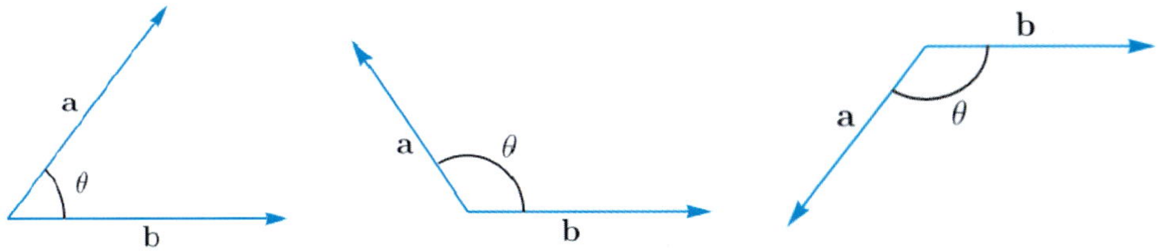

두 벡터 $\mathbf{a}, \mathbf{b}$의 사잇각이 θ일 때, 두 벡터의 **내적**(inner product) $\mathbf{a} \cdot \mathbf{b}$에 대하여 다음 관계식이 성립한다.

내적과 사잇각

$$\mathbf{a} \cdot \mathbf{b} = \|\mathbf{a}\|\|\mathbf{b}\| \cos\theta \qquad \text{또는} \qquad \cos\theta = \frac{\mathbf{a} \cdot \mathbf{b}}{\|\mathbf{a}\|\,\|\mathbf{b}\|}$$

증명 : $\mathbf{a} = 0$ 또는 $\mathbf{b} = 0$ 이면 당연하므로 $\mathbf{a} \neq 0$, $\mathbf{b} \neq 0$라 하자. 삼각형 OAB에 대하여 코사인의 제2법칙을 적용하면

$$|AB|^2 = |OA|^2 + |OB|^2 - 2|OA||OB|\cos\theta$$

이 성립한다. $\overrightarrow{OA} = \mathbf{a}$, $\overrightarrow{OB} = \mathbf{b}$라 하면 $\overrightarrow{AB} = \overrightarrow{OB} - \overrightarrow{OA} = \mathbf{b} - \mathbf{a}$이므로 $|AB| = \|\overrightarrow{AB}\| = \|\mathbf{b} - \mathbf{a}\|$이고 위 식은 다음과 같이 쓸 수 있다.

$$\|\mathbf{b} - \mathbf{a}\|^2 = \|\mathbf{a}\|^2 + \|\mathbf{b}\|^2 - 2\|\mathbf{a}\|\,\|\mathbf{b}\| \cos\theta \tag{3.4}$$

$\mathbf{b} \cdot \mathbf{a} = \mathbf{a} \cdot \mathbf{b}$이므로

$$\|\mathbf{b} - \mathbf{a}\|^2 = (\mathbf{b} - \mathbf{a}) \cdot (\mathbf{b} - \mathbf{a}) = \|\mathbf{b}\|^2 - 2\mathbf{a} \cdot \mathbf{b} + \|\mathbf{a}\|^2 \tag{3.5}$$

이다. 식 (3.4)와 식 (3.5)를 같다고 놓고 정리하면

$$\mathbf{a} \cdot \mathbf{b} = \|\mathbf{a}\|\|\mathbf{b}\| \cos\theta$$

을 얻는다. $\|\mathbf{a}\| \neq 0$, $\|\mathbf{b}\| \neq 0$이므로 $\cos\theta = \dfrac{\mathbf{a} \cdot \mathbf{b}}{\|\mathbf{a}\|\|\mathbf{b}\|}$임을 알 수 있다.

보기 2 두 벡터 $\mathbf{a}=(2,-1,1)$과 $\mathbf{b}=(1,1,2)$의 사잇각을 구하여라.

풀이 $\|\mathbf{a}\|=\sqrt{2^2+1^2+1^2}=\sqrt{6}$, $\|\mathbf{b}\|=\sqrt{1^2+1^2+2^2}=\sqrt{6}$ 이므로

$$\cos\theta=\frac{2-1+2}{\sqrt{6}\sqrt{6}}=\frac{1}{2}$$

이다. 따라서 $\theta=\frac{\pi}{3}=60^\circ$ 이다. ■

영벡터가 아닌 두 벡터 $\mathbf{a},\mathbf{b}$의 사잇각이 $\frac{\pi}{2}$이면 두 벡터는 **수직**(perpendicular)이라 하고

$$\mathbf{a}\perp\mathbf{b}$$

로 나타낸다. 따라서 위의 결과는 영벡터가 아닌 두 벡터가 수직인 것과 내적이 0인 것이 동치임을 설명해 준다.

수직인 두 벡터

영벡터가 아닌 두 벡터 $\mathbf{a},\mathbf{b}$에 대하여 다음 두 명제는 필요충분조건이다.

$\mathbf{a}\cdot\mathbf{b}=0 \Leftrightarrow$ 두 벡터가 수직이다.

NOTE $0<\theta<\frac{\pi}{2}$이면 $\cos\theta>0$이므로 $\mathbf{a}\cdot\mathbf{b}>0$이다.
반면 $\frac{\pi}{2}<\theta<\pi$이면 $\cos\theta<0$이므로 $\mathbf{a}\cdot\mathbf{b}<0$이다.

NOTE $n>3$이면 두 n-차원 벡터 $\mathbf{a},\mathbf{b}$에 대하여 $\mathbf{a}\cdot\mathbf{b}=0$이면 수직이라 정의한다.

보기 3 좌표평면에서 영벡터가 아닌 벡터 $\mathbf{n}=(a,b)$는 직선 $ax+by+c=0$과 수직임을 보이시오.

풀이 $A(x_1,y_1)$, $B(x_2,y_2)$를 직선 위의 서로 다른 두 점이라 하면

$$ax_1+by_1+c=0,\quad ax_2+by_2+c=0$$

이다. 두 번째 식에서 첫 번째 식을 빼면

$$a(x_2-x_1)+b(y_2-y_1)=0$$

이고 $\overrightarrow{AB} = (x_2 - x_1,\ y_2 - y_1)$이므로

$$\mathbf{n} \cdot \overrightarrow{\mathrm{AB}} = 0$$

이다. 다시 말해서 벡터 $\mathbf{n}$과 $\overrightarrow{AB}$는 수직이다. 벡터 $\overrightarrow{AB}$는 직선 $ax + by + c = 0$과 평행하므로 원하는 결과를 얻는다. ■

NOTE 직선, 또는 평면에 수직인 벡터를 **법선벡터**(normal vector)라 부른다.

3.3.3 평면의 방정식

평면 또는 공간에서 직선의 방정식은 한 점과 평행인 벡터 하나를 알면 구할 수 있다. 공간에서 평면의 방정식은 평면과 수직인 벡터를[35] 안다면, 즉 법선벡터를 안다면 역시 평면의 방정식을 구할 수 있다.

공간의 한 점 $P_0(x_0, y_0, z_0)$을 지나고 벡터 $\mathbf{n} = (a, b, c)$와 수직인 평면의 방정식을 구해 보자. 평면의 임의의 점을 $P(x, y, z)$라 하면

$$\overrightarrow{P_0P} = (x - x_0,\ y - y_0,\ z - z_0)$$

은 평면에 포함되는 벡터이므로 $\mathbf{n}$과 수직이다. 따라서 다음 식이 성립한다.

$$\mathbf{n} \cdot \overrightarrow{P_0P} = a(x - x_0) + b(y - y_0) + c(z - z_0) = 0$$

평면의 방정식

한 점 $P_0(x_0, y_0, z_0)$을 지나고 벡터 $\mathbf{n} = (a, b, c)$에 수직인 평면의 방정식은 다음과 같다.

$$a(x - x_0) + b(y - y_0) + c(z - z_0) = 0$$

NOTE 또한 방정식

$$ax + by + cz + d = 0$$

은 벡터 $\mathbf{n} = (a, b, c)$와 수직인 평면을 나타낸다.

35) 어떤 벡터가 평면과 수직이라는 것은 평면에 포함되는 모든 벡터와 수직이라는 것을 의미한다.

보기 4 다음 조건을 만족하는 평면의 방정식을 구하여라.

(a) 점 $P_0(2,-3,1)$을 지나고 벡터 $\mathbf{n}=(3,-5,7)$과 수직인 평면

(b) 세 점 $A(1,1,1)$, $B(1,2,4)$, $C(2,3,5)$을 지나는 평면

풀이 (a) 평면 위의 점을 $P(x, y, z)$라 하면

$$\mathbf{n}\cdot\overrightarrow{P_0P}=0 \Rightarrow 3(x-2)-5(y+3)+7(z-1)=0$$

이 성립한다. 이를 정리하면 주어진 평면의 방정식은 다음과 같다.

$$3x-5y+7z=28$$

(b) 구하는 평면의 방정식을 $ax+by+cz+d=0$이라 하면 다음 관계식이 성립한다.

$$\begin{cases} a+b+c+d=0 \\ a+2b+4c+d=0 \\ 2a+3b+5c+d=0 \end{cases}$$

연립해서 풀면 $a=2c,\ b=-3c,\ d=0$이므로 구하는 평면의 방정식은

$$2x-3y+z=0$$

이다. ■

두 평면의 교선

두 평면이 평행하면 두 법선벡터가 평행하고, 역으로 두 법선벡터가 평행하면 두 평면이 평행하다. 평행한 두 평면은 일치하거나 만나지 않는다. 다음 왼쪽의 두 평면은 일치하고 오른쪽의 두 평면은 만나지 않는다.

$$\begin{cases} 2x-3y+z=3 \\ -4x+6y-2z=-6 \end{cases},\qquad \begin{cases} 2x-3y+z=3 \\ -4x+6y-2z=3 \end{cases}$$

또 두 평면이 수직이면 두 법선벡터가 수직이고, 역으로 두 법선벡터가 수직이면 두 평면이 수직이다. 이를 정리하면 다음과 같다.

두 평면의 평행과 수직

두 평면 α, β의 법선벡터가 각각 $\mathbf{n}_1, \mathbf{n}_2$일 때 다음이 성립한다.

(a) $\alpha // \beta \Leftrightarrow \mathbf{n}_1 // \mathbf{n}_2$　　(b) $\alpha \perp \beta \Leftrightarrow \mathbf{n}_1 \perp \mathbf{n}_2$

평행하지 않은 두 평면은 직선에서 만나는데 이 직선을 두 평면의 교선이라 한다.

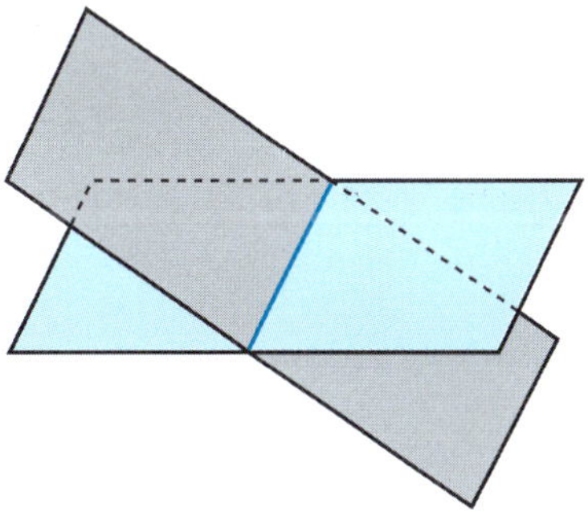

보기 5 다음 두 평면의 교선의 방정식을 구하여라.

$$2x - y + z = 2, \quad x - 2y - z = 10$$

풀이 y, z를 x를 이용하여 나타내면

$$y = x - 4, \quad z = -x - 2$$

이다. $x = t$라 하고 벡터방정식으로 바꾸어 쓰면 구하는 직선의 방정식은 다음과 같다.

$$(x, y, z) = (1, 1, -1)t + (0, -4, -2)$$ ■

연습문제 3.3

01 주어진 $\mathbf{a}, \mathbf{b}$에 대하여 내적 $\mathbf{a} \cdot \mathbf{b}$를 구하고 두 벡터 사이의 각을 θ라고 할 때 $\cos\theta$를 구하여라.

(a) $\mathbf{a} = (5, -12), \mathbf{b} = (3, -1)$

(b) $\mathbf{a} = (5, -1, 2), \mathbf{b} = (2, 3, -1)$

(c) $\mathbf{a} = \mathbf{e}_1 + 4\mathbf{e}_2, \mathbf{b} = -\mathbf{e}_1 + 2\mathbf{e}_2$

(d) $\mathbf{a} = \mathbf{e}_1 - 2\mathbf{e}_2 + 3\mathbf{e}_3, \ \mathbf{b} = \mathbf{e}_1 - 2\mathbf{e}_2 - 3\mathbf{e}_3$

02 a, b가 다음과 같은 성질을 가질 때 $\mathbf{a}\cdot\mathbf{b}$를 구하여라.

(a) $\|\mathbf{a}\| = 2$, $\|\mathbf{b}\| = 3$, $\mathbf{a}$와 $\mathbf{b}$ 사이의 각이 $120°$

(b) $\|\mathbf{a}\| = \sqrt{2}$, $\|\mathbf{b}\| = \sqrt{3}$, $\mathbf{a}$와 $\mathbf{b}$ 사이의 각이 $\frac{\pi}{6}$

03 ΔABC는 한 변의 길이가 각각 1인 정삼각형이고 D는 무게중심이다.

다음 내적을 구하여라.

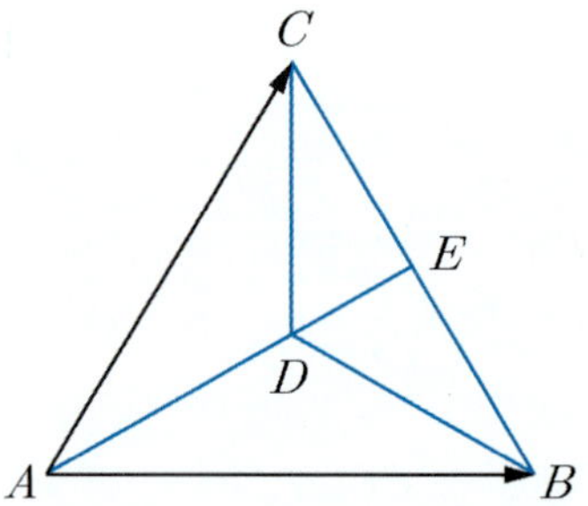

(a) $\overrightarrow{AB}\cdot\overrightarrow{AC}$ (b) $\overrightarrow{AB}\cdot\overrightarrow{BC}$

(c) $\overrightarrow{AB}\cdot\overrightarrow{AE}$ (d) $\overrightarrow{AC}\cdot\overrightarrow{AD}$

(e) $\overrightarrow{AB}\cdot\overrightarrow{DB}$ (f) $\overrightarrow{DB}\cdot\overrightarrow{DC}$

04 공간의 세 점 $A(3,0,2)$, $B(4,3,0)$, $C(8,1,-1)$은 직각삼각형의 꼭짓점이 됨을 보여라.

05 다음 두 벡터에 동시에 수직인 단위벡터를 모두 구하여라.

(a) $\mathbf{a} = (1,0,1)$, $\mathbf{b} = (0,1,1)$

(b) $\mathbf{a} = (1,2,3)$, $\mathbf{b} = (1,1,1)$

06 $\mathbf{u} = (1,k)$, $\mathbf{v} = (2,2)$일 때 다음 조건이 성립하는 k를 구하여라.

(a) $\mathbf{u}$와 $\mathbf{v}$가 평행할 때 (b) $\mathbf{u}$와 $\mathbf{v}$가 수직일 때

(c) $\mathbf{u}$와 $\mathbf{v}$ 사이의 각이 $\frac{\pi}{6}$일 때 (d) $\mathbf{u}$와 $\mathbf{v}$ 사이의 각이 $\frac{\pi}{4}$일 때

07 두 벡터 a, b가 수직일 때 k의 값을 구하여라.

(a) $\mathbf{a}= (2,3)$, $\mathbf{b}= (k+1,\ k-1)$

(b) $\mathbf{a} = (1,-1,2)$, $\mathbf{b}= (k^2,k,-3)$

08 $\mathbb{R}^n$의 두 벡터 a, b에 대하여 다음 등식이 성립함을 보여라.

(a) $\mathbf{a}\cdot\mathbf{b} = \frac{1}{4}\|\mathbf{a}+\mathbf{b}\|^2 - \frac{1}{4}\|\mathbf{a}-\mathbf{b}\|^2$

(b) $(\mathbf{a}+\mathbf{b})\cdot(\mathbf{a}-\mathbf{b}) = \|\mathbf{a}\|^2 - \|\mathbf{b}\|^2$

09 $\mathbf{a}$가 두 벡터 $\mathbf{b}_1, \mathbf{b}_2$와 각각 수직이면 임의의 실수 k_1, k_2에 대하여 $\mathbf{a}$는 $k_1\mathbf{b}_1 + k_2\mathbf{b}_2$와도 수직임을 보여라.

10 두 벡터 $\mathbf{a}, \mathbf{b}$가 수직인 것과 다음 등식이 성립하는 것이 필요충분조건임을 보여라.

(a) $\|\mathbf{a}+\mathbf{b}\|^2 = \|\mathbf{a}\|^2 + \|\mathbf{b}\|^2$ (b) $\|\mathbf{a}+\mathbf{b}\| = \|\mathbf{a}-\mathbf{b}\|$

11 임의의 두 벡터 $\mathbf{a}, \mathbf{b}$에 대하여 다음 부등식이 성립함을 보여라.[36)]

$$|\mathbf{a} \cdot \mathbf{b}| \le \|\mathbf{a}\|\,\|\mathbf{b}\|$$

등식은 언제 성립하는가?

12 임의의 두 벡터 $\mathbf{a}, \mathbf{b}$에 대하여 삼각부등식이 성립함을 보여라.

$$\|\mathbf{a}+\mathbf{b}\| \le \|\mathbf{a}\| + \|\mathbf{b}\|$$

또, 등호가 성립하는 때는 언제인가?

13 영벡터가 아닌 두 벡터 $\mathbf{a}, \mathbf{b}$에 대하여 $\|\mathbf{b}-k\mathbf{a}\|$를 최소가 되게 하는 k의 값을 구하여라.

14 다음 조건을 만족하는 평면의 방정식을 구하여라.

(a) 점 $(1,-2,3)$을 지나고 벡터 $\mathbf{e}_1 - 3\mathbf{e}_2 + 7\mathbf{e}_3$와 수직인 평면

(b) 점 $(2,-2,7)$을 지나고 직선 $x = 1-3t,\ y = 3+5t,\ z = 2-7t$와 수직인 평면

(c) 원점을 지나고 평면 $11x - 17y + 19z = 22$와 평행인 평면

15 다음 직선과 평면의 교점을 구하여라.

(a) $x = 3-t,\ y = 2t+2,\ z = 3t-7,$
$x - 2y + 3z = 10$

(b) $x = 2y - 4 = 3z,$
$2x + 5y - 3z = 10$

16 다음 두 평면은 평행한지, 수직인지 판단하여라.

(a) $x + 4y - 7z = 1,\ 2x + 3y + 6z = 5$ (b) $z = 3x + 4y - 7,\ 2x - 3y + 6z = 5$

(c) $4x - 6y + 2z = 11,\ z = 3y - 2x$ (d) $x + 2y - 2z = 5,\ 2x + y + 2z = 7$

---

36) 이 부등식을 **코시-슈바르쯔 부등식**(Cauchy-Schwarz inequality)이라 한다.

CHAPTER

4

이변수함수

4.1 이변수함수

4.1.1 이변수함수

가로의 길이가 x, 세로의 길이가 y인 직사각형의 넓이 A는 다음과 같이 주어진다.

$$A = xy$$

또한 원기둥의 부피 V는 밑면의 반지름 r과 높이 h에 의하여 결정된다. 즉,

$$V = \pi r^2 h$$

이다. 이때 A는 x와 y의 함수, V는 r과 h의 함수라 하고 다음과 같이 쓴다.

$$A(x, y) = xy, \quad V(r, h) = \pi r^2 h$$

이변수함수

D를 좌표평면 $\mathbb{R}^2$의 부분집합이라 하자. D에서 정의된 함수 f는 D의 임의의 순서쌍 (x, y)에 실수

$$z = f(x, y)$$

를 지정하는 규칙이다. 이때 f를 **이변수함수**라 부르며, x, y를 독립변수, z를 종속변수라고 부른다.

NOTE 함수 f의 **정의역**(domain)이 명시되지 않은 경우, 정의역 D는 함수로 주어진 식이 잘 정의된 최대집합이다. f가 취하는 값의 집합을 **치역**(range)이라 한다.

보기 1 이변수함수의 정의역과 치역

함수	정의역	치역
$z = \sqrt{x^2 + y^2}$	$\mathbb{R}^2$	$[0, \infty)$
$z = \sqrt{9 - x^2 - y^2}$	$\{(x, y) \mid x^2 + y^2 \le 9\}$	$[0, 3]$
$z = 1/(x - y)$	$\{(x, y) \mid x \ne y\}$	$(-\infty, 0) \cup (0, \infty)$
$z = e^x \ln y$	$\{(x, y) \mid y > 0\}$	$\mathbb{R}$

이변수함수를 살펴보는 가장 직관적인 방법은 그래프를 살펴보는 것이다. $z = f(x, y)$가 정의역이 $D \subset \mathbb{R}^2$인 함수이면 f의 그래프는 공간의 점

$$(x, y, f(x, y)), \quad (x, y) \in D$$

들의 집합이다. 평면에서 일변수함수 $y = f(x)$의 그래프는 **곡선**(curve)이라 하고 공간에서 이변수함수 $z = f(x, y)$의 그래프는 **곡면**(surface)이라 한다.

공학용 계산기나 수학용 소프트웨어는 곡면의 그래프를 그리는 기능을 갖고 있다. 이런 도구를 이용하면 여러 방향에서 그래프를 살펴볼 수 있으므로 그래프의 모습을 쉽게 파악할 수 있다. 다음 두 그림은 메이플을 이용하여

$$f(x, y) = x^2 + y^2, \quad g(x, y) = \sqrt{x^2 + y^2}$$

의 그래프를 $-3 \leq x \leq 3$, $-3 \leq y \leq 3$에서 그린 것이다.

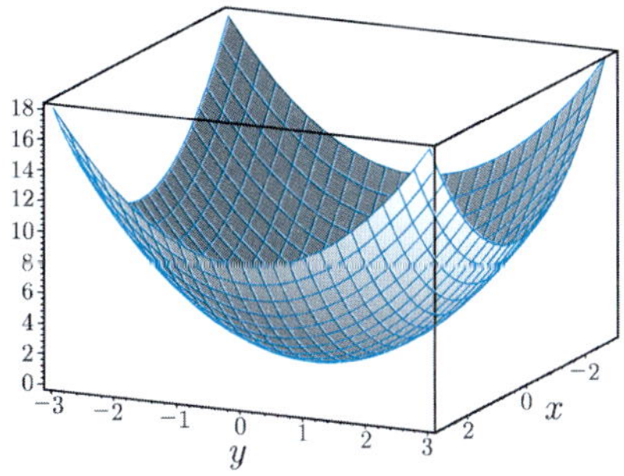

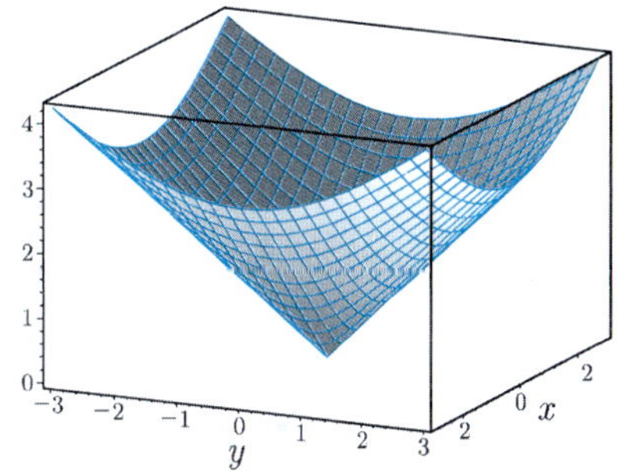

4.1.2 절단면과 등위도면

이변수함수

$$z = f(x, y)$$

에서 x는 고정하고 y만을 변화시켜 얻어지는 함수의 그래프를 x가 고정된 f의 **절단면**(cross section)이라 한다. $z = f(x, y)$의 $x = c$에서의 절단면은 곡면 $z = f(x, y)$와 평면 $x = c$의 교집합, 즉 $z = f(c, y)$의 그래프이다. 예를 들어, $x = 2$일 때 $f(x, y) = x^2 + y^2$의 절단면은

$$z = f(2, y) = y^2 + 4$$

의 그래프로 아래로 볼록인 포물선이다. y가 고정된 f의 절단면도 같은 방법으로 정의한다. 위의 경우, $y=b$일 때의 절단면도 아래로 볼록인 포물선을 나타낸다.

$$z=f(x,\ b)=x^2+b^2$$

보기 2 함수 $f(x,\ y)=x^2-y^2$에 대하여 $x=a$에서 절단면과 $y=b$에서 절단면을 살펴보고 어떤 모습인지 설명하여라.

풀이 $x=a$에서 절단면은

$$z=f(a,\ y)=a^2-y^2$$

이다. 따라서 절단면은 $y=0$에서 최댓값 a^2을 갖는 위로 볼록한 포물선이다.

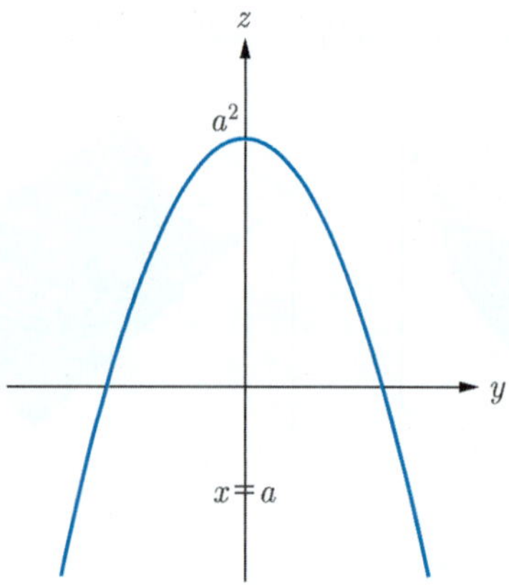

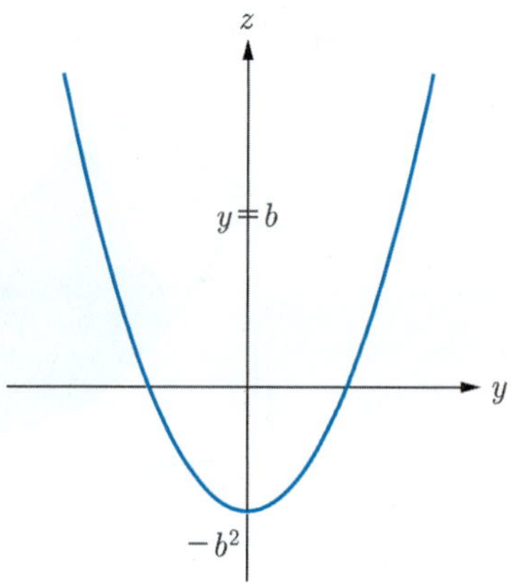

$y=b$에서 절단면은

$$z=f(x,\ b)=x^2-b^2$$

이므로 $x=0$에서 최솟값 $-b^2$을 갖는 아래로 볼록한 포물선이다. 따라서 그래프는 x축 방향으로는 아래로 볼록한 포물선이고 y축 방향으로는 위로 볼록한 포물선 모양이다. 이러한 곡면을 **안장**(saddle) 모양이라고 한다.

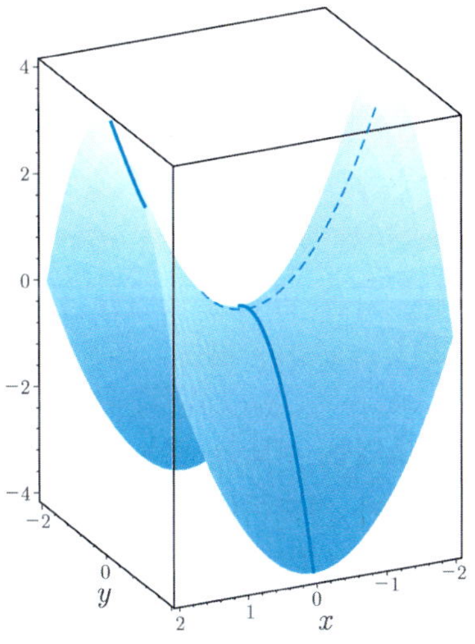

■

등위도면

이변수함수의 움직임을 살펴보는 데에 유용한 또 하나의 방법은 지도 제작에 많이 쓰이는 등위선을 그리거나 밀도도면을 그리는 것이다. 일반적으로 평면지도를 제작할 때에 그 장소의 위치뿐만 아니라 높이를 나타내기 위하여 높이가 같은 지점을 연결하여 그리거나(등위선), 높이가 비슷한 지역은 비슷한 색으로 칠하는 방법(밀도도면: 높은 곳은 진하게 낮은 곳은 흐리게) 등을 사용한다.

함수 $z = f(x, y)$에 대하여 같은 높이, 즉 같은 z값을 갖는 (x, y) 평면의 점들의 집합을 **등위선**(contour line, or level curve)이라 한다. k−등위선은 함수 $z = f(x, y)$의 그래프와 xy평면과 평행한 평면 $z = k$와의 교집합이다. 즉,

$$f(x,\ y) = k$$

를 만족하는 점들의 집합이다. 이때 k를 등위선의 높이 또는 등위선의 값이라 하고, 정의역에 등위선을 그려놓은 것을 **등위도면**(contour plot)이라 한다. 일반적으로 등위도면에 그리는 등위선의 값 k가 일정한 간격을 갖도록 그려준다. 또한 같은 정의역에서 같은 범위의 높이를 갖는 영역을 같은 색으로 표시해 놓은 것을 **밀도도면**(density plot)이라 한다. 37)

등위도면과 밀도도면은 지도를 활용하여 정보를 나타내는 데에도 유용하게 사용된다. x가 위도, y가 경도이면 $(x,\ y)$는 지구상의 한 곳을 나타낸다. 예를 들어 $f(x,\ y)$를 $(x,\ y)$에서 8월의 평균기온이라 하고 $g(x,\ y)$는 $(x,\ y)$에서 8월의 강수량이라 하자. 다음은 우리나라의 8월 평균기온 $f(x,\ y)$에 대한 등위도면과 8월 강수량 $g(x,\ y)$에 대한 밀도도면을 하나의 지도 위에 그린 것이다.

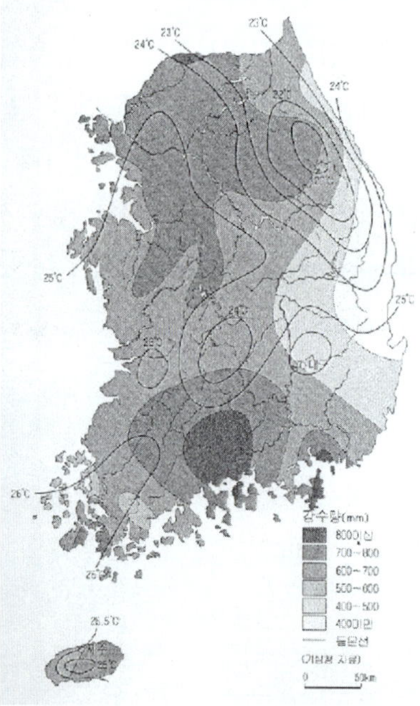

37) 메이플을 이용하여 이변수함수의 그래프를 그릴 때는 명령어 plot3d를 사용한다. 또한 등위도면은 명령어 contourplot을, 밀도도면은 명령어 densityplot을 사용한다. 예를 들어, $f(x,\ y) = x^2 + y^2$의 그래프와 등위도면, 밀도도면을 $-5 \le x \le 5$, $-5 \le y \le 5$에 대하여 그리고 싶으면 다음과 같이 입력하면 된다.

```
> plot3d(x^2+y^2, x=-5..5, y=-5..5) ;
> contourplot(x^2+y^2, x=-5..5, y=-5..5) ;
> densityplot(x^2+y^2, x=-5..5, y=-5..5) ;
```

보기 3 다음 함수들의 등위선의 방정식을 구하고 등위도면을 그려 보아라.

(a) $f(x, y) = x^2 + y^2$ (b) $g(x, y) = \sqrt{x^2 + y^2}$

(c) $h(x, y) = x^2 - y^2$

풀이 (a) 높이가 k인 등위선은

$$f(x, y) = x^2 + y^2 = k$$

이므로 $k \geq 0$인 경우만 등위선이 존재한다. $k = 0$이면 0-등위선은 원점이다. $k > 0$이면 등위선은 반지름이 $\sqrt{k}$인 원이다. 따라서 높이가 $k = 1, 2, 3, 4$인 등위선은 반지름이 각각 $1, \sqrt{2}, \sqrt{3}, 2$이고 원점이 중심인 **동심원**(concentric circles)[38]이다. f의 값은 원점에서 멀어질수록 가파르게 증가한다. 이러한 사실은 등위도면에서 원점에서 멀어질수록 등위선의 간격이 가까워지는 것으로 표현된다. 이런 곡면의 그래프를 **타원포물면**(elliptic paraboloid)이라 부른다.

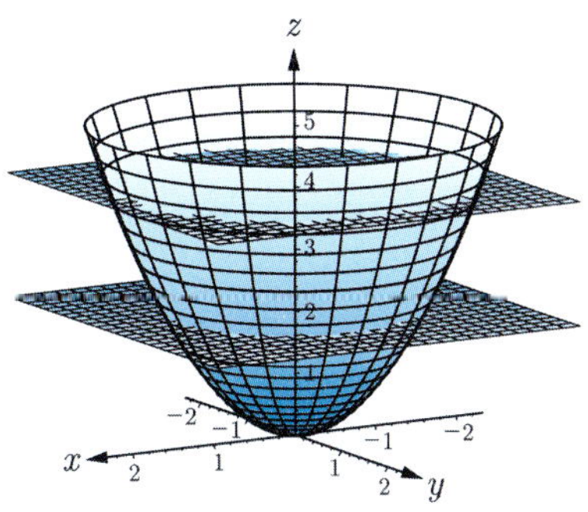

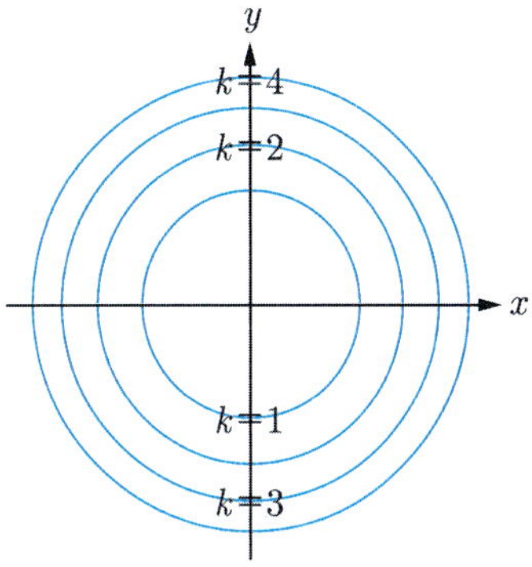

(b) 높이가 k인 등위선은

$$g(x, y) = \sqrt{x^2 + y^2} = k$$

이므로 $k \geq 0$인 경우만 등위선이 존재한다. $k = 0$이면 0-등위선은 원점이다. $k > 0$이면 등위선은 반지름이 k인 원이다. 따라서 높이가 $k = 1, 2, 3, 4$인 등위선은 반지름이 각각 1, 2, 3, 4이고 원점이 중심인 원이다. 앞의 보기와는 달리 등위선의 간격은 일정하게 유지되며 g의 그래프는 원점에서 멀어져도 기울기에 변화가 없다. 이런 그래프를 **원뿔**(cone)이라고 부른다.

38) 같은 중심을 갖는 원

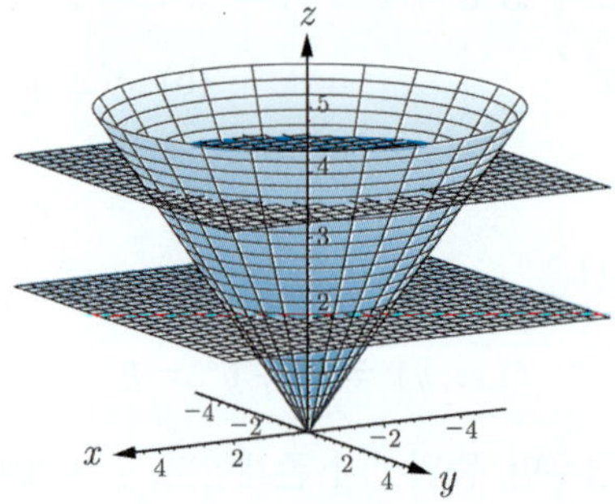

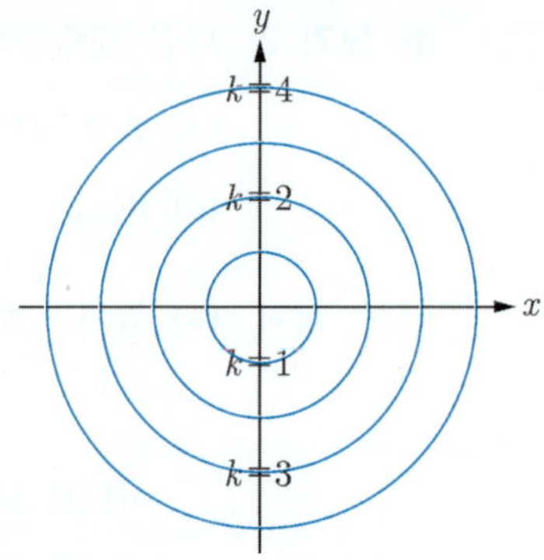

(c) 높이가 k인 등위선은

$$h(x,\ y) = x^2 - y^2 = k$$

이다. $k = 0$이면 $x^2 - y^2 = 0$이므로 이 경우의 등위선은 다음과 같은 두 직선이다.

$$y = x, \quad y = -x$$

$k > 0$이면 등위선은 꼭짓점이 $(\sqrt{k},\ 0)$, $(-\sqrt{k},\ 0)$인 쌍곡선이다. 반면 $k < 0$이면 등위선은 꼭짓점이 $(0,\ \sqrt{-k})$, $(0,\ -\sqrt{-k})$인 쌍곡선이다. 이런 그래프를 **쌍곡포물면**(hyperbolic paraboloid)이라 부른다.

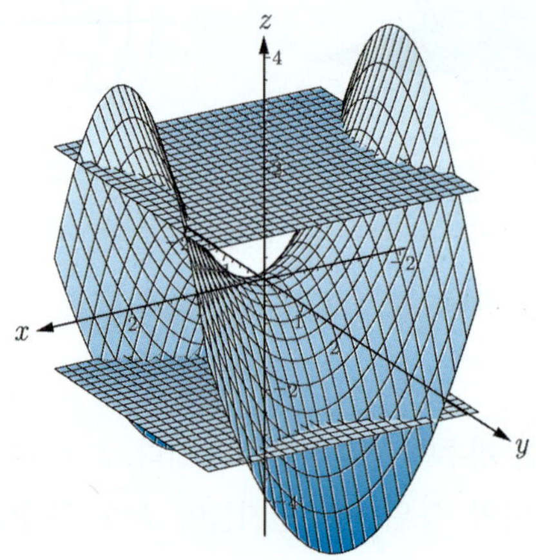

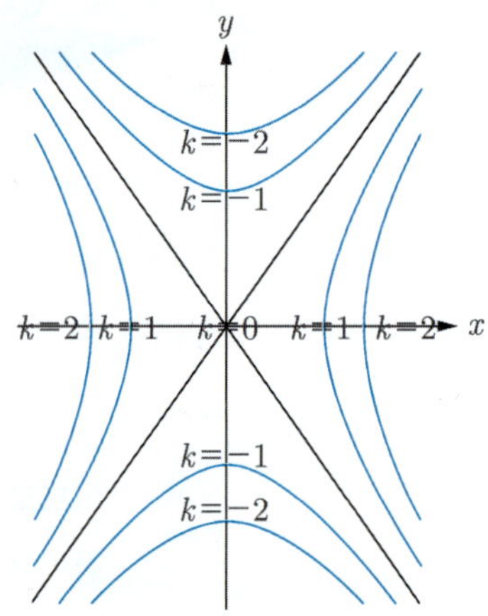

■

포물면과 쌍곡면

이변수함수 $f(x,\ y) = ax^2 + by^2$의 그래프는

- $ab > 0$이면 타원포물면이다.
- $ab < 0$이면 쌍곡포물면이다.

4.1.3 이변수함수의 연속성

한 점에서의 연속성은 그 점 근방에서 함수가 어떻게 움직이느냐에 달려있다. 이변수함수 $f(x, y)$가 평면의 부분집합 D에서 정의되었다고 하자. 집합 D는 (x_0, y_0)에 가까운 모든 점을 포함한다고 가정한다.[39] (x, y)가 (x_0, y_0)에 충분히 가까울 때 $f(x, y)$의 값이 L에 가까우면 f는 점 (x_0, y_0)에서 극한값 L을 갖는다고 하고 다음과 같이 표시한다.

$$\lim_{(x, y) \to (x_0, y_0)} f(x, y) = L$$

이변수함수 f가 점 (x_0, y_0)에서 극한값 L을 갖고 극한값 L과 함숫값 $f(x_0, y_0)$가 일치하면 f는 (x_0, y_0)에서 연속이라 한다. 다시 말해서

$$\lim_{(x, y) \to (x_0, y_0)} f(x, y) = f(x_0, y_0)$$

이면 f는 (x_0, y_0)에서 연속이라 한다.

이변수함수의 연속성

이변수함수 $z = f(x, y)$에 대하여

$$\lim_{(x, y) \to (x_0, y_0)} f(x, y) = f(x_0, y_0)$$

이면 f는 (x_0, y_0)에서 **연속**(continuous)이라 한다. f가 정의역 D의 모든 점에서 연속이면 함수 f는 연속이라 한다.

예를 들어 상수함수는 모든 점에서 연속이다. 또한 정사영

$$f_1(x, y) = x, \quad f_2(x, y) = y$$

는 모든 점에서 연속이다. 일변수의 경우와 마찬가지로 이변수의 경우도 두 연속함수의 합과 곱은 연속함수이다. 또한 두 연속함수의 합성도 연속함수이다. 특히 g가 연속함수이고 g가 0이 아니면 $1/g$도 연속함수이다. 따라서 f가 연속함수이면

39) $(x_0, y_0) \in D$일 필요는 없다.

$$\frac{f}{g} = f \cdot \frac{1}{g}$$

도 연속함수이다. 이러한 사실들을 이용하여 다음 함수들은 정의역에서 연속함수임을 알 수 있다.

$$f(x,\ y) = ax + by + c \qquad j(x,\ y) = x^3y^2 - 3xy$$

$$g(x,\ y) = \sin(xy) \qquad l(x,\ y) = \sqrt{1 - x^2 - y^2}$$

$$h(x,\ y) = \ln(x^2 + y^2) \qquad k(x,\ y) = \frac{x^2}{x^2 + y^2}$$

NOTE $k(x,\ y)$의 경우 원점에서 분모가 0이다. 그러나 k의 정의역은 원점을 제외한 평면이고 원점을 제외한 점에서는 k가 연속이므로 k는 정의역에서 연속함수이다.

보기 4 다음과 같이 정의된 함수 f가 연속함수가 되도록 c의 값을 정하여라.

$$f(x,\ y) = \begin{cases} \dfrac{x^2y}{x^2 + y^2}, & (x,\ y) \neq (0,\ 0) \\ c, & (x,\ y) = (0,\ 0) \end{cases}$$

풀이 $\dfrac{x^2}{x^2 + y^2} \le 1$이므로

$$0 \le \left| \frac{x^2y}{x^2 + y^2} \right| \le |y|$$

이다. 따라서

$$\lim_{(x,\ y) \to (0,\ 0)} \frac{x^2y}{x^2 + y^2} = 0$$

이고 $c = 0$으로 놓으면 주어진 함수 f는 연속함수가 된다. ■

이변수함수의 불연속성

일변수함수의 경우 정의역에 있는 한 점에 가까워지는 방향은 양의 방향[40]과 음의 방향[41] 두 개만 존재한다. 따라서 우극한과 좌극한이 존재하고 두 극한값

40) 점의 오른쪽에서 점 방향으로
41) 점의 왼쪽에서 점 방향으로

이 일치하면 극한값이 존재한다. 그러나 이변수함수의 경우 정의역의 한 점에 다가가는 방법은 무수히 많다. 극한값이 존재한다면 어떤 방법으로 그 점에 다가가도 그 극한값은 동일해야 하므로 만약 서로 다른 값에 가까워지는 두 개의 경로가 존재한다면 $\lim_{(x, y) \to (x_0, y_0)} f(x, y)$는 존재하지 않는다.

만약 f가 (x_0, y_0)에서 정의되지만 연속이 아니면 f는 (x_0, y_0)에서 **불연속**(discontinuous)이라고 한다. 불연속인 경우는 다음 두 가지 경우가 있을 수 있다.

- $\lim_{(x, y) \to (x_0, y_0)} f(x, y)$가 존재하지 않거나
- $\lim_{(x, y) \to (x_0, y_0)} f(x, y)$가 존재하지만 그 값이 $f(x_0, y_0)$와 다를 때

보기 5 다음 함수는 원점에서 불연속임을 보여라.

$$f(x, y) = \begin{cases} \dfrac{xy}{x^2 + y^2}, & (x, y) \neq (0, 0) \\ 0, & (x, y) = (0, 0) \end{cases}$$

풀이 $x = 0$이면 $f(0, y) = 0$이므로

$$\lim_{(0, y) \to (0, 0)} f(x, y) = 0$$

이다. 마찬가지로

$$\lim_{(x, 0) \to (0, 0)} f(x, y) = 0$$

이다. 그러나 이 두 사실이 원점에서 f의 극한값이 0이라는 것을 의미하지는 않는다. 만약 $y = x$라는 경로를 통하여 원점에 가까워진다면

$$\lim_{(x, x) \to (0, 0)} f(x, y) = \lim_{x \to 0} \frac{x^2}{2x^2} = \frac{1}{2} \neq 0$$

이 된다. 따라서 원점에서 f의 극한값은 존재하지 않으며 불연속이다. ■

연습문제 4.1

01 다음 함수들에 대하여 정의역과 치역을 구하여라.

(a) $f(x,\ y) = x - y$

(b) $f(x,\ y) = \sqrt{9 - x^2 - 4y^2}$

(c) $f(x,\ y) = \dfrac{1}{\sqrt{9 - x^2 - 4y^2}}$

(d) $f(x,\ y) = e^{-x^2 - y^2}$

(e) $f(x,\ y) = \cos y$

(f) $f(x,\ y) = \sin(x^2 + y^2)$

02 **문제 01**의 함수들의 그래프를 다음 그림에서 골라 짝지어 보아라.

(1)

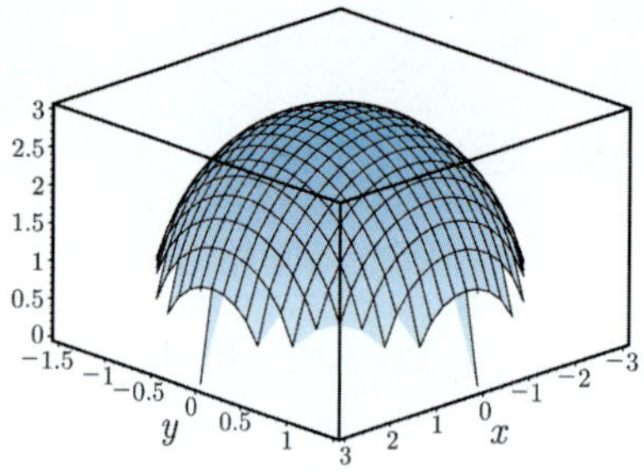

(2)

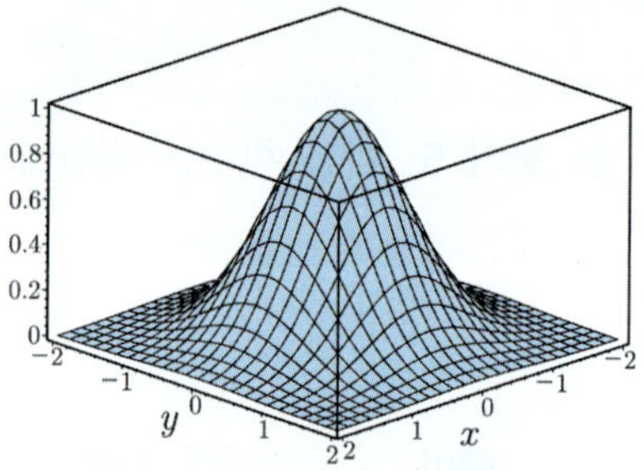

(3)

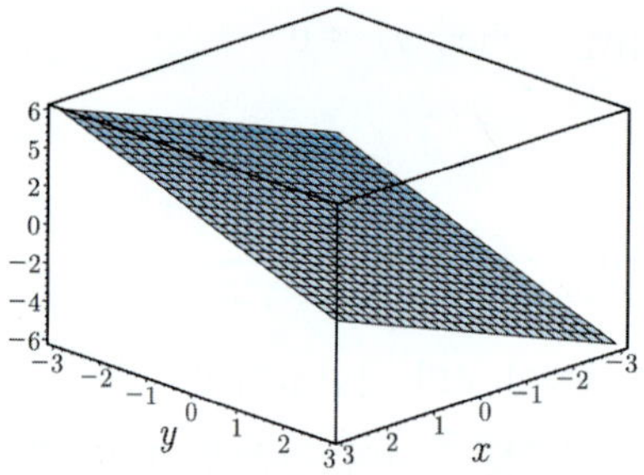

(4)

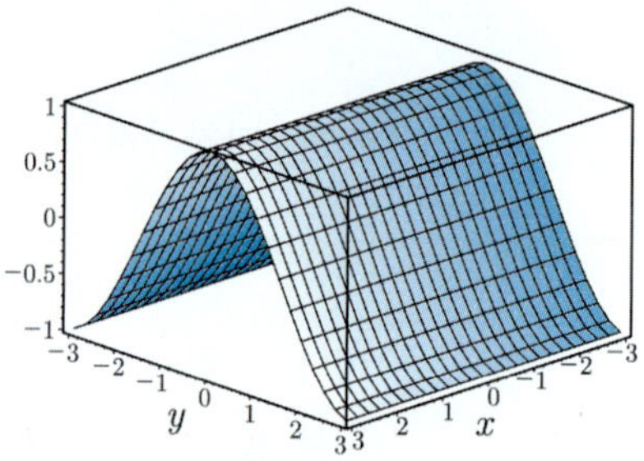

(5)

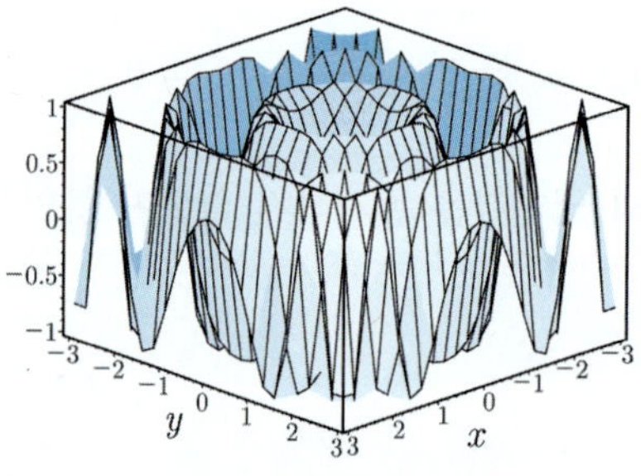

(6)

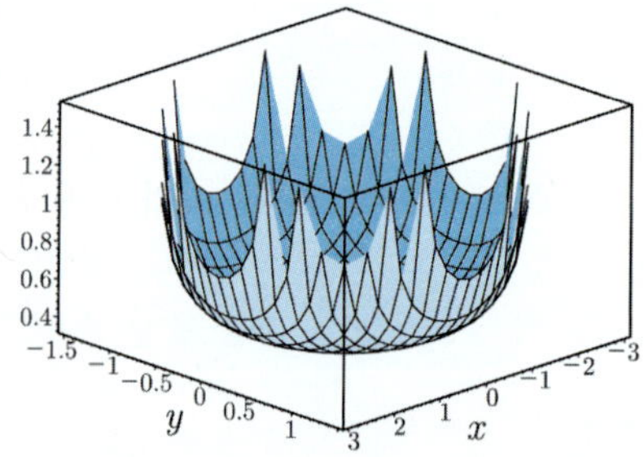

03 문제 01의 함수들의 등위도면을 다음 그림에서 골라 짝지어 보아라.

(1)

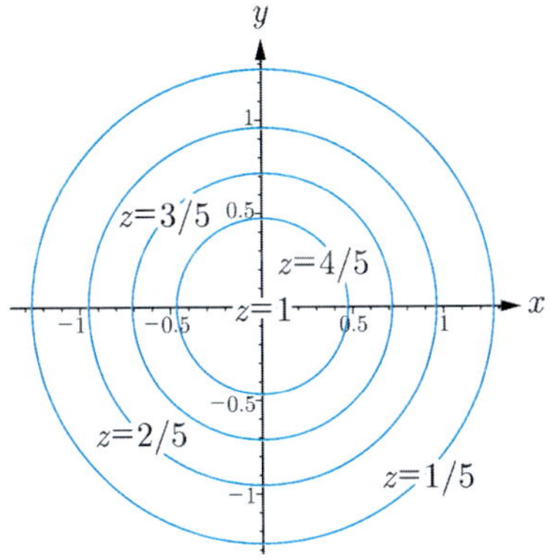

(2)

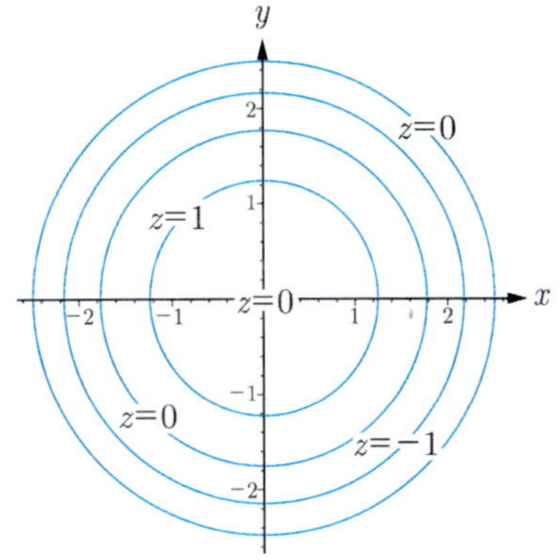

(3)

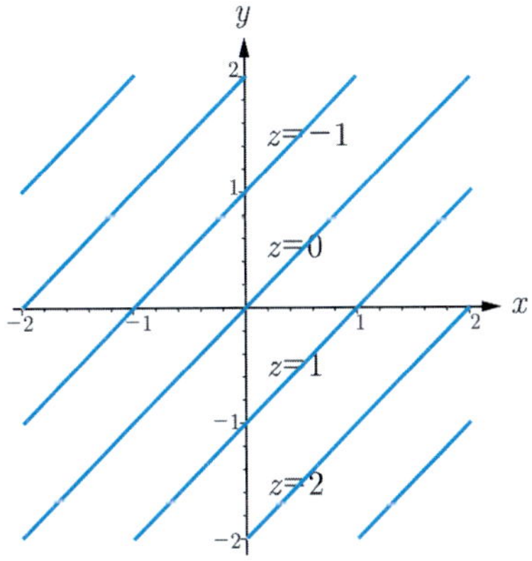

(4)

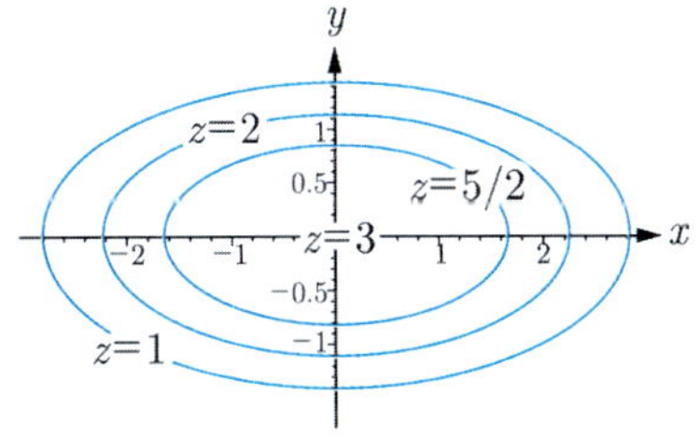

(5)

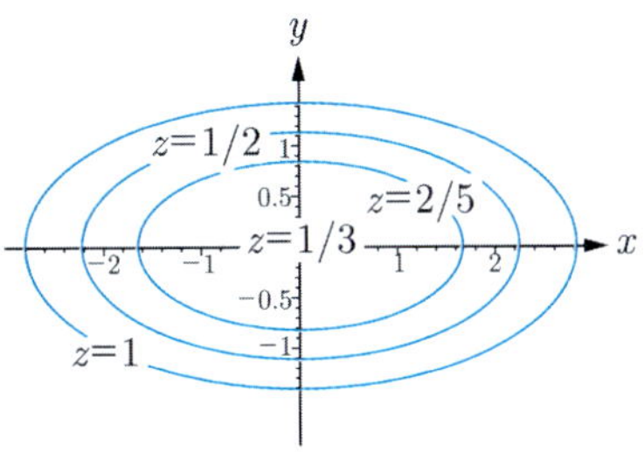

(6)

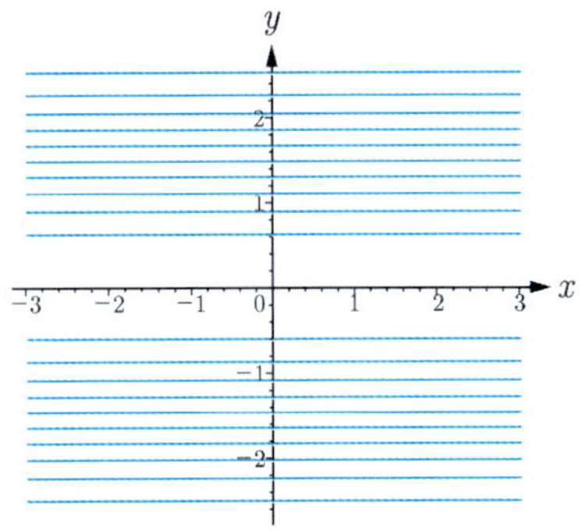

04 컴퓨터 소프트웨어를 이용하여 다음 이변수함수의 그래프와 등위도면을 그려라. 단, 정의역은 모두 $U := [-2, 2] \times [-2, 2]$로 주어져 있다.

(a) $f(x, y) = x^2 - x + y^2 + 2y$

(b) $f(x, y) = 4x - 4x^2 - y^2$

(c) $f(x, y) = x^2 + xy + y^2$

(d) $f(x, y) = x^3 - 3x - y^2$

05 다음 극한값을 구하여라.

(a) $\displaystyle\lim_{(x,\ y)\to(0,\ 0)} \frac{x^2+y^2-1}{x^2+y^2+1}$ (b) $\displaystyle\lim_{(x,\ y)\to(2,\ 4)} \sqrt{x^2+y+1}$

(c) $\displaystyle\lim_{(x,\ y)\to(1,\ 1)} \ln(xy+1)$ (d) $\displaystyle\lim_{(x,\ y)\to(0,\ 1)} \frac{e^y \sin x}{x}$

06 다음 함수들에 대하여 x축을 따라 원점에 다가갈 때와 y축을 따라 원점에 다가갈 때의 극한값을 살펴보아라. f는 원점에서 극한값을 갖는가?

(a) $f(x,\ y) = \dfrac{2x^2-y}{2x^2+y}$ (b) $f(x,\ y) = \dfrac{2x^2+y}{2x+y}$

07 다음 함수들에 대하여 x축을 따라 원점에 다가갈 때와 직선 $y=x$을 따라 원점에 다가갈 때의 극한값을 살펴보아라. f는 원점에서 극한값을 갖는가?

(a) $f(x,\ y) = \dfrac{xy}{x^2+y^2}$ (b) $f(x,\ y) = \dfrac{2x+y^2}{2x+y}$

08 $(x,\ y)\to(0,\ 0)$일 때 다음 함수들의 극한값이 존재하면 극한값을 구하여라. 극한값이 존재하지 않는 경우 그 이유를 설명하여라.

(a) $f(x,\ y) = x^2+y^2+1$ (b) $f(x,\ y) = \dfrac{\sin(xy)}{x^2+y^2}$

(c) $f(x,\ y) = \cos(x^2+y^2)e^{x-y}$ (d) $f(x,\ y) = \dfrac{x+y}{(\sin xy)+2}$

09 다음 극한값을 구하여라.

(a) $\displaystyle\lim_{(x,\ y)\to(0,\ 0)} x\sin\frac{1}{y}$ (b) $\displaystyle\lim_{(x,\ y)\to(0,\ 0)} y\cos\frac{1}{x}$

10 다음 함수가 원점에서 연속이 되도록 c의 값을 정하여라.

(a) $f(x,\ y) = \begin{cases} x^2+y^2-1, & (x,\ y)\neq(0,\ 0) \\ c, & (x,\ y)=(0,\ 0) \end{cases}$

(b) $f(x,\ y) = \begin{cases} e^{-1/(x^2+y^2)}, & (x,\ y)\neq(0,\ 0) \\ c, & (x,\ y)=(0,\ 0) \end{cases}$

11 다음과 같이 정의된 함수 f가 연속함수일 때 c의 값을 정하여라.

$$f(x,\ y) = \begin{cases} \dfrac{\sin(x^2+y^2)}{x^2+y^2}, & (x,\ y)\neq(0,\ 0) \\ c, & (x,\ y)=(0,\ 0) \end{cases}$$

4.2 편미분과 선형근사

일변수함수에서 도함수는 그 함수의 변화율을 나타낸다. 이 절에서는 이변수함수의 경우 두 개의 변화율로 함수의 모든 변화율을 설명할 수 있음을 살펴보기로 한다.

4.2.1 편도함수

$z = f(x, y)$가 이변수함수일 때, $y = b$ (b는 상수)로 고정되어 있고 x만 변한다고 하자. 그러면 실제로 변수는 x 하나이므로

$$g(x) = f(x, b)$$

로 정의하자. g가 $x = a$에서 미분가능하면, 즉

$$g'(a) = \lim_{h \to 0} \frac{g(a+h) - g(a)}{h}$$

가 존재하면 $g'(a)$를 점 (a, b)에서 f의 x에 대한 **편미분계수**라 하고

$$f_x(a, b), \quad \frac{\partial f}{\partial x}(a, b), \quad \left.\frac{\partial z}{\partial x}\right|_{(x, y) = (a, b)}$$

등으로 나타낸다. ∂은 **둥근** d라고 부르며, f가 x에만 의존하는 것이 아니라 다른 변수에도 의존할 때는 $\frac{df}{dx}$ 대신 $\frac{\partial f}{\partial x}$라고 표기한다. 그러므로

$$\begin{aligned} g'(a) = f_x(a, b) &= \frac{\partial f}{\partial x}(a, b) \\ &= \lim_{h \to 0} \frac{f(a+h, b) - f(a, b)}{h} \end{aligned}$$

이다. 같은 방법으로 x가 고정되고($x = a$) y값만 변할 때 일변수함수

$$h(y) = f(a, y)$$

의 $y = b$에서의 미분계수를 점 (a, b)에서 f의 **y에 대한 편미분계수**라 하고

$$f_y(a, b), \quad \frac{\partial f}{\partial y}(a, b), \quad \left.\frac{\partial z}{\partial y}\right|_{(x, y) = (a, b)}$$

등으로 나타낸다. 즉,

$$h'(b) = f_y(a,\ b) = \frac{\partial f}{\partial y}(a,\ b)$$

$$= \lim_{h \to 0} \frac{f(a,\ b+h) - f(a,\ b)}{h}$$

보기 1 $f(x,\ y) = 10 - x^2 - y^2$일 때 $\frac{\partial f}{\partial x}(2,\ 1)$과 $\frac{\partial f}{\partial y}(2,\ 1)$을 구하여라.

풀이 $y = 1$이면 $g(x) := f(x,\ 1) = 9 - x^2$이므로

$$\frac{\partial f}{\partial x}(2,\ 1) = \left[\frac{d}{dx}(9 - x^2)\right]_{x=2} = [-2x]_{x=2} = -4$$

이다. $x = 2$이면 $h(y) := f(2,\ y) = 6 - y^2$이므로

$$\frac{\partial f}{\partial y}(2,\ 1) = \left[\frac{d}{dy}(6 - y^2)\right]_{y=1} = [-2y]_{y=1} = -2$$

이다. ■

보기 1에서 $y = 1$로 고정시키면 절단면

$$g(x) := f(x,\ 1) = 9 - x^2$$

의 그래프는 포물선이다. 이 포물선 위의 점 $(2,\ 1,\ 5)$에서 이 포물선에 대한 접선의 기울기는

$$\frac{\partial f}{\partial x}(2,\ 1) = \frac{dg}{dx}(1) = -2x\Big|_{x=2} = -4$$

이다(그림 위). 마찬가지로 $x = 2$일 때

$$h(y) := f(2,\ y) = 6 - y^2$$

의 그래프도 포물선이다. 이 포물선 위의 점 $(2,\ 1,\ 5)$에서 이 포물선에 대한 접선의 기울기는

$$\frac{\partial f}{\partial y}(2,\ 1) = \frac{dh}{dg}(1) = -2y\Big|_{y=1} = -2$$

이다(그림 아래).

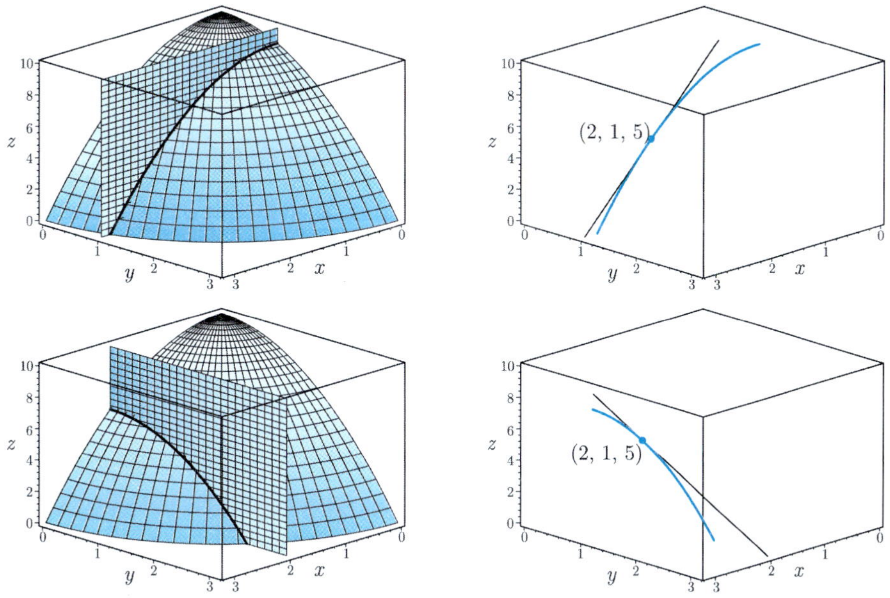

이변수함수 f의 x에 대한 편미분계수가 존재하는 $(x,\ y)$의 집합을 D_1이라 하면

$$f_x : D_1 \to \mathbb{R}$$

을 x에 대한 f의 **편도함수**(partial derivative)라 한다. y에 대한 f의 **편도함수** f_y도 같은 방법으로 정의한다.

편도함수

이변수함수 $z = f(x,\ y)$에 대하여

$$f_x(x,\ y) = \frac{\partial f}{\partial x}(x,\ y) = \lim_{h \to 0} \frac{f(x+h,\ y) - f(x,\ y)}{h}$$

$$f_y(x,\ y) = \frac{\partial f}{\partial y}(x,\ y) = \lim_{h \to 0} \frac{f(x,\ y+h) - f(x,\ y)}{h}$$

를 각각 x에 대한 f의 편도함수, y에 대한 f의 편도함수라고 한다.

보기 2 $f(x,\ y) = e^y \ln(x^2 + y^2)$일 때, $\dfrac{\partial f}{\partial x}$와 $\dfrac{\partial f}{\partial y}$을 구하여라.

풀이 x에 대한 편도함수를 구하기 위하여 y를 상수로 생각하면 e^y, y^2 모두 상

수이다. 따라서 x에 대한 미분의 연쇄법칙을 적용하면

$$\frac{\partial f}{\partial x}(x,\ y) = e^y \frac{\partial}{\partial x} \ln(x^2+y^2) = e^y \cdot \frac{2x}{x^2+y^2} = \frac{2xe^y}{x^2+y^2}$$

이다. y에 대한 편도함수를 구하기 위하여 x를 상수로 생각하면 x^2도 상수이다. y에 대하여 곱의 미분법칙과 연쇄법칙을 적용하면

$$\begin{aligned}\frac{\partial f}{\partial y}(x,\ y) &= \frac{\partial}{\partial y}(e^y) \cdot \ln(x^2+y^2) + e^y \frac{\partial}{\partial y} \ln(x^2+y^2) \\ &= e^y \ln(x^2+y^2) + e^y \cdot \frac{2y}{x^2+y^2} \\ &= e^y \left(\ln(x^2+y^2) + \frac{2y}{x^2+y^2} \right)\end{aligned}$$

이다. ■

일변수함수와 마찬가지로 이변수함수의 그래프도 음함수 꼴로 표현할 수 있다. 이 경우 음함수의 미분법으로 편도함수를 구할 수 있다. 그러나 주의하여야 할 것은 일변수함수의 음함수 꼴에서는 y가 x의 함수이지만 이변수함수의 음함수 꼴에서는 y는 x와 독립인 변수라는 것이다. 마찬가지로 x는 y와 독립인 변수이다. 따라서

$$\frac{\partial y}{\partial x} = \frac{\partial x}{\partial y} = 0$$

이다.

보기 3 $x,\ y$의 함수 z가 다음과 같은 음함수 꼴로 정의되었을 때 $\frac{\partial z}{\partial x}$를 구하여라.

$$x^2 + y^2 + z^2 - xy - yz = 1$$

풀이 $x,\ y$가 독립변수이므로 x에 대하여 편미분할 때 y는 상수로 간주한다. 따라서

$$2x + 2z\frac{\partial z}{\partial x} - y - y\frac{\partial z}{\partial x} = 0$$

이다. $\partial z/\partial x$에 대하여 풀면

$$\frac{\partial z}{\partial x} = \frac{y-2x}{2z-y}$$

이다. ■

4.2.2 선형함수

일변수함수에서 선형함수는 다음과 같은 꼴로 정의되는 일차함수이다.

$$y = f(x) = ax + b$$

일변수함수는 미분가능한 점에서 국소적으로 선형임을 앞에서 보았다. 즉, $x = a$ 근방에서 다음과 같은 근사식을 갖는다.

$$f(x) \fallingdotseq f(a) + f'(a)(x - a)$$

이변수함수의 경우

$$f(x,\ y) = ax + by + c$$

꼴로 쓸 수 있는 함수를 **선형함수**(linear function)라 한다. 좌표공간에서 선형함수의 그래프는 평면이다.

보기 4 선형함수

$$f(x,\ y) = 4 + 2x - y$$

의 $x = c$에서의 절단면은

$$f(c,\ y) = 4 + 2c - y$$

이므로 기울기가 -1인 직선이다. 이때 **y 방향의 기울기**는 -1이라고 한다. 반면 $y = d$에서의 절단면은

$$f(x,\ d) = 4 + 2x - d$$

이므로 기울기가 2인 직선이다. 이때, **x 방향의 기울기**는 2라고 한다. ■

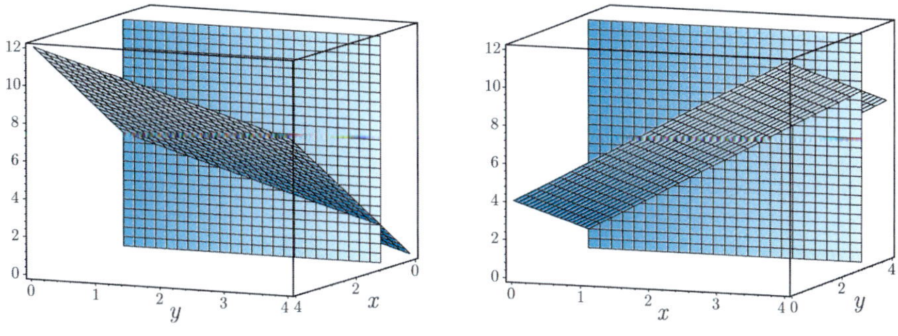

일반적으로 (x_0, y_0, z_0)를 지나고 x 방향의 기울기가 a, y 방향의 기울기가 b인 평면의 방정식은 다음과 같이 주어진다.

$$z = z_0 + a(x - x_0) + b(y - y_0)$$

선형함수의 등위선

선형함수 $f(x, y) = ax + by + c$의 등위선은 상수 k에 대하여

$$ax + by + c = k$$

인 xy 평면의 점들의 집합이다. 따라서 $b \neq 0$이면 등위선은

$$\text{기울기} = m = -\frac{a}{b}, \quad y\text{절편} = \frac{k-c}{b}$$

인 직선이다. 등위선의 값의 차이가 일정하도록 그리면, 선형함수의 등위선은 일정한 간격을 갖는 평행한 직선들이다. 이제 x 방향의 기울기와 y 방향의 기울기가 변하면 함수의 그래프와 등위선에는 어떤 변화가 생기는지 살펴보기로 하자.

보기 5 다음 선형함수들에 대하여 그래프 높이의 간격이 1인 등위도면을 그려보자.

(a) $z = -x + y$　　(b) $z = -2x + y$

(c) $z = -x + 2y$　　(d) $z = -2x + 2y$

풀이 (a)

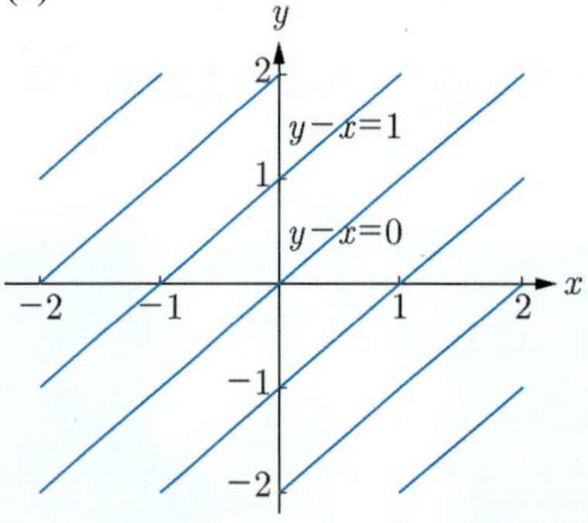

(b)

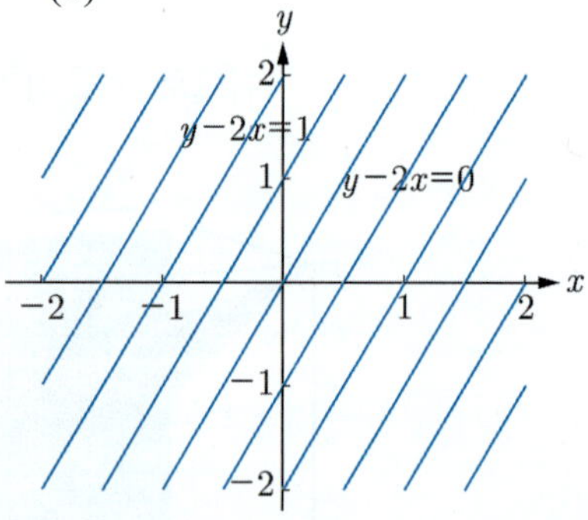

(c)

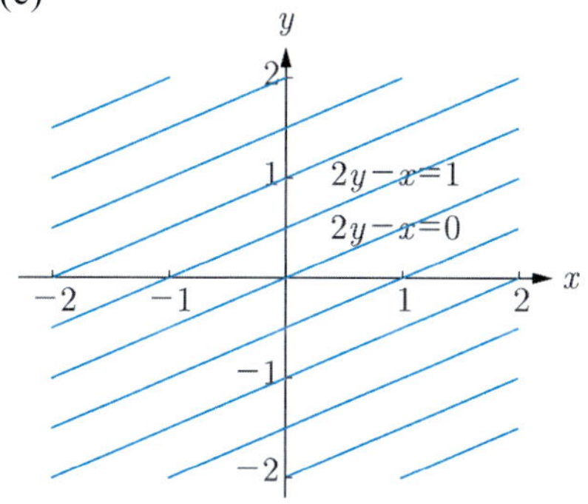

(d)

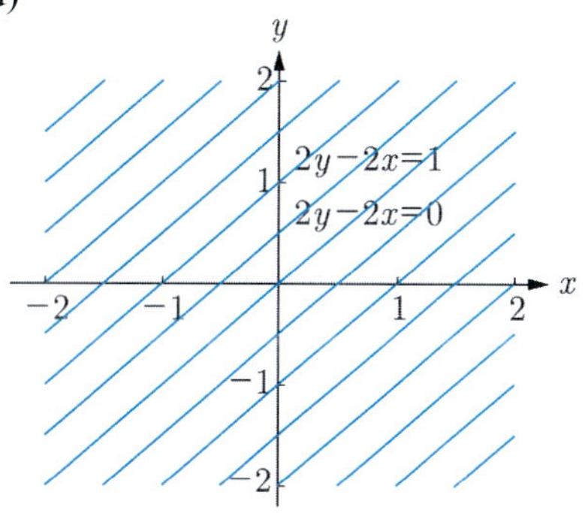

(b)~(d)의 세 그래프를 (a)의 그래프와 비교하여 보자.

(b)의 그래프는 x 방향의 기울기는 두 배가 되고 y 방향의 기울기는 변화가 없다. 이 경우 등위선의 기울기는 두 배가 되었고 y축을 따라 생기는 등위선의 간격(y절편 사이의 간격)에는 변화가 없다. 그러나 x축을 따라 생기는 등위선의 간격(x절편 사이의 간격)은 반으로 줄어들었음을 볼 수 있다. 이는 y 방향의 움직임에는 변화가 없지만 x 방향은 속도가 두 배가 되었음을 의미한다. 즉, 똑같은 z값을 변화시키는 데 필요한 x의 값이 $1/2$이 되었음을 의미한다.

(c)의 그래프는 x 방향의 기울기는 변화가 없고 y 방향의 기울기는 두 배가 되었다. 이 경우 등위선의 기울기는 $1/2$배가 되었고 x축을 따라 생기는 등위선의 간격에는 변화가 없다. 그러나 y축을 따라 생기는 등위선의 간격은 반으로 줄어들었음을 볼 수 있다. 이는 x 방향의 움직임에는 변화가 없지만 y 방향은 속도가 두 배가 되었음을 의미한다.

마지막 그래프는 x 방향과 y 방향의 기울기가 모두 두 배가 되었다. 이 경우 등위선의 기울기는 변화가 없지만 x축과 y축을 따라 생기는 등위선의 간격은 모두 반으로 줄어들었음을 볼 수 있다. 이는 x 방향과 y 방향의 속도가 모두 두 배가 되었음을 의미한다. ■

4.2.3 국소적 선형성

일변수함수의 경우 국소적 선형성은 곡선의 그래프를 확대하여 보았을 때 근사적으로 직선처럼 보이는 현상을 의미한다. 이변수함수의 경우도 국소적 선형성은 곡면을 확대하여 보았을 때 근사적으로 평면처럼 보이는 현상을 의미한다.

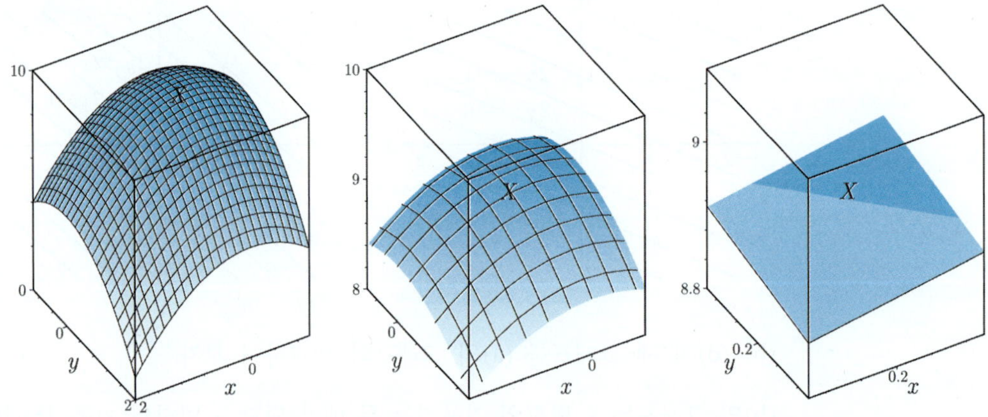

이 경우 각각의 등위도면을 국소적으로 확대하여 그려보면 다음과 같다.

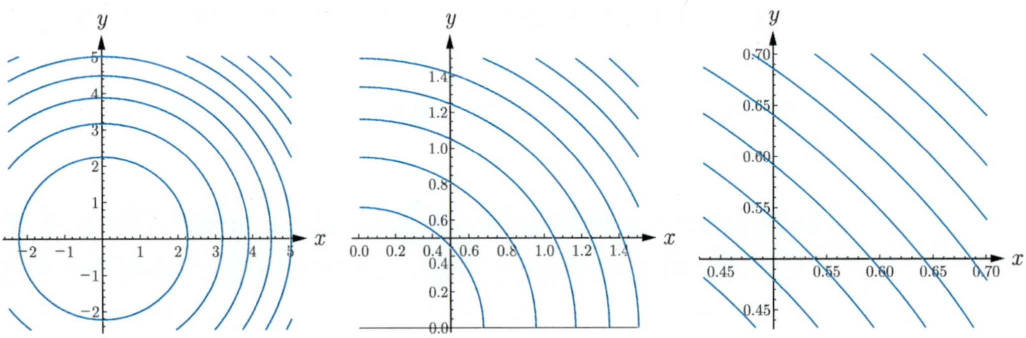

등위도면을 확대하면 할수록 등위선들은 같은 간격을 갖는 평행한 직선처럼 보인다. 이렇게 평행한 직선을 갖는 등위도면은 평면의 등위도면이었음을 기억하자. 이렇게 확대하였을 때 평면처럼 보이는 경우 우리는 이 함수를 **국소적으로 선형**(locally linear)이라고 한다. 이때의 평면을 **접평면**(tangent plane)이라 한다.

물론 모든 함수가 국소적으로 선형인 것은 아니다. 예를 들어, 원뿔함수

$$z = f(x,\ y) = \sqrt{x^2 + y^2}$$

의 경우 원점에서 아무리 크게 확대하여 보아도 그래프는 평면처럼 보이지 않는다.

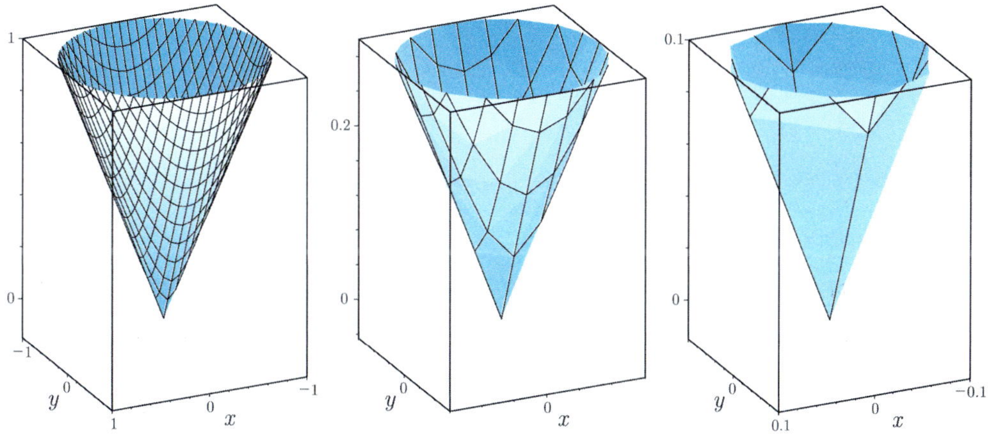

또한 원점 근방에서 등위도면을 아무리 크게 확대하여도 평행한 직선처럼 보이지는 않는다.

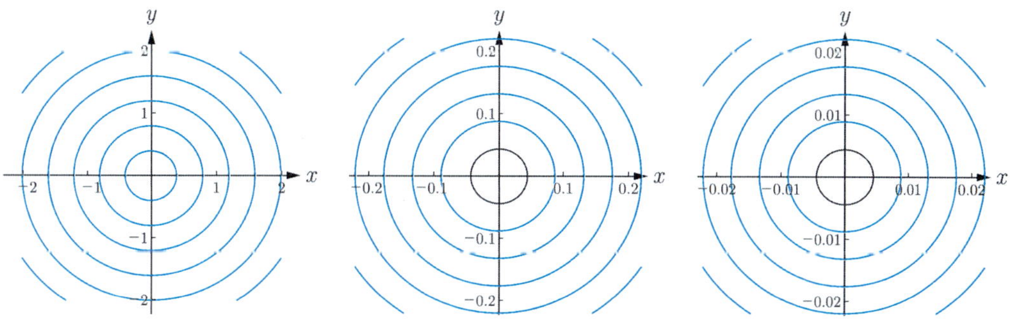

미분가능성

일변수함수에서 $y = f(x)$가 $x = a$에서 미분가능하다는 것은 곡선이 $(a, f(a))$ 근방에서 국소적으로 선형인 것을 의미하였다. 같은 방법으로 이변수함수

$$z = f(x, y)$$

가 (x_0, y_0)에서 국소적으로 선형이면, 즉 국소적으로 평면처럼 보이면 f는 (x_0, y_0)에서 **미분가능**(differentiable)하다고 한다. 예를 들어 원뿔함수 $z = f(x, y) = \sqrt{x^2 + y^2}$의 경우는 $(0, 0)$에서 미분가능하지 않다.

점 (x_0, y_0)에서 미분가능하다면 접평면의 방정식은 어떻게 주어지는가? 점

(x_0, y_0)에서 $z=f(x, y)$의 그래프는 x 방향의 기울기[42]가 $f_x(x_0, y_0)$이고 y 방향의 기울기는 $f_y(x_0, y_0)$이다. 따라서 접평면의 방정식은 다음과 같이 주어진다.

접평면의 방정식

f의 편도함수들이 점 (x_0, y_0)에서 연속이라고 가정하자. 그러면 곡면 위의 점 $(x_0, y_0, f(x_0, y_0))$에서 곡면 $z=f(x, y)$의 접평면은 다음과 같다.

$$z=f(x_0, y_0)+f_x(x_0, y_0)(x-x_0)+f_y(x_0, y_0)(y-y_0)$$

보기 6 곡면 $z=5-x^2-2y^2$ 위의 점 $(1, 1, 2)$에서 접평면의 방정식을 구하여라.

풀이 $f(x, y)=5-x^2-2y^2$이라 하면

$$f_x(x, y) = -2x \Rightarrow f_x(1, 1) = -2$$
$$f_y(x, y) = -4y \Rightarrow f_y(1, 1) = -4$$

이므로 접평면의 방정식은 다음과 같다.

$$\begin{aligned} z &= f(1, 1)+f_x(1, 1)(x-1)+f_y(1, 1)(y-1) \\ &= -2x-4y+8 \end{aligned}$$ ■

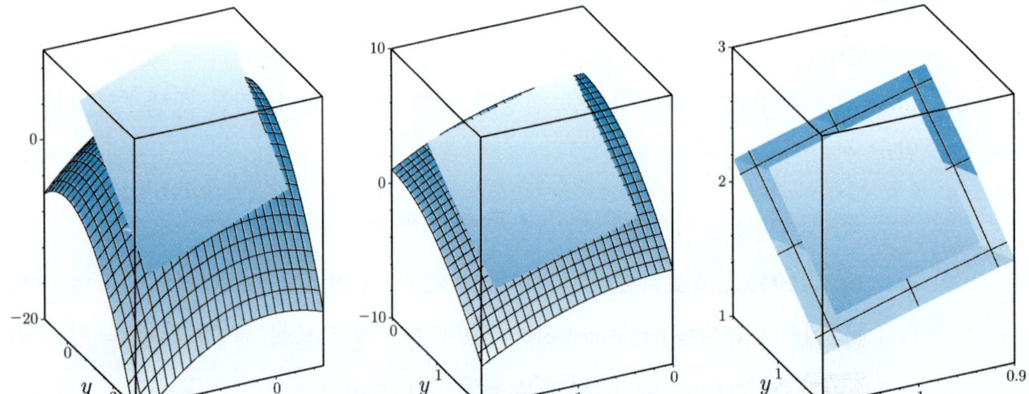

42) 엄밀하게 말하자면 접평면의 x 방향의 기울기

앞의 첫 번째 그림은 곡면 위의 점 (1, 1, 2) 근방에서 곡면과 접평면을 같이 그린 것이다. 주어진 곡면은 등위선이 타원인 타원포물면이다. 두 번째 그림과 세 번째 그림은 (1, 1, 2) 근방을 더 확대하여 본 것이다. 확대를 하면 할수록 곡면과 접평면의 차이는 작아짐을 볼 수 있다.

다음 그림은 xy평면 위의 점 (1, 1) 근방에서 $f(x, y) = 5 - x^2 - 2y^2$의 등위도면을 그린 것이다. 확대를 하면 할수록 등위선은 평행한 등간격의 직선처럼 보인다.

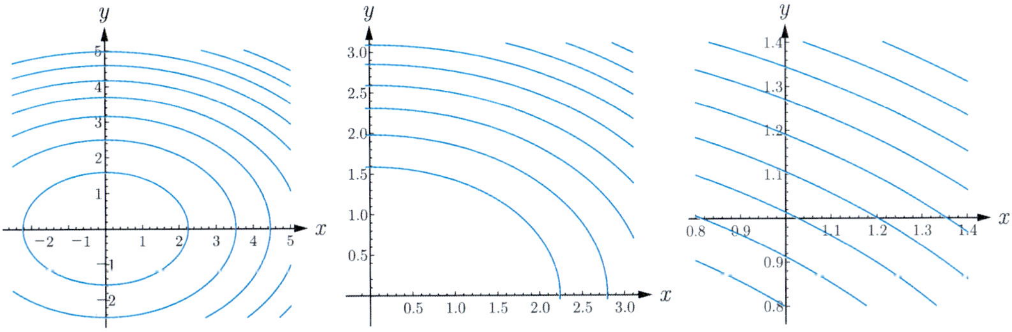

f의 편도함수들이 점 (x_0, y_0)에서 연속이면 접평면을 구할 수 있으므로 이변수함수의 미분가능성에 대하여 다음의 결과를 얻는다.

이변수함수의 미분가능성

이변수함수 $z = f(x, y)$의 편도함수 f_x와 f_y가 각각 (x_0, y_0) 근방에서 존재하고 (x_0, y_0)에서 연속이면 f는 (x_0, y_0)에서 미분가능하다.

4.2.4 선형근사

보기 6에서 공간의 점 (1, 1, 2)에서 곡면 $z = f(x, y) = 5 - x^2 - 2y^2$의 접평면을 구하였다. 점 (1, 1, 2) 근방에서 곡면과 접평면은 아주 가까우므로 접평면의 방정식

$$L(x, y) = -2x - 4y + 8$$

은 $f(x, y)$의 근삿값으로 쓰일 수 있다. 이때 근사식

$$f(x, y) \approx L(x, y) = -2x - 4y + 8$$

을 점 (1, 1)에서 f의 선형근사라고 한다.

일반적으로 f가 (x_0, y_0)에서 미분가능하면 $(x_0, y_0, f(x_0, y_0))$에서 접평면을 갖고 접평면의 방정식은 다음과 같다.

$$z = L(x, y) = f(x_0, y_0) + f_x(x_0, y_0)(x - x_0) + f_y(x_0, y_0)(y - y_0)$$

이 접평면의 방정식을 (x_0, y_0)에서의 f의 **선형근사**(linear approximation) 또는 **국소적 선형화**(local linearization)라고 한다.

선형근사

f의 편도함수들이 점 (x_0, y_0)에서 연속이라고 가정하자. 그러면 점 (x_0, y_0) 근방의 점 (x, y)에서 함숫값 $f(x, y)$는 다음과 같이 근사시킬 수 있다.

$$\begin{aligned} f(x, y) &\approx L(x, y) \\ &= f(x_0, y_0) + f_x(x_0, y_0)(x - x_0) + f_y(x_0, y_0)(y - y_0) \end{aligned}$$

NOTE $\Delta z = z - z_0 = f(x, y) - f(x_0, y_0)$, $\Delta x = x - x_0$, $\Delta y = y - y_0$로 놓으면 선형근사식은

$$\Delta z \approx f_x(x_0, y_0)\Delta x + f_y(x_0, y_0)\Delta y$$

로 나타낼 수 있다. 이 표현은 선형근사를 이용하여 근삿값을 구할 때 편리하게 이용할 수 있다.

보기 7 $f(x, y) = 5 - x^2 - 2y^2$에 대하여 $f(1.1, 0.9)$의 근삿값을 (1, 1)에서의 선형근사를 이용하여 구하여라.

풀이 $f(1.1, 0.9) = f(1 + 0.1, 1 - 0.1)$이고

$$\Delta x = 1.1 - 1 = 0.1, \quad \Delta y = 0.9 - 1 = -0.1$$

이다. $f_x(1, 1) = -2$, $f_y(1, 1) = -4$이므로

$$\Delta z = f(1.1, 0.9) - f(1, 1) \fallingdotseq -2(0.1) - 4(-0.1) = 0.2$$

이다. 따라서

$$f(1.1,\ 0.9) \fallingdotseq f(1,\ 1) + 0.2 = 2.2$$

이다. 실제의 값은

$$f(1.1,\ 0.9) = 5 - (1.1)^2 - 2(0.9)^2 = 2.17$$

이다. ■

NOTE 일변수함수의 선형근사와 마찬가지로 이변수함수의 경우도 주어진 점에서 멀어지면 근삿값의 정확도는 현격히 떨어진다. 예를 들어, $L(3,\ 3) = -10$이지만 실제 함수의 값은 $f(3,\ 3) = -22$이다.

보기 8 통계자료에 의하면 유아의 피부면적 A(단위 : cm^2)는 근사적으로 다음과 같이 구할 수 있다.

$$A(w,\ h) = 100w^{\frac{1}{2}}h^{\frac{2}{3}}$$

여기서 w는 몸무게(kg), h(cm)는 키를 나타낸다. 백일이 지난 동혁이는 몸무게가 9 kg, 키가 64 cm이다. $(w,\ h) = (9,\ 64)$에서 피부면적의 선형근사식을 구하여라. 한 달 후 몸무게가 10 kg, 키가 65.5 cm로 커졌다면 피부면적은 얼마일지 선형근사식을 이용하여 추정하여라.

풀이

$$A_w = 50w^{-1/2}h^{2/3}, \quad A_h = \frac{200}{3}w^{1/2}h^{-1/3}$$

이므로

$$A_w(9,\ 64) = 50 \cdot \frac{1}{3} \cdot 16 = \frac{800}{3}, \quad A_h(9,\ 64) = \frac{200}{3} \cdot 3 \cdot \frac{1}{4} = 50$$

이다. 따라서 $(9,\ 64)$ 근방에서 선형근사식은 다음과 같다.

$$A(w,\ h) \fallingdotseq 4800 + \frac{800}{3}(w-9) + 50(h-64)$$

몸무게가 10 kg, 키가 65.5 cm로 커졌다면

$$\Delta w = 1, \quad \Delta h = 1.5$$

이므로 피부면적은 근사적으로

$$A(10,\ 65.5) \fallingdotseq 4800 + \frac{800}{3} \cdot 1 + 50 \cdot 1.5 \fallingdotseq 5141.7$$

이다. 실제의 함숫값은

$$A(10,\ 65.5) = 5138.4$$

이다. ■

연습문제 4.2

01 다음은 선형함수 $z = f(x,\ y) = ax + by + c$의 등위도면이다. 선형함수의 방정식을 구하여라.

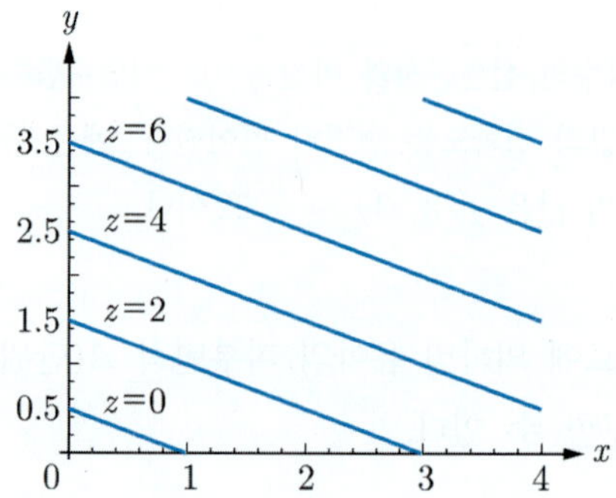

02 다음 조건을 만족하는 선형함수의 방정식을 구하여라.

(a) 세 점 $(0,\ 0,\ 0)$, $(0,\ 2,\ -4)$, $(3,\ 0,\ 2)$를 지난다.

(b) 평면 $x = 2$로 절단한 면의 그래프는 직선 $z = y - 1$이고 평면 $y = 1$로 절단한 면의 그래프는 직선 $z = -x + 2$이다.

03 겨울철 일기예보에 자주 등장하는 체감온도는 외부에 있는 사람이나 동물이 바람과 한기에 노출된 피부로부터 열을 빼앗길 때 느끼는 추운 정도를 나타내는 지표이다. 아래의 표는 기상청에서 제공하는 체감온도 C의 산출도표의 일부이다. 표에서 T는 온도(°C), V는 풍속(km/h)을 의미한다.

V \ T	**5**	**0**	**−5**	−10	−15	−20	−25	−30
5	4	−2	−7	−13	−19	−24	−30	−36
10	3	−3	−9	−15	−21	−27	−33	−39
15	2	−4	−11	−17	−23	−29	−35	−41
20	1	−5	−12	−18	−24	−31	−37	−43
25	1	−6	−12	−19	−25	−32	−38	−45
30	0	−7	−13	−20	−26	−33	−39	−46
35	0	−7	−14	−20	−27	−33	−40	−47
40	−1	−7	−14	−21	−27	−34	−41	−48
45	−1	−8	−15	−21	−28	−35	−42	−48
50	−1	−8	−15	−22	−29	−35	−42	−49

(a) 풍속이 22km/h이고 온도가 $-10°C$일 때의 체감온도를 추정하여라.

(b) 풍속이 35km/h이고 온도가 $-14°C$일 때의 체감온도를 추정하여라.

(c) 풍속이 17km/h이고 온도가 $-2°C$일 때의 체감온도를 어떻게 추정하는 것이 좋을지 추측해 보아라.

04 다음 이변수함수들의 편도함수 $\frac{\partial f}{\partial x}$, $\frac{\partial f}{\partial y}$를 구하여라.

(a) $f(x, y) = 3x^5 - 2xy - y^3$

(b) $f(x, y) = \frac{3x - 4y}{x + y}$

(c) $f(x, y) = \sqrt{x^2 + y^2}$

(d) $f(x, y) = x^y$

05 수학용 프로그램을 이용하여 다음 이변수함수의 그래프를 그려라. 단, 정의역은 모두 $U := [-2, 2] \times [-2, 2]$로 주어져 있다.

(a) $f(x, y) = 4x - 4x^2 - y^2$

(b) $f(x, y) = x^2 + xy + y^2$

(c) $f(x, y) = x^3 - 3x - y^2$

06 **문제 05**에서 주어진 함수들에 대해 다음 물음에 답하라.

(a) 각각의 함수에 대해 U에 속하면서 $\frac{\partial f}{\partial x} = \frac{\partial f}{\partial y} = 0$을 만족시키는 점을 모두 찾아라.

(b) (a)에서 구한 점이 해당 함수의 그래프에서 어떤 의미를 갖는지 추측해 보아라.

07 이변수 선형함수 $f(x, y) = ax + by + c$에 대하여 다음 물음에 답하여라.

(a) 편도함수의 정의를 이용하여 위의 함수 $f(x, y)$가 다음을 만족함을 증명하여라.

$$\frac{\partial f}{\partial x} = a, \quad \frac{\partial f}{\partial y} = b$$

(b) 다음을 만족시키는 이변수 선형함수 $L(x, y)$를 구하여라.

$$\frac{\partial L}{\partial x} = 3, \quad \frac{\partial L}{\partial y} = 7, \quad L(2, -1) = 5$$

08 다음과 같이 주어진 함수들의 각각 지정된 점에서의 선형근사식을 구하여라.

(a) $f(x, y) = x^3y^2 + 2xy$, $(x, y) = (1, 2)$

(b) $f(x, y) = \sqrt{x^2 + y^2}$, $(x, y) = (4, 3)$

(c) $f(x, y) = e^x \sin y$, $(x, y) = (1, \pi/2)$

09 이변수함수의 선형근사를 이용하여 다음 주어진 값들의 근삿값을 소수점 이하 4자리까지 구하여라. (**문제 08**에 나온 함수를 사용해도 좋다.)

(a) $(1.01)^3(1.98)^2+(2.02)(1.98)$ (b) $\sqrt{(3.99)^2+(2.97)^2}$

(c) $e^{0.9}\sin(1.5)$

10 반지름이 20 cm, 높이가 10 cm인 직원기둥 모양의 물통이 있다. 고온으로 인한 팽창으로 반지름과 높이가 각각 0.3 cm과 0.2 cm 만큼 늘어났다고 한다. 선형근사를 이용하여 팽창된 물통의 부피를 구하여라.

11 돌을 초속도 v m/s(단, $v>0$)로 지면에서 θ(단, $0<\theta<\pi/2$)의 각도로 비스듬히 던진다고 하자. 돌이 다시 지면에 도달할 때까지의 수평 이동거리를 H m라고 할 때 다음 관계식이 성립한다.

$$H=\frac{v^2}{4.9}\sin 2\theta$$

(a) 초속도와 각도가 각각 $v=14$와 $\theta=\pi/12$로 주어졌을 때 수평이동거리를 구하여라.

(b) 위의 관측에서 초속도와 각도의 최대오차는 각각 0.5와 0.01이라 한다. 이때 선형근사를 이용하여 수평이동거리의 최대오차를 소수점 이하 4자리까지 구하여라.

12 기상청에서는 **문제 03**에 소개된 체감온도 C를 다음 공식으로 계산한다.

$$C=13.12+0.62\,T-11.37\,V^{0.16}+0.40\,V^{0.16}\,T$$

여기서 T는 온도(°C), V는 풍속(km/h)을 의미한다. 기온이 -10°C, 풍속 16 km/h 였던 어느 겨울날, 위의 공식에 의한 체감온도는 약 -17°C였다. 다음날 기온이 0.5°C 내려가고 풍속이 1 km/h 만큼 감소하였을 때 선형근사를 이용하여 체감온도의 근삿값을 구하여라.

4.3 방향미분과 기울기벡터

4.3.1 선형함수의 기울기벡터

x 방향의 기울기와 y 방향의 기울기는 이변수함수의 움직임을 설명하는 데에 중요한 역할을 한다. 선형함수

$$z = f(x, y) = ax + by + c$$

에 대하여 x 방향의 기울기 a와 y 방향의 기울기 b를 성분으로 갖는 벡터 (a, b)를 **기울기벡터** 또는 **그래디언트(gradient)**라 하고

$$\text{grad}\, f, \quad \nabla f, \quad \text{또는} \quad \text{grad}\, z$$

로 나타낸다.

선형함수의 기울기벡터

선형함수 $z = f(x, y) = ax + by + c$의 기울기벡터는 x 방향의 기울기와 y 방향의 기울기를 성분으로 갖는 벡터이다.

$$\text{grad}\, f = (a, b) = \left(\frac{\Delta z}{\Delta x}, \frac{\Delta z}{\Delta y}\right)$$

선형함수

$$f(x, y) = ax + by + c$$

의 기울기벡터 $\text{grad}\, f = (a, b)$는 xy평면에서 기울기가 b/a이다. 등위선

$$ax + by + c = k$$

의 기울기는 $-a/b$이므로 기울기벡터는 항상 등위선과 수직이다. 기울기벡터는 이변수함수의 움직임을 설명하는 아주 유용한 도구이다. 기울기벡터로 이변수함수의 움직임을 살펴보기 위하여 다음 문제를 생각해 보자.

"xy-평면의 한 점에서 어느 방향으로 움직일 때 그래프가 가장 빨리 증가하는가?"

이 문제에 답하기 위해서는 주어진 xy평면의 한 점 $(x_0,\ y_0)$와 같은 거리에 있는 점들−중심이 $(x_0,\ y_0)$인 원 위의 점들− 중에서 $f(x,\ y)$의 값이 가장 큰 방향을 찾아야 한다.

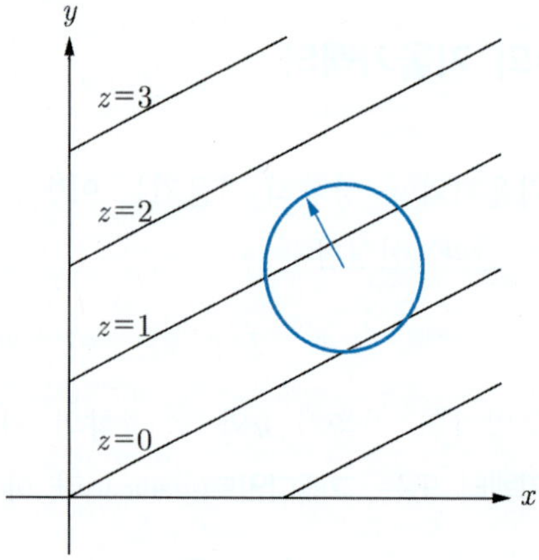

즉, 원 위의 점에서 z값이 가장 큰 점을 찾으면 되는데 이때 등위선은 원과 접한다. 따라서 가장 빠르게 증가하는 방향은 등위선과 수직인 방향이다. 선형함수가 기울기벡터 방향으로는 증가하고 기울기벡터 반대 방향으로는 감소하므로 기울기벡터 방향으로 움직일 때 함수가 가장 빠르게 증가한다.

함수가 가장 빠르게 증가하는 방향에서의 증가율을 구하여 보자. 기울기벡터 방향으로 움직일 때 가장 빨리 증가하므로 기울기벡터 방향으로 1단위 움직였을 때 f는 얼마만큼 증가하는지를 살펴보면 된다. 기울기벡터는 $(a,\ b)$이고 그 크기는 $\sqrt{a^2+b^2}$이므로 기울기벡터 방향의 단위벡터[43]는

$$(\Delta x,\ \Delta y) = \left(\frac{a}{\sqrt{a^2+b^2}},\ \frac{b}{\sqrt{a^2+b^2}}\right)$$

이다. 이 벡터에 의한 z의 증가량은 다음과 같다.

$$\begin{aligned}\Delta z &= a\Delta x + b\Delta y = a\frac{a}{\sqrt{a^2+b^2}} + b\frac{b}{\sqrt{a^2+b^2}} \\ &= \sqrt{a^2+b^2}\end{aligned}$$

이 값은 기울기벡터의 크기와 일치한다. 한편, 선형함수의 기울기벡터는 모든 점에서 $(a,\ b)$이므로 최대증가율은 항상 기울기벡터의 크기와 같다.

43) 크기가 1인 벡터를 **단위벡터(unit vector)**라고 부른다.

최대증가 방향과 최대증가율

선형함수 $z = f(x, y) = ax + by + c$에 대하여

- 기울기벡터는 등위선과 수직이다.
- z가 가장 빨리 증가하는 방향은 기울기벡터 방향이다.
- 이때 최대증가율은 기울기벡터의 크기인 $\sqrt{a^2 + b^2}$ 이다.

보기 1 다음 그림은 2절의 **보기 5**에서 살펴본 네 개의 선형함수의 등위도면이다. 각각의 경우에 기울기벡터는 모두 등위선에 수직이고 등위선의 간격이 좁을수록 기울기벡터의 크기는 커짐을 볼 수 있다. (a)와 (d)의 기울기벡터는 방향은 같지만 크기가 (d)의 것이 (a)의 것의 두 배가 된다. (b)와 (c)의 경우는 방향은 다르지만 기울기벡터의 크기가 같음을 보여준다.

(a) 기울기벡터 $(-1, 1)$ (b) 기울기벡터 $(-2, 1)$ (c) 기울기벡터 $(-1, 2)$ (d) 기울기벡터 $(-2, 2)$

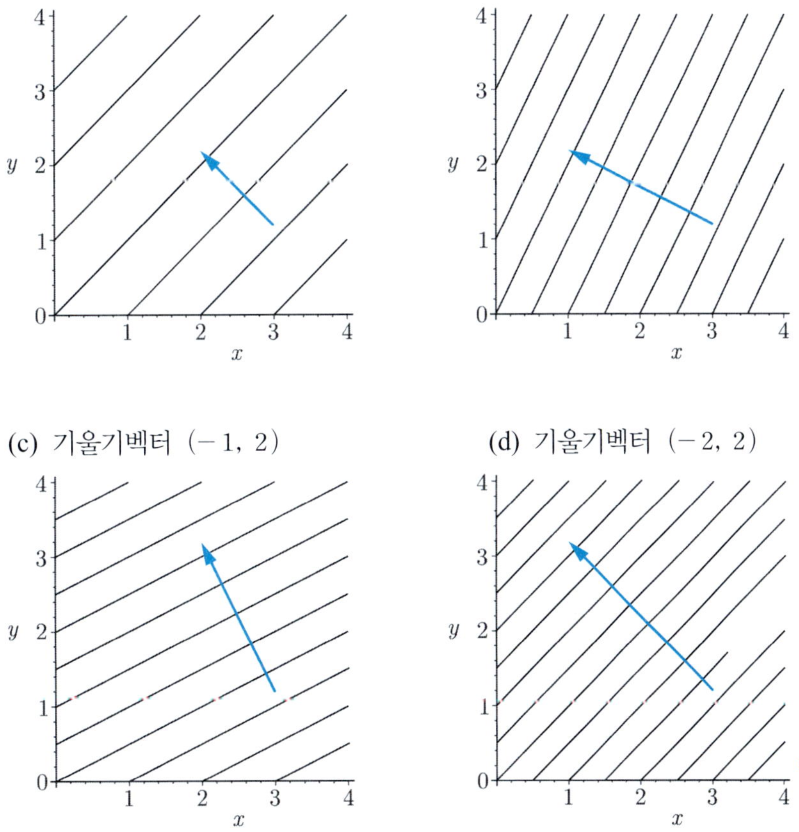

4.3.2 방향미분계수

이변수함수 $z = f(x, y)$에 대하여 편미분계수

$$f_x(x_0, y_0) = \lim_{h \to 0} \frac{f(x_0 + h, y_0) - f(x_0, y_0)}{h}$$

$$f_y(x_0, y_0) = \lim_{h \to 0} \frac{f(x_0, y_0 + h) - f(x_0, y_0)}{h}$$

은 각각 x 방향과 y 방향의 z값의 순간 변화율을 나타낸다. 만약 $z = f(x, y)$가 위치 (x, y)에서 높이를 나타낸다면 f_x와 f_y는 각각 x 방향과 y 방향으로의 높이의 변화율을 나타낸다. 그렇다면 다른 방향에서의 높이의 변화율은 어떻게 구할 수 있을까?

보기 2 다음 그림은 위치 (x, y)에서의 높이를 등위도면으로 그린 것이다. 위치가 $A = (100, 100)$에서 $B = (120, 120)$으로 변할 때 높이의 평균변화율을 구하여 보자.

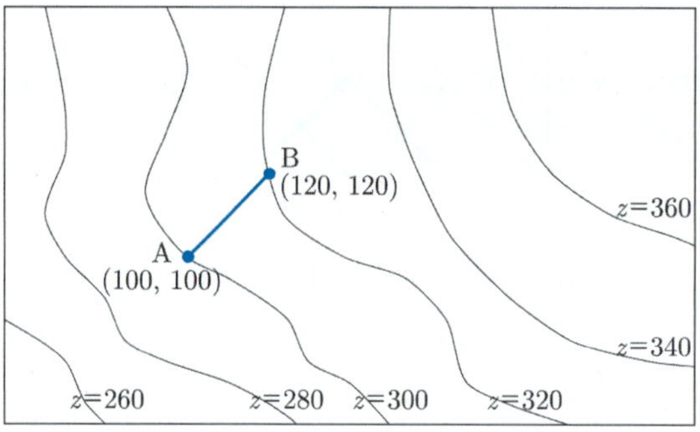

점 A는 등위선 $z = 300$ 위에 있고 점 B는 등위선 $z = 320$ 위에 있다. 따라서 높이의 변화는 20이다. 위치의 변화, 즉 A부터 B까지의 거리는

$$\sqrt{(120 - 100)^2 + (120 - 100)^2} = \sqrt{20^2 + 20^2} = 20\sqrt{2}$$

이므로 평균변화율은

$$\frac{\text{높이의 변화}}{A\text{부터 } B\text{까지의 거리}} = \frac{20}{20\sqrt{2}} = \frac{\sqrt{2}}{2} \fallingdotseq 0.707$$

이다. 따라서 A에서 B 방향으로의 평균변화율은 약 0.707이다. ■

일반적으로 점 $P=(x_0, y_0)$에서 $\mathbf{v}=(a, b)$ 방향으로의 $z=f(x, y)$의 평균변화율을 구하여 보자. 단, $\mathbf{v}=(a, b)$는 단위벡터라고 하자. 임의의 양수 h에 대하여 $Q=(x_0+ha, y_0+hb)$라 하면

$$\overrightarrow{PQ}=h(a, b), \quad |\overrightarrow{PQ}|=h$$

이다. 따라서 P부터 Q까지의 평균변화율은 다음과 같다.

$$\frac{z\text{의 변화}}{P\text{부터 }Q\text{까지의 거리}}=\frac{f(x_0+ha, y_0+hb)-f(x_0, y_0)}{h}$$

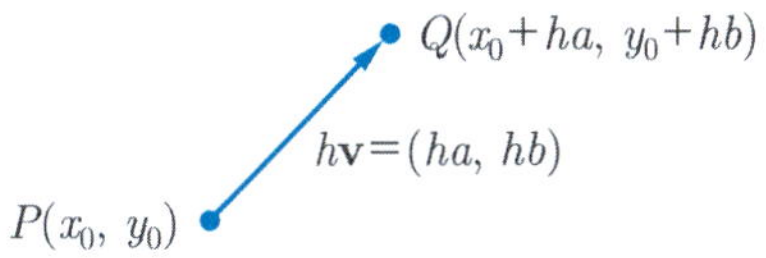

이때 $h\to 0$으로 극한값을 취해 준 값

$$\lim_{h\to 0}\frac{f(x_0+ha, y_0+hb)-f(x_0, y_0)}{h}$$

가 존재하면 이 값을 (x_0, y_0)에서 f의 **v−방향미분계수**(directional derivative) 또는 **v−방향 순간 변화율**이라 부르고 $D_{\mathbf{v}}f(x_0, y_0)$로 나타낸다. 이 값은 함수 f를 직선 $(x_0, y_0)+t\mathbf{v}$ 위에서만 보았을 때 생기는 곡선의 기울기[44]가 된다.[45]

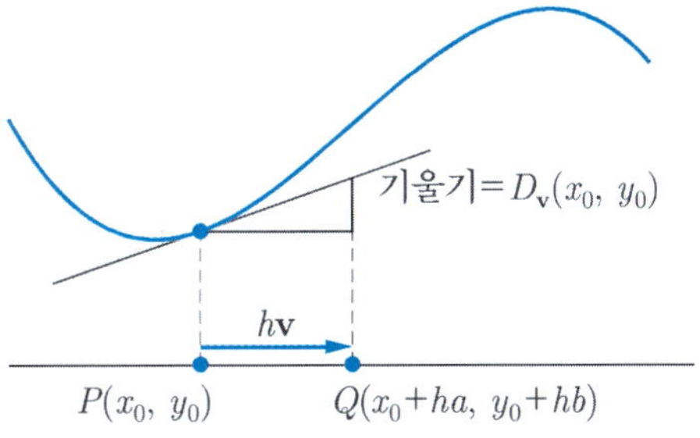

44) 접선의 기울기

45) 또는 xy평면과 수직이면서 (x_0, y_0)와 $(x_0, y_0)+(a, b)$를 지나는 직선을 포함하는 평면으로 f의 그래프를 잘랐을 때 생기는 절단면의 기울기이다.

v-방향미분계수

단위벡터 $\mathbf{v} = (a, b)$에 대하여 (x_0, y_0)에서 f의 $\mathbf{v}$-방향미분계수는

$$D_{\mathbf{v}} f(x_0, y_0) = \lim_{h \to 0} \frac{f(x_0 + ha, y_0 + hb) - f(x_0, y_0)}{h}$$

이다.

NOTE $\mathbf{v}$-방향미분계수를 구할 때 방향벡터 $\mathbf{v}$는 항상 단위벡터를 사용한다. 따라서 단위벡터가 아닌 벡터 $\mathbf{u}$가 주어지면 그 벡터와 같은 방향의 단위벡터를 구하여 사용한다. $\mathbf{u}$와 같은 방향의 단위벡터는 $\mathbf{v} = \mathbf{u}/\|\mathbf{u}\|$이다. 즉, 벡터 $\mathbf{u} \neq (0, 0)$에 대하여 $\mathbf{u}$-방향미분계수는 다음과 같이 정의한다.

$$D_{\mathbf{u}} f(x_0, y_0) = D_{\mathbf{v}} f(x_0, y_0), \quad \mathbf{v} = \frac{\mathbf{u}}{\|\mathbf{u}\|}$$

보기 3 점 $(3, 1)$에서 $f(x, y) = x^2 + 2y^2$의 $(1, -1)$-방향미분계수를 구하여라.

풀이 벡터 $\mathbf{u} = (1, -1)$은 크기가 $\sqrt{2}$이므로 $(1, -1)$ 방향의 단위벡터는

$$\mathbf{v} = \left(\frac{1}{\sqrt{2}}, -\frac{1}{\sqrt{2}}\right)$$

이다. 따라서 구하는 값은 다음과 같다.

$$\begin{aligned} D_{\mathbf{u}} f(3, 1) &= D_{\mathbf{v}} f(3, 1) \\ &= \lim_{h \to 0} \frac{f\left(3 + \frac{h}{\sqrt{2}}, 1 - \frac{h}{\sqrt{2}}\right) - f(3, 1)}{h} \\ &= \lim_{h \to 0} \frac{\left[\left(3 + \frac{h}{\sqrt{2}}\right)^2 + 2\left(1 - \frac{h}{\sqrt{2}}\right)^2\right] - 11}{h} \\ &= \lim_{h \to 0} \frac{\sqrt{2}\,h + \frac{3}{2}h^2}{h} = \sqrt{2} \end{aligned}$$

■

4.3.3 방향미분과 편미분

x 방향의 단위벡터 $\mathbf{e}_1 = (1, 0)$, y 방향의 단위벡터 $\mathbf{e}_2 = (0, 1)$에 대하여 편

미분계수 $f_x(x_0, y_0)$와 $f_y(x_0, y_0)$는 각각 $\mathbf{e}_1$ 방향과 $\mathbf{e}_2$ 방향의 방향미분계수이다. $D_{\mathbf{e}_1}$, $D_{\mathbf{e}_2}$를 간단히 D_1, D_2라고 쓰기로 한다.

$$f_x(x_0, y_0) = D_{\mathbf{e}_1}f(x_0, y_0) = D_1 f(x_0, y_0),$$
$$f_y(x_0, y_0) = D_{\mathbf{e}_2}f(x_0, y_0) = D_2 f(x_0, u_0)$$

f가 미분가능하면 국소적 선형성을 이용하여 방향미분계수를 간단하게 구할 수 있다. 단위벡터 $\mathbf{v} = (a, b)$에 대하여

$$\begin{aligned} D_{\mathbf{v}}f(x_0, y_0) &= \lim_{h\to 0}\frac{f(x_0+ha, y_0+hb)-f(x_0, y_0)}{h} \\ &= \lim_{h\to 0}\frac{\Delta f}{h} \end{aligned}$$

이다. 여기서 Δf는 f의 변화량 $f(x_0+ha, y_0+hb)-f(x_0, y_0)$를 나타낸다. 이때 x의 변화량과 y의 변화량을 각각 Δx, Δy라고 하면

$$\Delta x = x_0 + ah - x_0 = ah$$
$$\Delta y = y_0 + bh - y_0 = bh$$

이다. 따라서 다음과 같은 선형근사를 얻는다.

$$\begin{aligned} f(x_0+ah, y_0+bh) &\fallingdotseq f(x_0, y_0)+f_x(x_0, y_0)\Delta x+f_y(x_0, y_0)\Delta y \\ &= f(x_0, y_0)+f_x(x_0, y_0)ah+f_y(x_0, y_0)bh \end{aligned}$$

따라서

$$\begin{aligned} \frac{\Delta f}{h} &\fallingdotseq \frac{f_x(x_0, y_0)ah+f_y(x_0, y_0)bh}{h} \\ &= f_x(x_0, y_0)a+f_y(x_0, y_0)b \end{aligned}$$

이다. 그러므로 $h\to 0$일 때 극한값이 존재하면 다음 관계식이 성립한다.

$$D_{\mathbf{v}}f(x_0, y_0) = f_x(x_0, y_0)a+f_y(x_0, y_0)b \tag{4.1}$$

보기 4 식 (4.1)을 이용하여 **보기 3**을 다시 풀어 보고 결과를 비교하여 보아라.

풀이 $f_x(x, y) = 2x$, $f_y(x, y) = 4y$이고 $\mathbf{v} = \left(\frac{1}{\sqrt{2}}, -\frac{1}{\sqrt{2}}\right)$이므로

$$D_{\mathbf{v}}f(3, 1) = 2\cdot 3\cdot\frac{1}{\sqrt{2}}+4\cdot 1\cdot\left(-\frac{1}{\sqrt{2}}\right) = \sqrt{2}$$

이다. 이 결과는 **보기 3**과 일치한다. ■

기울기벡터

곡선 $y = f(x)$ 위의 점에서 곡선의 기울기는 접선의 기울기로 정의하였다. 마찬가지로 곡면

$$z = f(x, y)$$

위의 점에서 곡면의 기울기벡터는 접평면의 기울기벡터로 정의하고 $\mathrm{grad}\, f(x_0, y_0)$ 또는 ∇f로 표시한다.

기울기벡터

점 (x_0, y_0)에서 f의 기울기벡터는 다음과 같이 정의한다.

$$\mathrm{grad}\, f(x_0, y_0) = (f_x(x_0, y_0), f_y(x_0, y_0)) = \nabla f(x_0, y_0)$$

식 (4.1)을 벡터의 내적을 이용하여 나타내면 다음과 같다.

$$D_{\mathbf{v}} f(x_0, y_0) = (f_x(x_0, y_0), f_y(x_0, y_0)) \cdot \mathbf{v}$$

따라서 기울기벡터를 이용하여 방향미분계수는 다음과 같이 쓸 수 있다.

기울기벡터와 방향미분계수

단위벡터 $\mathbf{u}$에 대하여

$$D_{\mathbf{u}} f(x_0, y_0) = \mathrm{grad}\, f(x_0, y_0) \cdot \mathbf{u}$$

NOTE $\mathbf{v}$가 단위벡터가 아닌 경우 $\mathbf{u} = \mathbf{v}/\|\mathbf{v}\|$에 대하여 $D_{\mathbf{v}} f(x_0, y_0) = D_{\mathbf{u}} f(x_0, y_0)$로 정의하므로 다음 관계식이 성립한다.

$$\begin{aligned} D_{\mathbf{u}} f(x_0, y_0) &= \mathrm{grad}\, f(x_0, y_0) \cdot \mathbf{u} \\ &= \frac{1}{\|\mathbf{v}\|} \mathrm{grad}\, f(x_0, y_0) \cdot \mathbf{v} \end{aligned}$$

방향미분의 크기

$\mathrm{grad}\, f(x_0, y_0)$와 단위벡터 $\mathbf{v}$ 사이의 각[46]을 θ라 하자. 그러면 위 관계식은

다음과 같이 쓸 수 있다.

$$
\begin{aligned}
D_{\mathbf{v}}f(x_0,\ y_0) &= \operatorname{grad} f(x_0,\ y_0)\cdot \mathbf{v} \\
&= \|\operatorname{grad} f(x_0,\ y_0)\|\cos\theta
\end{aligned}
$$

따라서 $(x_0,\ y_0)$에서 함수 f의 $\mathbf{v}$-방향미분의 크기는 $\mathbf{v}$와 $\operatorname{grad} f(x_0,\ y_0)$가 이루는 각에 따라 달라진다.

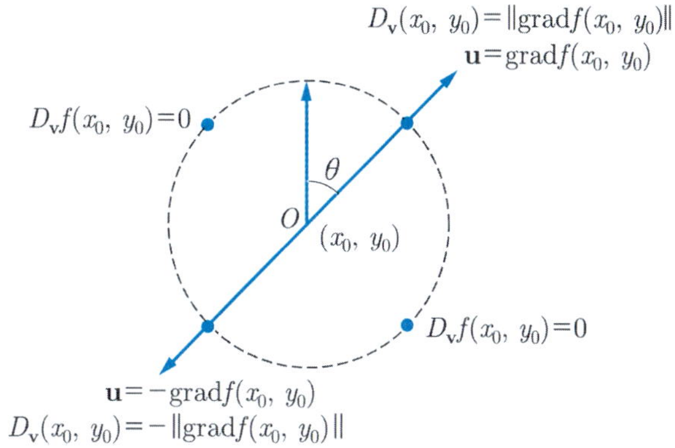

임의의 θ에 대하여 $|\cos\theta|\le 1$이므로

$$
|D_{\mathbf{v}}f(x_0,\ y_0)|\le \|\operatorname{grad} f(x_0,\ y_0)\|
$$

이다. 특히 $\theta=0$일 때, 즉 $\mathbf{v}$가 기울기벡터와 같은 방향일 때 $D_{\mathbf{v}}f(x_0,\ y_0)$는 최댓값

$$
\|\operatorname{grad} f(x_0,\ y_0)\|
$$

을, $\mathbf{v}$가 기울기벡터와 반대 방향일 때 $D_{\mathbf{v}}f(x_0,\ y_0)$는 최솟값

$$
-\|\operatorname{grad} f(x_0,\ y_0)\|
$$

를 갖는다. 또한 $\mathbf{v}$가 기울기벡터와 수직일 때 방향미분계수는 0이다. 따라서 함수 $z=f(x,y)$는 점 (x_0,y_0)에서 $\operatorname{grad} f(x_0,y_0)$ 방향으로 가장 빨리 증가하고 $-\operatorname{grad} f(x_0,y_0)$ 방향으로 가장 빨리 감소한다.

46) 두 벡터로 만들어지는 각 중에서 작은 각

방향미분의 크기

$\mathrm{grad}\, f(x_0,\ y_0) \neq (0,\ 0)$일 때

- $(x_0,\ y_0)$에서 함수 $z = f(x,\ y)$는 $\mathbf{v} = \mathrm{grad}\, f(x_0,\ y_0)$ 방향으로 가장 빠르게 증가한다. 이 방향의 방향미분계수는 최대증가율을 의미하며

$$D_{\mathbf{v}} f(x_0,\ y_0) = \|\mathrm{grad}\, f(x_0,\ y_0)\|$$

이다.

- $(x_0,\ y_0)$에서 함수 $z = f(x,\ y)$는 $\mathbf{v} = -\mathrm{grad}\, f(x_0,\ y_0)$ 방향으로 가장 빠르게 감소한다. 이 방향의 방향미분계수는 최대감소율을 의미하며

$$D_{\mathbf{v}} f(x_0,\ y_0) = -\|\mathrm{grad}\, f(x_0,\ y_0)\|$$

이다.

- $\mathbf{v}$가 기울기벡터 $\mathrm{grad}\, f(x_0,\ y_0)$와 수직일 때 방향미분계수는 0이다.

4.3.4 기울기벡터와 등위선

기울기벡터의 방향은 함수가 가장 빨리 증가하는 방향과 일치하고 그 크기는 최대증가율(최고속력)이 됨을 보았다. f가 선형함수인 경우 기울기벡터는 등위선과 수직이다. 이 사실은 국소적으로 선형인 함수에 대하여도 똑같이 성립한다. 즉, 함수 $z = f(x,\ y)$가 $(x_0,\ y_0)$에서 국소적으로 선형이면 $(x_0,\ y_0)$ 근방에서 등위도면은 선형함수의 등위도면과 아주 유사하다. 다시 말해서, 등위도면은 국소적으로 등간격의 평행한 직선처럼 보인다. 따라서 가장 변화율이 빠른 방향은 등위선과 수직인 방향이다. 그런데 변화율이 가장 빠른 방향은 기울기벡터 방향이므로 기울기벡터와 등위선은 항상 수직이다.47)

---

47) 이 사실은 다음과 같이 증명할 수 있다. c-등위선의 방정식은

$$c = f(x,\ y)$$

이다. 이 방정식을 x에 대하여 음함수 미분법으로 미분하면

$$0 = f_x(x,\ y) + f_y(x,\ y)y'$$

따라서 c-등위선의 기울기는

$$y' = -\frac{f_x(x,\ y)}{f_y(x,\ y)}$$

이다. 기울기벡터의 기울기는 $f_y(x,\ y)/f_x(x,\ y)$이므로 c-등위선과 기울기벡터는 수직이다.

기울기벡터와 등위선

기울기벡터와 등위선은 수직이다.

보기 5 함수 $f(x, y) = x^2 - 2xy + 3y^2$에 대하여

(a) $\mathbf{u} = (-2, 3)$일 때 점 $(2, 1)$에서 $\mathbf{u}$-방향미분계수를 구하여라.

(b) 점 $(2, 1)$에서 가장 변화가 빠르게 일어나는 방향의 단위벡터를 구하여라.

(c) 점 $(2, 1)$에서 변화가 일어나지 않는 방향을 구하여라.

풀이 (a) $f_x(x, y) = 2x - 2y$, $f_y(x, y) = -2x + 6y$이므로 점 $(2, 1)$에서의 기울기벡터는

$$\text{grad}\, f(2, 1) = (2, 2)$$

이다. $\mathbf{u}$ 방향의 단위벡터는

$$\mathbf{v} = \frac{1}{\sqrt{13}}(-2, 3)$$

이므로

$$D_{\mathbf{u}} f(2, 1) = D_{\mathbf{v}} f(2, 1) = \frac{1}{\sqrt{13}}(-2, 3) \cdot (2, 2) = \frac{2}{\sqrt{13}}$$

이다.

(b) 함수는 기울기벡터 방향으로 가장 빠르게 증가하고 기울기벡터 반대 방향으로 가장 빠르게 감소하므로 변화가 가장 빠르게 일어나는 방향은 $(2, 2)$, $-(2, 2)$이다. 따라서 변화가 가장 빠르게 일어나는 방향의 단위벡터는

$$\left(\frac{1}{\sqrt{2}}, \frac{1}{\sqrt{2}}\right), \quad -\left(\frac{1}{\sqrt{2}}, \frac{1}{\sqrt{2}}\right)$$

이다.

(c) 점 $(2, 1)$에서 변화가 일어나지 않는 방향은 기울기벡터와 수직인 방향이므로 $(1, -1)$, $(-1, 1)$방향이다. ■

연습문제 4.3

01 다음 선형함수에 대하여 기울기벡터를 구하고 등위선의 기울기를 구하여라.

(a) $z = 2x - 2y - 1$　　　　(b) $z = 2x - y + 3$

(c) $z = x + y + 2$

02 **문제 01**의 선형함수에 대하여 z가 가장 빨리 증가하는 방향을 구하고, 이때 최대증가율을 구하여라.

03 주어진 점 P에서 함수의 기울기벡터를 구하여라.

(a) $f(x, y) = x^2y + 7xy^3,\ P = (1, 2)$

(b) $f(x, y) = 2xy + x^2,\ P = (2, 3)$

(c) $f(x, y) = \sin(x^2) + \cos y,\ P = \left(\frac{\sqrt{\pi}}{2}, 0\right)$

(d) $f(x, y) = \frac{1}{x^2 + y^2},\ (-1, 3)$

(e) $f(x, y) = y \ln x,\ P = (1, -3)$

(f) $f(x, y) = xe^{2y},\ P = (3, 0)$

04 주어진 점 P에서 $\mathbf{v}$방향의 방향미분계수를 구하여라.

(a) $f(x, y) = 1 + 2x\sqrt{y},\ P = (3, 4),\ \mathbf{v} = (4, -3)$

(b) $f(x, y) = \ln(x^2 + y^2),\ P = (2, 1),\ \mathbf{v} = (-1, 2)$

(c) $f(x, y) = x^2e^y,\ P = (2, 0),\ \mathbf{v} = (1, 1)$

(d) $f(x, y) = \sqrt{x^2 + y^2},\ P = (1, 2),\ \mathbf{v} = (2, 1)$

(e) $f(x, y) = \frac{x}{y},\ P = (4, 1),\ \mathbf{v} = (1, 1)$

(f) $f(x, y) = \sin(2x - y),\ P = (1, 2),\ \mathbf{v} = \left(\frac{3}{5}, -\frac{4}{5}\right)$

05 함수 $f(x, y) = x^2y^3$에 대해서, 다음 질문에 답하여라.

(a) 점 $(1, 2)$에서, 함수가 가장 빨리 증가하는 방향의 단위벡터를 구하여라. 이때 순간 변화율은 얼마인가?

(b) 점 $(1, 2)$에서, 함수가 가장 빨리 감소하는 방향의 단위벡터를 구하여라. 이때 순간

변화율은 얼마인가?

(c) 점 (1, 2)에서, 함수의 변화가 일어나지 않는 두 방향의 단위벡터를 구하여라.

06 원점이 가열되고 있는 원판 $x^2 + y^2 \le 9$의 현재 온도분포가 함수

$$T(x, y) = \frac{300}{x^2 + y^2 + 1}$$

으로 주어져 있다고 하자.

(a) 등위선은 어떤 모양을 이루는가?

(b) 점 (1, 1)에서 가장 빨리 뜨거워지는 방향의 단위벡터를 구하여라. 이때 순간 온도 변화율은 얼마인가?

(c) 점 (1, 1)에서 가장 빨리 온도가 내려가는 방향은 어디인가? 이때 순간 온도변화율을 구하여라.

(d) 점 (1, 1)에서 온도의 변화가 일어나지 않는 방향의 단위벡터를 구하여라.

07 원점에 선착장이 위치해 있는 호수의 깊이가 함수 $d(x, y) = 0.1x^2 + 0.02y^2$으로 주어진다고 하자. (10, 20) 위치에 있는 배가 선착장을 향해 움직일 때, 배 아래 호수의 깊이는 깊어지는가 아니면 얕아지는가? (10, 20)에서 순간 변화율은 얼마인가?

08 평면의 위치 (x, y)에 대해 높이가 $h(x, y) = 1000 - 0.01x^2 - 0.02y^2$으로 주어진 산을 오르고 있다고 가정하자. 현재의 위치가 (100, 50)일 때

(a) 남쪽(y 좌표가 감소하는 쪽)으로 움직인다면, 높이는 증가하는가 감소하는가? 그리고 이때의 높이 증가율은 얼마인가?

(b) 북서쪽으로 움직일 때, 방향미분계수를 구하여라.

(c) 가장 경사가 가파른 방향의 단위벡터를 구하여라. 이때 높이의 증가율은 얼마인가?

4.4 이차곡면과 극값

4.4.1 이계편도함수

이변수함수 $z = f(x, y)$의 편도함수 f_x와 f_y도 역시 이변수함수이다. 그러므로 f_x와 f_y의 편도함수를 정의할 수 있다. 이 편도함수들을 f의 **이계편도함수**(second-order partial derivative)라 하고 다음과 같이 나타낸다.

$$(f_x)_x = f_{xx} = \frac{\partial}{\partial x}\left(\frac{\partial f}{\partial x}\right) = \frac{\partial^2 f}{\partial x^2}$$

$$(f_x)_y = f_{xy} = \frac{\partial}{\partial y}\left(\frac{\partial f}{\partial x}\right) = \frac{\partial^2 f}{\partial y \partial x}$$

$$(f_y)_x = f_{yx} = \frac{\partial}{\partial x}\left(\frac{\partial f}{\partial y}\right) = \frac{\partial^2 f}{\partial x \partial y}$$

$$(f_y)_y = f_{yy} = \frac{\partial}{\partial y}\left(\frac{\partial f}{\partial y}\right) = \frac{\partial^2 f}{\partial y^2}$$

f_x와 f_y는 **일계편도함수**(first-order partial derivative)라 부르기도 한다.

보기 1 다음 이변수함수의 이계편도함수를 모두 구하여라.

$$f(x, y) = x^2 - ye^x$$

풀이 일계편도함수는

$$f_x(x, y) = 2x - ye^x, \quad f_y(x, y) = -e^x$$

이다. 그러므로 이계편도함수는 다음과 같다.

$$f_{xx}(x, y) = 2 - ye^x, \qquad f_{xy}(x, y) = -e^x$$

$$f_{yx}(x, y) = -e^x, \qquad f_{yy}(x, y) = 0$$

■

보기 1에서

$$f_{xy}(x, y) = f_{yx}(x, y)$$

이다. 이 결과는 이 보기에서만 성립하는 것이 아니라 f_{xy}와 f_{yx}가 연속이면[48)]

일반적으로 성립하는데 이를 **편미분 교환법칙**이라 한다.

편미분 교환법칙

이변수함수 f에 대하여 f_{xy}와 f_{yx}가 (x_0, y_0)에서 모두 연속이면 다음 등식이 성립한다.

$$f_{xy}(x_0, y_0) = f_{yx}(x_0, y_0)$$

다음 함수에 대하여 f_{yx}를 구하여 보자.

$$f(x, y) = \ln(xy+1) + \frac{\ln(y^2+1)}{y^2+1}$$

$f_{xy} = f_{yx}$이므로 f_x를 먼저 구하면

$$f_x(x, y) = \frac{y}{xy+1}$$

이고, 따라서

$$f_{yx}(x, y) = f_{xy}(x, y) = \frac{xy+1-xy}{(xy+1)^2} = \frac{1}{(xy+1)^2}$$

이다.

NOTE f_y를 먼저 구하여 계산하여도 같은 결과를 얻지만 계산과정이 훨씬 복잡해진다.

이계편도함수도 이변수함수이므로 삼계편도함수는 이계편도함수의 편도함수로 정의한다. 예를 들어

$$f_{xyx} = (f_{xy})_x = \frac{\partial}{\partial x}\left(\frac{\partial^2 f}{\partial y \partial x}\right) = \frac{\partial}{\partial x}\left(\frac{\partial}{\partial y}\left(\frac{\partial f}{\partial x}\right)\right)$$

이고, 삼계편도함수들이 모두 연속이면 편미분 교환법칙에 의하여 다음 등식이 성립한다.

$$f_{xyx} = f_{xxy} = f_{yxx}$$

같은 방법으로 3보다 큰 자연수 계수의 편도함수도 정의할 수 있다.

48) 이 교재에서는 이러한 성질을 갖는 함수들만 다루기로 한다.

4.4.2 연쇄법칙

일변수함수의 경우 **연쇄법칙**(chain rule)은 합성함수의 미분법칙을 의미한다. 즉, $y = f(x)$, $x = g(t)$에서 f가 x에 대하여 미분가능한 함수이고, g가 t에 대하여 미분가능한 함수이면 $y = (f \circ g)(t) = f(g(t))$는 t에 대하여 미분가능한 함수이다. 이때

$$(f \circ g)'(t) = f'(g(t))g'(t)$$

이다. 다시 말해서 합성함수 $(f \circ g)$의 순간 변화율은 f의 순간 변화율과 g의 순간 변화율을 곱한 것과 같다. 이 식을 라이프니츠의 표기법으로 나타내면 다음과 같다.

$$\frac{dy}{dt} = \frac{dy}{dx}\frac{dx}{dt}$$

이 절에서는 이변수함수의 연쇄법칙에 대하여 알아보기로 한다. 우선 $z = f(x, y)$가 미분가능한 함수이고, $X(t) = (x(t), y(t))$가 미분가능한 곡선이라고 하자. f는 국소적으로 선형이므로

$$\Delta z \approx \frac{\partial f}{\partial x}\Delta x + \frac{\partial f}{\partial y}\Delta y$$

가 성립한다. 따라서

$$\frac{\Delta z}{\Delta t} \approx \frac{\partial f}{\partial x}\frac{\Delta x}{\Delta t} + \frac{\partial f}{\partial y}\frac{\Delta y}{\Delta t}$$

이므로 $\Delta t \to 0$이면

$$\frac{dz}{dt} = \frac{\partial f}{\partial x}\frac{dx}{dt} + \frac{\partial f}{\partial y}\frac{dy}{dt}$$

가 성립한다. 이를 이변수함수의 연쇄법칙이라 한다. 이 법칙은 기울기벡터 $\text{grad}\, f(X(t))$와 속도벡터 $X'(t)$를 이용하여 나타내면 다음과 같다.

이변수함수의 연쇄법칙

$z = f(x, y)$가 미분가능한 이변수함수이고, 미분가능한 곡선 $X(t) = (x(t), y(t))$에 대하여

$$\frac{df(X(t))}{dt} = \text{grad}\, f(X(t)) \cdot X'(t)$$

가 성립한다. 이를 라이프니츠 표기법으로 쓰면 다음과 같다.

$$\frac{dz}{dt} = \frac{\partial z}{\partial x}\frac{dx}{dt} + \frac{\partial z}{\partial y}\frac{dy}{dt}$$

보기 2 $z = xy$이고 $x = \cos t$, $y = \sin t$일 때 $\frac{dz}{dt}$를 구하여라.

풀이 이변수함수의 연쇄법칙을 적용하면

$$\begin{aligned}\frac{dz}{dt} &= \frac{\partial f}{\partial x}\frac{dx}{dt} + \frac{\partial f}{\partial y}\frac{dy}{dt} \\ &= y(-\sin t) + x(\cos t) = \cos^2 t - \sin^2 t \\ &= \cos 2t\end{aligned}$$

이다. ■

NOTE 위 보기의 경우 다음과 같은 직접적인 계산도 가능하다.

$$z = xy = \cos t \sin t = \frac{1}{2}\sin 2t \Rightarrow \frac{dx}{dt} = \frac{1}{2}2\cos 2t = \cos 2t$$

보기 3 어느 기체 한 몰(mole)에 대하여 기압 P(단위 kPa(kilopascal))와 부피 V(단위 L(리터)), 온도 T(단위 K(kelvin)) 사이에는 다음과 같은 관계식이 성립한다.

$$PV = 8.4T \tag{4.2}$$

온도가 300K일 때 온도의 시간에 대한 변화율은 0.1K/sec, 부피가 100L일 때 부피의 시간에 대한 변화율은 0.2L/sec이다. 이때 기압의 시간에 대한 변화율을 구하여라.

풀이 t를 초 단위의 시간이라 하면 $T = 300$, $V = 100$일 때 주어진 조건은

$$\frac{dT}{dt} = 0.1, \quad \frac{dV}{dt} = 0.2$$

이다.

$$P = \frac{8.4T}{V}$$

이므로 연쇄법칙을 이용하면

$$\frac{dP}{dt} = \frac{\partial P}{\partial T}\frac{dT}{dt} + \frac{\partial P}{\partial V}\frac{dV}{dt} = \frac{8.4}{V}\frac{dT}{dt} - \frac{8.4T}{V^2}\frac{dV}{dt}$$

$$= \frac{8.4}{100}(0.1) - \frac{8.4(300)}{100^2}(0.2) = -0.042$$

이다. 따라서 기압은 0.042 kPa/sec의 비율로 감소하고 있다. ■

NOTE 위 보기의 경우 P, T, V가 모두 t의 함수이므로 식 (4.2)에 음함수 미분법을 적용하여 풀 수도 있다. 다시 말해서

$$(PV)' = (8.4T)' \Rightarrow P'V + PV' = 8.4T'$$

이므로

$$P' = \frac{dP}{dt} = \frac{8.4T' - PV'}{V}$$
$$= \frac{8.4(0.1) - (8.4(300)/100)(0.2)}{100} = -0.042$$

이다.

4.4.3 극댓값과 극솟값

이변수함수에 대해서도 일변수함수처럼 **극값**(local extrema)을 정의할 수 있다. 정의역의 한 점 (x_0, y_0)에서 함수 $z = f(x, y)$가 (x_0, y_0) **근방**(neighborhood)[49]의 모든 점보다 큰 함숫값을 가지면 (x_0, y_0)를 **극대점**이라 하고, f는 (x_0, y_0)에서 **극댓값**(local maximum)을 갖는다고 한다. 마찬가지로 함수 $z = f(x, y)$가 (x_0, y_0) 근방의 모든 점보다 작은 함숫값을 가지면 (x_0, y_0)를 **극소점**이라 하고, f는 (x_0, y_0)에서 **극솟값**(local minimum)을 갖는다고 한다.

극댓값과 극솟값

- (x_0, y_0) 근방의 임의의 점 (x, y)에 대하여 $f(x_0, y_0) \geq f(x, y)$이면 이변수함수 $z = f(x, y)$는 (x_0, y_0)에서 극댓값을 갖는다고 한다.
- (x_0, y_0) 근방의 임의의 점 (x, y)에 대하여 $f(x_0, y_0) \leq f(x, y)$이면 이변수함수 $z = f(x, y)$는 (x_0, y_0)에서 극솟값을 갖는다고 한다.

49) (x_0, y_0)가 중심인 작은 열린 원판을 의미한다. 이때 원판의 크기는 아무리 작아도 상관없다.

f의 정의역의 임의의 점에 대하여 위의 부등식이 성립하면 f는 (x_0, y_0)에서 각각 **최댓값**(absolute maximum)과 **최솟값**(absolute minimum)을 갖는다고 한다. 다시 말해서 정의역이 $D \subset \mathbb{R}^2$인 함수 $z = f(x, y)$에 대하여

$$f(x_0, y_0) \geq f(x, y), \quad (x, y) \in D$$

이면 f는 (x_0, y_0)에서 최댓값을 갖는다고 하고

$$f(x_0, y_0) \leq f(x, y), \quad (x, y) \in D$$

이면 f는 (x_0, y_0)에서 최솟값을 갖는다고 한다.

다음 왼쪽 그림에서의 극값들은 모두 국소적으로 선형[50]인 점에서 일어난다. 그러나 오른쪽 그림에서는 국소적으로 선형이 아닌 점에서 일어난다.

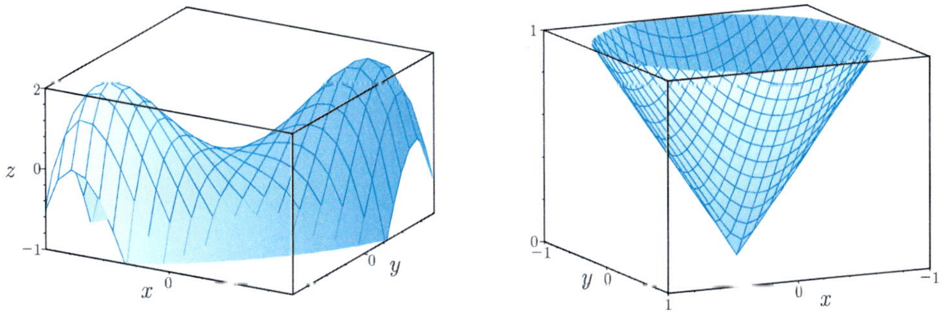

임계점

일변수함수의 경우, 극값은 **임계점**(critical point)[51]에서만 일어나므로 극값을 구하기 위해서는 우선 임계점을 구하였다. 특히 미분가능한 일변수함수는 도함수가 0이 되는 x에서만 극값을 갖는다.

이변수함수 $z = f(x, y)$에 대해서도 $\text{grad} f(x_0, y_0) = \mathbf{0}$이거나 $f_x(x_0, y_0)$ 또는 $f_y(x_0, y_0)$가 존재하지 않는 점 (x_0, y_0)를 f의 **임계점**이라 한다. 이제 이변수함수의 극값을 어떻게 구하는지 알아 보기로 하자.

미분가능한 함수 $z = f(x, y)$가 (x_0, y_0)에서 극댓값을 갖는다면 $g(x) = f(x, y_0)$는 $x = x_0$에서 극댓값을 갖는다. 따라서

50) (x_0, y_0)에서 국소적으로 선형이라는 것과 (x_0, y_0)에서 미분가능하다는 것은 동치이다.
51) $f'(a) = 0$이거나 $f'(a)$가 존재하지 않는 점 a를 임계점이라 한다.

$$g'(x_0) = f_x(x_0, y_0) = 0$$

이다. 마찬가지로 $h(y) = f(x_0, y)$는 $y = y_0$에서 극댓값을 가지며

$$h'(y_0) = f_y(x_0, y_0) = 0$$

이다. f가 (x_0, y_0)에서 극솟값을 가질 때에도 같은 결과가 성립한다. 이 사실을 기울기벡터를 이용하여 다음과 같이 쓸 수 있다.

극값과 기울기벡터

미분가능한 이변수함수 $z = f(x, y)$가 (x_0, y_0)에서 극값을 갖는다면

$$\text{grad} f(x_0, y_0) = \mathbf{0}$$

이다.

$\text{grad} f(x_0, y_0) = \mathbf{0}$인 경우, $f_x(x_0, y_0) = f_y(x_0, y_0) = 0$이므로 (x_0, y_0)에서 접평면의 방정식은

$$z = f(x_0, y_0)$$

가 된다. 즉, $z = f(x, y)$가 (x_0, y_0)에서 극값을 갖는다면 (x_0, y_0)에서 접평면은 $(0, 0, f(x_0, y_0))$를 지나고 xy평면과 평행한 평면이다.

일변수함수의 경우와 마찬가지로 위 결과의 역은 참이 아니다. 다시 말해서

$$\text{grad} f(x_0, y_0) = \mathbf{0}$$

이라고 해서 f가 (x_0, y_0)에서 항상 극값을 갖는 것은 아니다.

보기 4 $f(x, y) = x^2 - y^2$의 극값이 존재하면 구하여라.

풀이 우선 f의 임계점을 찾아보자.

$$f_x(x, y) = 2x, \ f_y(x, y) = -2y$$

이므로 $(0, 0)$은 f의 유일한 임계점이다. $y = 0$일 때

$$f(x, 0) = x^2$$

이므로 x 방향에서 f는 $(0,\ 0)$에서 최솟값 0을 갖는다. 반면 $x=0$이면

$$f(0,\ y) = -y^2$$

이므로 y 방향에서 f는 $(0,\ 0)$에서 최댓값 0을 갖는다. 따라서 원점을 중심으로 하는 어떤 근방에서도 f는 0보다 큰 값과 0보다 작은 값을 동시에 갖는다. 따라서 f는 $(0,\ 0)$에서 극값을 갖지 않는다. ■

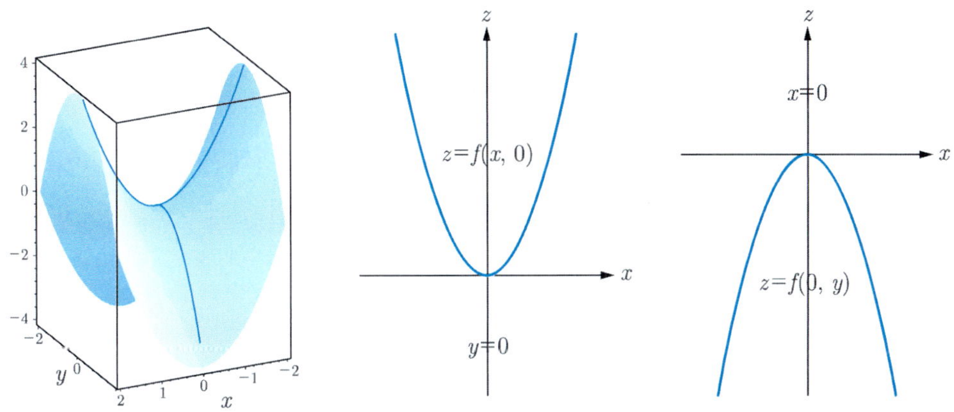

보기 4의 $(0,\ 0)$처럼 $\text{grad}\, f(x_0,\ y_0) = \mathbf{0}$이면서 $f(x_0,\ y_0)$가 극값이 아닌 경우 $(x_0,\ y_0)$를 **안장점**(saddle point)이라 한다.

원뿔면처럼 국소적으로 선형이 아닌 경우에도 극값을 가질 수 있으므로 일반적인 함수에 대하여는 다음과 같은 결과를 얻는다.

이변수함수가 극값을 가질 조건

이변수함수 $z=f(x,\ y)$가 $(x_0,\ y_0)$에서 극값을 갖는다면

$$\text{grad}\, f(x_0,\ y_0) = \mathbf{0}$$

이거나 $f_x(x_0,\ y_0)$ 또는 $f_y(x_0,\ y_0)$가 존재하지 않는다. 즉, $(x_0,\ y_0)$는 임계점이다.

그러므로 일변수함수의 경우와 마찬가지로 이변수함수의 극값을 구하기 위해서는 임계점에서 함수의 움직임을 살펴보면 된다.

4.4.4 이차곡면

이차곡면 $f(x, y) = ax^2 + by^2$의 그래프에 대하여

- $ab > 0$이면 타원포물면
- $ab < 0$이면 쌍곡포물면

임을 알고 있다. 어떤 경우이든지 원점이 유일한 임계점이며 $f(0, 0) = 0$이다. 따라서

(i) $a > 0$, $b > 0$이면 $(x, y) \neq (0, 0)$일 때, $f(x, y) > 0$이므로 원점은 극소점(실제로는 최소점)이다.

(ii) 같은 방법으로 $a < 0$, $b < 0$이면 원점은 극대점(실제로는 최대점)이다.

(iii) $ab < 0$이면 원점 근방에서 $f(x, y) > 0$인 점과 $f(x, y) < 0$인 점이 동시에 존재하므로 원점은 안장점이다.

임계점에 대하여 이러한 분석이 일반적인 **이차곡면**(quadratic surface)

$$f(x, y) = ax^2 + bxy + cy^2$$

에 대해서도 가능하다.

보기 5 다음 이차곡면의 임계점을 구하고 임계점에서 극값을 갖는지 판단하여라.

(a) $f(x, y) = x^2 + 2xy + 2y^2$　　(b) $g(x, y) = x^2 + 2xy - 2y^2$

(c) $h(x, y) = -x^2 + 2xy - 2y^2$

풀이 세 경우 모두 유일한 임계점 $(0, 0)$를 갖고 임계점에서 함숫값은 모두 0이다.

(a) f는 다음과 같이 제곱꼴로 쓸 수 있다.

$$f(x, y) = x^2 + 2xy + 2y^2 = (x + y)^2 + y^2$$

따라서 $(x, y) \neq (0, 0)$이면 $f(x, y) > 0$이므로 $(0, 0)$는 극소점이다.

(b) $g(x, y) = x^2 + 2xy - 2y^2 = (x + y)^2 - 3y^2$이므로 원점 근방에서 $g(x, y) > 0$인 점과 $g(x, y) < 0$인 점이 같이 존재한다. 따라서 $(0, 0)$은 안장점이다.

(c) $h(x, y) = -x^2 + 2xy - 2y^2 = -(x - y)^2 - y^2$이므로 모든 (x, y)에 대하여 $h(x, y) \leq 0$이다. 따라서 원점은 극대점이다. ■

보기 5의 방법은 일반적인 이차함수 $f(x, y) = ax^2 + bxy + cy^2\ (a \neq 0)$에도 적용시킬 수 있다. 즉,

$$\begin{aligned} ax^2 + bxy + cy^2 &= a\left[x^2 + \frac{b}{a}xy + \frac{c}{a}y^2\right] \\ &= a\left[\left(x + \frac{b}{2a}y\right)^2 + \left(\frac{c}{a} - \frac{b^2}{4a^2}\right)y^2\right] \\ &= a\left[\left(x + \frac{b}{2a}y\right)^2 + \left(\frac{4ac - b^2}{4a^2}\right)y^2\right] \end{aligned}$$

이므로 $D = 4ac - b^2$의 부호에 따라 곡면의 성질이 변한다. 즉, $D > 0$이면 타원포물면, $D < 0$이면 쌍곡포물면이다. 여기서

$$D = 4ac - b^2$$

을 이차함수 $f(x, y) = ax^2 + bxy + cy^2$의 **판별식**(discriminant)이라 부른다. 이 결과를 정리하면 다음과 같다.

이차곡면의 임계점

$f(x, y) = ax^2 + bxy + cy^2 (a \neq 0)$은 유일한 임계점 $(0, 0)$을 갖는다.

$D = 4ac - b^2$라고 할 때

- $D > 0$이고 $a > 0$이면 $(0, 0)$은 극소점이다.
- $D > 0$이고 $a < 0$이면 $(0, 0)$은 극대점이다.
- $D < 0$이면 $(0, 0)$은 안장점이다.

이차근사식

선형근사는 선형함수 중에서 f와 가장 유사한 선형함수를 의미한다. 만약 선형함수 대신 이차함수를 이용하여 근사를 한다면 더 좋은 근사식을 얻을 수 있다. 이차근사식은 이차식 중에서 함수 f와 가장 유사한 이차함수를 의미하며 f와 동일한 일계편도함수와 이계편도함수를 가진 이차함수이다.

이차근사식

$z = f(x, y)$가 (x_0, y_0)에서 연속인 이계도함수를 갖는다고 하자. 그러면

(x_0, y_0)에서 f의 이차근사식은 다음과 같이 정의한다.

$$Q(x, y) = f(x_0, y_0) + f_x(x_0, y_0)(x - x_0) + f_y(x_0, y_0)(y - y_0)$$
$$+ \frac{1}{2}\left[f_{xx}(x_0, y_0)(x - x_0)^2 + 2f_{xy}(x_0, y_0)(x - x_0)(y - y_0) + f_{yy}(x_0, y_0)(y - y_0)^2\right]$$

f를 Q로 근사시키는 것을, 즉

$$f(x, y) \approx Q(x, y)$$

를 **이차근사**(quadratic approximation)라 한다.

(x_0, y_0)가 미분가능한 이변수함수 $z = f(x,y)$의 임계점이면

$$f_x(x_0, y_0) = f_y(x_0, y_0) = 0$$

이므로 선형근사식은 항상 다음과 같은 상수함수이다.

$$f(x, y) \approx L(x, y) = f(x_0, y_0)$$

따라서 이차근사식은 다음과 같이 간단한 형태로 쓸 수 있다.

임계점에서의 이차근사식

(x_0, y_0)가 미분가능한 함수 $z = f(x, y)$의 임계점이면 이차근사식은 다음과 같다.

$$\begin{aligned} f(x, y) - f(x_0, y_0) &\approx Q(x, y) - f(x_0, y_0) \\ &= \frac{1}{2}\left[f_{xx}(x_0, y_0)(x - x_0)^2 + 2f_{xy}(x_0, y_0)(x - x_0)(y - y_0) \right. \\ &\qquad \left. + f_{yy}(x_0, y_0)(y - y_0)^2\right] \end{aligned}$$

보기 6 임계점 $(0, 0)$에서 다음 이차곡면의 선형근사식과 이차근사식을 구하여라.

$$f(x, y) = x^3 + xy - 2y^2$$

풀이 $f(0, 0) = 0$이므로 $(0, 0)$에서 선형근사식은 다음과 같다.

$$L(x, y) = f(0, 0) = 0$$

$f_{xx}(x, y) = 6x$, $f_{xy}(x, y) = 1$, $f_{yy} = -4$이므로 $(0, 0)$에서 이차근사식은

$$Q(x,\ y) = \frac{1}{2}\left[f_{xx}(0,\ 0)x^2 + 2f_{xy}(0,\ 0)xy + f_{yy}(0,\ 0)y^2\right]$$

$$= xy - 2y^2$$

이다. 다음 왼쪽 그림은 f의 그래프와 선형근사식의 그래프를, 오른쪽 그림은 f의 그래프와 이차근사식의 그래프를 같은 범위에서 그린 것이다. ■

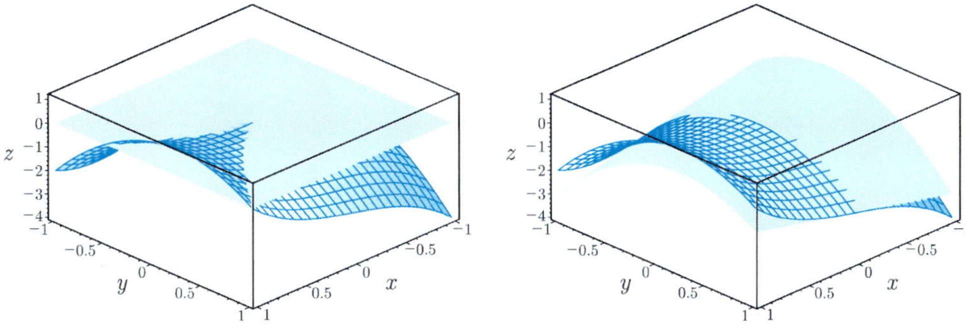

원점 근방에서 이차근사식이 선형근사식보다 훨씬 좋은 근사가 됨을 볼 수 있다. 근사식 $Q(x,\ y) - f(x_0,\ y_0)$의 판별식은

$$D = 4ac - b^2 = 4\left(\frac{1}{2}f_{xx}(x_0,\ y_0)\right)\left(\frac{1}{2}f_{yy}(x_0,\ y_0)\right) - (f_{xy}(x_0,\ y_0))^2$$

$$= f_{xx}(x_0,\ y_0)f_{yy}(x_0,\ y_0) - (f_{xy}(x_0,\ y_0))^2$$

이다. 이차근사식 $Q(x,\ y) - f(x_0,\ y_0)$는 국소적으로 $z = f(x,\ y) - f(x_0,\ y_0)$와 유사하므로 다음 결과를 얻는다.

이계도함수 판정법

$(x_0,\ y_0)$는 $z = f(x,\ y)$의 임계점이라고 하자.

$$D = f_{xx}(x_0,\ y_0)f_{yy}(x_0,\ y_0) - (f_{xy}(x_0,\ y_0))^2$$

이라고 할 때

- $D > 0$이고 $f_{xx}(x_0,\ y_0) > 0$이면 $(x_0,\ y_0)$는 극소점이다.
- $D > 0$이고 $f_{xx}(x_0,\ y_0) < 0$이면 $(x_0,\ y_0)$는 극대점이다.
- $D < 0$이면 $(x_0,\ y_0)$는 안장점이다.

보기 7 함수 $f(x, y) = 4xy - x^4 - y^4$의 임계점을 구하고 임계점의 성질을 말하여라.

풀이 우선 임계점을 구해 보자.

$$f_x(x, y) = 4y - 4x^3 = 0, \quad f_y(x, y) = 4x - 4y^3 = 0$$

이므로 $x = y^3$을 첫 번째 식에 대입하면

$$4y - 4y^9 = -4y(y-1)(y+1)(y^2+1)(y^4+1) = 0$$

을 얻는다. 따라서 세 개의 임계점

$$(0, 0), \quad (1, 1), \quad (-1, -1)$$

이 존재한다.

$$f_{xx}(x, y) = -12x^2, \quad f_{xy}(x, y) = 4, \quad f_{yy}(x, y) = -12y^2$$

이므로

$$D = D(x, y) = 144x^2y^2 - 16$$

이다. 이계도함수 판정법에 의하여 $D(0, 0) = -16 < 0$이므로 $(0, 0)$는 안장점이다. 또한

$$f_{xx}(1, 1) = f_{xx}(-1, -1) = -12 < 0$$

이고

$$D(1, 1) = D(-1, -1) = 144 - 16 > 0$$

이므로 $(1, 1)$과 $(-1, -1)$은 모두 극대점이다. ■

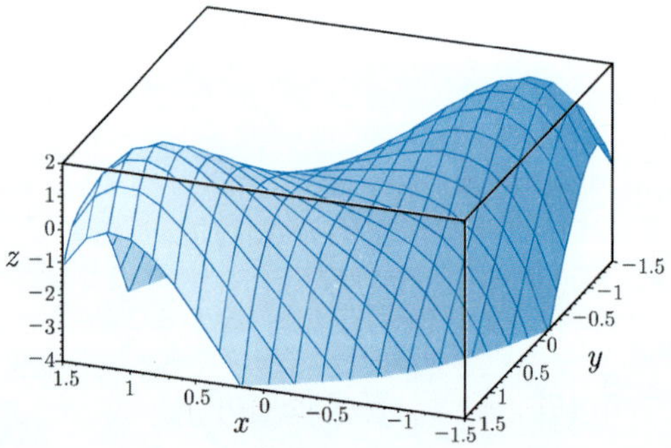

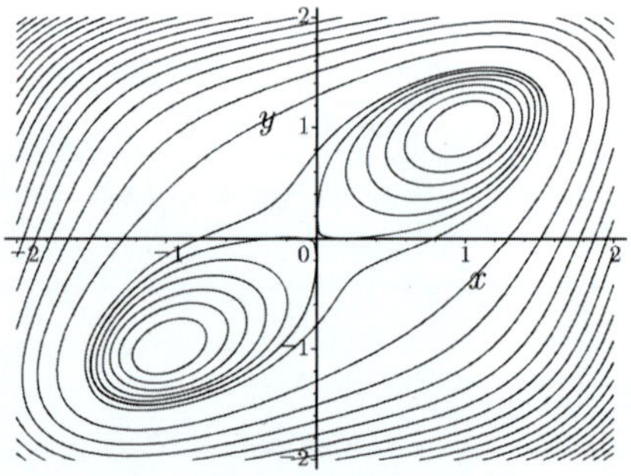

NOTE $D = 0$인 경우 이계도함수 판정법으로 내릴 수 있는 결론은 없다. $D = 0$인 경우 임계점은 극소점이 될 수도, 극대점이 될 수도, 또는 안장점이 될 수도 있다.

보기 8 다음 함수들은 모두 유일한 임계점 $(0, 0)$을 갖는다.

$$f(x, y) = x^4 - y^4, \quad g(x, y) = x^4 + y^4, \quad h(x, y) = -x^4 - y^4$$

또한 세 함수 모두 $D(0, 0) = 0$이다. 그러나 $(0, 0)$은 각각 f에 대하여는 안장점, g에 대하여는 극소점, h에 대하여는 극대점이다. ■

연습문제 4.4

01 연쇄법칙을 이용하여 dz/dt를 구하여라.

(a) $z = x^2y + xy^2$, $x = 1 + t^2$, $y = 1 - t^2$

(b) $z = \sqrt{x^2 + y^2}$, $x = e^t$, $y = e^{-t}$

(c) $z = \ln(x^2 + y^2)$, $x = e^t$, $y = t$

(d) $z = xe^{y/x}$, $x = t^2$, $y = 1 - t$

02 미분가능한 함수 $z = f(x, y)$, $x = g(t)$, $y = h(t)$에 대하여

$$g(2) = 2,\ g'(2) = 3,\ h(2) = -2,\ h'(2) = -1,\ f_x(2, -2) = 5,\ f_y(2, -2) = 7$$

일 때 $t = 2$에서 $\dfrac{dz}{dt}$를 구하여라.

03 $z = f(x - y)$이면 $\dfrac{\partial z}{\partial x} + \dfrac{\partial z}{\partial y} = 0$임을 보여라.

04 미분가능한 함수 f, g에 대하여 $z = f(x + ay) + g(x - ay)$로 정의된 함수는 다음 **파동 방정식**(wave equation)을 만족함을 보여라. [**Hint.** $u = x + ay$, $v = x - ay$로 치환한다.]

$$\frac{\partial^2 z}{\partial y^2} = a^2 \frac{\partial^2 z}{\partial x^2}$$

05 자연수 n, 실수 t에 대하여 관계식

$$f(tx, ty) = t^n f(x, y)$$

를 만족하는 함수 f를 **n차 동차**(homogeneous of degree n)라고 한다. 예를 들어

$f(x, y) = x^2y + xy^2$은 3차 동차이다. f가 n차 동차이면 다음 관계식이 성립함을 보여라.

(a) $x\dfrac{\partial f}{\partial x}(x, y) + y\dfrac{\partial f}{\partial y}(x, y) = nf(x, y)$

(b) $f_x(tx, ty) = t^{n-1}f_x(x, y)$

[Hint.] (a) 관계식 $f(tx, ty) = t^n f(x, y)$에서 양변을 t에 대하여 미분한다.

(b) 관계식 $f(tx, ty) = t^n f(x, y)$에서 양변을 x에 대하여 미분한다.

06 한 해의 쌀 수확량 N은 연평균 기온 T와 연강수량 R에 의하여 결정된다고 한다. 연평균 기온은 0.1°C/year의 비율로 상승하고 있고 연강수량은 0.2cm/year의 비율로 감소하고 있다고 한다. 현재의 기온과 강수량에서 $\partial N/\partial T = -2$, $\partial N/\partial R = 3$이라고 한다.

(a) 두 편도함수가 의미하는 것은 무엇인가?

(b) 쌀 수확량의 시간에 따른 변화율을 구하여라.

07 밑면의 반지름이 r이고 높이가 h인 원기둥이 있다. 반지름은 0.1cm/min의 비율로 증가하고, 높이는 0.1cm/min의 비율로 감소하고 있다. 반지름과 높이가 모두 10cm일 때 다음의 시간에 대한 변화율을 구하여라.

(a) 부피 (b) 겉넓이

08 원점에서 다음 식들의 이차근사식을 구하여라.

(a) $z = (x - y + 1)^3$

(b) $z = e^{-2x^2 - y^2}$

(c) $z = 1/(1 + 2x - y)$

(d) $z = e^x \cos y$

(e) $z = \ln(1 + x^2 - y)$

09 다음 함수의 임계점을 모두 구하여라. 이계도함수 판정법을 이용해서 임계점이 극대점인지 극소점인지 안장점인지를 판별하여라.

(a) $f(x, y) = 9 - 2x + 4y - x^2 - 4y^2$

(b) $f(x, y) = x^4 + y^4 - 4xy + 2$

(c) $f(x, y) = (1 + xy)(x + y)$

(d) $f(x, y) = e^x \cos y$

(e) $f(x, y) = x \sin y$

(f) $f(x, y) = (x^2 + y^2)e^{y^2 - x^2}$

10 직육면체 모양의 건물을 지으려고 한다. 동쪽과 서쪽의 벽을 통한 열손실은 하루에 $1\,\text{m}^2$당 5이고, 남쪽과 북쪽의 벽을 통한 열손실은 하루에 $1\,\text{m}^2$당 4이다. 또한 바닥을 통한 열손실은 $1\,\text{m}^2$당 1이고, 지붕을 통한 열손실은 $1\,\text{m}^2$당 3이다. 그리고 건물의 외벽의 길이는 각 방향당 $30\,\text{m}$ 이하이고, 높이는 $20\,\text{m}$ 이하이다. 마지막으로 건물의 체적은 정확히 $4000\,\text{m}^3$이어야 한다.

(a) 건물의 하루당 열손실을 나타내는 함수를 만들어라. 어떠한 변수에 대한 함수로 나타낼 수 있는가? 이 함수의 정의역은 어디인가?

(b) 건물의 열손실 함수의 임계점을 구해 보고, 그 임계점이 극대점인지 극소점인지 안장점인지를 판단하여라.

11 $f(x, y) = x^2 + y^2 + kxy$일 때 k 값에 무관하게 원점은 항상 임계점이 됨을 확인하여라. 원점이 안장점, 극대점, 극소점이 되는 k 값의 범위를 구하여라.

12 이계도함수 판정법에서 $D = 0$인 경우 그 임계점이 어떤 점인지 판정할 수 없다. 뿐만 아니라, 그 점 주변에서의 함수의 부분적인 성질 또한 매우 복잡할 수 있다. 다음의 함수를 살펴보자.

$$f(x, y) = x^3 - 3xy^2$$

(a) 원점이 함수 $f(x, y)$의 임계점임을 보여라.

(b) 원점에서 $D = 0$임을 보여라.

(c) 원점 주변에서 $f(x, y) = 0$인 점들을 평면 위에 그려보고, 함숫값이 양수인 영역과 음수인 영역을 표시해 보아라.

(d) 원점 주변의 등위도면을 대강 그려보고, 원점이 안장점임을 확인하여라. 실제로 이 안장점을 **원숭이안장점**(monkey saddle point)이라 부른다.

4.5 극값과 최적값

4.5.1 최적화

주어진 조건에서 최상의 선택을 찾는 것을 **최적화**(optimization)라 한다. 최상의 선택이란 주어진 상황에 따라 최댓값을 찾는 것일 수도 있고 아니면 최솟값을 찾는 것이 될 수도 있다.

예를 들어, 제조자의 입장에서는 정해진 물량을 최소의 비용으로 생산하기를 바랄 것이고, 소비자의 입장에서는 정해진 가격에 가능한 많은 양의 물건을 사고자 할 것이다. 물류를 운영하는 사람이라면 정해진 지점들을 가장 빠르게 모두 방문할 수 있는 경로를 찾고 싶어 한다. 경영자의 경우라면 비용은 최소화하고 이윤은 최대화하기를 원할 것이다.

닫힌 구간 $[a, b]$에서 정의된 연속인 일변수함수 $y = f(x)$는 최대·최소 정리에 의하면 항상 최댓값과 최솟값을 갖는다.

이때 최댓값과 최솟값을 찾는 것은 다음 순서에 따른다.

- f의 임계점을 구한다.
- f의 임계점에서 함숫값과 구간의 양 끝점에서 함숫값을 구한다.
- 위에서 구한 값들 중에서 가장 큰 것이 최댓값, 가장 작은 것이 최솟값이다.

이변수함수의 경우에도 최적화 문제는 비슷한 과정을 거쳐 해결할 수 있다.

유계인 닫힌 집합

실수 집합 $\mathbb{R}$에서 닫힌 구간은 경계점(끝점)을 포함하는 구간을 의미한다. 마찬가지로 $\mathbb{R}^2$의 부분집합 D가 **닫혀 있다**(closed)는 것은 D의 경계점[52])이 모두 D

52) 점 (a, b)를 중심으로 하는 임의의 원판이 D와도 만나고 $D^c = \mathbb{R}^2 - D$와도 만나면 (a, b)를 D의 **경계점(boundary point)**이라 한다. 경계점이 아닌 D의 점은 D의 **내점(interior point)**이라 한다. (a, b)가 D의 내점이면 (a, b)가 중심이고 D에 포함되는 열린 원판을 그릴 수 있다.

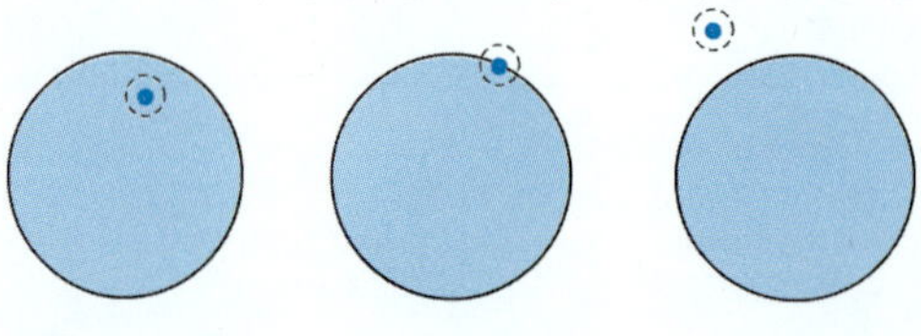

interior point boundary point exterior point

에 포함된다는 것을 의미한다. D가 D의 경계를 하나도 포함하지 않는 경우 D는 **열려 있다**(open)고 한다.

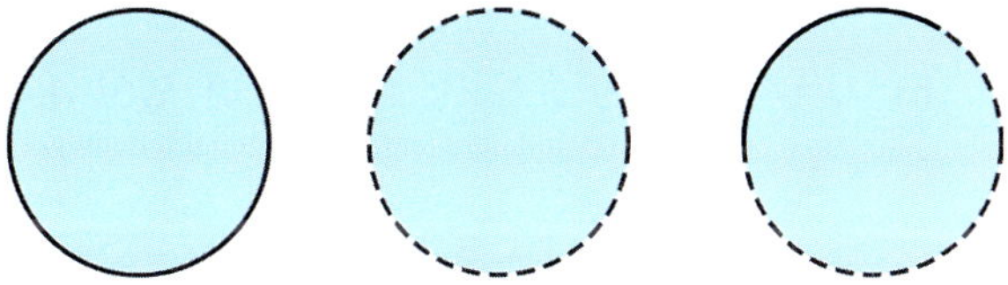

닫혀 있다　　　열려 있다　　　열려 있지도 닫혀 있지도 않다

보기 1 닫힌 원판과 열린 원판

(a) 반지름이 r인 원판

$$B_1 = \{(x,\ y) : x^2 + y^2 \le r^2\}$$

의 경계는 반지름이 r인 원

$$\{(x,\ y) : x^2 + y^2 = r^2\}$$

이다. 따라서 B_1은 닫혀 있다. 이때 B_1을 **닫힌 원판**(closed disk)이라 부른다.

(b) 반지름이 r인 원판 $B_2 = \{(x,\ y) : x^2 + y^2 < r^2\}$의 경계도 반지름이 r인 원 $\{(x,\ y) : x^2 + y^2 = r^2\}$이다. B_2는 경계점을 하나도 포함하지 않으므로 열려 있다. 이때 B_2를 **열린 원판**(open disk)이라 한다. ■

NOTE 일반적으로 연속인 함수 f에 대하여

$$D = \{(x,\ y) : f(x,\ y) \le c\} \quad \text{또는} \quad D = \{(x,\ y) : f(x,\ y) \ge c\}$$

의 경계는

$$\partial D = \{(x,\ y) : f(x,\ y) = c\}$$

이다. 따라서 $D = \{(x,\ y) : f(x,\ y) \le c\}$(또는 $D = \{(x,\ y) : f(x,\ y) \ge c\}$)는 닫힌 집합이다.

평면 $\mathbb{R}^2$의 부분집합 D가 원점을 중심으로 하는 원판에 포함되면 D를 **유계**(bounded)라고 한다.

보기 2 (a) 닫힌 원판과 열린 원판은 모두 유계이다.

(b) x축과 y축을 포함하는 1사분면 $D = \{(x, y) : x \geq 0, y \geq 0\}$은 닫혀 있지만 유계는 아니다.

(b) $D = \{(x, y) : x + y < 1\}$은 열려 있고 유계가 아니다. ■

이변수함수의 최대·최소 정리

유계인 닫힌 집합에서 정의된 이변수함수가 연속이면 다음과 같은 이변수함수의 **최대·최소 정리**(minimax theorem)를 갖는다.

> **이변수함수의 최대·최소 정리**
>
> 집합 $D \subset \mathbb{R}^2$가 유계이고 닫혀 있다고 하자. D에서 정의된 이변수함수 $z = f(x, y)$가 연속이면 D에서 f는 최댓값과 최솟값을 갖는다.

D의 내부에서 극값은 임계점에서만 일어난다는 것을 알고 있다. 따라서 최댓값 또는 최솟값은 임계점이나 경계점에서만 일어난다. 그러므로 이변수함수의 최대·최솟값은 다음과 같은 세 단계로 구한다.

> **유계인 닫힌 영역에서 최대·최솟값 구하기**
>
> - f의 임계점을 구하여 각 임계점에서 함숫값을 구한다.
> - D의 경계에서 f의 최댓값과 최솟값을 구한다.
> - 앞의 두 단계에서 구한 함숫값들을 모두 비교한다. 그 중에서 가장 큰 것이 최댓값, 가장 작은 것이 최솟값이다.

4.5.2 치환을 이용한 풀이

제한조건이 $x + y = 1$처럼 등식으로 주어지는 경우 $y = 1 - x$이어야 하므로 제한조건을 만족하는 점들에 대하여는 y라는 변수를 소거할 수 있다. 따라서 제한조건 $x + y = 1$에서 이변수함수 $z = f(x, y)$의 최댓값, 최솟값을 구하는 것은

결국 일변수함수

$$g(x) = f(x,\ 1-x)$$

의 최댓값, 최솟값을 구하는 문제가 된다.

보기 3 어떤 물건을 만드는 데 두 가지의 원자재 A, B가 필요하다고 한다. A의 양이 x 단위, B의 양이 y 단위만큼 있을 때 만들어지는 제품의 양은

$$f(x,\ y) = x^{\frac{3}{4}}y^{\frac{1}{4}}$$

이라고 한다. A와 B의 가격은 단위당 각각 2만 원과 1만 원이라고 한다. 10만 원의 재료비로 만들 수 있는 제품의 최대량을 구하여라.

풀이 이 보기에서 제한조건은 A의 구입비 $2x$와 B의 구입비 y를 합한 것이 10만 원이라는 것이다. 즉,

$$2x + y = 10, \quad x \geq 0, \quad y \geq 0$$

이 제한조건에서 최댓값은

$$g(x) = f(x,\ 10-2x) = x^{\frac{3}{4}}(10-2x)^{\frac{1}{4}}$$

이라 했을 때 g의 최댓값을 $0 \leq x \leq 5$에서 구하면 된다.

$$\begin{aligned} g'(x) &= \frac{3}{4}x^{-\frac{1}{4}}(10-2x)^{\frac{1}{4}} + \frac{1}{4}x^{\frac{3}{4}}(10-2x)^{-\frac{3}{4}}(-2) \\ &= x^{-\frac{1}{4}}(10-2x)^{-\frac{3}{4}}\left[\frac{3}{4}(10-2x) - \frac{1}{2}x\right] \\ &= x^{-\frac{1}{4}}(10-2x)^{-\frac{3}{4}}\left(\frac{15}{2} - 2x\right) \end{aligned}$$

이므로 $x = 15/4$가 유일한 임계점이다. 양 끝점 $x = 0$과 $x = 5$에서 g의 값은 0이므로 g의 최댓값은

$$g\left(\frac{15}{4}\right) = f\left(\frac{15}{4},\ \frac{5}{2}\right) = \left(\frac{15}{4}\right)^{\frac{3}{4}}\left(\frac{5}{2}\right)^{\frac{1}{4}} \fallingdotseq 3.4$$

이다. ■

보기 4 $D = \{(x,\ y) : x^2 + y^2 \leq 9\}$에서 정의된 함수 $z = f(x,\ y) = x^2y + 3y^2$

의 최댓값과 최솟값을 구하여라.

풀이 D는 유계인 닫힌 집합이고 f는 미분가능한 함수이므로 임계점, 즉 $f_x = f_y = 0$인 점 또는 경계점에서 최댓값과 최솟값을 갖는다.

- 주어진 영역의 임계점을 찾는다.

$$f_x(x,\ y) = 2xy = 0, \quad f_y(x,\ y) = x^2 + 6y = 0 \Rightarrow x = 0, \quad y = 0$$

이므로 $(0,\ 0)$은 유일한 임계점이고 $f(0,\ 0) = 0$이다.

- 정의역의 경계인 $x^2 + y^2 = 9$에서 최댓값과 최솟값을 각각 구하여 보자. 경계에서 $x^2 = 9 - y^2$이므로 $-3 \le y \le 3$이고

$$x^2y + 3y^2 = (9 - y^2)y + 3y^2 = -y^3 + 3y^2 + 9y \equiv g(y),$$

이다. 이 식을 y에 대하여 미분하면

$$\frac{dg}{dy} = -3y^2 + 6y + 9 = -3(y-3)(y+1) = 0$$

이다. $y = 3$이면 $x = 0$, $y = -1$이면 $x = \pm 2\sqrt{2}$이다. 이때 함수의 값은 다음과 같다.

$$f(0,\ 3) = 27, \quad f(\pm 2\sqrt{2},\ -1) = -8 + 3 = -5$$

유일한 임계점 $(0,\ 0)$에서 $f(0,\ 0) = 0$이므로 최댓값은 $f(0,\ 3) = 27$, 최솟값은 $f(\pm 2\sqrt{2},\ -1) = -5$이다. ■

보기 5 국제선 항공기의 기내에 반입이 가능한 가방은 둘레(= 2(가로 + 세로))와 높이의 합이 180 cm 이하의 크기이어야 한다. 가방의 부피가 가장 커지는 가방의 치수를 구하여라.

풀이 가방의 가로의 길이를 x, 세로의 길이를 y, 높이를 z라고 하자. 그러면

$$2(x + y) + z = 180$$

일 때 부피

$$V = xyz$$

의 최댓값을 구하여야 한다. 주어진 조건에서 $z = 180 - 2x - 2y$이므로 가방의 부피는

$$V(x,\ y) = xy(180 - 2x - 2y) = 180xy - 2x^2y - 2xy^2$$

이다. 이때 V의 정의역은

$$0 \le x+y \le 90, \quad x \ge 0, \quad y \ge 0$$

이다. 임계점을 구하기 위하여 편미분을 0으로 놓으면 다음과 같다.

$$V_x(x, y) = 180y - 4xy - 2y^2 = 2y(90 - 2x - y) = 0$$

$$V_y(x, y) = 180x - 2x^2 - 4xy = 2x(90 - x - 2y) = 0$$

따라서 내부에서는 (30, 30)이 유일한 임계점이다. 경계에서의 부피는 모두 0이므로

$$V(30, 30) = 30 \cdot 30 \cdot 60 = 54000(\mathrm{cm}^3)$$

이 부피의 최댓값이다. ■

4.5.3 등위선과 최대, 최소

앞 절에서는 제한조건에서 치환을 이용하여 최적화 문제를 해결하였다. 그러나 치환을 이용할 수 있는 경우는 아주 제한되어 있다. 이 절에서는 등위선을 이용하여 최댓값과 최솟값을 구하는 방법을 알아보기로 한다.

보기 6 제한조건이 $x^2 + y^2 = 4$일 때, $f(x, y) = x + y$의 최댓값과 최솟값을 구하여라.

풀이 제한조건은 반지름이 2인 원이다. $f(x, y) = x + y = k$라 하면 k의 최댓값과 최솟값은 직선 $y = -x + k$와 원이 접할 때 얻어진다.

$$x^2 + (-x + k)^2 = 4 \Rightarrow 2x^2 - 2kx + k^2 - 4 = 0$$

이고 판별식은 0이 되므로

$$D = k^2 - 2(k^2 - 4) = 0 \Rightarrow k = \pm 2\sqrt{2}$$

이다. 따라서 최댓값은 $2\sqrt{2}$, 최솟값은 $-2\sqrt{2}$이다. ■

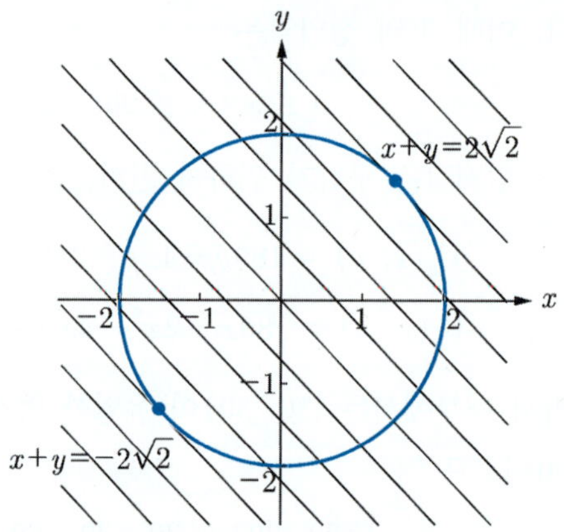

보기 6에서 등위선 $f(x, y) = k$는 기울기가 -1이고 y 절편이 k인 직선이다. 따라서 최댓값과 최솟값은 함수의 등위선과 제한조건의 곡선이 접할 때 얻어진다.

일반적으로 제한조건이 $g(x, y) = k$일 때

$$z = f(x, y)$$

의 극값을 등위도면을 이용하여 구하여 보자. $g(x, y) = k$를 만족하는 (x, y) 중에서 $f(x, y)$의 값이 가장 크거나 가장 작은 점을 찾아야 한다. 다음 그림은 이런 상황의 한 예를 그린 것이다.

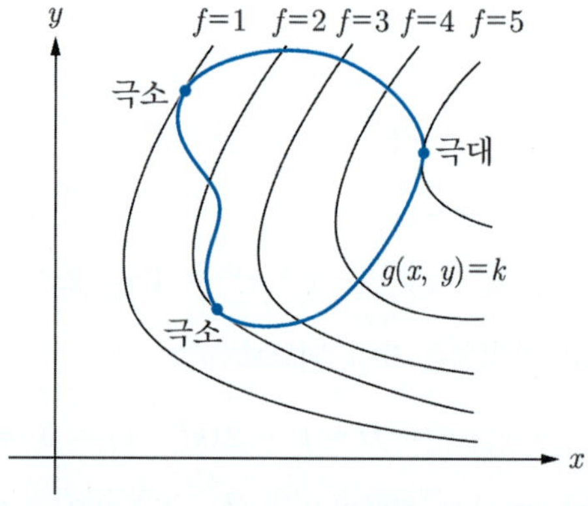

제한조건 $g(x, y) = k$는

$$z = g(x, y)$$

의 k-등위선으로 간주할 수 있다. 따라서 $z = f(x, y)$가 (x_0, y_0)에서 극값 c를 가질 때, 두 등위선

$$g(x,\ y) = k, \quad f(x,\ y) = c$$

는 한 점 $(x_0,\ y_0)$에서 만나야 한다. 즉, 두 등위선이 접해야만 하므로 두 등위선은 접점 $(x_0,\ y_0)$에서 같은 접선을 갖는다. 접선과 기울기벡터는 수직이므로 $(x_0,\ y_0)$에서 두 기울기벡터 $\mathrm{grad} f(x_0,\ y_0)$, $\mathrm{grad} g(x_0,\ y_0)$는 평행하다.

4.5.4 라그랑주 승수법

위의 논의에 따르면 $z = f(x,\ y)$가 $(x_0,\ y_0)$에서 극값을 갖는다면 다음 식이 성립하는 실수 λ가 존재한다.

$$\mathrm{grad} f(x_0,\ y_0) = \lambda \mathrm{grad}\, g(x_0,\ y_0)$$

이러한 논의는 제한조건이 곡면 $g(x,\ y,\ z) = k$로 주어지고 삼변수함수 $u = f(x,\ y,\ z)$의 극값을 구할 때도 적용 가능하다. 즉, f의 극값은 두 곡면

$$g(x,\ y,\ z) = k, \quad f(x,\ y,\ z) = c$$

가 한 점 $(x_0,\ y_0,\ z_0)$에서 접할 때 가능하다. 따라서 $(x_0,\ y_0,\ z_0)$에서 두 기울기벡터[53]는 평행이므로 다음 관계식이 성립하는 실수 λ가 존재한다.

$$\mathrm{grad} f(x_0,\ y_0,\ z_0) = \lambda \mathrm{grad}\, g(x_0,\ y_0,\ z_0)$$

이때 실수 λ를 **라그랑주 승수**(Lagrange multiplier)라 한다.

라그랑주 승수

열린 집합 U에서 정의된 미분가능한 함수 f, g에 대하여 함수 f를

$$\{P \in U : g(P) = k\}$$

에 제한하였을 때 점 P_0가 극점이라고 하자. 그러면 P_0에서 f와 g의 기울기벡터는 평행하다. 즉, $\mathrm{grad}\, g(P_0) \neq \mathbf{0}$이면 다음 식을 만족하는 상수 λ가 존재한다.

53) 삼변수함수 $f(x,\ y,\ z)$의 $(x_0,\ y_0,\ z_0)$의 기울기벡터는 다음과 같이 정의된다.
$\nabla f(x_0,\ y_0,\ z_0) = \mathrm{grad} f(x_0,\ y_0,\ z_0) = (f_x(x_0,\ y_0,\ z_0),\ f_y(x_0,\ y_0,\ z_0),\ f_z(x_0,\ y_0,\ z_0))$

$$\text{grad}\, f(P_0) = \lambda \text{grad}\, g(P_0), \quad g(P_0) = k \tag{4.3}$$

여기서 P, P_0는 f, g가 이변수함수이면 $\mathbb{R}^2$, 삼변수함수이면 $\mathbb{R}^3$의 점을 나타낸다.

제한조건이 일차원에서의 닫힌 선분[54]이나 이차원에서의 닫힌 원판처럼 유계이고 닫혀 있으면 주어진 조건에서 최댓값과 최솟값이 항상 존재한다. 따라서 이 경우는 식 (4.3)을 만족하는 점 중에서 가장 큰 함숫값이 최댓값, 가장 작은 값이 최솟값이다.

보기 7 타원 $x^2/4+y^2=1$에서 $f(x, y)=x^2+y^2$의 최댓값과 최솟값을 구하여라.

풀이

$$g(x, y) = \frac{x^2}{4} + y^2 = 1 \tag{4.4}$$

에서 라그랑주 승수법을 사용하여 최대, 최소를 구하여 보자.

$$\text{grad}\, f(x, y) = (2x, 2y), \quad \text{grad}\, g(x, y) = \left(\frac{x}{2}, 2y\right)$$

이므로 $\text{grad}\, f(x, y) = \lambda \text{grad}\, g(x, y)$로부터

$$2x = \lambda \frac{x}{2}, \quad 2y = \lambda(2y) \tag{4.5}$$

를 얻는다. 식 (4.5)의 첫 번째 식에서

$$x = 0 \text{ 또는 } \lambda = 4$$

이다.

i. $x=0$이면 제한조건 식 (4.4)에서 $y = \pm 1$이다.

ii. $\lambda = 4$이면 식 (4.5)의 두 번째 식에서 $y=0$이다. 따라서 식 (4.4)에서 $x = \pm 2$이다.

따라서 가능한 극값은

$$(0, 1), \quad (0, -1), \quad (2, 0), \quad (-2, 0)$$

에서 얻어진다.

$$f(0, 1) = 1, \quad f(0, -1) = 1, \quad f(2, 0) = 4, \quad f(-2, 0) = 4$$

54) 양 끝점을 포함하는 선분

이므로 타원 $x^2/4+y^2=1$에서 $f(x, y)=x^2+y^2$의 최댓값은 $f(\pm 2, 0)=4$, 최솟값은 $f(0, \pm 1)=1$이다.

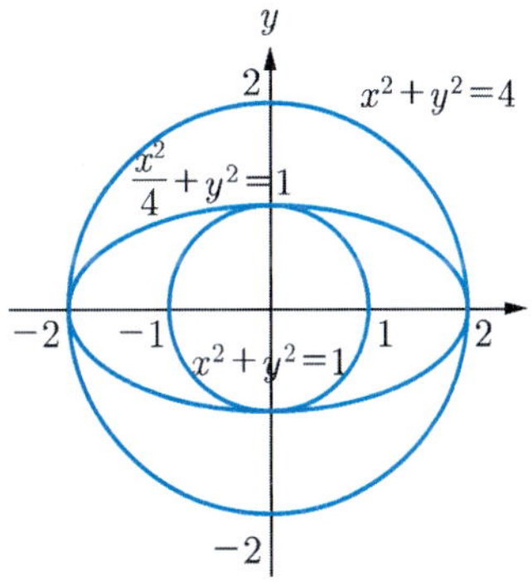

■

보기 8 타원판 $x^2/4+y^2 \le 1$에서 $f(x, y)=x^2+y^2$의 최댓값과 최솟값을 구하여라.

풀이 $f_x(x, y)=2x$, $f_y(x, y)=2y$이므로 제한조건에서 유일한 임계점 $(0, 0)$를 갖는다. **보기 2**에서 얻은 함숫값들과 임계점에서의 함숫값을 비교하면

$$f(0, 0)=0, \quad f(0, \pm 1)=1, \quad f(\pm 2, 0)=4$$

이므로 최댓값은 $f(\pm 2, 0)=4$, 최솟값은 $f(0, 0)=0$이다. ■

보기 9 반지름이 1인 구에 내접하는 직육면체 중에서 그 표면적이 최대가 되는 것을 구하여라.[55)]

풀이 직육면체의 가로, 세로, 높이를 각각 $2x$, $2y$, $2z$라고 하자. 그러면 표면적은

$$f(x, y, z)=8(xy+yz+zx)$$

이고, (x, y, z)는 반지름이 1인 구 위의 점이다. 따라서 제한조건

$$g(x, y, z)=x^2+y^2+z^2-1=0, \quad x \ge 0, \quad y \ge 0, \quad z \ge 0$$

에서

$$f(x, y, z)=8(xy+yz+zx)$$

55) 신체의 많은 기관들은 이런 방법으로 만들어져 있다. 즉, 좁은 신체 내부에서 가장 넓은 단면적을 갖도록 만들어져 있는데, 호흡기관인 폐의 폐포가 그렇고 소화 기관인 작은 창자도 표면적이 가능한 한 넓도록 만들어져 있다.

의 최댓값을 구하여야 한다.

$$\text{grad} f = 8(y+z,\ z+x,\ x+y), \quad \text{grad}\, g = 2(x,\ y,\ z)$$

이므로

$$8(y+z) = 2\lambda x$$
$$8(z+x) = 2\lambda y$$
$$8(x+y) = 2\lambda z$$

이다. 각 변을 모두 더하면

$$8(x+y+z) = \lambda(x+y+z)$$

이고 $x+y+z \neq 0$이므로 $\lambda = 8$이다. 따라서

$$x = y = z = \frac{1}{\sqrt{3}}$$

이고 구하는 직육면체는 정육면체이며 이때 표면적의 넓이는 8이다. ■

점과 곡선 사이의 거리

좌표평면의 한 점 $(a,\ b)$에서 곡선

$$C : g(x,\ y) = k$$

까지의 거리를 구하여 보자. 한 점과 곡선(곡면) 사이의 거리는 그 점과 곡선(곡면) 위의 가장 가까운 점 사이의 거리로 정의한다. 곡선 위의 점 $(x,\ y)$와 $(a,\ b)$ 사이의 거리는

$$\sqrt{(x-a)^2+(y-b)^2}$$

이므로 제한조건 $g(x,\ y) = k$에서 $\sqrt{(x-a)^2+(y-b)^2}$을 최소화하는 점 $(x,\ y)$를 찾아야 한다. 그러나 $\sqrt{(x-a)^2+(y-b)^2}$과 $(x-a)^2+(y-b)^2$은 같은 최소점을 가지므로 $g(x,\ y) = k$에서

$$f(x,\ y) = (x-a)^2+(y-b)^2$$

을 최소화하면 된다. 같은 방법으로 공간의 한 점 $(a,\ b,\ c)$에서 곡면

$$S : g(x,\ y,\ z) = k$$

까지의 거리는 제한조건 $g(x,\ y,\ z) = k$에서 $f(x,\ y,\ z) = (x-a)^2+(y-b)^2+$

$(z-c)^2$을 최소화하면 구할 수 있다. 물론 두 경우 모두 거리는 $\sqrt{f}$로 주어진다.

보기 10 라그랑주 승수법을 이용하여 평면의 점 (x_0, y_0)와 직선 $ax+by+c=0$ 사이의 거리를 구하여라.

풀이 제한조건

$$g(x, y) = ax+by+c = 0$$

를 만족하는 점 (x, y)에서 함수 $f(x, y) = (x-x_0)^2+(y-y_0)^2$이 극값을 갖는다면

$$\text{grad}\, f(x, y) = \lambda \text{grad}\, g(x, y) \Rightarrow (2(x-x_0), 2(y-y_0)) = \lambda(a, b)$$

를 만족하는 실수 λ가 존재한다. 따라서

$$x-x_0 = \frac{a\lambda}{2}, \quad y-y_0 = \frac{b\lambda}{2}$$

이고, 이 관계식을 제한주건 $ax+by+c=0$에 대입하면

$$\frac{a^2\lambda}{2}+\frac{b^2\lambda}{2}+ax_0+by_0+c=0$$

이므로

$$\lambda = -\frac{2(ax_0+by_0+c)}{a^2+b^2}$$

이다. 따라서

$$x-x_0 = -a\frac{ax_0+by_0+c}{a^2+b^2}, \quad y-y_0 = -b\frac{ax_0+by_0+c}{a^2+b^2}$$

일 때

$$\begin{aligned} f(x, y) &= a^2\left(\frac{ax_0+by_0+c}{a^2+b^2}\right)^2+b^2\left(\frac{ax_0+by_0+c}{a^2+b^2}\right)^2 \\ &= \frac{(ax_0+by_0+c)^2}{a^2+b^2} \end{aligned}$$

이다. 이 유일한 극값이 f의 최솟값이 된다.[56] 따라서 (x_0, y_0)와 직선 $ax+by+c=0$ 사이의 거리는

$$d = \frac{|ax_0+by_0+c|}{\sqrt{a^2+b^2}}$$

이다. ■

56) 왜 그럴까?

평면의 한 점에서 직선까지의 거리를 구하는 방법은 공간의 한 점에서 평면까지의 거리를 구하는 데에도 똑같이 적용할 수 있으며 그 거리는 다음과 같이 주어진다.

공간의 한 점에서 평면까지의 거리

한 점 (x_0, y_0, z_0)에서 평면 $ax+by+cz+d=0$까지의 거리는 다음과 같이 주어진다.

$$d = \frac{|ax_0+by_0+cz_0+d|}{\sqrt{a^2+b^2+c^2}}$$

연습문제 4.5

01 다음 함수가 최댓값과 최솟값을 가지는지 확인하여라. 최댓값 또는 최솟값을 가지지 않는 경우 왜 최대·최소 정리와 모순되지 않는지 설명하여라.

(a) $f(x, y) = x^2y^2$, $D=$평면 전체

(b) $f(x, y) = \dfrac{1}{x^2+y^2}$, $D = \{(x, y) \mid 0 < x^2+y^2 \leq 1\}$

(c) $f(x, y) = x^2+6x\cos y$, $D = \{x^2+y^2 \leq 1\}$

(d) $f(x, y) = \sin x \cos y$, $D=$평면 전체

(e) $f(x, y) = \begin{cases} x^2+y^2 & (x, y) \neq 0 \\ 1 & (x, y) = 0 \end{cases}$, $D = \{x^2+y^2 \leq 1\}$

02 영역 D에서 함수 f의 최댓값과 최솟값을 구하여라.

(a) $f(x, y) = 1+4x-5y$, $D = (0, 0), (2, 0), (0, 3)$를 잇는 삼각형

(b) $f(x, y) = x^2+y^2+x^2y+4$, $D = \{(x, y) \mid |x| \leq 1, |y| \leq 1\}$

(c) $f(x, y) = x^4+y^4-4xy+2$, $D = \{(x, y) \mid 0 \leq x \leq 3, 0 \leq y \leq 2\}$

(d) $f(x, y) = 2x^3+y^4$, $D = \{(x, y) \mid x^2+y^2 \leq 1\}$

(e) $f(x, y) = xy^2$, $D = \{(x, y) \mid x \geq 0, y \geq 0, x^2+y^2 \leq 3\}$

03 곡면 $z^2 = xy + 1$ 위의 점 중 원점과 가장 가까운 점을 모두 구하여라.

04 합이 100이고, 곱이 최대가 되는 세 양수를 구하여라.

05 다음 타원면 안에 내접하는 직육면체 중 부피가 가장 큰 것의 부피를 구하여라.

$$4x^2 + y^2 + z^2 = 4$$

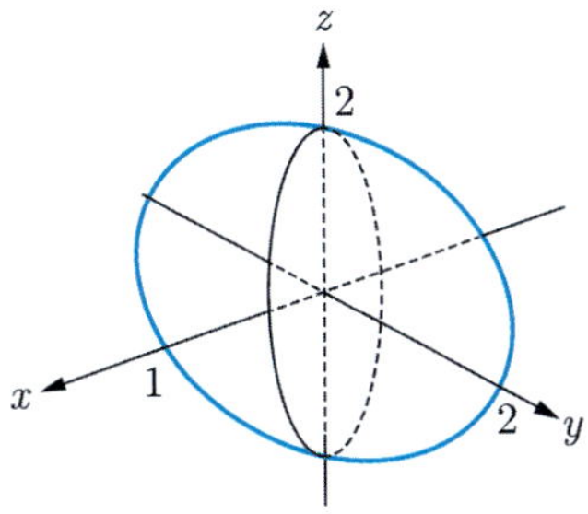

06 제품의 판매량은 제품의 가격에 의해 결정되는 함수이다. 두 제품 A, B에 대해 각각의 판매량을 q_1, q_2, 각각의 가격을 p_1, p_2로 나타낼 때 판매량이 다음의 함수로 주어진다고 하자.

$$q_1 = 150 - 2p_1 - p_2, \quad q_2 = 200 - p_1 - 3p_2$$

(a) p_1, p_2의 계수가 음수라는 것이 어떤 의미를 가지는가? 이러한 관계를 가지는 두 상품의 예를 들어보아라.

(b) 만약 한 생산자가 이 제품을 모두 판매한다면, 판매액이 최대가 되도록 하려면 두 제품의 가격을 어떻게 책정해야 하는가? 이때 최대 판매액은 얼마인가?

07 뚜껑이 있는 직육면체 모양 상자의 부피가 $32\,\text{cm}^3$이다. 이때 겉넓이가 최솟값이 되는 직육면체를 구하여라.

08 인간의 혈액형은 세 개의 대립형질 A, B, O에 의하여 결정된다. 대립형질 A, B, O가 전체에서 차지하는 비율이 각각 p, q, r이라고 할 때, 이형접합자인 유전자형 AO, BO, AB가 차지하는 비율은

$$P = 2pq + 2qr + 2rp$$

이다.[57] 유전자형이 이형접합자인 사람은 전체의 2/3를 넘을 수 없음을 보여라.

57) 하디–바인베르크 법칙이라고 한다. 2권 참고

09 라그랑주 승수법을 이용해서 주어진 영역에서 함수 f의 최대, 최솟값을 구하여라.

(a) $f(x,\ y) = x + y,\ x^2 + y^2 = 1$

(b) $f(x,\ y) = xy,\ 4x^2 + y^2 = 8$

(c) $f(x,\ y) = x^2 y,\ x^2 + 2y^2 = 6$

(d) $f(x,\ y,\ z) = x^2 - 2y^2 + 2z^2,\ x^2 + y^2 + z^2 = 1$

(e) $f(x,\ y,\ z) = x^2 + y^2 + z^2,\ x^4 + y^4 + z^4 = 1$

(f) $f(x,\ y,\ z) = xyz,\ x^2 + 2y^2 + 3z^2 = 6$

10 앞 절의 내용과 라그랑주 승수법을 이용해서 주어진 영역에서 함수 f의 최대, 최솟값을 구하여라.

(a) $f(x,\ y) = x^2 + 2y^2,\ x^2 + y^2 \le 4$

(b) $f(x,\ y) = xy,\ x^2 + 2y^2 \le 1$

(c) $f(x,\ y) = x^3 + y,\ x + y \ge 1$

(d) $f(x,\ y) = e^{-xy},\ x^2 + 4y^2 \le 1$

11 원료를 가공해서 만들어지는 제품의 양은 일반적으로 원료의 양에 대한 함수이다. 두 가지 원료로 만들어지는 제품에 대한 원료의 양과 제품의 양에 대한 이론적 모델로 다음과 같은 Cobb- Douglas **함수**가 있다.

$$Q = cx^a y^b \ (a,\ b,\ c\text{는 양의 상수},\ a + b = 1)$$

이때 x는 원료 1의 양, y는 원료 2의 양, Q는 제품의 생산량이다. 원료 1의 가격은 단위당 P_1원이고, 원료 2의 가격은 단위당 P_2원이라 하자. 원료의 총 가격이 T원 이하일 때, 제품 생산량의 최댓값을 구하여라.

12 **문제 11**의 상황에서, 독립변수를 원료의 양에서 노동자의 수와 생산 설비의 양으로 바꾸어 생각할 수도 있다. 예를 들면 다음과 같은 생산량의 함수를 얻을 수 있다.

$$Q = 6W^{3/4} I^{1/4}$$

이때 W는 노동자의 수, I는 설비의 양이다. 노동자 1인당 임금이 10이고, 설비 1개당 유지비가 20이라 하자. 그리고 3000의 자금이 있다 하자.

(a) 최적화된(즉, 가장 생산량을 늘릴 수 있는) 노동자의 수와 설비의 양은 얼마인가?

(b) 자금이 1늘면 생산량은 라그랑주 승수 λ만큼 늘어남을 보여라.

13 라그랑주 승수법을 이용해서 둘레의 길이가 일정한 직사각형 중 넓이가 가장 큰 것은 정사각형임을 보여라.

14 라그랑주 승수법을 이용해서 표면적의 넓이가 일정한 직육면체 중에서 부피가 가장 큰 것은 정육면체임을 보여라.

15 라그랑주 승수법을 이용해서 원점과 평면 $x-y+2z=3$ 사이의 거리를 구하여라.

16 타원

$$\frac{x^2}{4}+y^2=1$$

에서 함수 $f(x, y)=xy$의 최댓값과 최솟값을 구하여라.

17 단위원 $x^2+y^2=1$ 위에서 이차함수 $f(x, y)=4x^2-4xy+y^2$의 최댓값을 라그랑주 승수를 이용하여 구하여라.

CHAPTER

5

미분방정식

5.1 미분방정식

5.1.1 수학적 모형화

1798년 영국의 경제학자 **맬서스**[58]는 세계인구증가 모형에 대한 논문을 발표하였다.[59] 이 논문에서 맬서스는 세계인구는 기하급수적으로 증가하는 반면 식량은 단지 산술적으로 증가한다고 주장하였다. 따라서 전쟁이나 질병에 의한 인구감소가 생기지 않는다면 결국 인류는 대량 기아에 직면할 것이라고 결론을 내렸다. 이것은 인구증가에 대하여 제시된 최초의 수학적 모형으로 많은 논란의 대상이 되었다.

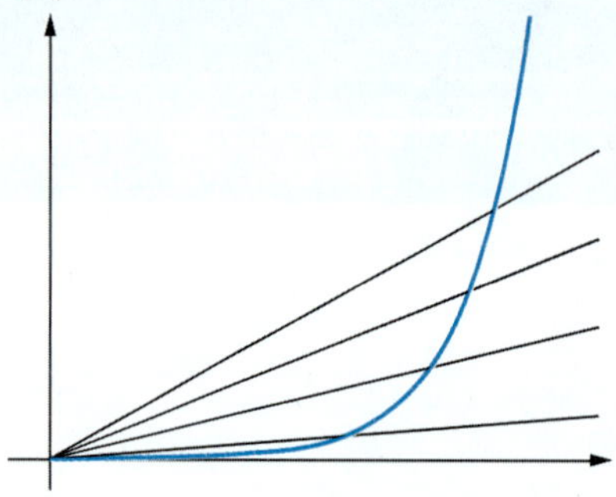

맬서스는 인구증가율이 항상 현재의 인구에 비례한다는 가설을 제시하였다. $P(t)$를 시각 t에서의 인구라고 하면 $\dfrac{dP}{dt}$는 그 순간의 인구증가율이 된다. 맬서스의 가설에 의하면 $\dfrac{dP}{dt}$는 $P(t)$에 비례하므로 다음과 같은 관계식이 성립한다.

$$\frac{dP}{dt} = kP$$

이러한 인구모형을 **맬서스의 인구모형**, **자연성장모형**(natural growth model), 또는 **지수성장모형**(exponential growth model)이라 하고, 양의 실수 k를 **비례상수**라고 한다. 맬서스는 비례상수 k의 값으로 0.03을 제안하였는데 이는 당시의 연 인구증가율이 인구의 3%라는 사실에 근거한 것이었다. 1800년 당시 세계인구는 9억

58) **Malthus, Thomas Robert**(1766-1834), 영국의 경제학자이자 성직자.
59) 논문 제목은 "An essay on the Principles of Population (Growth) as It Affects the Future Improvement of Society"이다.

명이었으므로 1800년을 시간상 원점 $t=0$으로 두면 맬서스의 인구모형은 다음과 같이 표현된다.

$$\frac{dP}{dt}=0.03P, \quad P(0)=9\,(\text{억 명}) \tag{5.1}$$

이와 같이 도함수가 포함된 방정식을 **미분방정식**(differential equation)이라 하는데 이는 다음 절에서 정의하기로 한다. $P(t)=9e^{0.03t}$라 하면

$$P'(t)=9\cdot 0.03e^{0.03t}=0.03(9e^{0.03t})=0.03P(t), \quad P(0)=9$$

이므로 $P(t)=9e^{0.03t}$은 식 (5.1)의 조건을 모두 만족한다.

그렇다면 맬서스의 인구모형은 얼마나 유용한가? 즉 맬서스의 인구모형은 얼마나 정확하게 미래인구를 예측하는가? 다음 표는 1800년을 기점으로 맬서스 모형에 의한 인구예측과 실제 세계인구를 10년 단위로 기록한 것이다.

맬서스 모형과 세계인구 비교

년도	t	맬서스 모형	세계인구	년도	t	맬서스 모형	세계인구
1800	0	9	9	1910	110	244.2	18
1810	10	12.1	9	1920	120	329.8	18
1820	20	16.4	10	1930	130	445.2	21
1830	30	22.1	10	1940	140	601.0	21
1840	40	29.9	11	1950	150	811.3	27
1850	50	40.3	12	1960	160	1095.3	30
1860	60	54.5	13	1970	170	1478.7	35
1870	70	73.5	14	1980	180	1996.2	42
1880	80	99.3	14	1990	190	2694.9	51
1890	90	134.0	16	2000	200	3638.1	60
1900	100	180.9	16	2010	210	4901.1	69

맬서스의 인구모형은 10년 후부터 실제인구보다 훨씬 큰 값을 보여준다. 200년 후인 2000년도에는 실제인구의 약 60배가 넘는 인구를 예측하고 있다. 이러한 오차는 인구에 영향을 미치는 많은 요인들(예를 들어 전쟁, 질병, 식량문제, 인구정책 등)을 고려하지 않고 인구를 모형화한 데에서 기인한다.

맬서스 모형과 같이 현실세계의 현상을 수학적으로 수치화하는 것은 미래에 대한 예측을 하기 위함이라 할 수 있다. 이렇게 어떤 현상이나 상황에서 유익한 정보를 얻기 위하여 현상이나 상황을 수학적으로 기술하는 것을 **수학적 모형화**(mathematical modeling)라 한다. 수학적 모형은 다음과 같은 단계를 거쳐 만들어진

다.

- 현상을 설명하는 데에 필요한 변수를 선택한다.
- 관찰을 통하여 필요한 가정 또는 가설을 세운다.
- 변수 사이의 관계식을 수립한다.
- 수학적 기법을 통하여 관계식을 분석하여 해를 구한다.
- 알려진 사실 또는 실험결과와 비교하여 그 해를 검증한다.

수학적 모형을 수립할 때, 우리는 다음과 같은 상반되는 두 가지 요구사항을 염두에 두어야 한다.

- 실제 현상을 충분히 설명할 수 있도록 가능한 한 정확한 모형을 만들 것
- 수학적인 분석이 가능하도록 가능한 한 간단한 모형을 만들 것

만약 모형이 실제현상을 충분히 설명할 수 있을 정도로 정교하다면 수학적인 분석이 너무 어렵거나 심지어는 불가능해질 수도 있다. 반면 수학적 모형이 너무 단순화되면 수학적 분석은 용이하지만 결과가 너무 부정확하여 쓸모없는 모형이 될 수 있다. 그러므로 이 두 가지의 상반되는 요구를 적절히 절충하는 것이 수학적 모형화에 있어서 중요한 과제가 된다.

수학적 모형화는 수학적으로 분석이 가능한 단순한 모형에서 항상 출발한다(아무리 현상을 잘 표현하는 모형이라도 수학적으로 분석이 가능하지 않다면 무엇을 할 수 있겠는가?). 우선 원하는 정확도를 정하면 현상을 설명하는 중요한 변수를 선택하고 그 변수로 표현되는 단순한 모형을 만든다. 그 결과가 만족할 만한 정확성을 주지 않는다면 새로운 변수를 추가하거나 가정을 변화시킨다. 이런 과정이 반복되면서 원하는 정확도를 갖는 수학적 모형을 구할 수 있다.

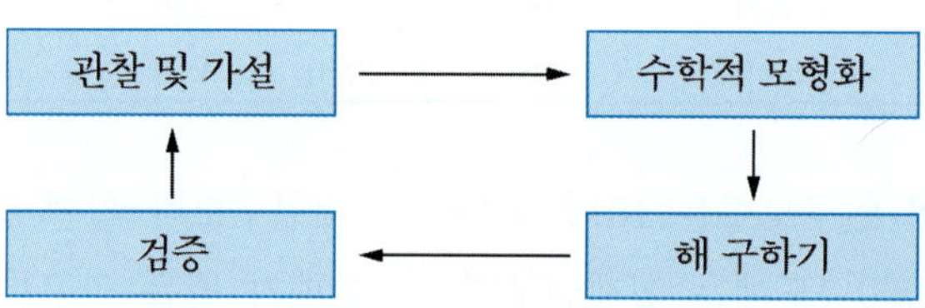

자연과학이나 공학 등에서의 관심은 변화하는 사물의 성질을 규명하는 것이라고 할 수 있다. 수학적으로 변화율은 도함수로 표현할 수 있으므로 그러한 성질들은 미분방정식의 형태로 쓰일 수 있다. 즉, 많은 경우 수학적 모형화는 미분방정식 또는 연립미분방정식의 형태를 갖게 된다.

맬서스 모형의 경우 인구증가율은 항상 현재의 인구에 비례한다는 가설을 세

웠다. 따라서 인구 P와 시점 t라는 변수를 정의하고 이 가설 아래 미분방정식 (5.1)을 세워 그 해를 지수함수꼴로 찾아내었다.

변수 t: 시점(독립변수)
변수 P: 인구(종속변수)
가설 $P' = kP$: 인구증가율은 인구에 비례한다

수학적 모형에서 결과를 얻으면 그 결과가 타당한가에 대한 검증이 있어야 한다. 검증은 결과가 실험데이터나 이미 알려진 사실들을 얼마나 정확하게 예측하는지를 확인하는 것으로 이루어진다. 맬서스 모형의 경우 위의 표에서 보았듯이 지난 2세기 동안의 인구를 정확히 예측하지 못하고 있다.

맬서스 모형은 이상적인 조건이 성립하면 인구모형(예를 들어, 먹이와 공간이 충분할 때의 박테리아 등)으로 적합하지만 일반적인 인구모형으로는 적합하지 않다. 일반적으로 인구가 적은 초창기에는 인구가 지수성장을 하다가, 인구가 어느 한계에 도달하거나 한계를 넘어서면 인구증가율은 감소하거나 심지어는 인구가 줄어드는 현상을 보이기도 한다.

5.1.2 미분방정식

미분방정식(differential equation)이란 도함수를 포함하는 방정식을 뜻한다. 미분방정식에 포함된 최고계수를 미분방정식의 **계수**(order)라고 한다. **일계미분방정식**(first order differential equation)은 일반적으로 다음과 같이 쓸 수 있다.[60)]

$$\frac{dy}{dt} = f(t, y), \quad \text{또는} \quad y' = f(t, y) \tag{5.2}$$

실수의 구간 I에서 정의된 함수 $y(t)$가 미분방정식 (5.2)를 만족할 때, 다시 말해서 $y(t)$를 식 (5.2)에 대입해서 등식이 성립하면 $y(t)$를 구간 I에서 식 (5.2)의 **해**(solution)라 한다.

60) 가장 일반적인 일계미분방정식은 다음과 같이 음함수 형태로 쓰인다.
$$F(t, y, y') = 0$$
모든 일계미분방정식을 식 (5.2) 형태로 바꿀 수 있는 것은 아니지만(예를 들어 $yy' + \sin(y^2 + y') = 0$), 이 교재에서는 식 (5.2) 형태의 미분방정식만을 다루기로 한다.

미분방정식의 해

실수의 구간 I에서 정의된 함수 $y = y(t)$가 미분방정식

$$\frac{dy}{dt} = f(t,\ y) \quad \text{또는} \quad y'(t) = f(t,\ y(t))$$

를 만족하면 $y(t)$를 구간 I에서 식 (5.2)의 해라 한다.

가장 간단한 꼴의 미분방정식은 f가 y에 독립인 경우, 즉

$$\frac{dy}{dt} = f(t)$$

꼴이다. 이때 $f(t)$의 미분방정식을 푸는 것은 부정적분을 구하는 것이다.

$$y = \int f(t)dt$$

보기 1 **(자유낙하 물체의 속도와 가속도)** 높이 y_0인 지점에서 자유낙하하는 물체를 생각해 보자. t초 후 물체의 높이를 y(단위: m), 속도를 v(단위: m/sec)라 하자. $t = 0$에서 위치는 y_0이고 속도는 위치의 순간 변화율로 표현되므로 다음과 같은 관계식이 성립한다.

$$v = \frac{dy}{dt}, \quad y(0) = y_0 \tag{5.3}$$

한편 자유낙하하는 물체의 초기속도는 0이고 가속도는 중력가속도이므로

$$\frac{dv}{dt} = -g, \quad v(0) = 0 \tag{5.4}$$

이다.[61] 여기서 g는 중력가속도로 약 9.8(m/sec^2)이다. 식 (5.4)의 양변을 적분하면 다음과 같다.

$$v(t) = -gt + C$$

이 식에 조건 $v(0) = 0$을 대입하면 $C = 0$이므로

$$v = v(t) = -gt$$

를 얻는다. 이 함수를 미분방정식 (5.3)의 첫 번째 식에 대입하여 다시 적

61) 지표를 기준으로 지표 위를 +, 지표 아래를 −로 나타낸다. 따라서 지구쪽으로 향하는 가속도는 음의 부호를 갖는다.

분하면

$$y(t) = -\frac{g}{2}t^2 + C$$

이다. $t = 0$일 때 $y = y_0$이므로 $C = y_0$이다. 따라서

$$y(t) = -\frac{g}{2}t^2 + y_0$$

이다. 그러므로 자유낙하하는 물체의 속도와 위치는 중력가속도를 이용하여 나타낼 수 있다. ■

NOTE 식 (5.3)과 식 (5.4)를 다음과 같이 하나의 이계미분방정식(초깃값문제)으로 쓸 수 있다.

$$y''(t) = -g, \quad y(0) = y_0, \quad y'(0)(=v(0)) = 0$$

이계미분방정식에 대해서는 6절에서 다루기로 한다.

보기 1과 같이 많은 수학적 모형에서는 미분방정식 $y' = f(t, y)$의 해 중에서 주어진 시간 $t = t_0$에서 $y = y_0$ 값을 갖는 해를 찾고자 한다. 이때 두 개의 조건

$$y' = f(t, y), \quad y(t_0) = y_0$$

를 갖는 문제를 **초깃값문제**(initial value problem)라 한다. 초깃값문제의 해곡선은 점 (t_0, y_0)를 지난다.

초깃값문제

두 개의 조건

$$y' = f(t, y), \quad y(t_0) = y_0$$

를 만족하는 함수를 찾는 문제를 초깃값문제라 한다.

예를 들어, $y(t) = t^3 + 2$는 초깃값문제

$$y' = 3t^2, \quad y(0) = 2$$

의 해이다. $y(t) = t^3 + 2$의 그래프는 점 $(0, 2)$를 지난다.

보기 2 $y=e^{-t}$는 다음 초깃값문제의 유일한 해임을 증명하여라.

$$y' = -y, \quad y(0) = 1 \tag{5.5}$$

풀이 $(e^{-t})' = -e^{-t}$, $e^0 = 1$이므로 $y=e^{-t}$는 초깃값문제 (5.5)의 해이다. 이제 $y = f(t)$가 (5.5)의 해라 하자.

$$g(t) = f(t)/e^{-t} = e^t f(t)$$

라 하면

$$g'(t) = (e^t f(t))' = e^t f(t) + e^t f'(t) = e^t (f(t) + f'(t)) = 0$$

이다. 따라서

$$g(t) = C, \quad 즉 \quad f(t) = Ce^{-t}$$

이다. $f(t)$는 (5.5)의 초기조건을 만족하므로

$$f(0) = Ce^0 = 1$$

이다. 즉,

$$f(t) = e^{-t}$$

이다. 그러므로 e^{-t}는 초깃값문제 (5.5)의 유일한 해이다. ■

5.1.3 변수분리법

일계미분방정식

$$\frac{dy}{dt} = f(t, y) \tag{5.6}$$

에서 $f(t, y)$를 t만의 함수와 y만의 함수의 곱으로 쓸 수 있으면 **변수분리가능**(separable)하다고 한다. 이때 식 (5.6)을 **변수분리방정식**(separable equation)이라 한다.

변수분리방정식

$$\frac{dy}{dt} = f(t, y) = g(t)\varphi(y) = \frac{g(t)}{h(y)} \tag{5.7}$$

와 같은 꼴로 쓸 수 있는 일계미분방정식을 변수분리방정식이라 한다.

보기 3 다음 미분방정식 (a)~(d)는 변수분리가능이다. 그러나 미분방정식 (e)는 변수분리가 가능하지 않다.

(a) $\frac{dy}{dt} = -y \qquad \Rightarrow \frac{dy}{dt} = -1 \cdot y$

(b) $\frac{dy}{dt} = 4t\sqrt{y} \qquad \Rightarrow \frac{dy}{dt} = 4t \cdot \sqrt{y}$

(c) $\frac{dy}{dt} = -\frac{y^2}{t^2} + \frac{1}{t^2} \Rightarrow \frac{dy}{dt} = -\frac{1}{t^2} \cdot (1-y^2)$

(d) $\frac{dy}{dt} = -\frac{t}{y} \qquad \Rightarrow \frac{dy}{dt} = -t \cdot \frac{1}{y}$

(e) $\frac{dy}{dt} = t + y$: 변수분리가 가능하지 않음 ■

미분방정식 (5.7)에서

$$\varphi(c) = 0$$

이 되는 상수 c가 존재하면 $y \equiv c$는 식 (5.7)의 해이다. 이런 상수해를 **평형해**(equilibrium solution)라 한다. 평형해는 미분방정식을 분석하는 데 중요한 역할을 하며 미분방정식 (5.7)의 **임계점**(critical point)이라고 부르기도 한다. **보기 3**에서 (a)~(b)는 평형해 $y \equiv 0$을 갖는다. 반면 (c)는 두 개의 평형해 $y \equiv 1$, $y \equiv -1$을 갖는다.

변수분리방정식 (5.7)의 양변에 $h(y)$를 곱하면

$$h(y)\frac{dy}{dt} = g(t)$$

이다. 양변을 t에 대하여 적분하면

$$\int h(y(t))\frac{dy}{dt}\,dt = \int g(t)\,dt$$

이므로 변수분리방정식 (5.7)은 다음 방정식과 동치이다.

$$\int h(y)dy = \int g(t)\,dt \tag{5.8}$$

이런 의미에서 방정식 (5.7)을 다음과 같이 나타내고 변수분리하여 썼다고 한다.

$$h(y)dy = g(t)dt$$

식 (5.7)의 해를 구하기 위해서는 다음 부정적분

$$H(y) = \int h(y)\,dy, \quad G(t) = \int g(t)\,dt$$

를 구하여야 한다. 이렇게 변수분리방정식을 푸는 것을 **변수분리법**(separation of variable)이라 한다.

보기 4 다음 미분방정식을 풀어라.

$$\frac{dy}{dt} = -\frac{y^2}{t^2} \tag{5.9}$$

풀이 우선 $y \equiv 0$은 식 (5.9)를 만족하므로 평형해이다. $y \neq 0$일 때 변수를 분리하여 쓰면

$$-\frac{dy}{y^2} = \frac{dt}{t^2}$$

이다. 양변을 적분하면

$$-\int \frac{dy}{y^2} = \int \frac{dt}{t^2}$$

이고

$$\frac{1}{y} = -\frac{1}{t} + C = \frac{Ct-1}{t}$$

이다. y에 대하여 정리하면 다음 식을 얻는다.

$$y = y(t) = \frac{t}{Ct-1}$$

다음 그림은 C의 여러 값들에 대하여 해곡선을 그린 것이다. $C \neq 0$이면 해곡선은 수직점근선 $t = 1/C$과 수평점근선 $y = 1/C$을 갖는 쌍곡선이다.

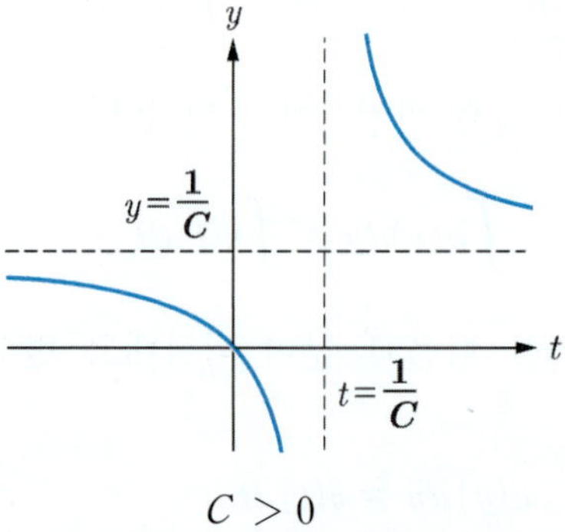

$C > 0$

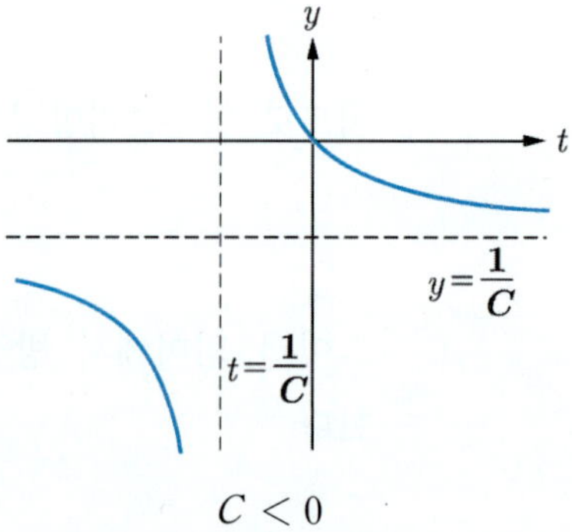

$C < 0$

$C = 0$이면 해곡선은 직선 $y = -t$로 전혀 다른 형태를 갖는다. ■

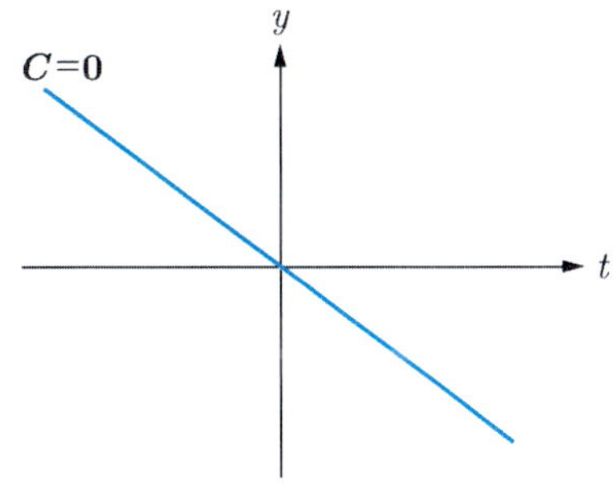

초깃값문제

$$\frac{dy}{dt} = -\frac{y^2}{t^2}, \quad y(1) = 1$$

의 해는

$$y(1) = \frac{1}{C-1} = 1$$

을 만족해야 하므로 $C = 2$이다. 따라서 해는

$$y = y(t) = \frac{t}{2t-1}$$

이다. 반면 어떤 C 값에 대해서도 $y(0) = 0$이므로 다음 초깃값문제

$$\frac{dy}{dt} = \frac{y^2}{t^2}, \quad y(0) = 1$$

의 해는 존재하지 않는다.

음함수 해

식 (5.8)을 미분방정식 (5.7)의 **음함수 해**(implicit solution)라 한다. 일반적으로 미분방정식

$$\frac{dy}{dt} = f(t, y)$$

의 해 $y = y(t)$가 방정식 $K(t, y) = 0$을 만족시키면 $K(t, y) = 0$을 이 미분방정식의 **음함수 해**(implicit solution)라 한다.

보기 5 미분방정식

$$\frac{dy}{dt} = -\frac{t}{y}$$

를 변수분리하여 쓰면

$$y\,dy = -t\,dt$$

이다. 양변을 적분하면 다음과 같은 음함수 해를 얻는다.

$$\frac{y^2}{2} = -\frac{t^2}{2} + C \Rightarrow t^2 + y^2 = r^2$$

여기서 $r^2 = 2C$이다. 즉, 미분방정식의 해곡선은 원점이 중심인 원으로 나타난다. ■

보기 5의 음함수 해는 다음과 같이 두 개의 양함수 꼴로 쓸 수 있다.

$$h_1(t) = \sqrt{r^2 - t^2}, \quad h_2(t) = -\sqrt{r^2 - t^2}$$

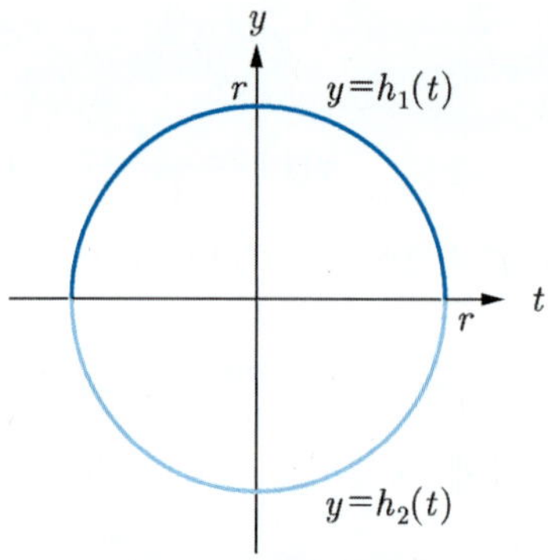

초기조건 $y(0) = 1$이 주어지면 $r = 1$이고 구하는 해곡선은 단위원

$$t^2 + y^2 = 1$$

이다. 양함수 해로 썼을 때는

$$h_1(t) = \sqrt{1 - t^2}$$

만이 초깃값문제의 해이다. 즉, 미분방정식의 음함수 해를 양함수로 고쳐 쓰면 어떤 것은 초기조건을 만족하지 않을 수도 있다.

일반적으로 변수분리법은 다음과 같은 과정을 거친다.

변수분리법

(1) 모든 평형해를 찾는다.

(2) 변수를 분리하여 쓰고 양변을 적분하여 음함수 해를 찾는다.

(3) 가능하다면 음함수 해에서 양함수 해를 찾는다.

(4) 초깃값이 주어진 경우 (2) 단계에서 적당한 상수값을 결정하고 (3) 단계에서 구한 양함수 해가 그 조건을 만족하는지 확인한다.

연습문제 5.1

01 다음 미분방정식에 대하여 주어진 함수가 해가 됨을 확인하여라.

(a) $y' + 2y = 0$; $y = 3e^{-2t}$

(b) $y' = y^2 + 4$ $(|t| < \pi/4)$; $y = 2\tan 2t$

(c) $y' + 2ty^2 = 0$; $y = \dfrac{1}{1+t^2}$

(d) $y' = \dfrac{2y}{t} + t$ $(t > 0)$; $y = t^2 \ln t$

(e) $ty' + y = 2t$ $(t > 0)$; $y = t - t^{-1}$

(f) $y'' = 9y$; $y = e^{3t}$, $y = e^{-3t}$

(g) $y'' - 2y' + 2y = 0$; $y = e^t \cos t$, $y = e^t \sin t$

(h) $y' + 3y = e^{-t}$, $y(0) = -\dfrac{1}{2}$; $y = \dfrac{e^{-t}}{2} - e^{-3t}$

(i) $y' = 2y + 1 - 2t^2$, $y(0) = 2$; $y = t + t^2 + 2e^{2t}$

02 (a) 미분방정식 $y' = -y^2$을 풀기 전에 방정식의 모양만을 보고 방정식의 해가 가지는 특징들에 대해서 무슨 추측을 할 수 있는가?

(b) 상수 C에 대해서 $y = 1/(x+C)$꼴의 함수가 모두 (a)의 미분방정식의 해가 됨을 확인하여라.

(c) 미분방정식 $y' = -y^2$의 해 중에서 (b)에 주어진 꼴이 아닌 해가 존재하는가?

03 로지스틱 인구모형은 다음과 같은 미분방정식으로 표현된다.

$$\frac{dP}{dt} = 0.8P\left(1 - \frac{P}{5600}\right)$$

(a) 어떠한 P의 값에 대해서 인구가 증가하는가?

(b) 어떠한 P의 값에 대해서 인구가 감소하는가?

(c) 인구증가율$\left(\frac{dP}{dt}\right)$이 가장 큰 때는 언제인가?

04 다음 미분방정식을 만족하는 함수 $y(t)$가 있다 하자.

$$\frac{dy}{dt} = 2y^4 + 10y^3 + 12y^2$$

(a) 위 미분방정식의 상수해를 구하여라. 즉, $y = c$이면서 위 미분방정식을 만족하는 c의 값을 구하여라.

(b) 어떤 y의 값에 대해서 y가 증가하는가?

(c) 어떤 y의 값에 대해서 y가 감소하는가?

05 다음 미분방정식에 함수 $y = e^{rx}$를 대입해 보고, 이 함수가 미분방정식의 해가 되는 상수 r의 값을 모두 찾아라.

(a) $3y' = 2y$

(b) $4y'' = y$

(c) $y'' + y' - 2y = 0$

(d) $3y'' + 4y' - 4y = 0$

06 다음 상황에 맞는 미분방정식을 세워 보아라.

(a) 인구 P의 시간에 따른 인구증가율이 인구의 제곱근에 비례한다.

(b) 해안을 질주하는 모터보트의 속도 v의 시간에 따른 변화율이 v의 제곱에 비례한다.

(c) 스포츠카의 가속도 dv/dt가 250 km/h와 스포츠카의 속도의 차이에 비례한다.

(d) 인구가 N으로 고정되어 있는 어떤 도시에서, 시장에 대한 나쁜 소문을 들은 사람의 수 P의 변화율이 아직 소문을 듣지 못한 사람의 수에 비례한다.

(e) 인구가 N으로 고정되어 있는 어떤 도시에서, 전염병에 감염된 사람의 수 P의 변화율이 이미 병에 걸린 사람의 수와 아직 병에 걸리지 않은 사람의 수의 곱에 비례한다.

(f) 구 모양의 눈덩이의 부피 V의 변화율은 표면적에 비례한다.

07 다음 미분방정식들이 변수분리가능한지 아닌지 확인하여라. 만약 변수분리가능하다면 변수분리된 형태의 식으로 써보아라.

(a) $y' = 1 + y$ (b) $y' = y - y^3$

(c) $y' = \sin(t + y)$ (d) $y' = e^{t+y}$

(e) $y' = \dfrac{y+1}{ty} + y$ (f) $y' = \dfrac{e^{t+y}}{y+1}$

(g) $y' = t\ln(y^{2t}) + t^2$ (h) $y' = \dfrac{y}{t} + \dfrac{t}{y}$

08 다음 미분방정식을 변수분리법을 이용해서 풀어라.

(a) $y' = \dfrac{t^2}{y}$ (b) $y' = \dfrac{e^{2t}}{4y^3}$

(c) $ty' = 4y$ (d) $y' = y\sin t$

(e) $(1 - t^2)y' = 2y$ (f) $\sqrt{t}\,y' = e^{y+\sqrt{t}}$

(g) $(\sec t)y' = e^{y+\sin t}$ (h) $y' = \dfrac{e^{2t-y}}{e^{t+y}}$

(i) $y' = \dfrac{(t-1)y^5}{t^2(2y^3 - y)}$ (j) $(t^2 + 1)(\tan y)y' = t$

(k) $y' = 1 + t + y + ty$

09 다음 초깃값문제를 풀어라. 양함수 꼴로 쓸 수 있는 경우 양함수 꼴로 나타내어라.

(a) $y' = ye^t,\ y(0) = 2e$ (b) $2yy' = \dfrac{t}{\sqrt{t^2 - 16}},\ y(5) = 2$

(c) $(\tan t)y' = y,\ y\left(\dfrac{1}{2}\pi\right) = \dfrac{1}{2}\pi$ (d) $y' = 6e^{2t-y},\ y(0) = 0$

(e) $y' = \dfrac{1-2t}{y},\ y(1) = -2$ (f) $y' = \sqrt{yt},\ y(1) = 4$

(g) $y' = \dfrac{2t + \sec^2 t}{2y},\ y(0) = -5$ (h) $y' = te^y,\ y(1) = 0$

(i) $y'\tan t = a + y,\ y\left(\dfrac{\pi}{3}\right) = a$ (j) $ty' + y = y^2,\ y(1) = -1$

10 (a) 다음 미분방정식을 풀어라.

$$y' = 2t(1 + y^2)$$

(b) (a)의 미분방정식에 초깃값이 $y(0) = 0$일 때 초깃값문제를 풀어라.

11 (a) 다음 미분방정식을 풀어라.

$$y' = 2t\sqrt{1-y^2}$$

(b) (a)의 미분방정식에 초깃값이 $y(0) = 0$으로 주어진 경우 초깃값문제를 풀어라.

(c) 위의 미분방정식에 초깃값이 $y(\sqrt{\pi}/2) = 1/2$로 주어진 경우 초깃값문제를 풀어라.

12 시간 t에서 나뭇잎의 넓이를 $A(t)$, 나뭇잎이 다 자랐을 때의 넓이를 1이라 하자. 대부분의 세포분열은 나뭇잎 가장자리에서만 일어나고 가장자리의 세포 수는 $\sqrt{A(t)}$에 비례한다. 따라서 나뭇잎 넓이의 증가율은 $\sqrt{A(t)}$와 $(1-A(t))$의 곱에 비례한다고 가정한다. 나뭇잎을 처음 관찰하기 시작한 때를 $t = 0$이라 하면 초기조건이 $A(0) = 0.01$이라고 한다. 따라서 다음 초깃값문제를 얻는다.

$$\frac{dA}{dt} = k\sqrt{A}(1-A), \quad A(0) = 0.01$$

(a) 다음 식이 성립함을 보여라.

$$\frac{d^2A}{dt^2} = \frac{k^2}{2}(1-4A+3A^2)$$

(b) $A = 1/3$일 때 나뭇잎의 넓이가 가장 빨리 넓어짐을 설명하여라.

(c) $k = 1$일 때 주어진 초깃값문제의 해는 다음과 같음을 보여라.

$$A(t) = \left(\frac{11e^t - 9}{11e^t + 9}\right)^2$$

5.2 방향장과 오일러의 방법

미분방정식의 해는 닫힌 형식으로 구할 수 있는 경우보다 구할 수 없는 경우가 더 많다. 이 절에서는 이런 경우 해의 성질 및 값을 구할 수 있는 방법을 탐색하여 보도록 한다. 첫 번째 방법은 방향장을 통한 기하학적 접근이고, 두 번째 방법은 오일러 방법이라 불리는 수치적 분석이다.

5.2.1 방향장

다음 미분방정식의 해곡선을 생각해 보자.

$$y' = f(t, y) = ty$$

이 문제의 해는 닫힌 형식으로 찾을 수 있지만 해를 구하지 않고도 그래프를 추측해 볼 수 있다. 미분방정식 $y' = ty$는 해곡선 위의 임의의 점 (t, y)에서 해곡선의 기울기(=접선의 기울기)가 t 좌표와 y 좌표의 곱이 됨을 의미한다. 특히 점 $(0, 1)$에서

$$y' = 0 \cdot 1 = 0$$

이므로 점 $(0, 1)$ 근방에서 해곡선은 t축에 평행한 선분처럼 보인다.

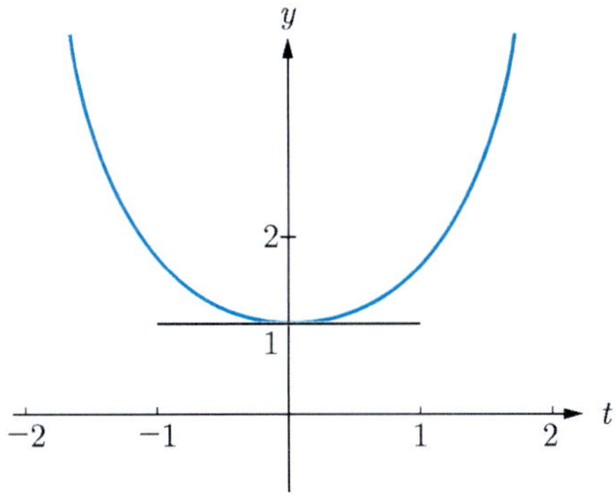

그래프의 나머지 부분을 그리기 위해서는 평면의 (t, y) 점들에 대하여 (t, y) 점에서 해곡선의 접선을 짧은 선분으로 그려준다. 예를 들어 점 $(1, 2)$에서의 선분은 기울기가 $1 \cdot 2 = 2$이다. 일반적으로 점 (t, y)는 격자점들을 선택한다.

표: $y' = f(t, y) = ty$의 값

	$t=-3$	$t=-2$	$t=-1$	$t=0$	$t=1$	$t=2$	$t=3$
$y=3$	-9	-6	-3	0	3	6	9
$y=2$	-6	-4	-2	0	2	4	6
$y=1$	-3	-2	-1	0	1	2	3
$y=0$	0	0	0	0	0	0	0
$y=-1$	3	2	1	0	-1	-2	-3
$y=-2$	6	4	2	0	-2	-4	-6
$y=-3$	9	6	3	0	-3	-6	-9

평면의 격자점에서 접선을 짧게 그려준 것을 미분방정식의 **방향장**(direction field) 또는 **기울기장**(slope field)이라고 한다. 다음 왼쪽 그림은 $y' = ty$의 방향장을 위의 표를 참고하여 그린 것이다. 격자점 사이의 간격이 좁아질수록, 즉 접선을 많이 그릴수록 그림이 의미하는 바는 명확해진다.

시각적으로 방향장은 해곡선들의 국소적 모양을 나타내므로 해곡선의 모양을 추측할 수 있게 해준다. 예를 들어 점 (0, 1)을 지나는 해곡선의 그래프를 그리기 위해서는 짧은 선분들 근방에서 평행하게 해곡선을 그어 연결하여 주면 된다. 다음 오른쪽 그림은 점 (0, 1)을 지나는 해곡선을 그린 것이다.

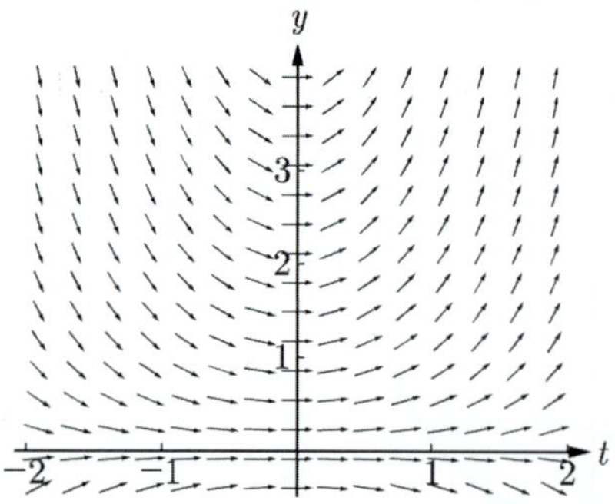

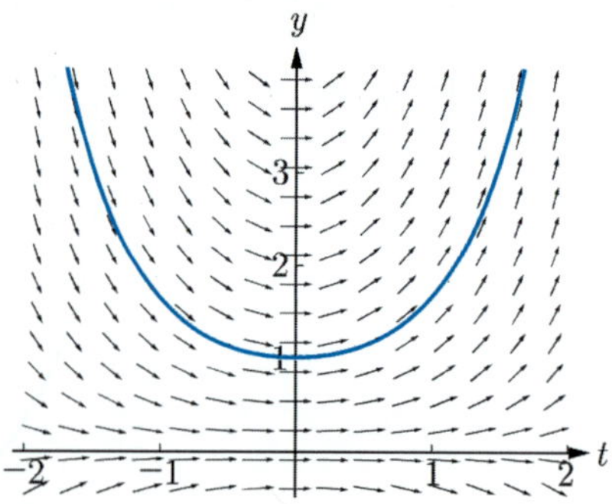

t축($y=0$)과 y축($t=0$)에서 기울기는 항상

$$f(t, 0) = 0, \quad f(0, y) = 0$$

이므로 t축과 y축에서 짧은 선분은 t축과 평행하다. 1사분면에서는 t값이 고정되어 있는 경우 y값이 커지면 기울기 $f(t, y) = ty$는 증가하고 마찬가지로 고정된 y값에 대하여 t값이 커지면 기울기 $f(t, y) = ty$는 증가한다. 따라서 t 또는 y값이 커질수록 짧은 선분은 점점 수직에 가까운 모습을 보인다.

$t > 0$, $y > 0$일 때

$$y' = f(t, y) = ty > 0$$

이므로 기울기는 양의 값을 갖는다. 2사분면에서는 $|f(t, y)|$는 $|t|$와 y가 증가함에 따라 증가한다. 그러므로 짧은 선분은 $|t|$와 y가 클 때 수직처럼 보이게 되는데, 이 경우 $t < 0$, $y > 0$이므로 기울기는 음의 값을 갖는다. 왼쪽에서 오른쪽으로 움직이면서 해곡선을 살펴보면 2사분면에서는 가파르게 감소하다가 y축 근처에서는 평평해지고 1사분면에 들어 와서는 다시 점점 가파르게 증가하는 모습을 보인다. 이로부터 우리는 다음 사실을 추론할 수 있다.

$$t \to \pm\infty \text{일 때} \quad y(t) \to \infty$$

3사분면과 4사분면에서는 각각

$$f(t, y) > 0, \quad f(t, y) < 0$$

이므로 상황은 정반대가 된다. 즉, 왼쪽에서 오른쪽으로 움직이면서 해곡선을 살펴보면 3사분면에서는 가파르게 증가하다가 y축 근처에서는 평평해지고 4사분면에 들어 와서는 다시 점점 가파르게 감소하는 모습을 보인다.

NOTE 방향장을 손으로 그리는 것은 상당히 지루하고 시간이 걸리는 작업이다. 이런 종류의 작업은 컴퓨터를 이용하면 아주 효율적인데 수학용 소프트웨어는 방향장을 그리는 작업을 함수로 정의하여 놓았다. 예를 들어, 메이플에서 미분방정식

$$y' = ty$$

의 방향장을 그리고 싶으면 다음과 같이 입력하면 된다.

```
> with(DEtools):
> DEplot(diff(y(t),t)=t*y, y(t), t=-2..2,y=-2..2);
```

앞의 오른쪽 그림처럼 방향장과 초깃값문제의 해곡선을 같이 그리려면 phaseportrait란 명령어를 사용한다.

```
> phaseportrait(diff(y(t),t)=t*y, y(t), t=-2..2,
[[ y(-2)=2] ,[ y(0)=1]]);
```

위의 명령어를 실행하면 두 초깃값문제

$$y' = ty, \quad y(-2) = 2$$
$$y' = ty, \quad y(0) = 1$$

의 해곡선이 방향장과 함께 그려진다.

보기 1 맬서스의 인구모형을 다시 살펴보기로 하자.

$$\frac{dy}{dt} = ky$$

다음 그림은 (a) $k = 1$, (b) $k = -1$, (c) $k = 2$, (d) $k = \frac{1}{2}$일 때 방향장을 그린 것이다.

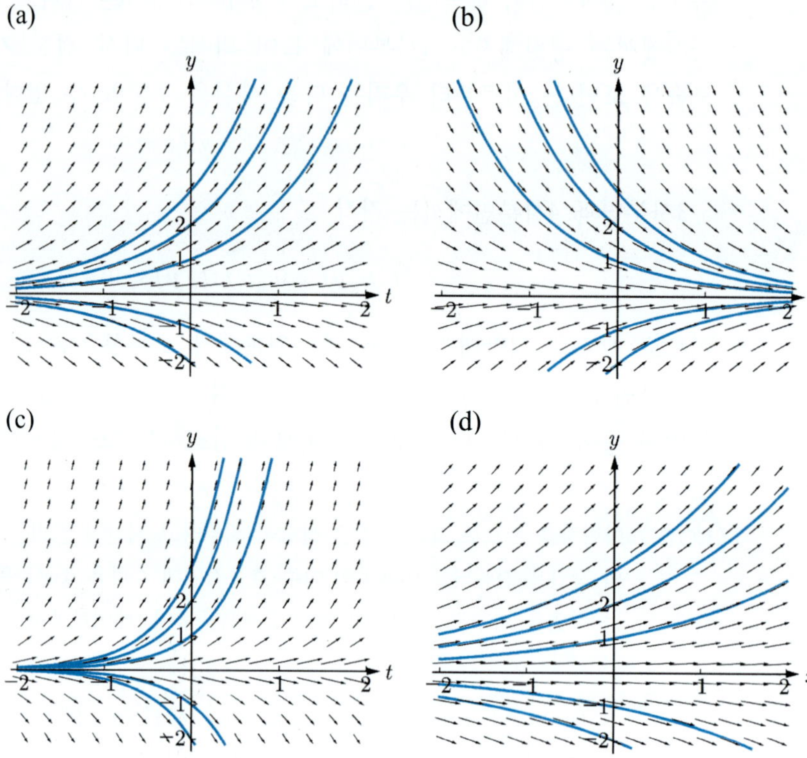

방향장에서 우린 중요한 사실들을 추론해낼 수 있다. 예를 들어 그림 (a), (c)와 (d)로부터 $k > 0$이면

$$t \to \infty \text{일 때} \quad y(t) \to \pm\infty$$

이고 (b)로부터 $k < 0$이면

$$t \to \infty \text{일 때} \quad y(t) \to 0$$

임을 알 수 있다. $|k|$의 값이 크면 변화가 빠르고 $|k|$의 값이 작으면 변화가 완만하다. 이러한 사실들은 맬서스 모형의 일반해가 $y = Ce^{kt}$로 주어진다는 사실을 몰라도 방향장으로부터 이끌어낼 수 있는 사실들이다. ■

5.2.2 오일러의 방법

방향장으로부터 해곡선을 찾아내는 방법은 미분방정식의 해를 수치적으로 근사시키는 방법에 응용할 수 있다. 이러한 근사방법을 **오일러의 방법**(Euler's method)이라고 한다. 근사해를 찾는 방법으로는 오일러의 방법보다 더 좋은 방법들이 개발되었지만 많은 경우 오일러의 방법을 기본으로 하고 있다.

오일러의 방법을 설명하기 위하여 다음 미분방정식을 다시 살펴보자.

$$y' = f(t, y) = ty, \quad y(0) = 1$$

구간 $[0, 1]$에서 근사해를 구한다고 하자. $y = y(t)$가 이 미분방정식의 해라면 점 $(0, 1)$에서 접선의 기울기는

$$y' = f(0, 1) = 0 \cdot 1 = 0$$

이다. 따라서 $y = y(t)$는 점 $(0, 1)$에서 다음과 같은 선형근사식을 갖는다.

$$L(t) = 1 + f(0, 1)(t - 0) = 1$$

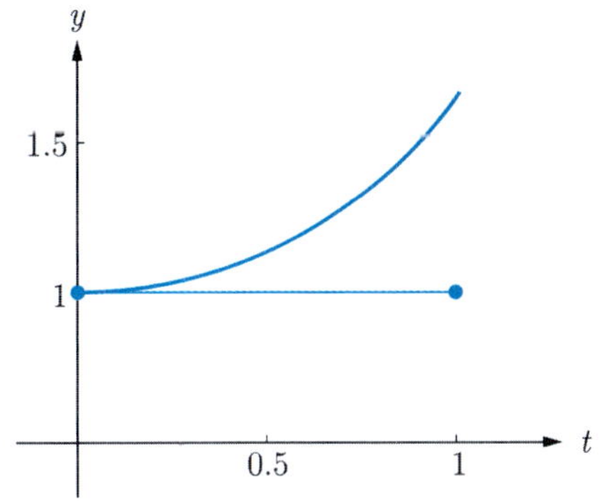

이 근사식은 $t = 0$ 근방에서는 좋은 근삿값을 주는 것을 1.1절에서 살펴보았다. 그러나 t가 커지면 오차는 커진다. 오일러의 방법은 이런 오차를 줄이기 위하여 선형근사를 개선한 것이다. 즉, 짧은 구간에서만 이 선형근사식을 이용하고 그 다음 구간에서는 방향장을 이용하여 보정된 근사식을 정의한다.

위의 미분방정식을 구간의 크기를 0.5로 나누어 다시 살펴보자. 구간 $[0, 0.5]$에서는 선형근사식 $y = 1$을 이용한다. 그 다음 구간 $[0.5, 1]$에서의 근사해를 구하기 위해서는

$$y_1 = L(0.5) = 1$$

을 $y(0.5)$의 근삿값으로 사용한다. 방향장에서 점 $(x_1, y_1) = (0.5, 1)$에서 해곡선의 기울기는

$$y' = f(0.5, 1) = 0.5 \cdot 1 = 0.5$$

이므로 구간 $[0.5, 1]$에서 선형근사식은

$$y - 1 = 0.5(t - 0.5), \quad \text{즉} \quad y = 0.5t + 0.75$$

이다. 따라서 구간의 크기 Δt가 0.5일 때 오일러의 근사식을 다음과 같이 정의한다.

$$L_2 = \begin{cases} 1, & 0 \le t \le 0.5 \\ 0.5t + 0.75, & 0.5 \le t \le 1 \end{cases}$$

이렇게 몇 개의 직선조각을 이은 모양으로 주어지는 함수를 **조각적 선형함수** (piecewise linear function)라고 한다.

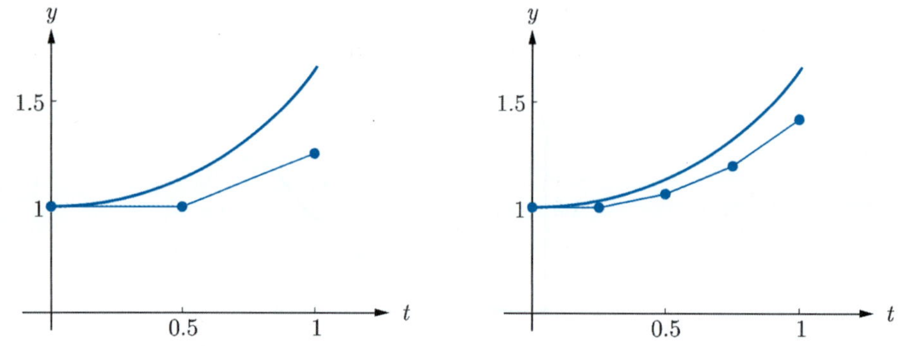

구간의 크기 Δt를 줄이면 더 좋은 오일러의 근사식을 얻는다. 위의 오른쪽 그림은 구간 $[0, 1]$을 4개의 부분구간으로 나누어 오일러의 근사식을 구한 것이다.

일반적으로 오일러의 방법은 다음과 같다. 초깃값문제

$$y' = f(t, y), \quad y(t_0) = y_0 \tag{5.10}$$

가 t_0 근방에서 유일한 해를 갖는다고 가정하자. 오일러의 방법은 주어진 t의 값 $t_1, t_2, \cdots, t_n$, 즉

$$t_k = t_0 + kh, \quad k = 1, 2, \cdots, n$$

에 대하여 $y_k = y(t_k)$의 값을 근사하는 방법을 제공한다. 여기서 연속된 t_k의 차이

$$t_k - t_{k-1} = t_0 + kh - (t_0 + (k-1)h) = h$$

를 **구간의 크기**(step size)라고 한다. 초기점 (t_0, y_0)에서 곡선의 기울기, 즉 접선의 기울기는

$$y' = f(t_0, y_0)$$

이다. 첫 구간 $[t_0, t_1]$에서는 (t_0, y_0)에서의 접선

$$L_1(t) = y_0 + f(t_0, y_0)(t - t_0)$$

를 해곡선을 근사하기 위하여 사용한다. $y_1 = L_1(t_1)$이라 하면 $t_1 - t_0 = h$이므로 다음 관계식이 성립한다.

$$y_1 = y_0 + f(t_0, y_0)(t_1 - t_0) = y_0 + f(t_0, y_0)h$$

(t_1, y_1)을 지나는 해곡선의 기울기는

$$y' - f(l_1, y_1)$$

이므로 (t_1, y_1)에서 접선의 방정식은

$$L_2(t) = y_1 + f(t_1, y_1)(t - t_1)$$

이다. 두 번째 구간 $[t_1, t_2]$에서는 이 직선으로 해곡신을 근사한다. 따라서 $y_2 = L_2(t_2)$는 다음과 같이 주어진다.

$$y_2 = y_1 + f(t_1, y_1)(t_2 - t_1) = y_1 + f(t_1, y_1)h$$

이런 식으로 계속하면 다음과 같은 순서쌍의 수열 (t_k, y_k)를 얻는다.

$$\begin{aligned} y_3 &= y_2 + f(t_2, y_2)h \\ y_4 &= y_3 + f(t_3, y_3)h \\ &\vdots \\ y_n &= y_{n-1} + f(t_{n-1}, y_{n-1})h \end{aligned}$$

이런 방법으로 얻어지는 순서쌍 (t_k, y_k), $k = 0, 1, \cdots, n$을 연결하여 얻어지는 조각적 선형함수를 초깃값문제 (5.10)에 대한 **오일러의 근사해**라고 한다.

보기 2 초깃값문제

$$y' = f(t, y) = t + y, \quad y(0) = 1 \tag{5.11}$$

에 대하여 구간의 크기가 0.2일 때 $y(1)$의 오일러 근삿값을 구하여라.

풀이 구간의 개수는 5이고

$$t_0 = 0, \quad t_1 = 0.2, \quad t_2 = 0.4, \quad t_3 = 0.6, \quad t_4 = 0.8$$

이다. 따라서

$$\begin{aligned} y_1 &= y_0 + f(t_0, y_0)\Delta t = 1 + (0+1) \cdot 0.2 \\ &= 1.2 \\ y_2 &= y_1 + f(t_1, y_1)\Delta t = 1 + (0.2+1.2) \cdot 0.2 \\ &= 1.48 \\ y_3 &= y_2 + f(t_2, y_2)\Delta t = 1.48 + (0.4+1.48) \cdot 0.2 \\ &= 1.856 \\ y_4 &= y_3 + f(t_3, y_3)\Delta t = 1.856 + (0.6+1.856) \cdot 0.2 \\ &= 2.3472 \\ y_5 &= y_4 + f(t_4, y_4)\Delta t = 2.3472 + (0.8+2.3472) \cdot 0.2 \\ &= 2.97664 \end{aligned}$$

이다. 그러므로 $y(1)$의 오일러 근삿값은 2.97664이다. ■

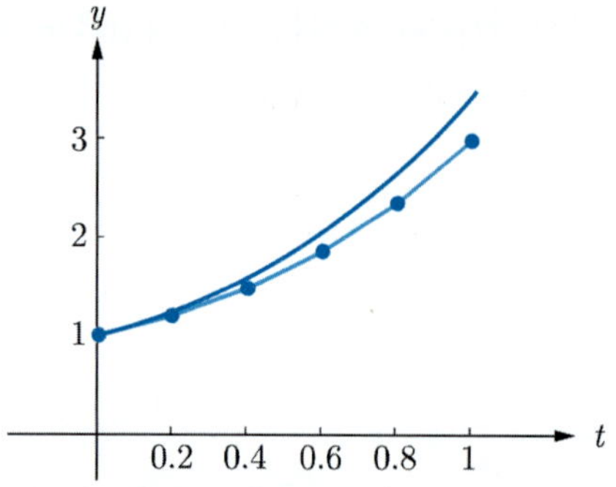

구간의 크기가 작아질수록 오일러 근사는 좋은 근삿값을 구하여 준다. 구간의 크기가 0.1일 때 초깃값문제 (5.11)에서 $y(1)$의 오일러 근삿값을 구해보기로 하자. 구간의 크기가 작아지면 구간의 개수는 늘어나므로 직접 계산하는 데에는 무리가 따른다. 따라서 다음과 같은 명령어를 사용하기로 한다.

```
> Euler(t+y,0,1,10,1)
```

여기서 첫 번째 입력 $t+y$는 $f(t, y)$를, 두 번째와 세 번째의 0, 1은 각각 t의 시작점 t_0와 끝점 t_f를 나타낸다. 네 번째 값 10은 구간의 수, 마지막 1은 y의 초깃값 $y_0 = y(t_0)$를 나타낸다. 위 명령을 실행하면 다음과 같은 결과를 얻는다.

k	t_k	y_k	$y(t_k)$	절댓값 오차	백분율 오차(%)
0	0.0	1.0	1.0	0	0
1	0.1	1.1	1.11034	0.01034	0.93
2	0.2	1.22	1.24281	0.02281	1.84
3	0.3	1,362	1.39972	0.03772	2.69
4	0.4	1.5282	1.58365	0.05545	3.50
5	0.5	1.72102	1.79744	0.07642	4.25
6	0.6	1.94312	2.04424	0.10112	4.95
7	0.7	2.19743	2.32751	0.13008	5.59
8	0.8	2.48718	2.65108	0.16390	6.18
9	0.9	2.81590	3.01921	0.20331	6.73
10	1.0	3.18749	3.43656	0.24907	7.25

여기서 $y(t_k)$는 해곡선의 실제값을, y_k는 오일러 근삿값을 나타낸다. **절댓값 오차**와[62] **백분율 오차**는 각각 다음과 같이 정의한다.

$$\text{절댓값 오차} = |y(t_k) - y_k|$$

$$\text{백분율 오차} = \frac{\text{절댓값 오차}}{\text{참값}} \cdot 100$$

k값이 증가함에 따라 오차가 빠르게 증가함을 주목하자. 구간의 크기를 작게 하면 좀 더 정확한 근삿값을 구할 수 있다.

구간의 크기가 작아질수록 $y(1)$의 근삿값은 극한값으로 수렴한다. 이 극한값은 실제 해곡선의 값

$$e^{\frac{1}{2}} \fallingdotseq 1.648721271$$

과 일치할 것으로 예측된다.

62) 경우에 따라 오차의 부호가 중요한 역할을 할 때에는 절댓값을 취하지 않은 값을 절댓값 오차로 정의하기도 한다.

보기 3 Euler$(0.01 * y * (100 - y),\ 0,\ 10,\ 100,\ 19)$를 실행하면 다음 초깃값 문제

$$\frac{dy}{dt} = 0.01 * y * (100 - y), \quad y(0) = 19 \tag{5.12}$$

의 오일러 근삿값 $y(t_k)$를

$$t_0 = 0, \quad t_1 = 0.1, \quad \cdots, \quad t_{100} = 10$$

에 대하여 구하여 준다. 알고리즘을 이용하여 오일러의 근삿값을 구하면 구간의 개수만큼의 수를 얻는다. 따라서 이 보기에서는 100개의 자료를 얻게 되는데 이런 수들의 표를 보는 것보다 그래프를 그려 보는 것이 훨씬 효율적이다. 그래프를 그리는 것은 각 소프트웨어마다 다른 명령어를 사용하므로 사용하는 소프트웨어의 명령어를 확인해보기 바란다. 구간의 개수가 10, 20, 100개일 때 근사식의 그래프를 그려보면 다음 왼쪽 그림과 같다. 같은 미분방정식에 초깃값이 $y(0) = 120$일 때 근사식을 그려보면 다음 오른쪽 그림과 같다.

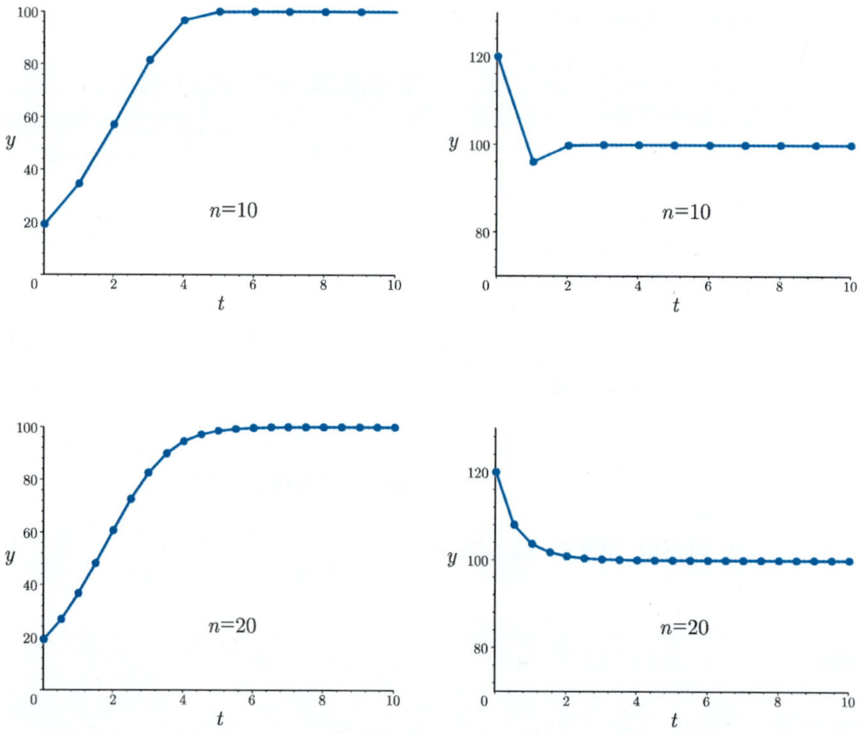

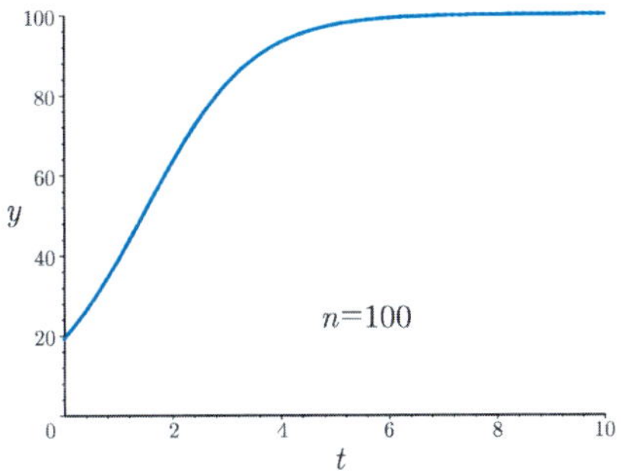

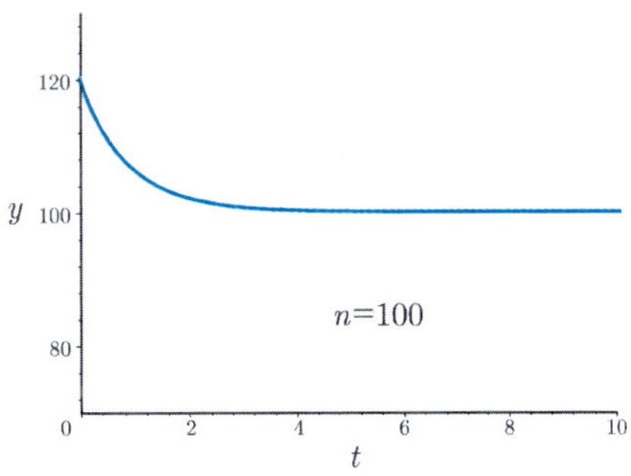

두 경우($y(0) < 100$, $y(0) > 100$) 모두 시간이 많이 지나면 $y = 100$으로 수렴한다. ■

미분방정식 (5.12)는 로지스틱방정식의 한 예이며, 4절에서 자세히 다루기로 한다.

연습문제 5.2

01 주어진 미분방정식의 방향장을 아래의 그림들 중에서 찾아라.

(a) $y' = 1$ (b) $y' = y$

(c) $y' = y/t$ (d) $y' = t^2$

(e) $y' = t^2 + y^2$ (f) $y' = 1/t$

(1)

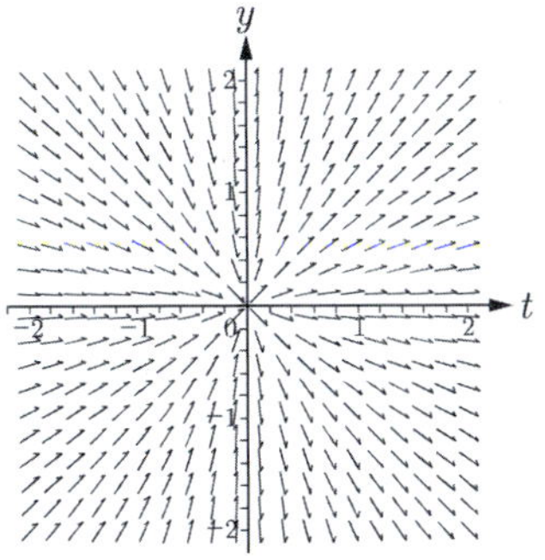

(2)

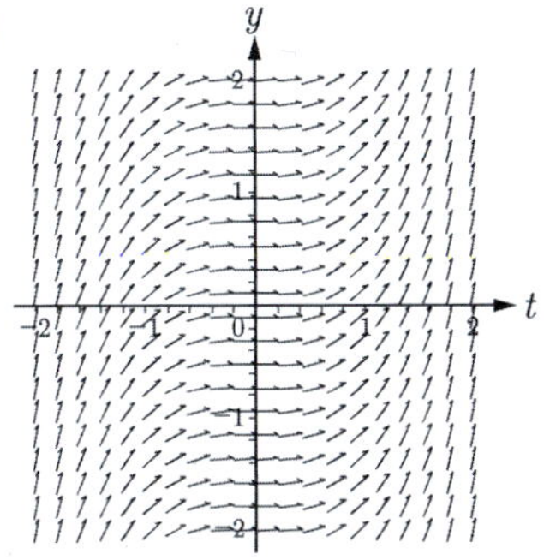

(3)

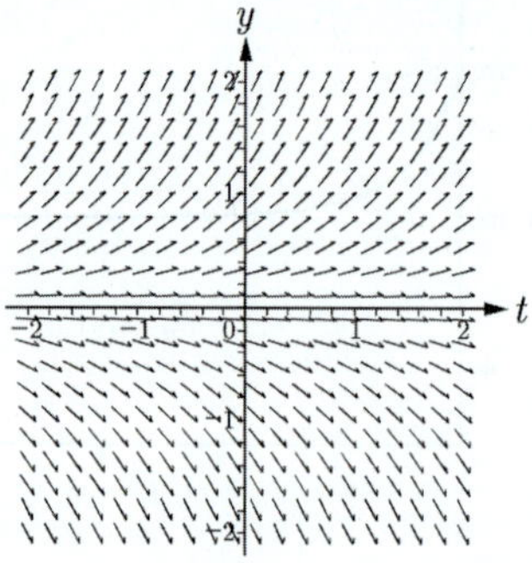

(4)

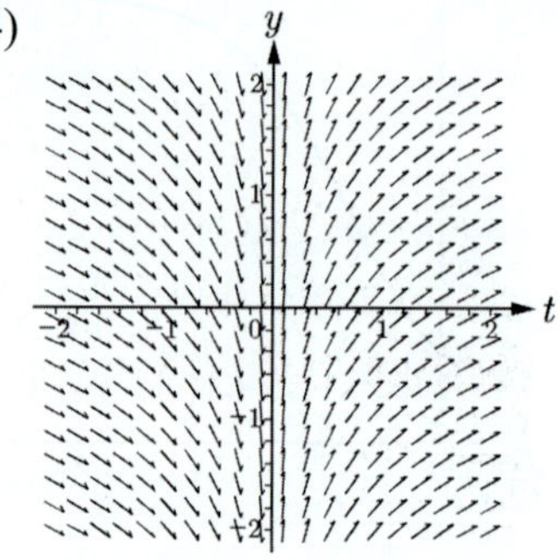

(5)

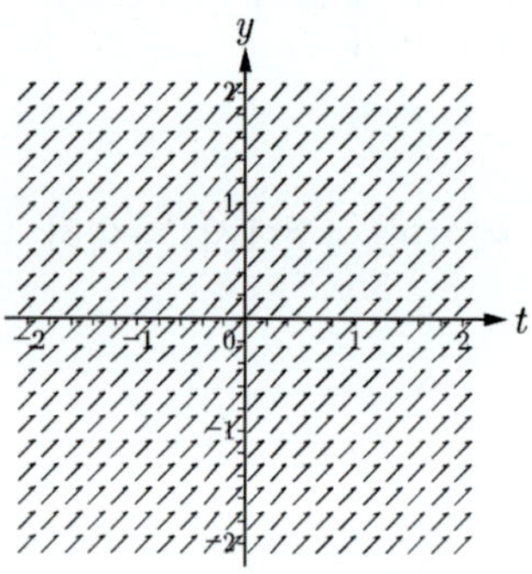

(6)

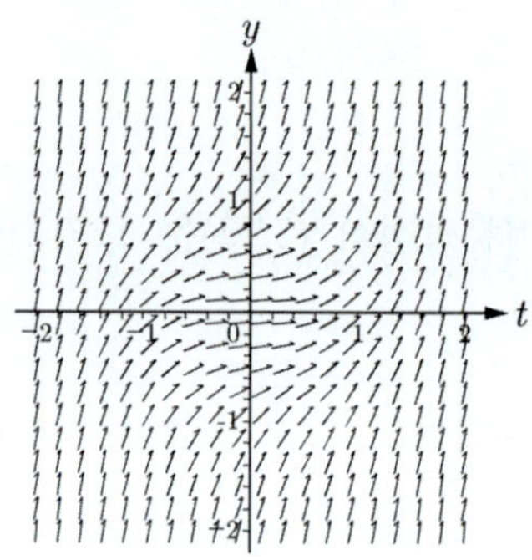

02 아래의 그림은 미분방정식 $y' = y\left(1 - \frac{1}{4}y^2\right)$의 방향장을 나타낸 것이다.

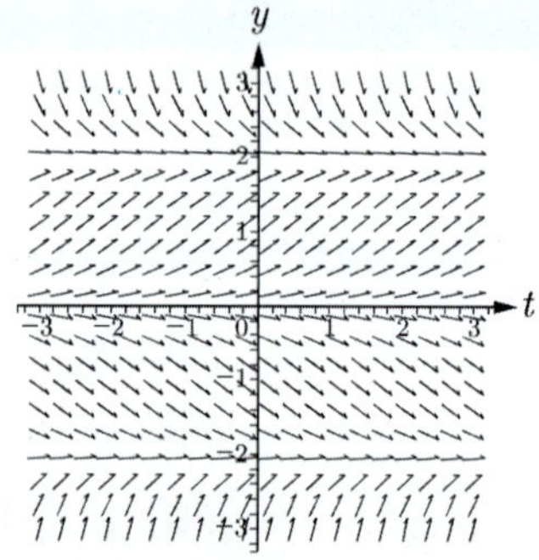

(a) 초깃값이 아래와 같이 주어졌을 때 해곡선을 그려보아라.

i. $y(0) = 1$ ii. $y(0) = -1$ iii. $y(0) = -3$ iv. $y(0) = 3$

(b) 평형해를 모두 찾아라.

03 아래 그림들은 각각 문제마다 주어져 있는 미분방정식의 방향장을 나타낸 것이다. 다음 여러 초깃값에 대해서 미분방정식의 해곡선을 그려라.

$$y(0) = 1, \quad y(0) = -1, \quad y(0) = -2, \quad y(-2) = 1$$

(a) $y' = t + y$

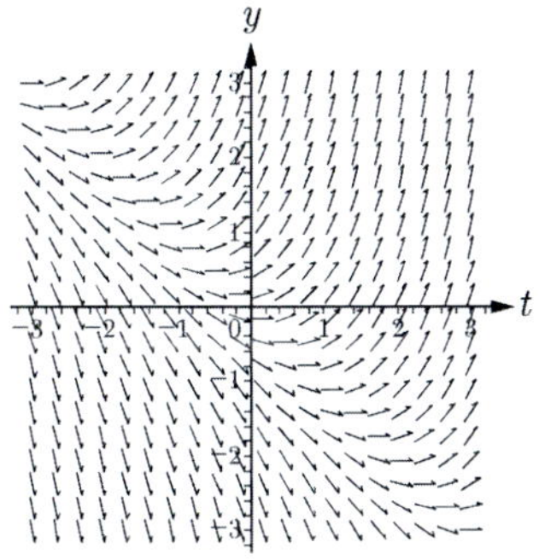

(b) $y' = y - \sin t$

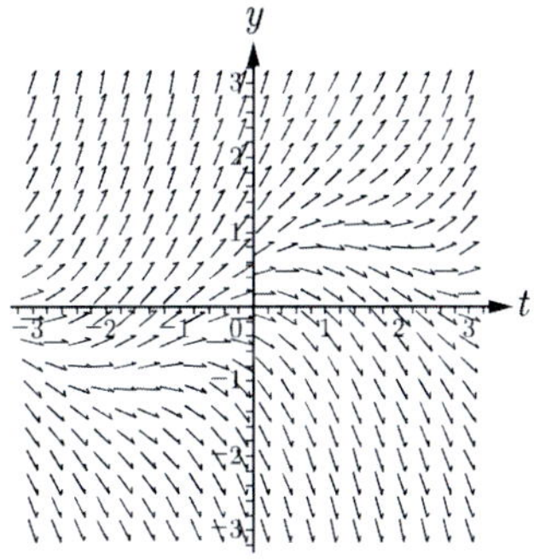

(c) $y' = t - y$

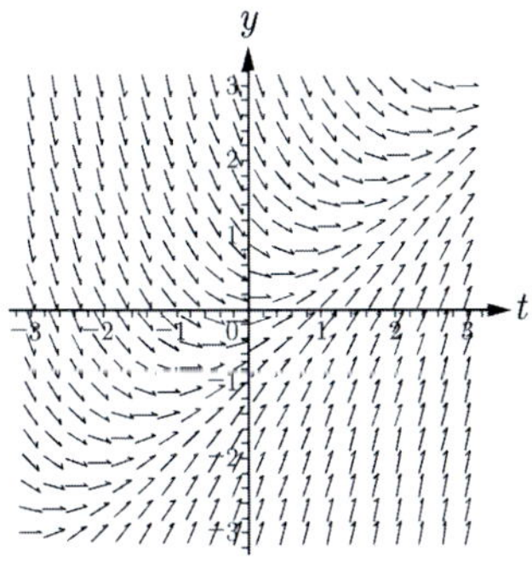

(d) $y' = y - t + 1$

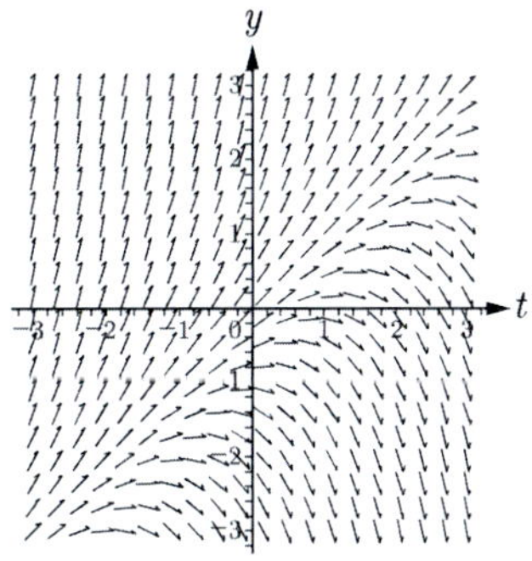

04 컴퓨터 프로그램을 이용하지 말고, 구간의 크기가 Δt인 오일러의 방법을 이용해서 각각의 미분방정식에 대해 주어진 t_f에서의 함숫값을 반올림으로 소수점 이하 네 자리까지 구하여라. 미분방정식의 해를 구할 수 있으면 구하고, $t = t_f$에서의 해의 참값과 근삿값을 비교해 보아라.

(a) $y' = -y,\ y(0) = 2,\ \Delta t = 0.1,\ t_f = 0.2$

(b) $y' = \dfrac{1}{4}(1 + y^2),\ y(0) = 1,\ \Delta t = 0.2,\ t_f = 0.4$

(c) $y' = -\dfrac{t}{y},\ y(0) = 1,\ \Delta t = 0.2,\ t_f = 0.6$

(d) $y' = \sqrt{t + y},\ y(1) = 1,\ \Delta t = 0.5,\ t_f = 2$

05 이번 문제는 메이플 등의 컴퓨터 프로그램을 이용해서 푸는 문제이다. 각각의 문제들에 대해서

- 먼저 미분방정식을 직접 풀어서 해를 구하여라.
- 오일러의 방법으로 주어진 y의 근삿값을 구하여라. 이때 한 번은 구간의 크기를 0.1로, 다음 번에는 구간의 크기를 0.01로 설정한 후 근사해를 구하여라.
- 위의 경우 백분율 오차를 구하여라.

(a) $y' = y - 2,\ y(0) = 1,\ 0 \le t \le 1,\ y(1)$

(b) $y' = \dfrac{1}{2}(y-1)^2,\ y(0) = 2,\ 0 \le t \le 1,\ y(1)$

(c) $yy' = 2t^3,\ y(1) = 3,\ 1 \le t \le 2,\ y(2)$

(d) $ty' = y^2,\ y(1) = 1,\ 1 \le t \le 2,\ y(2)$

(e) $y^2y' = 2t^5,\ y(2) = 4,\ 2 \le t \le 3,\ y(3)$

5.3 자연성장과 자연감소

5.3.1 자연성장과 자연감소

1절에서 살펴 본 바와 같이 가장 간단한 인구성장 모형인 맬서스 모형은 인구(예를 들어 사람, 식물, 박테리아, 곤충 등)의 증가율이 인구의 크기에 비례한다는 가정에서 출발한다. 다시 말해서 인구가 많으면 많을수록 인구는 더 빨리 증가한다. 이런 원칙을 수학적 모형으로 표현하기 위하여 시점 t에서의 인구를 $y = y(t)$로 나타내기로 하자. 각 시점에서 시간에 따른 인구증가율은 dy/dt이므로 인구증가율이 인구에 비례한다는 가정은 다음과 같은 미분방정식으로 표현이 가능하다.

$$\frac{dy}{dt} = ky \tag{5.13}$$

여기서 비례상수 k는 양의 값을 갖는 실수이며 실험적으로 그 값이 결정된다. 따라서

$$\frac{dy/dt}{y}$$

로 정의되는 인구의 **상대성장률**(relative growth rate)은 시간에 관계없이 상수 k이다. 어떤 시점 t_0에서 인구가 y_0라고 알려져 있다면 인구 $y(t)$는 다음과 같은 초깃값문제를 만족한다.

$$\frac{dy}{dt} = ky, \quad y(t_0) = y_0$$

반면 **아스피린**(aspirin)이나 **페니실린**(penicillin) 같은 약품이 인체에 투여되면 약품은 혈액으로 흡수되며 시간이 지남에 따라 각 기관으로 흡수된다. 약품의 혈액농도의 변화율은 약품의 혈액농도에 비례한다는 것이 알려져 있다. 즉, 시간 t에서 약품의 혈액농도를 $y(t)$라고 하자. 시간 t에 대한 약품의 혈액농도의 변화율은 dy/dt이므로 약품의 혈액농도의 변화율이 약품의 혈액농도에 비례한다는 가정은 다음과 같은 미분방정식으로 쓸 수 있다.

$$\frac{dy}{dt} = -ky \tag{5.14}$$

여기서 비례상수 k는 양의 값을 갖는 실수이며 실험적으로 그 값이 결정된다.

y는 시간에 따라 감소하므로 음의 부호가 필요하다. 어떤 시점 t_0에서 약품의 혈액농도가 y_0라고 알려져 있다면 혈액농도 $y(t)$는 다음과 같은 초깃값문제를 만족한다.

$$\frac{dy}{dt} = -ky, \quad y(t_0) = y_0$$

초깃값문제

$$\frac{dy}{dt} = ky, \quad y(t_0) = y_0$$

는 임의의 상수 k에 대하여 변수분리법으로 풀 수 있다. 즉, 변수를 분리하여 쓰면

$$\frac{dy}{y} = kdt$$

이다. 양변을 적분하면

$$\int \frac{1}{y} dy = \int kdt, \quad \text{즉 } \ln|y| = kt + C$$

이다. y에 대하여 풀면

$$e^{\ln y} = e^{kt+C} \Rightarrow y = y(t) = e^C e^{kt} = Ke^{kt}$$

을 얻는다. $y(t_0) = Ke^{kt_0} = y_0$이므로 다음 결과를 얻는다.

$$y(t) = y_0 e^{k(t-t_0)}$$

이렇게 해가 지수함수로 주어지므로 식 (5.13)은 **자연성장방정식**(natural growth equation) 또는 **지수성장방정식**(exponential growth equation)이라 부른다. 마찬가지 이유로 식 (5.14)는 **자연감소방정식**(natural decay equation) 또는 **지수감소방정식**(exponential decay equation)이라 부른다. 아래 그림은 $y(t)$의 전형적인 그래프를 $k>0$인 경우와 $k<0$인 경우 각각 보여 주고 있다.

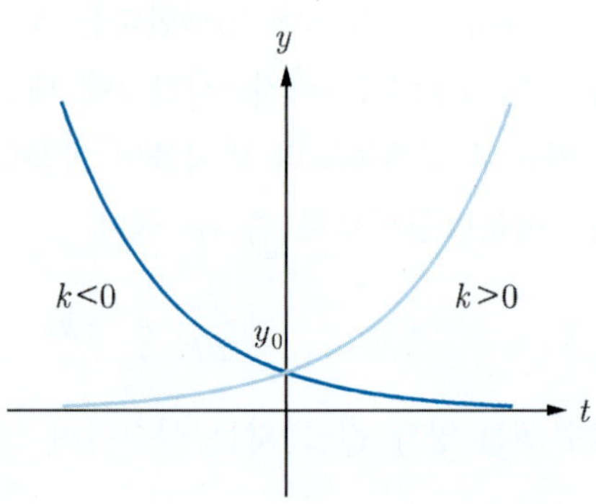

지수성장과 지수감소

임의의 상수 k에 대하여 초깃값문제

$$\frac{dy}{dt} = ky, \quad y(0) = y_0 \tag{5.15}$$

의 해는 다음과 같이 주어진다.

$$y(t) = y_0 e^{kt}$$

식 (5.15)는 $k > 0$이면 지수(또는 자연)성장방정식, $k < 0$이면 지수(또는 자연) 감소방정식이라고 부른다.

보기 1 2020년 1월 세계인구는 78억 명이고, 1월 한 달 동안 인구는 650만 명이 증가하였다. 인구증가율이 인구에 비례한다고 가정할 때, 언제 인구가 100억이 되겠는가?

풀이 인구증가율이 인구에 비례하므로 2020년에서 t년 후의 인구를 $P(t)$라 하면 P는 다음 초깃값문제를 만족한다.

$$\frac{dP}{dt} = kP, \quad P(0) = 78$$

여기서 $t = 0$은 2020년에 해당한다. 그러므로

$$P(t) = 78e^{kt}$$

이다. 인구가 1월 한달에 650만 명, 즉 0.065억 명이 늘었으므로

$$P'(0) \fallingdotseq \frac{P\left(\frac{1}{12}\right) - P(0)}{\frac{1}{12}} = 0.065 \cdot 12 = 0.78(\text{억 명/년})$$

이다. 따라서

$$k = \left.\frac{P'(t)}{P(t)}\right|_{t=0} = \frac{P'(0)}{P(0)} \fallingdotseq \frac{0.78}{78} = 0.01$$

이다. 즉, 2020년 인구증가율은 약 1.0%이고 t년 후의 인구는

$$P(t) = 78e^{0.01t}$$

이다. 인구가 100억 명이 되는 해를 찾기 위해서는 다음 식을 풀면 된다.

$$100 = P(T) = 78e^{0.01T} \Rightarrow T = \frac{\ln(100/78)}{0.01} \fallingdotseq 24.85(\text{년})$$

따라서 25년 후 즉, 2045년 인구가 100억 명이 될 것으로 추정된다. ■

뉴턴의 냉각법칙

시점 t에서 어떤 물체의 온도를 $y(t)$라 하자. **뉴턴의 냉각법칙**(cooling law of Newton)에 의하면 온도 $y(t)$의 변화율은 매개체의 온도와 그 물체의 온도 차이에 비례한다. 따라서 이 물체를 온도가 A인 매개체에 놓았다면 다음과 같은 미분방정식을 얻는다.

$$\frac{dy}{dt} = -k(y-A) \quad (k>0,\ \text{상수})$$

여기서 물체의 크기는 매개체에 비하여 상대적으로 작아서 물체에 의한 매개체의 온도 변화는 무시할 수 있는 것으로 간주한다. 물체의 초기온도가 y_0라면 변수분리법에 의하여

$$y(t)-A = (y_0 - A)e^{-kt}, \quad \text{즉 } y(t) = A + (y_0 - A)e^{-kt}$$

가 됨을 알 수 있다. 따라서 시간이 흐름에 따라 물체의 온도는 매개체의 온도 A로 수렴한다.

$$\lim_{t\to\infty} y(t) = A$$

또한 $y(t) = A$는 평형해임을 주목하자.

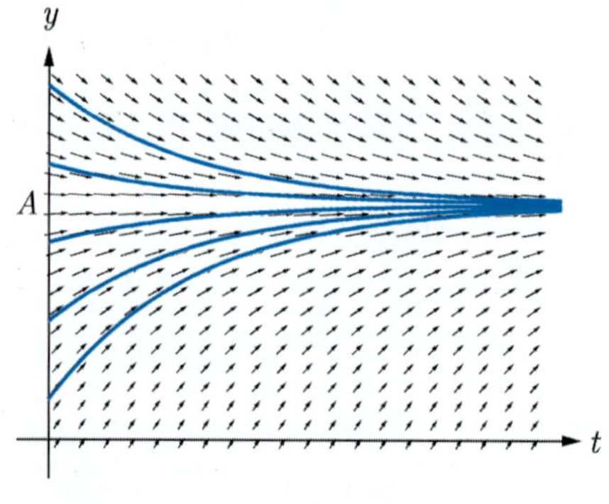

이 사실은 위의 그림에서 볼 수 있듯이 평형해 $y = A$는 다른 모든 해곡선의 수평점근선이 됨을 의미한다.

보기 2 냉장고에서 꺼낸지 10분된 음료수의 온도가 8°C이다. 10분 후 다시 재보았더니 음료수의 온도는 12°C이었다면, 냉장고 내부의 온도는 얼마이겠는가? 단, 방의 온도는 20°C를 유지하고 있다고 한다.

풀이 t분 후 음료수의 온도를 $y(t)$라 하면

$$y' = -k(y-20), \quad y(10) = 8, \quad y(20) = 12$$

가 성립한다. 미분방정식을 풀면

$$y = 20 + Ce^{-kt}$$

이므로 주어진 조건을 이용하면

$$y(10) = 20 + Ce^{-10k} = 8, \quad y(20) = 20 + Ce^{-20k} = 12$$

이므로

$$e^{-10k} = \frac{2}{3}, \quad C = -18$$

이다. 따라서 냉장고의 내부 온도는

$$y(0) = 20 - 18 = 2\,°\mathrm{C}$$

이다. ■

5.3.2 연속복리

지수성장방정식은 자산의 미래가치를 결정하는 데에도 유용하게 쓰인다. 은행 이율이 연 6%라고 하자. 이자는 1년에 한 번 지급되며 이자에 이자를 지급하는 복리라고 하자. 올해 A원을 저금하였다면 1년 후 지급되는 이자는 $0.06A$이므로 자산은

$$A + 0.06A = 1.06A$$

이다. 다음 표는 올해 A원을 저금하였을 때 그 미래가치를 1년 단위로 구한 것이다.

시간	자산의 미래가치	이율이 연 6%일 때 100만 원의 미래가치(만 원)
현재	A	100
1년 후	$A(1+r)$	$(100)(1.06) = 106$
2년 후	$A(1+r)^2$	$(100)(1.06)^2 = 112.36$
3년 후	$A(1+r)^3$	$(100)(1.06)^3 = 119.1016$
⋮	⋮	⋮
n년 후	$A(1+r)^n$	$100(1.06)^n$

이자를 1년에 한 번이 아니라 한 달에 한 번 지급한다면 어떻게 될까? 한 달에 한 번 지급하면 이율은 월 $6\%/12 = 0.06/12$이므로 t년 후 자산의 가치는

$$A(t) = A\left(1 + \frac{0.06}{12}\right)^{12t}$$

이다. 마찬가지로 이자를 매일 지급한다면 이율은 일 $0.06/365$이므로

$$A(t) = A\left(1 + \frac{0.06}{365}\right)^{365t}$$

이다. 이렇게 이자를 더욱 더 자주 지급한다면, 즉 일 년에 이자를 지급하는 횟수를 자꾸 늘인다면 다음 관계식이 성립한다.63)

$$A(t) = \lim_{n \to \infty} A\left(1 + \frac{0.06}{n}\right)^{nt} = Ae^{0.06t}$$

이런 식의 이자 지급법을 **연속복리**라고 한다. 따라서 연속복리 $r\%$로 이자를 지급하는 경우 자산의 가치는 미분방정식

$$\frac{dA}{dt} = \frac{r}{100}A$$

를 만족한다. 다시 말하면 이율 r의 연속복리로 이자를 지급하는 경우 자산의 증가율은 자산의 크기에 비례한다. 다음 표는 100만 원을 저금한 경우 이자지급 방법을 달리하였을 때 자산의 가치를 구한 것이다.

	연복리	월복리	일복리	연속복리
1년 후	1060000	1061678	1061831	1061837
2년 후	1123600	1127160	1127486	1127499
3년 후	1191016	1196680	1197200	1197217

일복리로 계산하였을 때 일복리 이자율은 년 6.18%로 6%보다 약간 높다. 일복리 이자율이 연복리 이자율보다 높은 것은 매일 발생하는 이자에 이자가 붙기 때문이다. 일복리로 계산하는 것과 연속복리로 계산하는 것은 오차가 아주 작으므로 일복리 대신 연속복리를 근삿값으로 사용하기도 한다.

63) $\lim_{n \to \infty}\left(1 + \frac{t}{n}\right)^n = e^t$

보기 3 2020년 1월 1일에 10만 원을 저금하고 다음날부터 2024년 12월 31일까지 매일 5000원씩 저금을 하려고 한다. 연이율은 5%이고 이자는 일복리로 지급된다고 한다.

(a) t년 후 자산의 가치를 $A(t)$(단위: 만 원)라고 할 때 A가 만족하는 미분방정식을 구하여라.

(b) 2025년 1월 1일에 저금을 찾는다면 얼마를 수령하겠는가?

(c) 자산가치가 300만 원을 초과하는 것은 언제인가?

풀이 (a) 2020년 1월 1일을 $t=0$이라고 하자. 하루는 $\frac{1}{365}$년이고

$$A\left(t+\frac{1}{365}\right)=A(t)+\frac{0.05}{365}A(t)+0.5$$

이므로 $A(t)$는 근사적으로 다음 초깃값문제를 만족한다.

$$\frac{dA}{dt}=0.05A+182.5, \quad A(0)=10 \tag{5.16}$$

(b) 미분방정식 (5.16)을 변수분리하여 쓰면

$$\frac{dA}{A+182.5/0.05}=0.05\,dt$$

이므로

$$\ln(A+3650)=0.05t+C, \quad 즉\ A=-3650+e^{0.05t+C}$$

이다. $A(0)=10$이므로

$$A(0)=-3650+e^{C} \Rightarrow e^{C}=3660$$

이고 t년 후 자산의 가치는

$$A(t)=-3650+3660e^{0.05t}$$

이다. 그러므로 2025년 1월 1일, 즉 5년 후의 자산가치는

$$A(5)=-3650+3660e^{0.25}\fallingdotseq 1049.5(\text{만 원})$$

이다.

(c) 300만 원이 되는 t의 값을 T라 하자. 그러면

$$300=A(T)=-3650+3660e^{0.05T}$$

이므로

$$e^{0.05\,T} = \frac{3950}{3660}, \quad 즉 \ T = \frac{1}{0.05} \cdot \ln\left(\frac{3950}{3660}\right) \fallingdotseq 1.525$$

이다. 1.525년 후, 즉

$$1.525 \cdot 365 \fallingdotseq 557$$

일 후면 자산가치는 300만 원을 초과한다. ■

5.3.3 반감기

반감기란 물질이 붕괴되거나 다른 물질로 변화되어 원래 양의 반으로 줄어드는 데 걸리는 시간을 일컫는다. 물질의 **반감기**(half-life)는 방사성 물질의 안정성을 나타내는 척도가 된다. 즉, 반감기가 길면 길수록 방사성 물질은 안정적이다. 예를 들어, **라듐** Ra-226 (radium)의 반감기는 약 1600년이다. 1600년이 지나면 Ra-226의 반에 해당하는 물질이 **라돈** Rn-222(radon)로 바뀐다. 반면 **우라늄** U-238(uranium)의 반감기는 약 45억년으로 45억년이 지나면 우라늄 U-238의 반은 **납** Pb-206(lead)으로 바뀐다.

시간 t에서 방사성 물질의 양을 $m(t)$라 할 때 방사성 물질의 상대붕괴율

$$\frac{1}{m} \cdot \frac{dm}{dt}$$

은 상수임이 실험에 의하여 증명되었다. 따라서 방사성 물질의 붕괴율은 남아있는 방사성 물질의 양에 비례한다. 다시 말하면, $m(t)$는 다음 미분방정식을 만족한다.

$$\frac{dm}{dt} = -km$$

따라서 $m(t)$는 지수적으로 감소하며 다음과 같이 표현된다.

$$m(t) = m_0 e^{-kt}$$

여기서 $m_0 = m(0)$이고 k는 양의 실수이다.

보기 4 라듐 Ra-226의 반감기는 약 1600년이다.

(a) 현재 100 mg의 라듐 Ra-226이 존재할 때 t년 후 라듐 Ra-226의 양을 구하여라.

(b) 800년 후 라듐의 양을 반올림하여 소수점 이하 첫째 자리까지 구하여라.

(c) 라듐 Ra-226의 양이 20 mg 이하가 되는 것은 언제이겠는가?

풀이 (a) $m(t)$을 t년 후 남아 있는 라듐 Ra-226의 양이라고 하자. 그러면 $m(t)$는 초깃값문제

$$\frac{dm}{dt} = -km, \quad m(0) = 100$$

을 만족하므로 $m(t) = 100e^{-kt}$이다. 한편 반감기가 1600년이므로 1600년 후 라듐 Ra-226의 양은 50 mg이다.

$$50 = m(1600) = 100e^{-1600k}$$

k에 대하여 풀면

$$k = -\frac{1}{1600}\ln\left(\frac{50}{100}\right) = \frac{\ln 2}{1600}$$

이므로

$$m(t) = 100e^{-\frac{\ln 2}{1600}t} = 100\left(\frac{1}{2}\right)^{\frac{t}{1600}}$$

이다.

(b) $m(800)$을 구하면 된다.

$$m(800) = 100\left(\frac{1}{2}\right)^{\frac{800}{1600}} = \frac{100}{\sqrt{2}} \fallingdotseq 70.7\,(\text{mg})$$

(c) $m(t) = 20$이 되는 t의 값을 구하여야 한다.

$$100\left(\frac{1}{2}\right)^{\frac{t}{1600}} = 20 \Rightarrow \left(\frac{1}{2}\right)^{\frac{t}{1600}} = \frac{1}{5}$$

양변에 로그를 취하여 주면 다음과 같다.

$$-\frac{t}{1600}\ln 2 = -\ln 5 \Rightarrow t = 1600\frac{\ln 5}{\ln 2} \fallingdotseq 3715\,(\text{년})$$

그러므로 지금부터 3715년 후에 라듐 Ra-226의 양이 20 mg 이하가 된다. ■

탄소추정법

1950년 경 미국의 화학자 **리비**(Libby, Willart)는 **방사성 탄소** C-14를 이용하여 화석의 나이를 추정하는 방법을 고안해냈다. 모든 유기체의 성장에 필수적인 탄소는 대기 중에 **안정적인 탄소** C-12와 방사성 탄소 C-14의 두 가지 형태로 존재한다. 방사성 탄소 C-14는 존재하는 잔량의 일정한 비율로 계속 붕괴되어 질소 N-14가 된다. 그러나 유기체가 살아 있는 동안은 호흡과 먹이섭취 등으로 붕괴된 C-14가 붕괴된 만큼 연속적으로 보충된다. 그러나 유기체가 죽은 후에는 C-14는 더 이상 보충되지 않으므로 C-14의 양에 비례하여 감소한다. 방사성 탄소 C-14의 반감기는 약 5700년이라는 것이 알려져 있으므로 화석에 남아 있는 방사성 탄소 C-14의 비율을 측정하면 화석의 나이를 추정할 수 있다. 이 업적으로 리비는 1960년 노벨 화학상을 수상하였다.

보기 5 **토리노**(Torino)의 수의는 1460년에서 1983년까지 수의를 보관해 오던 **사보이 왕가**에서 교황청에 기증하여 현재 토리노[64]의 성당에 보관되어 있다. 토리노의 수의는 길이 약 14피트, 폭 약 3.5피트의 직포로 만들어져 있는데, 그 위에 어떤 화학적 반응에 의해 한 남자의 형상이 나타나 있다. 사진 판독 결과 이 수의에는 손과 발에 상처 입은 사람의 형상이 찍혀 있고 혈흔과 땀이 분석되었다.

가톨릭에서는 이를 예수의 형상이라고 주장하고 있다. 그러나 1988년 옥스퍼드 등 3개 연구소에서 행해진 탄소 방사성 동위원소 실험 결과 방사성 탄소 C-14의 92~93%만이 이 수의에 잔존하는 것으로 밝혀졌다. 이 실험 결과에 의하면 카톨릭 교회의 주장은 근거가 있다고 할 수 있는가?

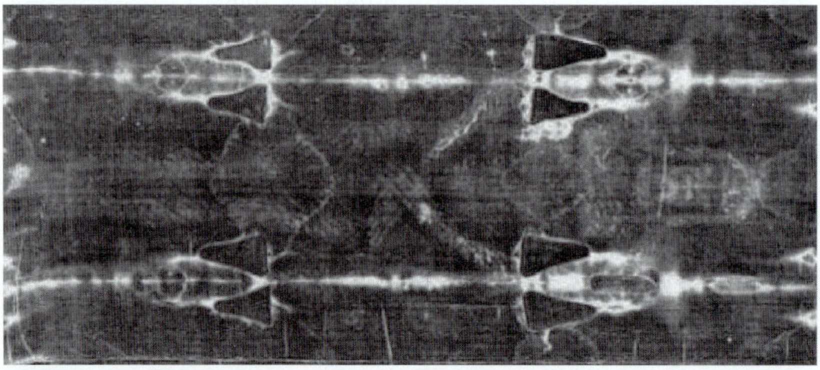

64) 이탈리아 북부의 도시

풀이 y_0를 원래 존재하던 방사성 탄소 C-14의 양, $y(t)$를 t년 후 방사성 탄소 C-14의 양이라 하면

$$y(t) = y_0 e^{-kt}$$

이다. 방사성 탄소 C-14의 반감기가 5700년이므로

$$y_0 e^{-5700k} = \frac{1}{2} y_0 \Rightarrow e^{-5700k} = \frac{1}{2}$$

이 성립한다. 즉,

$$e^{-k} = 2^{-\frac{1}{5700}}$$

이므로

$$\frac{y(t)}{y_0} = 2^{-\frac{t}{5700}}$$

이다.

방사성 탄소 C-14의 92% 또는 93%만이 이 수의에 잔존한다면, 다시 말해서 $y(t)/y_0 = 0.92$ 또는 $y(t)/y_0 = 0.93$이라면

$$2^{-\frac{t}{5700}} = 0.92 \Rightarrow t = -\frac{5700}{\ln 2} \ln 0.92 \fallingdotseq 686$$

$$2^{-\frac{t}{5700}} = 0.93 \Rightarrow t = -\frac{5700}{\ln 2} \ln 0.93 \fallingdotseq 597$$

이다. 이 조사는 1988년에 시행되었으므로 이 수의는 13세기에서 14세기 사이의 것으로 판정된다. 즉 예수를 감쌌던 수의가 될 수 없다는 결론이다.[65) ■

5.3.4 사례연구: 치료제의 조절

질병을 치료하기 위한 약품의 투약은 1회성으로 끝나지 않고 정기적인 투약이 필요한 경우가 많다. 이때 약품이 부작용을 일으키지 않도록 하는 약품의 체내 최대허용량을 아는 것은 환자의 건강을 위하여 필수적이다. 체내의 약품성분의 감소율은 체내에 존재하는 약품성분의 양에 비례한다고 가정한다.

65) 토리노의 수의가 진품이 아니라는 1988년의 실험 결과 이후에도 토리노의 수의의 진위 여부는 많은 논란의 대상이 되어 왔다.

보기 6 어떤 질병을 치료하기 위하여 T 시간마다 치료제를 C_0(mg)만큼 투여한다고 한다. 이때 치료제는 주사를 통하여 투여된다고 가정한다.

(a) 세 번째 투약 직후 체내의 치료제는 얼마나 축적되겠는가? n 번째 투약 직후 체내의 치료제는 얼마나 축적되겠는가? 투약이 계속될 경우 체내에 축적되는 치료제 양은 어떻게 되겠는가?

(b) 치료제가 투여된 후 시간 T가 지나면 체내에 축적된 치료제의 80%가 감소한다고 한다. 체내에 축적된 치료제의 양이 50mg을 넘는 경우 부작용이 생긴다면 한 번에 투약할 수 있는 치료제의 최대량은 얼마인가?

풀이 (a) 시점 t에서 치료제의 체내축적량을 $C(t)$라고 하자. 시간 $t=0$에서 C_0만큼 투여되므로 $C(0)=C_0$이다. 따라서 $t<T$이면

$$C(t)=C_0e^{-kt}$$

이다. 상수 k는 약품에 따라 다르게 주어지는 값이며 실험을 통하여 구할 수 있다. 체내의 치료제 양은 감소하므로 $k>0$이다. 두 번째 투약 직후의 체내축적량을 C_2라 하면

$$C_2=C_0+C_0e^{-kT}$$

이다. 세 번째 투약 직후 체내축적량은

$$C_3=C_0+C_2e^{-kT}=C_0+C_0e^{-kT}+C_0e^{-2kT}$$

이다. 마찬가지로 n 번째 투약 직후의 체내축적량은

$$\begin{aligned}C_n&=C_0+C_{n-1}e^{-kT}\\&=C_0+C_0e^{-kT}+\cdots+C_0e^{-(n-1)kT}\\&=C_0\left[1+e^{-kT}+\cdots+e^{-(n-1)kT}\right]\\&=C_0\frac{1-e^{-nkT}}{1-e^{-kT}}\end{aligned}$$

이다. 투약이 계속 될 경우, 즉 n이 무한히 커질 경우 체내축적량은

$$C_\infty=\lim_{n\to\infty}C_0\frac{1-e^{-nkT}}{1-e^{-kT}}=\frac{C_0}{1-e^{-kT}}$$

가 된다. 치료제의 체내축적량 $C(t)$의 그래프는 다음과 같다.

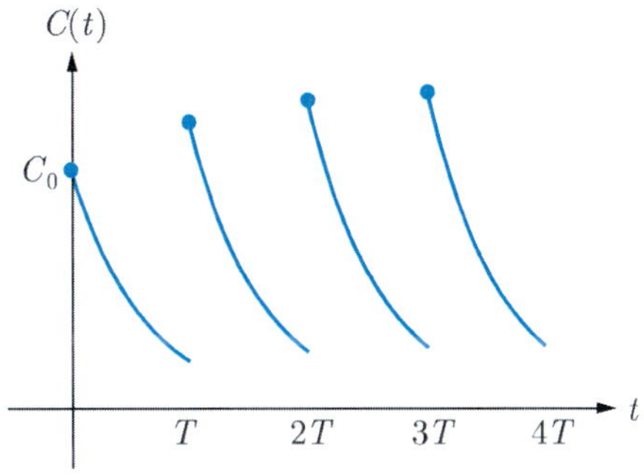

(b) 시간 T 후에 80%가 제거되므로 시간 T 후에 체내 축적량은 초기투여량의 20%이다. 다시 말하면

$$e^{-kT} = \frac{C(T)}{C_0} = 0.2$$

이다. 부작용이 없으려면 최대 체내축적량 C_∞가 50 mg 이하이어야 하므로

$$C_\infty = \frac{C_0}{1-e^{-kT}} \le 50$$

이다.

$$e^{-kT} = 0.2$$

이므로

$$\frac{5}{4}C_0 = 50$$

일 때, 즉 $C_0 = 40$일 때 최대축적량이 50 mg이 된다. 따라서 한 번에 투약할 수 있는 최대량은 40 mg이다. ■

연습문제 5.3

01 어떤 도시의 인구는 1960년에 2.5만 명이었고, 1970년에 3만 명이었다. 이 도시의 인구는 지수적으로 증가한다고 할 때, 2000년에 이 도시의 인구가 몇 만 명이라고 추정할

수 있을까? 소수점 아래 첫째 자리까지 구하여라.

02 어떤 원생동물의 개체 수는 하루에 한 마리당 0.7944마리의 비율로 증가한다고 한다. 어느날 두 마리의 원생동물이 있었다고 할 때, 6일 후의 원생동물의 개체 수는 얼마나 될까?

03 박테리아는 배양액 속에서 20분마다 두 마리의 박테리아로 분열된다. 배양액 속에 박테리아 60마리가 있다.

(a) t시간 후의 박테리아의 수를 t에 대한 식으로 나타내어라.

(b) 시간에 따른 상대성장률($\frac{1}{P}\frac{dP}{dt}$, P는 개체 수)을 구하여라.

(c) 8시간 후의 박테리아의 수를 구하여라.

(d) 8시간 후의 박테리아의 증가율을 구하여라.

(e) 박테리아가 20,000마리가 되는 것은 언제인가?

04 다음 표는 1970년부터 2015년까지의 우리나라의 인구를 만 명 단위로 나타낸 것이다.[66)]

연도	인구	연도	인구
1970	3144	1995	4455
1975	3468	2000	4599
1980	3741	2005	4704
1985	4042	2010	4799
1990	4339	2015	5107

(a) 지수성장 모형에서 1970년, 1975년의 인구를 이용해서 2015년의 인구를 예측하여라. 이 값을 실제 인구와 비교해 보고, 두 값의 차이가 발생하는 이유를 설명하여라.

(b) 2010년과 2015년의 자료를 이용해서, 2020년과 2025년의 인구를 예측하여라.

(c) (a)와 (b)의 두 지수성장 모형의 해곡선을 그려보고, 실제 인구와 비교해보자. 이 두 모형은 신뢰할 수 있는 모형인가?

05 라돈-222의 양은 초기 질량을 y_0라 할 때 함수 $y = y_0 e^{-0.18t}$를 따르는 것으로 알려져 있다(단, t의 단위는 '일'이다). 대기에서 채취한 샘플 속의 라돈의 질량이 초깃값 y_0의 90%가 되는 것은 얼마나 지나서인가?

06 **세슘**-137(cesium)의 반감기는 30년이다. 지금 100mg의 세슘 샘플이 있다고 할 때,

66) 출처: 통계청 국내통계 총조사인구총괄

(a) t년 후에 남아 있는 세슘의 질량을 구하여라.

(b) 100년 후에는 얼마나 많은 양의 세슘 샘플이 남아 있는가?

(c) 1 mg만이 남게 되는 것은 몇 년 후인가?

07 네덜란드의 유명한 화가 **베르메르**[67]의 후기 작품이라고 알려진 한 그림에 대해 물감 속의 탄소-14의 비율을 조사해 본 결과 99.5%의 비율을 차지하고 있었다. 그런데 이 그림이 실제로 베르메르 시대의 그림이라면 탄소-14의 비율은 96.2%이어야 한다. 따라서 이 그림은 모조품이라는 사실을 알 수 있었다. 그렇다면 이 위작은 얼마나 오래된 것일까? 이 작품이 1670년 작품이고, 조사는 1990년에 이루어졌다 가정하고 답하여라.

08 같은 양의 **칼륨**(kalium 또는 potassium)과 **아르곤**(argon) 원자를 가지고 있는 운석이 발견되었다. 칼륨의 반감기는 1.28×10^9년이고, 모든 아르곤 원자는 칼륨의 방사능 붕괴의 결과로 만들어진다고 가정하자. 이 운석이 처음 생겼을 때, 칼륨의 양이 아르곤의 두 배였다고 하면 이 운석은 얼마나 오래된 것인가?

09 우주의 기원 이론 중 하나에 따르면, 우주가 처음 빅뱅을 일으켰을 때 같은 양의 우라늄 동위원소 ^{235}U와 ^{238}U가 있었다고 한다. 그러나 현재에는 ^{238}U 원자가 ^{235}U 원자의 137배가 있다고 한다. ^{238}U의 반감기가 4.51×10^9년이고 ^{235}U의 반감기는 7.10×10^8년이라면 우주의 나이를 계산하여라.

10 어느 부부는 결혼 기념으로 8%의 금리가 연속복리로 계산되는 예금상품에 500만 원을 저금하였다. 이 예금계좌에서 입출금을 한 번도 하지 않고 결혼 20주년에 이 예금을 찾는다면 얼마를 찾게 되겠는가? 단, 20년 동안 금리는 고정되어 있다고 가정한다.

11 은행에서 500만 원을 연이율 14%로 대출받았다. 이자가 계산되는 기간이 아래와 같을 때, 2년 후에 상환해야 하는 금액은 얼마인지 반올림하여 소수점 아래 한 자리까지 구하여라. 단, 단위는 만 원으로 한다.

(a) 1년

(b) 1년에 4회

(c) 1개월

(d) 매일

(e) 연속복리

---

67) Jan Vermeer van Delft(1632~1675)

12 학생회관 전자부품부에서는 CD를 판매하고 있다. 대량구매를 유도하기 위하여 대량으로 구매하는 고객에게는 할인 혜택을 다음과 같이 주기로 하였다. x개의 CD를 구입하면 개당 가격을 $p(x)$로 판매하는데 판매가격의 변화율은 판매가격에 비례하여 감소한다. 이때 감소비율은 0.01이라고 한다. 100개의 CD를 한꺼번에 사면 총 가격이 2만원이라고 한다.

(a) $p(x)$가 만족하는 다음 미분방정식을 이용하여 $p(x)$를 구하여라.

$$\frac{dp}{dx} = -\frac{1}{100}p, \quad p(100) = 200$$

(b) CD를 10개 구매할 때의 개당 가격 $p(10)$과, 90개 구매할 때의 개당 가격 $p(90)$을 구하여라.

(c) CD를 x개 묶음으로 판매하려고 할 때, 묶음의 판매가격 $xp(x)$가 최대가 되는 x를 구하여라.

13 지구 대기의 기압 P는 해발고도 h의 함수로 주어진다. 해발고도에 따른 기압의 변화율은 기압에 비례한다고 알려져 있다. 바다 표면에서 기압이 1013 mb, 고도 20 km에서 기압이 90 mb이다.

(a) 다음 미분방정식의 해를 구하여라. 단, k는 상수이다.

$$\frac{dP}{dh} = kP, \quad P(0) = 1013$$

(b) 고도 50 km에서의 기압은 얼마인가?

(c) 기압이 800 mb가 되는 고도는 얼마인가?

14 100 kg의 소금이 녹아 있는 1000리터의 소금물이 있다. 이 소금물에 초당 5리터의 증류수가 흘러 들어가 균일하게 혼합된다. 그리고 동시에 같은 속도로 혼합된 소금물이 방출되고 있다. 이 물에 소금이 10 kg만 남게 되는 데는 시간이 얼마나 걸리겠는가?

15 어느 환자에게 포도당 정맥 주사를 분당 r ml의 비율로 투여하고 있다. 신체는 혈관 속의 포도당을 현재 혈관 속의 포도당의 양 $Q(t)$에 비례하여 다른 물질로 변화시킨다.

(a) 혈관 속의 포도당의 양 $Q(t)$가 만족하는 미분방정식을 구하여라.

(b) 초기조건 $Q(0) = Q_0$에 대하여 15(a)의 미분방정식을 풀어라.

(c) $t \to \infty$일 때 $Q(t)$의 극한값을 구하여라.

16 **펜토바르비탈 나트륨**이라는 화학물질은 개를 마취시키는 데에 쓰인다. 개는 혈관 속에 몸무게 1kg당 최소 45mg의 펜토바르비탈 나트륨이 존재하면 마취상태가 유지된다고 한다. 개의 혈관 속에서 펜토바르비탈 나트륨은 지수적으로 줄어들고, 그 양이 반으로 줄어드는 데는 5시간이 걸린다고 한다. 50kg의 개를 1시간 동안 마취시키려면 마취제를 최소한 얼마나 투여해야 하는가? 단, 마취제는 주사로 한 번에 투여된다고 한다.

17 바다의 수면 아래 깊이 x미터 지점의 빛의 강도 I는 미분방정식

$$\frac{dI}{dx} = -1.4I$$

를 만족한다.

(a) 수면에서의 빛의 강도를 I_0라 할 때, 빛의 강도가 절반이 되는 깊이는 얼마인가?

(b) 10m 지점에서 빛의 강도는 I_0의 몇 배인가?

(c) 수면에서의 빛의 강도의 1%가 되는 깊이는 얼마인가?

18 설탕이 물에 녹을 때 아직 녹지 않은 설탕의 양을 A라 하면, A는 미분방정식

$$dA/dt = -kA \quad (k > 0)$$

을 만족시킨다고 한다. 설탕을 물에 넣은지 1분만에 25%의 설탕이 녹았다고 할 때, 절반의 설탕이 녹는 데 걸리는 시간은 얼마인가?

19 온도가 20°C인 방안에 놓여 있던 온도계를 5°C인 집 밖으로 가지고 나갔다. 1분이 지났을 때 온도계는 12°C를 가리키고 있었다.

(a) 1분이 더 지났을 때, 온도계는 몇 도를 가리키고 있을까?

(b) 6°C를 가리킬 때는 언제인가?

20 5°C를 유지하고 있는 냉장고에서 차가운 음료수를 꺼내었다. 25분이 지난 후 이 음료수는 20°C인 방 안에서 온도가 10°C가 되었다.

(a) 50분이 지났을 때 음료수의 온도는 얼마일까?

(b) 음료수의 온도가 15°C가 되는 것은 언제인가?

21 갓 내린 커피의 온도는 95°C이다. 이 커피의 온도가 70°C일 때 커피의 온도는 1분당 1°C의 비율로 식어가고 있다. 이 커피는 끓인지 얼마나 되었는가? 단, 방의 온도는 20°C가 유지되고 있다고 한다.

22 46°C의 따뜻한 물 한 컵을 냉장고에 넣었다. 10분 후 물의 온도는 39°C였다. 10분이 더 지났을 때 물의 온도는 33°C였다. 냉장고의 내부는 항상 일정한 온도로 유지한다고 할 때, 냉장고의 내부 온도를 구하여라.

23 케이크를 오븐에서 꺼냈을 때 케이크의 온도는 방의 온도보다 70°C 더 높았다. 10분이 지나자 이 케이크의 온도는 방의 온도보다 60°C 더 높았다.

(a) 15분이 더 지나면 케이크의 온도는 방의 온도보다 얼마나 더 높은가?

(b) 1시간이 지나면 어떠할까?

(c) 2시간 후 케이크의 온도가 30°C라면 방의 온도는 얼마인가? 단, 방의 온도에는 변화가 없다고 한다.

5.4 자율방정식

5.4.1 로지스틱 모형

시간 t에서 인구의 크기를 $y(t)$라 하자. 맬서스 모형, 즉 지수성장모형은 인구 증가율$\left(\frac{dy}{dt}\right)$이 인구에 비례한다는 가정에서 출발한다. 즉, 어떤 상수 k에 대하여 $\frac{dy}{dt}=ky$임을 가정한다. 이 모형에서

$$\frac{dy/dt}{y} \tag{5.17}$$

로 정의되는 **상대증가율**(relative growth rate)은 상수 k이다. 다시 말해서, 지수성장모형에서 상대증가율은 인구의 크기에 관계없이 항상 일정하다. 인구가 상대적으로 작을 때 대부분의 인구는 지수성장을 한다. 그러나 제한된 자원과 환경문제 등, 여러 이유로 인구가 많아지면 인구의 상대증가율은 둔화되는 것이 일반적이다. 따라서 오랜 기간 동안 지수성장을 하는 인구는 찾아보기 힘들다. 이런 요인을 감안하여 인구가 많아지면 상대증가율 (5.17)이 감소하는 모형을 생각해 볼 수 있다. 즉, 어떤 감소함수 f에 대하여

$$\frac{dy/dt}{y}=f(y) \quad \text{또는} \quad \frac{dy}{dt}=f(y)y \tag{5.18}$$

임을 가정할 수 있다. 식 (5.18)에서 f가 가장 간단한 선형함수인

$$f(y)=a-by$$

라고 가정하면 식 (5.18)은 다음과 같이 표현된다.

$$\frac{dy/dt}{y}=a-by \quad \text{또는} \quad \frac{dy}{dt}=(a-by)y \tag{5.19}$$

이 모형은 1840년경 벨기에의 생물학자이자 수학자인 **베르헐스트**[68]에 의하여 인구를 예측하기 위한 수학적 모형으로 고안되었다. 미분방정식 (5.19)를 **로지스틱방정식**(logistic equation)이라 부른다.

68) P.F. Verhulst

어떤 생명체가 살고 있는 시스템이 수용할 수 있는 최대 인구가 L이라 하자. 이 수를 그 시스템의 **수용용량**(carrying capacity)이라 한다. 인구가 시스템의 수용용량에 도달하면 더 이상 인구의 증가는 불가능하므로 $f(L) = 0$이 된다. $f(0) = r$을 자연성장률이라 하면

$$f(0) = a = r, \quad f(L) = a - bL = 0 \Rightarrow b = \frac{r}{L}$$

이므로 식 (5.19)는 다음과 같이 쓸 수 있다.

$$\frac{dy}{dt} = ry\left(1 - \frac{y}{L}\right) \tag{5.20}$$

로지스틱방정식

자연성장률이 r이고 수용용량이 L인 로지스틱방정식을 다음과 같이 정의한다.

$$\frac{dy}{dt} = ry\left(1 - \frac{y}{L}\right)$$

보기 1 로지스틱방정식은 두 개의 임계점

$$y = 0, \quad y = L$$

을 갖는다. 만약 초깃값이 $y_0 = 0$이거나 $y_0 = L$이면 인구 변동은 생기지 않는다. 즉, $y(t) \equiv 0$과 $y(t) \equiv L$은 식 (5.20)의 평형해이다. 실수의 집합 $\mathbb{R}$은 두 개의 임계점 0과 L에 의하여 다음과 같이 세 개의 구간으로 나누어진다.

$$-\infty < y < 0, \quad 0 < y < L, \quad L < y < \infty$$

다음 표는 각 구간에서 해곡선의 움직임을 요약해 놓은 것이다.

구간	$f(y)$	y
$(-\infty, 0)$	$-$	감소
$(0, L)$	$+$	증가
(L, ∞)	$-$	감소

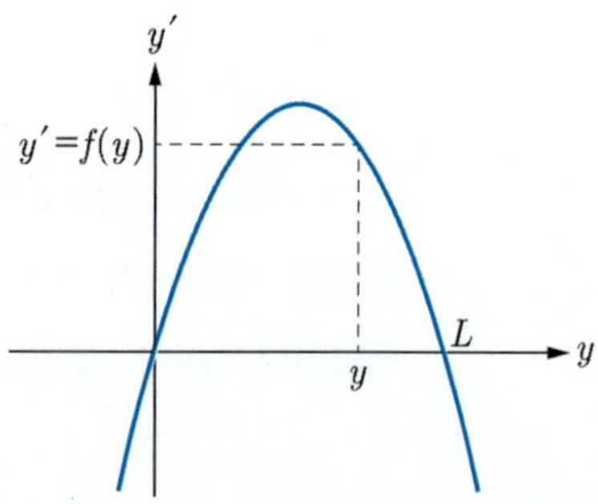

이 표가 갖고 있는 정보는 아래 그림처럼 간단히 요약할 수 있다. 여기서 오른쪽으로 향하는 화살표는 그 지점에서 해곡선이 증가함($y' > 0$)을, 왼쪽으로 향하는 화살표는 해곡선이 감소함($y' < 0$)을 나타낸다. ■

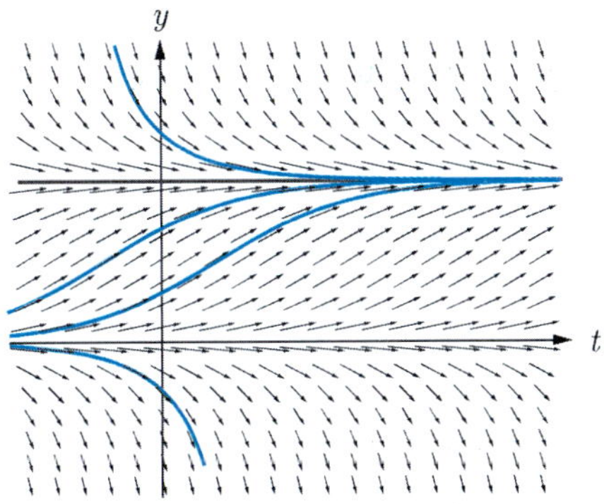

로지스틱 방정식에서 우리는 다음과 같은 사실들을 알 수 있다.

- 인구 y가 수용용량 L에 비하여 아주 작을 때, y/L는 0에 가까우므로

$$\frac{dy}{dt} \fallingdotseq ry$$

이다. 따라서 인구가 수용용량에 비하여 아주 작을 때 로지스틱 모형은 지수성장(자연성장)과 유사한 변화를 보인다. 이런 이유로 상수 r을 **자연성장률**(natural growth rate)이라 한다.

- 만약 인구 y가 수용용량 L에 가까워지면 y/L는 1에 가까워지고, 따라서

$$\frac{dy}{dt} \fallingdotseq 0$$

이다. 따라서 인구가 수용용량에 가까워지면 인구 변화는 미미해진다.

- 인구가 수용용량보다 작은 경우($0 < y < L$)

$$\frac{dy}{dt} > 0$$

이므로 인구는 증가한다. 반면 인구가 수용용량보다 큰 경우($y > L$)

$$\frac{dy}{dt} < 0$$

이므로 인구는 감소한다.

- $\frac{dy}{dt}$가 $y = \frac{L}{2}$일 때 최댓값을 가지므로 인구증가율은 $y = \frac{L}{2}$에서 가장 높다.

5.4.2 로지스틱방정식의 해: 로지스틱함수

$y_0 = y(0) \neq 0$, L이라 하자. 로지스틱방정식 (5.20)을 변수분리하여 쓰면

$$\frac{dy}{(1-y/L)y} = r\,dt$$

이다. 부분분수를 이용하여

$$\frac{1}{y(1-y/L)} = \frac{L}{y(L-y)} = \frac{1}{y} + \frac{1}{L-y}$$

로 쓰면

$$\left(\frac{1}{y} + \frac{1}{L-y}\right)dy = r\,dt$$

이다. 양변을 적분하면

$$\ln|y| - \ln|L-y| = rt + c$$

이고, 로그의 성질을 이용하여 계산하면

$$\ln\left|\frac{L-y}{y}\right| = -rt - c \quad \Rightarrow \quad \left|\frac{L-y}{y}\right| = e^{-rt-c}$$
$$\Rightarrow \quad \frac{L-y}{y} = Ce^{-rt}$$

이다. 여기서 $C = \pm e^{-c}$이다. 이 식을 y에 대하여 풀면

$$\frac{L}{y} - 1 = Ce^{-rt} \Rightarrow \frac{L}{y} = Ce^{-rt} + 1$$

이므로

$$y = \frac{L}{Ce^{-rt}+1}$$

을 얻는다. 초기조건 $y(0) = y_0$에서

$$\frac{L}{y_0} - 1 = C$$

이다. 이렇게 로지스틱방정식의 해로 주어지는 함수를 **로지스틱함수**(logistic function)라고 한다.

로지스틱방정식의 해

로지스틱방정식의 초깃값문제

$$\frac{dy}{dt} = ry\left(1-\frac{y}{L}\right), \quad y(0) = y_0$$

의 해는 다음과 같은 로지스틱함수이다.

$$y(t) = \frac{Ly_0}{(L-y_0)e^{-rt}+y_0}$$

NOTE 시간이 지남에 따라 인구는 수용용량 L로 수렴함을 확인할 수 있다

$$\lim_{t\to\infty} y(t) = L$$

보기 2 인공 호수에 잉어 10마리를 방류했다. 시점 t에서 잉어의 수 $y(t)$는 로지스틱방정식

$$\frac{dy}{dt} = 0.001y(100-y)$$

를 만족한다고 한다. 단, 시간 t의 단위는 월이다.

(a) 이 호수의 수용용량은 얼마인가?

(b) 이 초깃값문제를 풀어라.

(c) 1년 후 잉어의 수는 약 몇 마리인가?

(d) 잉어의 수가 50마리가 되는 것은 방류 후 약 몇 달이 지나서인가?

풀이 (a) y는 다음 초깃값문제를 만족한다.

$$\frac{dy}{dt} = 0.1y\left(1-\frac{y}{100}\right), \quad y(0) = 10$$

그러므로 수용용량은 100마리이다.

(b) $r=0.1$, $L=100$이고 $y_0=y(0)=10$이므로

$$y(t)=\frac{1000}{90e^{-0.1t}+10}=\frac{100}{9e^{-0.1t}+1}$$

이다.

(c) 1년 후 잉어의 수는 $y(12)$이다.

$$y(12)=\frac{100}{9e^{-1.2}+1}\fallingdotseq 27$$

이므로 1년 후 잉어의 수는 약 27마리이다.

(d) t개월 후의 잉어 수가 50마리라고 하자. 그러면

$$y(t)=\frac{100}{9e^{-0.1t}+1}=50$$

이므로

$$9e^{-0.1t}+1=2 \Rightarrow t=\frac{\ln 9}{0.1}\fallingdotseq 22$$

즉, 22개월 후이다. ■

사례연구: 전염병의 전파모형

인구가 M인 어떤 지역에 전염병이 퍼지기 시작했다. 이 전염병은 감염자와의 접촉에 의하여 전염된다고 한다. 시간 t에 전염병에 감염된 사람의 수를 $y(t)$라 하자. 감염자 수의 증가율 dy/dt는 감염자 수 $y(t)$와 비감염자 수 $(M-y(t))$의 곱에 비례한다. 그러므로 감염자 수 $y(t)$는 로지스틱방정식

$$\frac{dy}{dt}=ky(M-y)$$

을 만족한다.

NOTE

1. 이 경우 시간이 흐르면 환자의 수는 전체 인구로 수렴한다. 이러한 현상은 전염병이 치료가 불가능하며 이 병으로 인한 사망도 없음을 가정하고 있기 때문이다. 이런 비현실적인 가정은 수학적 모형화를 단순화하기 위한 것이며 좀 더 현실적인 모형은 6장에서 다루기로 한다.
2. 인구가 일정한 사회에서 소문이 퍼지는 것도 같은 식으로 모형화할 수 있다.

보기 3 인구가 2000명인 섬에 독감 바이러스를 가진 환자가 한 명 발생했다. 독감 환자는 4일 후 20명으로 늘어났다. 첫 환자 발생 일주일 후 독감 환자는 몇 명이겠는가? 독감 바이러스가 퍼지는 비율은 환자의 수와 비환자의 수의 곱에 비례하며 독감에 걸린 환자가 회복되려면 적어도 열흘은 걸린다고 가정한다. 이 기간 동안 인구의 이동 및 변동은 없다고 가정한다.

풀이 $y(t)$를 t일 후 독감 환자의 수라고 하자. 주어진 가정에 의하면 $y(t)$는 다음 로지스틱방정식을 만족한다.

$$\frac{dy}{dt} = ky(2000-y) = ry\left(1-\frac{y}{2000}\right), \quad y(0) = 1$$

여기서 $r = 2000k$이다. 초깃값 $y_0 = 1$이고 수용용량 $L = 2000$이므로

$$y(t) = \frac{2000}{1+1999e^{-rt}}$$

이다. $y(4) = 20$이므로

$$\frac{2000}{1+1999e^{-4r}} = 20, \quad 즉\ r = -\frac{1}{4}\ln\left(\frac{99}{1999}\right) \fallingdotseq 0.75$$

이다. 따라서 일주일 후 독감 환자의 수는

$$y(7) = \frac{2000}{1+1999e^{-0.75\cdot 7}} \fallingdotseq 174$$

이다. ■

5.4.3 자율방정식

지수성장모형이나 로지스틱모형처럼 y의 변화율 y'이 y에만 의존할 때, 다시 말해서

$$y' = f(y)$$

꼴인 경우 미분방정식을 **자율방정식**(autonomous equation)이라 한다. 자연과학이나 공학에서 다루는 미분방정식 중에서 그 변화율이 시간과 무관한 것들이 많은데 (예를 들어 지수성장모형이나 로지스틱 방정식) 그러한 미분방정식들은 모두 자율적이다.

자율방정식에서 변화율 y'의 움직임을 수직선 위에 나타낸 것을 **1차원 위상묘**

사(one dimensional phase portrait) 또는 간단히 **위상도**(phase diagram)라고 한다. 임계점 $y=c$를 기준으로 양쪽에서 화살표가 모두 임계점으로 향하는 경우, 그 임계점 $y=c$를 **끌개**(attractor)라 하고, 평형해 $y=c$는 **안정적**(stable)이라 한다. 안정적이지 않은 평형해는 **비안정적**(unstable)이라 한다. 특히, 화살표가 모두 임계점에서 외부로 향하는 경우 그 임계점 $y=c$를 **밀개**(repeller)라 한다.

예를 들어 로지스틱방정식에서 $y=L$은 끌개이고, $y=0$은 밀개이다.

보기 4 다음 미분방정식의 평형해를 구하고 위상도를 그려라.

$$\frac{dy}{dt}=y^2-y^4$$

각 임계점의 성질을 살펴보고 $y(0)=\pm\frac{1}{2},\ \pm\frac{3}{2}$일 때 $\lim_{t\to\infty}y(t)$를 구하여라.

풀이

$$y^2-y^4=y^2(1-y)(1+y)=0$$

이므로 세 개의 평형해

$$y=-1,\quad y=0,\quad y=1$$

이 존재한다. 구간 $[-1,\ 1]$에서는 방향장의 기울기는 양(+), $y<-1$ 또는 $y>1$에서는 방향장의 기울기는 음(−)이다. 위상도를 그려 보면 다음과 같다.

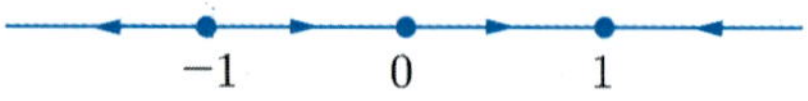

여기서 임계점 $y=1$은 끌개, 임계점 $y=-1$은 밀개이다. 따라서 $y(0)=\frac{1}{2},\ \frac{3}{2}$일 때 $\lim_{t\to\infty}y(t)=1$이고, $y(0)=-\frac{1}{2}$일 때 $\lim_{t\to\infty}y(t)=0$, $y(0)=-\frac{3}{2}$일 때 $\lim_{t\to\infty}y(t)=-\infty$이다. ■

보기 5 두 종류의 화합물 A, B가 반응하여 새로운 화합물 C가 합성된다. A와 B의 구성비는 1 : 1, 즉 A 1g당 B 1g이 반응한다. 외부환경의 변화가 없을 때, 화합물 C의 생성률은 A와 B의 남아 있는 양의 곱에 비례한다는 것이 알려져 있다. 반응이 시작되기 전 A는 100g, B는 110g이 있었고 반응이 시작되고 10분 후에 생성된 화합물 C는 100g이었다.

(a) 20분 후에 생성된 화합물 C의 양은 얼마인가?

(b) 150 g의 C를 얻으려면 약 몇 분을 기다려야 하는가?

(c) 시간이 충분히 흐르면 생성된 화합물 C의 양은 얼마인가?

풀이 (a) 시간 t에 존재하는 화합물 C의 양을 $y(t)$고 하자. A와 B의 구성비가 1 : 1이므로 $y(t)$의 화합물 C에는 $y(t)/2$의 A, B가 각각 쓰였다. 따라서 남은 A, B의 양은 각각

$$100-\frac{y}{2},\quad 110-\frac{y}{2}$$

이다. 화합물 C의 생성률은 A와 B의 남아 있는 양의 곱에 비례하므로 다음 미분방정식을 얻는다.

$$\frac{dy}{dt}=k\left(100-\frac{y}{2}\right)\left(110-\frac{y}{2}\right)=\frac{k}{4}(200-y)(220-y)$$

부분분수

$$\frac{1}{(200-y)(220-y)}=\frac{1}{20}\left(\frac{1}{200-y}-\frac{1}{220-y}\right)$$

를 이용하여 변수분리하면

$$\frac{1}{200-y}dy-\frac{1}{220-y}dy=5k\,dt$$

이고, 양변을 적분하면

$$\ln\left(\frac{220-y}{200-y}\right)=5kt+c\ \Rightarrow\ \frac{220-y}{200-y}=Ce^{5kt}$$

이다. $y(0)=0$이므로 $C=11/10$이고 $y(10)=100$이므로

$$\frac{120}{100}=\frac{11}{10}e^{5k\cdot 10}\ \Rightarrow\ 5k=\frac{\ln(12/11)}{10}\fallingdotseq 0.0087$$

이다. y에 대하여 정리하면

$$y(t)=2200\cdot\frac{1-e^{-0.0087t}}{11-10e^{-0.0087t}}$$

이다. 그러므로 20분 후에 생성된 화합물 C의 양은

$$y(20)=2200\cdot\frac{1-e^{-0.0087\cdot 20}}{11-10e^{-0.0087\cdot 20}}\fallingdotseq 135(g)$$

이다.

(b) 이 경우 다음 식을 이용하는 것이 계산이 간단하다.

$$\frac{220-y}{200-y} = \frac{11}{10}e^{0.0087t}$$

$y = 150$이면

$$\frac{70}{50} = \frac{11}{10}e^{0.0087t} \Rightarrow t = \frac{\ln(14/11)}{0.0087} \fallingdotseq 27.7$$

약 28분 후면 150g의 화합물 C를 얻을 수 있다.

(c) $\lim_{t\to\infty} y(t) = 200$이므로 약 200g의 화합물 C가 얻어진다. ■

5.4.4 사례연구: 수확모형

대구나 연어 같은 해양자원은 지나친 어획에 의하여 멸종될 위기에 처해 있다. 따라서 이러한 어종의 어획은 엄격한 제한 아래 실시하도록 되어 있다. 그 중 한 방법은 일년에 어획할 수 있는 양을 일정하게 제한하는 것이고 다른 한 방법은 일년에 어획할 수 있는 양을 현재 물고기 양의 일정비율로 제한하는 것이다. 어획은 연속적으로[69] 일어나며 어획이 일어나지 않는 경우 물고기의 양은 로지스틱 모형을 따른다고 가정한다.

물고기의 양을 $y(t)$라 한다면 첫 번째 모형(일년에 어획할 수 있는 양을 일정하게 제한)은 다음 미분방정식을 만족한다.

$$\frac{dy}{dt} = ry\left(1-\frac{y}{L}\right) - h, \quad h\text{는 상수}$$

이 모형을 **상수수확모형**(constant harvest model)이라 한다. 두 번째 방법(일년에 어획할 수 있는 양을 현재 물고기 양의 일정비율로 제한)을 미분방정식으로 쓰면

$$\frac{dy}{dt} = ry\left(1-\frac{y}{L}\right) - \alpha y, \quad 0 \le \alpha \le 1$$

이 된다. 이 모형을 **비율수확모형**(proportional harvest model)이라 한다.

보기 6 송어 양식장의 물고기 양(단위: 톤)은 자연상태에서 다음과 같은 로지스틱 방정식을 따른다고 한다.

$$\frac{dy}{dt} = 0.005y(100-y)$$

69) 연속복리 참조

(a) 양식장 주인은 1년 동안 8톤의 송어를 수확하려 한다. 처음 송어의 양이 10, 50, 90인 경우 시간이 흐름에 따라 양식장의 물고기 양은 어떤 변화를 보이는지 설명하여라.

(b) 1년 동안 15톤의 송어를 수확할 경우 위 질문에 답하여라.

(c) 송어가 멸종하지 않으려면 1년의 수확량을 어떻게 제한하여야 하는가? 이때 초기 송어의 양은 어떻게 유지를 하여야 하는가?

풀이 (a) 시간 t에서 양식장의 송어 양을 $y(t)$라 하면 다음 자율방정식을 따른다.

$$\frac{dy}{dt} = 0.005y(100-y)-8$$

우변을 인수분해하면

$$\begin{aligned} 0.005y(100-y)-8 &= -0.005(y^2-100y+1600) \\ &= -0.005(y-20)(y-80) \end{aligned}$$

이므로 $y=20$, $y=80$은 평형해이다. 위상도는 다음과 같다.

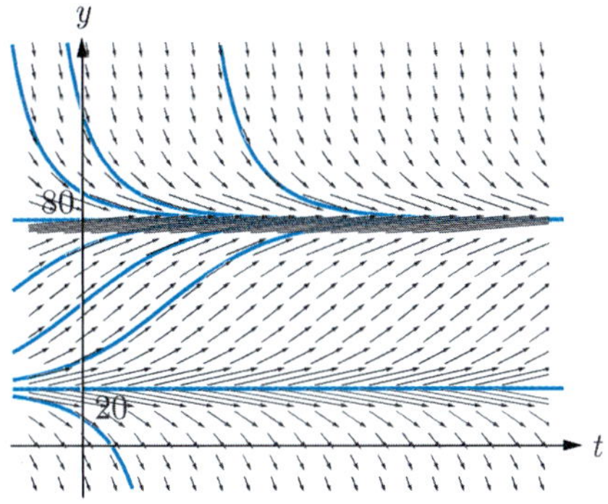

평형해 $y=80$은 끌개이고, $y=20$은 밀개이다. 즉, 처음 송어의 양 y_0가 20보다 크면 시간이 흐름에 따라 송어의 양은 80에 가까워진다. 반면 처음 송어의 양 y_0가 20보다 작으면 시간이 지나면 송어는 멸종된다. 따라서 처음 송어의 양이 50, 90인 경우 시간이 지나면 송어의 양은 80에 가까워지고 처음 송어의 양이 10톤인 경우 시간이 지나면 송어는 멸종된다.

(b) $y(t)$는 다음 자율방정식을 따른다.

$$\frac{dy}{dt} = 0.005y(100-y) - 15$$

우변을 정리하면

$$0.005y(100-y) - 15 = -0.005(y^2 - 100y + 3000) < 0$$

이므로 평형해는 존재하지 않는다. 위상도를 그려 보면 다음과 같다.

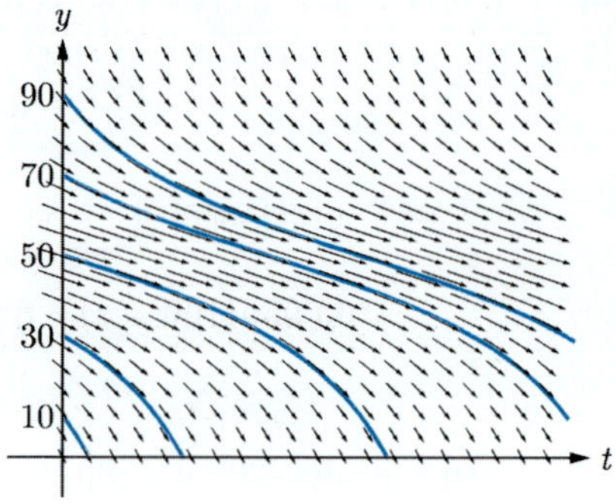

처음 송어의 양 y_0가 얼마인지에 상관없이 시간이 흐름에 따라 송어는 멸종할 위기에 처한다.

(c) 1년에 r톤의 송어를 수확한다면 다음 미분방정식을 만족한다.

$$\frac{dy}{dt} = 0.005y(100-y) - r = -0.005(y^2 - 100y + 200r)$$

우변은 $r = 12.5$일 때, 중근 50을 갖는다.

(i) $r > 12.5$일 때 평형해는 존재하지 않고 $\frac{dy}{dt} < 0$이다. 이때 $y(0)$의 값에 상관없이 송어는 멸종한다.

(ii) $r = 12.5$일 때 $y = 50$은 평형해가 된다. $y \neq 50$이면 항상 $y' < 0$이므로 $y = 50$은 비안정적이다.

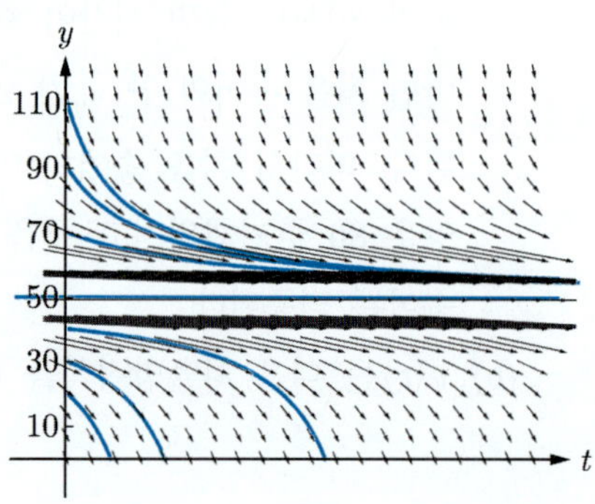

$r = 12.5$일 때, $y(0) < 50$이면 송어는 계속 감소하여 결국은 멸종하고 $y(0) \geq 50$이면 송어의 양은 50으로 수렴한다.

(iii) $r < 12.5$이면 다음과 같이 서로 다른 두 실근을 갖는다.

$$r_1 = 50 - \sqrt{50^2 - 200r}, \quad r_2 = 50 + \sqrt{50^2 - 200r}$$

r_1은 밀개, r_2는 끌개이다.

따라서 초기 송어의 양이 r_1보다 많을 때, $r < 12.5$ 만큼 수확하면 송어의 양은 시간이 지남에 따라 r_2로 수렴한다. ■

연습문제 5.4

01 다음 미분방정식을 풀어라.

(a) $\dfrac{dy}{dt} = 3y(5-y), \ y(0) = 8$ (b) $\dfrac{dy}{dt} = 3y(y-5), \ y(0) = 2$

(c) $\dfrac{dy}{dt} = 4y(7-y), \ y(0) = 11$ (d) $\dfrac{dy}{dt} = 7y(y-13), \ y(0) = 17$

02 500마리의 물고기가 살고 있는 연못에 대하여 생물학자들은 최대 10,000마리의 물고기가 살 수 있다고 추정하였다. 즉, 그 연못의 수용용량이 10,000마리라고 한다. 관측을 시작한 첫 해에 물고기의 개체 수는 두 배로 증가하였다.

(a) 연못 안의 물고기 수가 로지스틱 모형을 따른다고 가정할 때, t년 후 물고기의 개체 수를 식으로 나타내어라.

(b) 연못 안의 물고기 수가 5,000마리가 되는 것은 몇 년 후인가?

03 양식장의 물고기의 수용용량은 200마리이다. 여덟 미리의 물고기를 수조 안에 풀어 놓았다. 물고기의 개체 수 $P(t)$는 다음과 같은 미분방정식을 따른다고 한다.

$$\frac{dP}{dt} = 0.0015(200 - P)P$$

이때 시간 t의 단위는 일주일이다.

(a) 물고기의 개체 수 $P(t)$를 구하여라.

(b) 물고기가 100마리가 되는 데는 얼마의 시간이 걸리는가? 150마리가 되는 데는 얼마나 걸리는가?

04 야생동물 보호구역에서 최대 400마리의 고릴라가 영역다툼 없이 살아갈 수 있다고 한다. 1970년 이 보호구역에 25마리의 고릴라가 서식하는 것으로 확인되었다. 고릴라 개체 수 P의 증가율은 다음 식을 따른다고 한다.

$$\frac{dP}{dt} = 0.00025(400 - P)P$$

이때 t는 년수이다.

(a) 고릴라의 개체 수를 t에 대한 식으로 표현하여라.

(b) 개체 수가 수용용량의 95% 이상이면 포화상태에 이르렀다고 한다. 포화상태에 이르기까지 몇 년이 걸리는가?

05 태평양의 넙치 포획은 넙치의 양에 대한 다음의 모형을 참고해서 이루어진다.

$$\frac{dy}{dt} = r(M - y)y$$

이때 $y(t)$는 톤을 단위로 한 넙치의 양이고, $M = 8 \times 10^4\,\text{ton}$, $r = 0.9 \times 10^{-5}$이다.

(a) 만약 $y(0) = 1.6 \times 10^4\,\text{ton}$이면 1년 후의 넙치의 총 양은 얼마인가?

(b) 넙치의 양이 $4 \times 10^4\,\text{ton}$이 되는 것은 언제인가?

06 1990년 세계 인구는 약 53억 명이었다. 연간 출생인구는 약 375만 명, 연간 사망인구는 약 175만 명이었다. 지구의 인구에 대한 수용용량이 1000억 명이라고 가정하자.

(a) 위의 자료를 근거로 삼아서, 인구에 대한 로지스틱방정식을 세워 보아라(인구의 초깃값이 수용용량에 비해서 아주 작으므로, 자연성장률 r의 값에 대한 추정값으로 초기의 변화율을 사용하기로 한다).

(b) 이 로지스틱 모형을 이용해서 2008년의 세계 인구를 추정하고, 2008년의 실제 세계 인구 66.5억 명과 비교해 보아라.

(c) 이 로지스틱 모형을 이용해서 2100년과 2500년 사이의 세계 인구를 예측해 보아라.

(d) 만약 지구의 인구에 대한 수용용량이 500억 명이면 **문제 06**(c)의 결과는 어떻게 바뀌는가?

07 (a) 우리나라의 면적 등을 고려해서 우리나라의 인구에 대한 수용용량을 설정해 보아라. 이 가상의 수용용량과, 1990년 우리나라 인구가 4280만 명이었다는 사실을 이용해서 로지스틱방정식을 세워 보아라.

(b) 2000년 우리나라 인구가 4700만 명이었다는 사실을 이용해서 자연성장률 r의 값을 결정하여라.

(c) 위의 모형을 이용해서 2100년과 2200년 사이의 우리나라 인구에 대해 예측해 보아라.

(d) 위의 모형을 이용해서 인구가 6000만 명이 되는 것이 언제인지 추정해 보아라.

08 시간 t에서 A, B 두 나라의 인구를 $P_A(t)$, $P_B(t)$라고 하자. 두 나라의 인구는 수용용량이 모두 M인 로지스틱방정식을 만족한다. 하지만 각각 r_1과 r_2라는 서로 다른 자연성장률을 가지고 있다고 하자. $r_1 < r_2$이면, 어느 나라의 인구가 극한값 M에 더 빠르게 수렴하는가? 단, $P_1(0) = P_2(0) < M$이다.

(a) 컴퓨터 프로그램을 이용해서 두 인구함수의 방향장을 그려서 설명해 보아라.

(b) 미분방정식의 해를 구해서 설명해 보아라.

(c) 여러 t 값을 대입해 보고, 그 수치들을 비교한 후 결과를 이용해서 설명해 보아라.

09 (a) 만약 함수 $P(t)$가 자연성장률이 r이고 수용용량이 K인 로지스틱방정식을 만족한다면, 그 이계도함수가 다음의 식을 만족함을 보여라.

$$\frac{d^2P}{dt^2} = r^2P\left(1 - \frac{P}{K}\right)\left(1 - \frac{2P}{K}\right)$$

(b) 위 문제의 결과로부터 인구의 증가율은 인구가 수용용량의 절반이 되었을 때 가장 빠르다는 것을 보여라. 단 $P(0) < K$이다.

10 자연성장 모형을 따르는 햄스터의 개체 수 함수 $P(t)$에 대하여 상대출생률은 0.1, 상대사망률은 δ라는 상수로 일정하다고 한다. 이때 상대성장률 $(1/P)(dP/dt)$는 상대출생률과 상대사망률의 차로 주어진다. 만약 $P(0) = 100$이고 $P'(0) = 8$이었다면, 햄스터의 개체 수가 200마리로 증가하는 것은 시간이 얼마나 지나서인가? 단, 여기서 시간의 단위는 개월이다.

11 생물의 번식에 관한 이론에 따르면, 특정한 종의 생물들은 자연 상태에서 개체 수가 m 이하로 떨어지면 멸종하게 되는 상수 m이 존재한다고 한다. 이러한 이론을 적용한 모형

은 기존의 로지스틱 모형에 $(1-m/P)$라는 항을 추가하여 다음과 같은 수정된 로지스틱 모형을 얻는다.

$$\frac{dP}{dt} = rP\left(1-\frac{P}{K}\right)\left(1-\frac{m}{P}\right)$$

(a) 이 미분방정식을 이용해서 모든 해는 $m < P < K$이면 증가하고, $0 < P < m$이면 감소함을 설명하여라.

(b) $r = 0.08$, $K = 1000$, $m = 200$인 경우 평형해를 구하고 위상도를 그려 보아라. 개체 수의 초깃값에 따라서 개체 수가 어떻게 변하는지 설명해 보아라.

(c) 이 미분방정식의 초깃값이 P_0일 때, 해를 구하여라.

(d) **문제 11**(c)를 이용해서 $P_0 < m$이면, 이 종은 유한한 시간 안에 멸종함을 보여라.

12 질량 m인 물체가 자유낙하할 때 대략 속도의 제곱에 비례하여 공기의 저항을 받는다고 한다. 이 결과를 미분방정식으로 나타내면 다음과 같다.

$$m\frac{dv}{dt} = mg - kv^2, \quad k > 0$$

이때 g는 중력가속도이고, k는 물체의 공기역학적 성질에 의존하는 상수이다.

(a) 이 미분방정식의 위상도를 그려라.

(b) 속도함수의 몇 개의 해곡선을 대략적으로 그려라.

(c) 이 문제에서 시간의 단위는 초, 거리의 단위는 미터, $k = 0.004$라 하자. 55 kg(즉, $m = 55$)의 여성 스카이다이버가 정지해 있는 헬리콥터에서 뛰어내릴 때, 스카이다이버의 최종 속도는 어디로 수렴하는가? 단, 헬리콥터는 충분히 높은 위치에 있다고 가정한다.

13 어떤 지역의 인구를 P라 하고, 상대적 출생률과 상대적 사망률을 각각 α, β로 나타내자. 그리고 다른 지역으로의 이주율은 인구에 상관없이 항상 m이라 하자. 이때 α, β, m은 모두 양수인 상수이고 $\alpha > \beta$이다. 이러한 인구모형은 다음과 같은 미분방정식으로 표현할 수 있다.

$$\frac{dP}{dt} = kP - m, \quad k = \alpha - \beta$$

(a) 위 모형의 초기조건이 $P(0) = P_0$일 때, 미분방정식의 해를 구하여라.

(b) 어떠한 m 값에 대해서 인구 변화는 지수성장 모형을 따르는가?

(c) 어떠한 m 값에 대해서 인구는 일정하게 유지되는가? 어떤 경우 인구가 감소하는가?

14 다음과 같은 상수수확모형을 생각하자.

$$\frac{dP}{dt} = 0.08P\left(1 - \frac{P}{1000}\right) - 15$$

(a) 함수 $P(t)$가 시간 t에서 물고기의 개체 수라 하고, t의 단위는 주라고 하자. 위 방정식 중 항 -15의 의미를 설명해 보아라.

(b) 위 미분방정식의 위상도를 그려라.

(c) 평형해는 무엇인가?

(d) **문제 14**(b)에서 그려진 위상도를 이용해서 몇 개의 해곡선을 대략적으로 그려보아라. 여러 개체 수의 초깃값에 따라서 물고기의 개체 수가 어떻게 변화하는지 설명해 보아라.

(e) 초깃값 $P(0) = 300$을 이용해서 미분방정식의 해를 실제로 구하여라. 해곡선을 그려 보아라.

5.5 선형미분방정식

변수분리가 되지 않는 다음 미분방정식을 생각해 보자.

$$t\frac{dy}{dt} + y = \cos t$$

이 미분방정식의 좌변은 함수의 곱 $ty(t)$의 도함수임을 알 수 있다. 즉,

$$(ty)' = (\sin t)'$$

이 성립하므로 미적분의 기본정리에 의하여

$$ty = \sin t + C \Rightarrow y = \frac{\sin t}{t} + \frac{C}{t}$$

를 얻는다. 이렇게 미분방정식에서 각 변을 어떤 함수의 곱의 도함수 꼴로 쓸 수 있으면 미적분의 기본정리를 이용하여 해를 구할 수 있다. 이제 일반적인 (선형)미분방정식에 대하여 이러한 방법을 적용하여 해를 구해 보기로 한다.

5.5.1 선형미분방정식

다음 꼴로 쓸 수 있는 미분방정식을 **일계선형미분방정식**(first order linear differential equation)이라 한다.

$$a(t)y' + b(t)y = c(t)$$

선형이 아닌 미분방정식은 **비선형**(nonlinear)이라 한다. $a(t) \neq 0$일 때, 위 식을 $a(t)$로 나누고 $p(t) = b(t)/a(t)$, $q(t) = c(t)/a(t)$라고 하면 다음과 같은 **표준형**(canonical form)의 일계선형미분방정식을 얻는다.

$$y' + p(t)y = q(t)$$

일계선형미분방정식

다음 꼴로 쓸 수 있는 미분방정식을 일계선형미분방정식이라 한다.

$$y' + p(t)y = q(t)$$

여기서 $p(t)$, $q(t)$는 주어진 구간에서 연속인 함수이다.

	미분방정식	변수분리	선형성
(1)	$ty' + y = t$	불가능	선형
(2)	$y' = y(1-y)$	가능	비선형
(3)	$y' + 2y = e^t$	불가능	선형
(4)	$y' = y\sin t$	가능	선형
(5)	$y' = t\sin y$	가능	비선형

위의 표에서 미분방정식 (1)을 살펴보면 좌변은 곱의 미분규칙에 의하여 ty의 미분임을 알 수 있다. 즉,

$$\frac{d}{dt}(ty) = \frac{d}{dt}\left(\frac{1}{2}t^2\right)$$

이므로

$$ty = \frac{1}{2}t^2 + C \Rightarrow y = \frac{t}{2} + \frac{C}{t}$$

로 미분방정식의 해를 구할 수 있다. 미분방정식 (3)을 풀기 위해서는 다음 사실을 주목하자.

$$e^{2t}(y' + 2y) = \frac{d}{dt}(e^{2t}y) \tag{5.21}$$

따라서 미분방정식 (3)의 양변에 e^{2t}을 곱하면 다음 식이 성립한다.

$$e^{2t}(y' + 2y) = e^{2t} \cdot e^t = e^{3t}$$

양변을 적분하면

$$e^{2t}y = \frac{1}{3}e^{3t} + C \Rightarrow y = \frac{1}{3}e^t + Ce^{-2t}$$

으로 해를 얻는다. 여기서 양변에 곱하여진 e^{2t}을 적분인자라고 하는데 적분인자를 곱함으로써 좌변을 어떤 함수의 도함수가 되도록 만들어 준다.

적분인자

일계선형미분방정식

$$y' + p(t)y = q(t) \tag{5.22}$$

에서 다음 관계식을 만족하는 함수 $\mu(t)$를 **적분인자**(integrating factor)라 한다.

$$\mu(t)[y' + p(t)y] = \frac{d}{dt}[\mu(t)y(t)] \tag{5.23}$$

식 (5.23)의 우변을 미분한 후 정리하여 다시 쓰면

$$\mu(t)y' + \mu(t)p(t)y = \mu'(t)y + \mu(t)y'$$

이다. 따라서 $y(t) \neq 0$이라면 다음 관계식을 얻는다.

$$\mu'(t) = p(t)\mu(t)$$

그러므로

$$\frac{\mu'(t)}{\mu(t)} = p(t) \Rightarrow \ln \mu(t) = \int p(t)\,dt$$

이고 식 (5.22)의 적분인자 $\mu(t)$는

$$\mu(t) = e^{\int p(t)\,dt}$$

이다.[70]

적분인자

일계선형미분방정식 $y' + p(t)y = q(t)$의 적분인자는 다음과 같이 정의된다.

$$\mu(t) = e^{\int p(t)\,dt}$$

일계선형미분방정식 (5.22)를 풀기 위해서는 식 (5.22)의 양변에 적분인자를 곱한 후 적분을 한다.

보기 1 다음 미분방정식을 풀어라.

$$y' + 2ty = 2t$$

풀이 적분인자

$$e^{\int 2t\,dt} = e^{t^2}$$

을 양변에 곱하면

70) 적분인자의 공식에서 지수는 부정적분으로 주어졌지만 실제로는 가장 간단한 역도함수 하나를 구하는 것으로 충분하다.

$$e^{t^2}y' + 2te^{t^2}y = 2te^{t^2} \Rightarrow \frac{d}{dt}\left(e^{t^2}y\right) = 2te^{t^2}$$

이고 양변을 적분하면

$$e^{t^2}y = \int 2te^{t^2}dt = e^{t^2} + C$$

이다. 그러므로

$$y = 1 + Ce^{-t^2}$$

이다. ■

보기 2 다음 초깃값문제를 풀어라.

$$t^2y' - ty = 1\,(t > 0), \quad y(1) = 0$$

풀이 미분방정식을 표준형으로 만들기 위하여 양변을 t^2으로 나누면

$$y' - \frac{1}{t}y = \frac{1}{t^2}$$

이다. 적분인자는

$$\mu(t) = e^{\int -\frac{1}{t}dt} = e^{-\ln t} = \frac{1}{t}$$

이다. 적분인자를 양변에 곱하면

$$\frac{y'}{t} - \frac{y}{t^2} = \frac{d}{dt}\left[\frac{y}{t}\right] = \frac{1}{t^3}$$

이다. 따라서 양변을 적분하면

$$\frac{y}{t} = \frac{1}{-3+1}t^{-2} + C \Rightarrow y = -\frac{1}{2t} + Ct$$

이고 $y(1) = 0$이므로

$$-\frac{1}{2} + C = 0 \Rightarrow C = \frac{1}{2}$$

이다. 그러므로 초깃값문제의 해는

$$y = -\frac{1}{2t} + \frac{t}{2}$$

이다. ■

5.5.2 혼합문제

농도가 다른 두 용액의 혼합은 일계선형미분방정식으로 모형화가 가능하다. 어떤 용액이 저수조에 흘러 들어가 저수조의 내용물과 균일하게 섞인 후 유출된다. 모형화의 목적은 저수조 내의 용질의 양을 구하는 것이다. $y(t)$를 시간 t에 저수조에 존재하는 용질의 양이라 하면 용질의 양의 변화율 y'은 유입률과 유출률의 차이로 나타낼 수 있다. 즉,

$$\frac{dy}{dt} = \text{용질의 유입률} - \text{용질의 유출률}$$

이다. 이때 유입과 유출은 연속적으로 이루어지며 유입률은 단위 시간에 유입되는 용질의 양, 유출률은 단위 시간에 유출되는 용질의 양으로 정의된다.

보기 3 **시화호**는 양질의 수자원을 확보하여 전천후 영농기반을 마련하고 도서지역을 균형적으로 발전시키려는 목적으로 조성되었다. 시화호는 원래 바다와 연결된 해수호였는데 바다와 연결된 부분에 방조제를 건설하여 담수화를 시도하였다. 시화방조제가 완성된 1994년 1월 말, 시화호의 총 저수량은 330(단위: 백만 m^3)이었고 염분도는 34퍼밀[71]이었다. 1994년 2월 1일부터 하루에 3.3(단위: 백만 m^3)의 호수물을 빼내고 같은 양의 염분도 0.1퍼밀인 담수를 유입시키는 담수화 작업을 시작한다면 시화호가 담수화되는 것은 며칠 후인가? 단, 염분도가 0.5퍼밀 이하인 물을 담수라고 한다.

풀이 $y(t)$를 작업 시작 t일 후 염분의 양(단위: 백만 kg)이라 하자. $1\,m^3 = 1000\,L$이므로 염분도 34퍼밀인 바다물 $1\,m^3$에 들어 있는 염분의 양은 34 kg이다. 따라서

$$y(0) = 34 \cdot 330 = 11220 \ (\text{백만 kg})$$

이다. 하루 동안 유입되는 염분의 양은

$$0.0001 \cdot 1000 \cdot 3.3 = 0.33$$

이고 유출되는 염분의 양은 하루에 유출되는 호수물이 전체의 $\frac{1}{100}$이므로

$$\frac{y(t)}{100}$$

71) 퍼밀은 천분율을 나타낸다.

이다. 그러므로 총 염분의 양 $y(t)$는 다음 초깃값문제를 만족한다.

$$\frac{dy}{dt} = 0.33 - \frac{y}{100}, \quad y(0) = 11220$$

이 미분방정식은 다음과 같이 선형미분방정식으로 쓸 수 있다.

$$y' + 0.01y = 0.33$$

적분인자법을 사용하여 풀면

$$y(t) = 33 + Ce^{-0.01t}$$

이고, 초깃값 $y(0) = 11220$에서 $C = 11187$이다. 즉, 담수화를 시작하고 t일 후 시화호에 있는 염분의 양은

$$y(t) = 33 + 11187e^{-0.01t}$$

이다. 염분도가 0.5퍼밀일 때 염분의 양은

$$0.5 \cdot 330 = 165$$

이므로 $y(t)$가 165 이하가 되는 t를 찾으면 된다.

$$165 = 33 + 11187e^{-0.01t} \Rightarrow t = \frac{\ln(11187/132)}{0.01} \fallingdotseq 444$$

이다. 즉, 작업 시작 후 약 444일이 지나면 담수화가 가능하다. ■

보기 4 500 L들이 물통에 2 kg의 소금이 녹아 있는 200 L의 소금물이 있다. L당 100 g의 소금이 녹아 있는 소금물이 1분에 6 L씩 물통으로 흘러 들어 가고 잘 섞인 소금물은 1분에 4 L씩 물통에서 흘러 나온다. 이 물통이 가득 채워졌을 때 소금의 양은 얼마이겠는가?

풀이 $y(t)$를 t분 후 소금의 양(단위는 kg)이라 하자. 유입되는 소금물의 양이 유출되는 소금물의 양보다 1분에 2 L가 많으므로 t분 후 물통 속 소금물의 양을 $V(t)$라 하면

$$V(t) = 200 + 2t$$

이다. 유입되는 소금의 양은 1분에

$$100(\mathrm{g}) \cdot 6 = 0.6(\mathrm{kg})$$

으로 시간에 관계없이 일정하다. 그러나 유출되는 소금의 양은

$$4 \cdot \frac{y(t)}{V(t)} = \frac{4y(t)}{200 + 2t}$$

이다. 따라서 $y(t)$는 다음 초깃값문제를 만족한다.

$$\frac{dy}{dt} = 0.6 - \frac{4y}{200+2t}, \quad y(0) = 2$$

선형미분방정식

$$\frac{dy}{dt} + \frac{2y}{100+t} = 0.6 \tag{5.24}$$

의 적분인자는[72)]

$$\mu(t) = \exp\left(\int \frac{2}{100+t}\,dt\right) = \exp[2\ln(100+t)] = (100+t)^2$$

이다. 식 (5.24)의 양변에 적분인자를 곱하면 다음을 얻는다.

$$\frac{d}{dt}((100+t)^2 y) = 0.6(100+t)^2 \Rightarrow (100+t)^2 y = 0.2(100+t)^3 + C$$

초기조건 $y(0) = 2$를 이용하면

$$100^2 \cdot 2 = 0.2(100)^3 + C \Rightarrow C = -180000$$

을 얻는다. 따라서 t분 후 소금의 양은

$$y(t) = 0.2(100+t) - \frac{180000}{(100+t)^2}$$

이고 물통이 가득찼을 때, 즉 150분 후 소금의 양은

$$y(150) = 0.2 \cdot 250 - \frac{180000}{250^2} = 47.12\,(\text{kg})$$

이다. ■

5.5.3 사례연구: 치료제의 조절

5.3절에서 주사를 통하여 치료제를 투입할 때 체내에 축적된 치료제의 양을 구하였다. 입원환자의 경우 링거를 통하여 치료제를 투여하는 경우가 많다.

보기 5 어떤 질병을 치료하기 위하여 하루에 12시간 동안 링거를 통하여 C_0(mg) 만큼 치료제를 투여한다고 한다. 체내 치료제의 양은 체내 존재

72) $\exp(x) = e^x$를 의미한다.

하는 치료제 양에 비례하여 감소하며 이때 감소상수는 0.95이다.

(a) 투약이 시작되는 시점에서 $12t$ 시간이 지났을 때 체내에 남아 있는 치료제의 양은 얼마인가? 체내에 존재하는 치료제의 양이 최대가 되는 것은 언제인가? 또한 이때 최대량은 얼마인가?

(b) 처음 투약한 치료제 양이 40 (mg)이었다고 하자. 환자의 체내에 존재하는 치료제 양이 항상 10 (mg) 이상으로 유지되어야 한다면 언제 다시 투약을 시작하여야 하는가?

(c) 일주일 입원해 있는 동안 매일 같은 치료제를 (b)와 같은 방법으로 C_0 (mg)씩 투여한다고 하자. 7번째 투약이 끝나고 난 직후 체내에 존재하는 치료제의 양은 어떻게 되는가? 체내에 존재하는 치료제의 양이 50 (mg)을 넘지 않도록 하려면 얼마씩 투약을 하여야 하는가?

풀이 (a) $12t$ 시간이 지났을 때 체내에 남아 있는 치료제의 양을 $y(t)$라 하자. 그러면 y의 변화율은

$$y\text{의 변화율} = \text{유입률} - \text{유출률}$$

이다. 유입률은 다음과 같은 계단함수로 쓸 수 있다.

$$I(t) = \begin{cases} C_0 & \text{if} \quad 0 \le t \le 1 \\ 0 & \text{if} \quad t > 1 \end{cases}$$

유출률은 $0.95y$이므로 다음과 같은 선형미분방정식을 얻는다.

$$\frac{dy}{dt} = I(t) - 0.95y$$

항상 $y(t) \le C_0$이므로

$$y' > 0 \quad \text{if} \quad 0 < t < 1, \quad y' < 0 \quad \text{if} \quad t > 1$$

이다. 따라서 y는 $t = 1$일 때 최대이다. 적분인자 $e^{0.95t}$을 양변에 곱하면

$$[e^{0.95t}y]' = e^{0.95t}I(t)$$

이고, 양변을 적분하면

$$\begin{aligned} e^{0.95t}y(t) &= \int_0^t e^{0.95s}I(s)\,ds \\ &= \begin{cases} \dfrac{C_0}{0.95}(e^{0.95t} - 1) & \text{if} \quad 0 \le t \le 1 \\ \dfrac{C_0}{0.95}(e^{0.95} - 1) & \text{if} \quad t > 1 \end{cases} \end{aligned}$$

이다. 따라서

$$y(t) = \begin{cases} \dfrac{C_0}{0.95}(1-e^{-0.95t}) & \text{if} \quad 0 \le t \le 1 \\ \dfrac{C_0}{0.95}(e^{0.95}-1)e^{-0.95t} & \text{if} \quad t > 1 \end{cases}$$

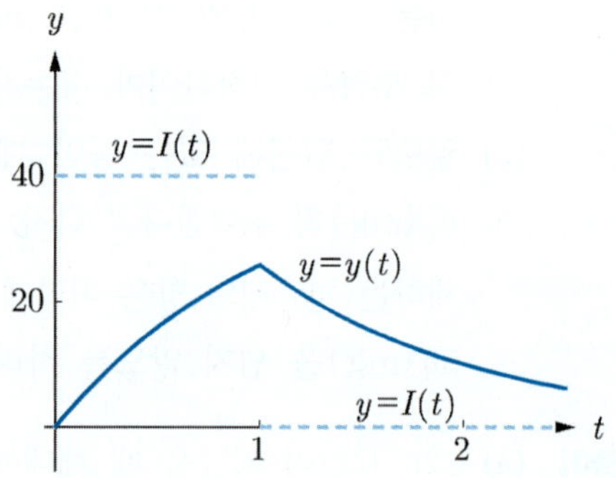

y는 $t=1$일 때 최대이므로 체내에 존재하는 치료제의 최대량은

$$y(1) = \frac{C_0}{0.95}(1-e^{-0.95}) \fallingdotseq 0.65C_0(\text{mg})$$

이다.

(b) 시간이 $12t\ (t>1)$ 만큼 지났을 때 체내 치료제의 양은

$$y(t) = \frac{40}{0.95}e^{-0.95t}(e^{0.95}-1)$$

이다. $y(T)=10$이라면

$$\frac{40}{0.95}e^{-0.95T}(e^{0.95}-1) = 10 \Rightarrow T = \frac{\ln(0.95/(4(e^{0.95}-1))}{-0.95} \fallingdotseq 2.00$$

이다. 따라서 처음 투약을 시작한 후 약 $12 \cdot 2 = 24$시간 후 다시 투약을 시작하여야 한다.

(c) 유입률은 다음과 같이 주어진다.

$$I(t) = \begin{cases} C_0 & \text{if} \quad 2n \le t \le 2n+1 \\ 0 & \text{if} \quad 2n+1 < t < 2(n+1) \end{cases}, \quad n = 0, \cdots, 6$$

마지막 투약이 끝나면 $t=13$이다. (a)와 같은 방법으로 계산하면 $t=13$일 때 다음 등식이 성립한다.

$$e^{0.95 \cdot 13}y(13) = \int_0^{13} I(t)e^{0.95t}\,dt$$

$$= C_0\left[\int_0^1 e^{0.95t}\,dt + \int_2^3 e^{0.95t}\,dt + \cdots + \int_{12}^{13} e^{0.95t}\,dt\right]$$

$$= C_0\left[1 + (e^{0.95})^2 + (e^{0.95})^4 + \cdots + (e^{0.95})^{12}\right]\int_0^1 e^{0.95t}\,dt$$

$$= C_0 \cdot \frac{(e^{0.95})^{14}-1}{(e^{0.95})^2-1}\,\frac{e^{0.95}-1}{0.95}$$

$$= \frac{C_0}{0.95} \cdot \frac{(e^{0.95})^{14}-1}{e^{0.95}+1}$$

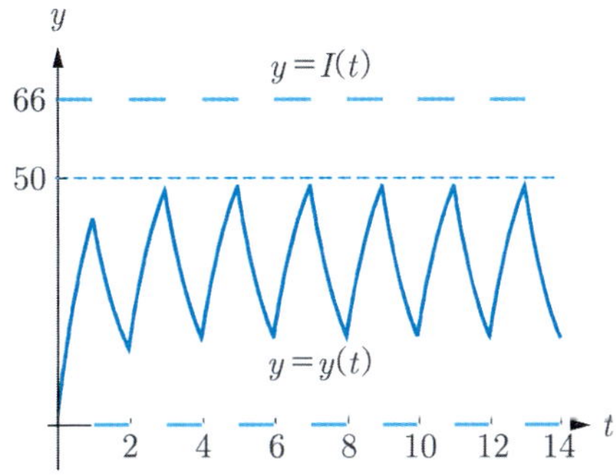

즉, 7번째 투약이 끝나고 난 직후 치료제의 체내 잔량은

$$y(13) = e^{-0.95\cdot 13}\frac{C_0}{0.95} \cdot \frac{(e^{0.95})^{14}-1}{e^{0.95}+1} \fallingdotseq 0.76C_0$$

이므로 한 번에 투약할 수 있는 최대량은

$$\frac{50}{0.76} \fallingdotseq 66\,(\mathrm{mg})$$

이다. ■

마지막으로 감기약과 같은 알약을 섭취하였을 때의 상황을 생각하여 보자. 감기약에는 콧물과 재채기를 멎게 하는 **항히스타민제**(antihistamine)가 함유되어 있다. 앞의 두 보기와 달리 알약은 직접 혈액으로 전달되지 않고 위장을 통하여 혈액으로 전달된다. 이런 경우 우리는 위장과 혈액을 분리된 기관으로 간주하고 모형화를 할 수 있다. 이때 위장에 있는 항히스타민제는 그 양에 비례하여 혈액으로 전달되고 혈액에 있는 항히스타민제는 그 양에 비례하여 감소한다고 가정한다.

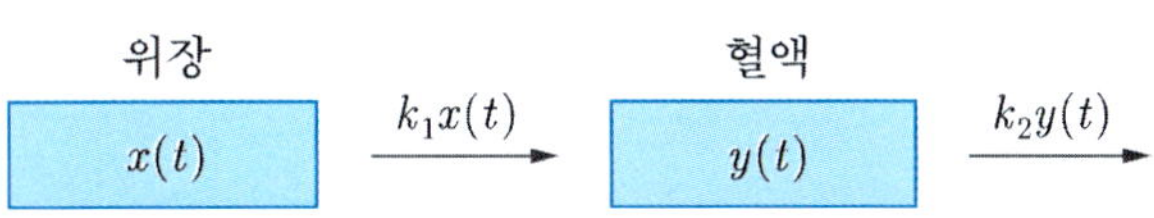

보기 6 한 알의 감기약에 A 단위의 항히스타민제가 들어 있다고 한다. 위장에서의 항히스타민제의 감소비율 k_1은 혈액에서의 항히스타민제의 감소비율 k_2보다 크다고 알려져 있다.

(a) 감기약을 한 알 먹었을 때, t시간 후 혈액에 있는 항히스타민제의 양을 구하여라.

(b) 감기약을 한 알 먹었을 때, 혈액에 있는 항히스타민제의 양이 최대가 되는 때는 언제인가?

풀이 (a) 알약을 먹은 시점을 $t = 0$이라 하자. t시간 후 위장에 있는 항히스타민제의 양을 $x(t)$, 혈액에 존재하는 항히스타민제의 양을 $y(t)$라고 하자. 그러면

$$x(0) = A, \quad y(0) = 0$$

이다. 또한 각 기관에서 유입률과 유출률을 생각해 보면 위장에서는 유입은 없고 유출만 자기자신에 비례하여 생긴다. 즉,

$$x' = -k_1 x$$

이다. 반면 혈액에서는 위장을 통하여 유입되는 비율이 위장에서 유출하는 것과 일치하므로 $k_1 x$이고 유출되는 비율은 자기자신에 비례하므로 $k_2 y$이다. 즉,

$$y' = k_1 x - k_2 y$$

따라서 다음과 같은 연립미분방정식을 얻는다.

$$\begin{aligned} x' &= -k_1 x \\ y' &= k_1 x - k_2 y \end{aligned}$$

이와 같은 연립미분방정식의 일반적인 풀이는 6장에서 다루기로 한다. 그러나 이 경우는

$$x(t) = Ae^{-k_1 t}$$

이므로 다음 선형미분방정식을 푸는 문제로 전환된다.

$$y' + k_2 y = Ak_1 e^{-k_1 t}, \quad y(0) = 0$$

양변에 적분인자 $e^{k_2 t}$를 곱하면

$$[e^{k_2 t} y]' = Ak_1 e^{(k_2 - k_1)t}$$

이다. 양변을 적분하여 정리하면

$$y(t) = \frac{k_1 A}{k_1 - k_2}(e^{-k_2 t} - e^{-k_1 t}) \tag{5.25}$$

이다.

(b) 식 (5.25)의 결과를 미분하면

$$y'(t) = \frac{k_1 A}{k_1 - k_2}(-k_2 e^{-k_2 t} + k_1 e^{-k_1 t}) = 0 \Rightarrow t = \frac{\ln k_1 - \ln k_2}{k_1 - k_2}$$

이고

$$t < \frac{\ln k_1 - \ln k_2}{k_1 - k_2} \Rightarrow y\text{는 증가}$$

$$t > \frac{\ln k_1 - \ln k_2}{k_1 - k_2} \Rightarrow y\text{는 감소}$$

한다. 즉, $t = \dfrac{\ln k_1 - \ln k_2}{k_1 - k_2}$일 때, y는 최댓값을 갖는다. ■

NOTE 어떤 제약회사의 실험결과에 따르면 건강한 성인의 경우

$$k_1 = 0.69(/\text{시간}),\ k_2 = 0.02(/\text{시간})$$

라고 한다. 다음 그래프는 이 비율을 사용하여 $A = 1$일 때, 위장과 혈액에서의 항히스타민제의 양을 그린 것이다.

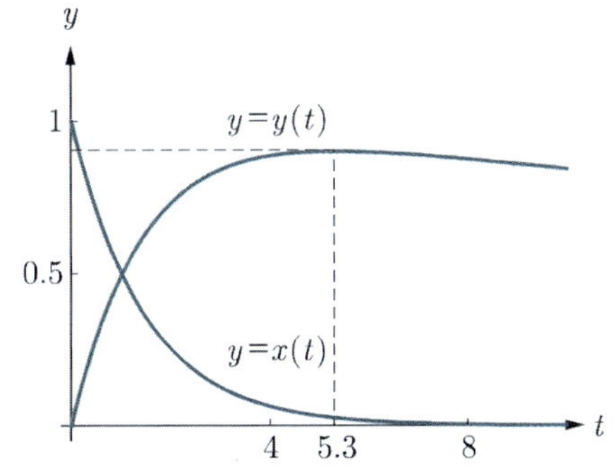

이 경우

$$t = \frac{\ln 0.69 - \ln 0.02}{0.69 - 0.02} \fallingdotseq 5.3$$

일 때 최댓값 0.9를 갖는다. 비례상수 k_2는 비례상수 k_1에 비하여 훨씬 작으므로 항히스타민제가 혈액에 머무르는 시간이 위장에 머무르는 시간보다 훨씬 길다. 비례상수 k_2는 개인별로 차이가 많이 나는 것으로 알려져 있는데 노인이나 환자의 경우

젊은이나 건강한 사람에 비하여 훨씬 작은 수치를 나타낸다. 다음 그래프는 $k_1 = 0.69,\ k_2 = 0.02$인 성인과 $k_1 = 0.69,\ k_2 = 0.01$인 환자의 혈액 내 약품의 수치를 나타낸 것이다.

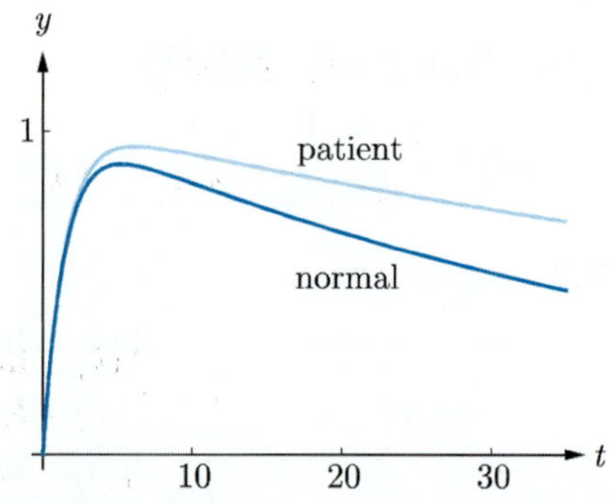

따라서 노인이나 환자의 경우 똑같은 양의 항히스타민제를 처방하여도 혈액에서의 그 수치가 일반인보다 훨씬 높게 나타날 수 있으므로 주의하여야 한다.

연습문제 5.5

01 다음 선형방정식을 풀어라.

(a) $ty' + y = e^t,\ t > 0$

(b) $y' + 3y = 2te^{-3t}$

(c) $y' - 2ty = e^{t^2}$

(d) $y' = t + 5y$

(e) $t^2y' + 2ty = \cos^2 t,\ t > 0$

(f) $2ty' + y = 10\sqrt{t},\ t > 0$

(g) $e^t y' + 2e^t y = 1$

(h) $y' + (\tan t)y = \cos^2 t,\ -\pi/2 < t < \pi/2$

(i) $ty' - y = 2t\ln t,\ t > 0$

(j) $(t\ln t)y' + y = te^t,\ t > 1$

(k) $(t-1)^3 y' + 4(t-1)^2 y = t + 1,\ t > 1$

02 초깃값이 주어진 다음 선형미분방정식을 풀어라.

(a) $y' - 2y = 3e^{2t},\ y(0) = 0$

(b) $ty' + 2y = t^3,\ t > 0,\ y(1) = 0$

(c) $ty' + y = \sin t,\ t > 0,\ y(\pi/2) = 1$

(d) $ty' = 3y + t^4\cos t,\ t > 0,\ y(2\pi) = 0$

(e) $(t^2+4)y'+3ty=t,\ y(0)=1$

(f) $ty'-\dfrac{y}{1+t}=t,\ t>0,\ y(1)=0$

03 다음과 같이 정의된 함수를 **오차함수**(error function)라 부른다.

$$\operatorname{erf}(t)=\frac{2}{\sqrt{\pi}}\int_0^t e^{-x^2}dx$$

다음 미분방정식의 해를 오차함수를 이용해서 나타내어라.

$$y'=1+2ty$$

04 함수 $\operatorname{Ci}(t)$를 다음과 같이 정의한다.

$$\operatorname{Ci}(t)=\int_1^t \frac{\cos x}{\sqrt{x}}dx$$

다음 미분방정식의 해를 위의 함수를 이용해서 표현해 보아라.

$$2t\frac{dy}{dt}=y+2t\cos t,\quad y(1)=0$$

05 함수 $P(t)$를 학습 시간에 따른 기술의 습득 정도라고 하자. 이 함수 P의 해곡선을 **학습 곡선**(learning curve)이라 한다. 함수 P가 다음의 미분방정식에 의해 주어진다고 하자.

$$\frac{dP}{dt}=k(M-P)$$

여기서 k, M은 양수인 상수이다. 이 선형미분방정식을 풀고, 그 해를 이용해서 $P(0)<M$일 때 학습 곡선을 그려보아라.

06 어떤 공장의 생산 라인에 두 명의 새 노동자들이 투입되었다. A는 첫 시간에 부품 25개를 조립하였고, 두 번째 시간에는 45개를 조립하였다. B는 첫 시간에 35개를 조립하였고, 두 번째 시간에는 50개를 조립하였다. $P(0)=0$이라 가정하고 **문제 05**를 이용하여 둘 다 숙련공이 되었을 때 누가 더 많은 부품을 조립할 수 있는지 판단하여라.

07 100리터의 물이 들어 있는 수조에 화학비료 수용액을 희석시키려고 한다. 1리터의 비료를 분당 1리터의 비율로 물 속에 투입하고 있다. 그리고 동시에 잘 혼합된 희석액이 분당 3리터의 비율로 방출되고 있다. 이 수조 안의 화학비료의 양이 가장 많아지는 것은 몇 분 후인가?

08 저수지에 80만 톤의 물이 들어 있다. 현재 이 저수지에는 0.25%의 오염물질이 들어 있다고 한다. 이 저수지에 오염물질 농도가 0.05%인 5만 톤의 물이 매일 흘러들고 잘 혼합된 다음 같은 양의 물이 매일 저수지를 빠져나간다고 한다. 이 호수의 오염물질 농도가 0.10% 이하가 되는 데에는 시간이 얼마나 걸리겠는가?

09 연이율 r%이고, 이자는 연속복리로 계산되는 계좌에 A_0원을 입금하였다. 그리고 일년에 Q원을 입금하는 데 모형을 간단하게 하기 위해서 이 입금 역시 (일년에 몇 회 일어나는 대신) 연속적으로 이루어진다고 가정하자.

(a) $A(t)$를 t년 후에 이 계좌의 가치라 할 때, 이 함수가 만족하는 미분방정식을 구하여라.

(b) K씨는 결혼 20주년에 세계일주 여행을 계획하고 있다. 20년 후 세계여행 비용은 5000만 원으로 예상된다. K씨는 결혼식 전날 계좌를 만들어 일년에 Q원씩을 연속적으로 입금하고 20주년 되는 전날 계좌의 모든 금액을 인출하려고 한다. 연이율이 8%일 때, K의 계획이 성공적이려면 Q는 얼마이어야 하는가?

10 몸무게가 64 kg인 삼순이는 하루 섭취열량을 1800 kcal로 제한하는 다이어트를 시작하였다. 삼순이의 **기초대사량**(basal metabolic rate)[73)]은 1200 kcal이고 하루에 1 kg당 15 kcal의 에너지가 소모된다. 1 kg의 지방은 9000 kcal의 에너지로 변환된다고 한다.

(a) 다이어트를 시작하고 t일 후 삼순이의 몸무게를 $y(t)$라고 할 때 $y(t)$가 만족하는 미분방정식을 세우고 해를 구하여라.

(b) 삼순이의 몸무게가 처음으로 58 kg 이하가 되는 것은 며칠 후인가? 다이어트를 계속한다면 삼순이의 몸무게는 어떻게 되겠는가?

---

73) 잠에서 깨어난 상태에서 절대안정을 유지할 때의 대사를 기초대사라 하며, 이때 개체가 소비하는 에너지량을 기초대사량이라고 한다.

5.6 이계선형미분방정식

5.6.1 이계선형미분방정식

이 절에서는 다음과 같은 형태의 이계미분방정식을 다루기로 한다.

$$\frac{d^2y}{dt^2} + p(t)\frac{dy}{dt} + q(t)y = 0 \tag{5.26}$$

두 함수 y_1과 y_2가 미분방정식 (5.26)의 해라 하자. y_1과 y_2가 식 (5.26)의 해이므로

$$y''_1 + p(t)y'_1 + q(t)y_1 = 0$$
$$y''_2 + p(t)y'_2 + q(t)y_2 = 0$$

이다. 따라서

$$\begin{aligned} y'' + p(t)y' + q(t)y &= (c_1y_1 + c_2y_2)'' + p(t)(c_1y_1 + c_2y_2)' + q(t)(c_1y_1 + c_2y_2) \\ &= c_1y''_1 + c_2y''_2 + p(t)(c_1y'_1 + c_2y'_2) + q(t)(c_1y_1 + c_2y_2) \\ &= c_1[(y''_1 + p(t)y'_1 + q(t)y_1)] + c_2[(y''_2 + p(t)y'_2 + q(t)y_2)] \\ &= c_1 \cdot 0 + c_2 \cdot 0 = 0 \end{aligned}$$

이다. 즉, y_1과 y_2가 식 (5.26)의 해이면 y_1과 y_2의 일차결합 $y = c_1y_1 + c_2y_2$도 식 (5.26)의 해이다. 이 결과를 **중첩원리**(superposition principle)라 한다.

중첩원리

y_1과 y_2가 미분방정식 (5.26)의 두 해라 하자. 그러면 임의의 상수 c_1, c_2에 대하여

$$y = c_1y_1 + c_2y_2$$

도 식 (5.26)의 해이다.

이계선형미분방정식의 해의 존재성과 유일성에 대해서는 다음과 같은 결과가 알려져 있다.

이계선형미분방정식의 해

이계선형미분방정식 (5.26)에서 함수 $p(t)$, $q(t)$가 실수 t_0를 포함하는 실수의 구간 I에서 연속이면 임의의 두 실수 a, b에 대하여 초기조건

$$y(t_0) = a, \quad y'(t_0) = b$$

를 만족하는 유일한 해가 존재한다.

보기 1 $y_1 = e^t$와 $y_2 = e^{-t}$는 다음 이계선형미분방정식의 해이다.

$$y'' - y = 0$$

함수 $y(t) = e^t + e^{-t}$도 주어진 미분방정식의 해이며

$$y(0) = 2, \quad y'(0) = 0$$

이다. 따라서 해의 존재성과 유일성에 의하여 $y(t) = e^t + e^{-t}$은 다음 초깃값문제

$$y'' - y = 0, \quad y(0) = 2, \quad y'(0) = 0$$

의 유일한 해이다. ■

보기 1은 주어진 이계선형미분방정식의 초깃값문제

$$\frac{d^2y}{dt^2} + p(t)\frac{dy}{dt} + q(t)y = 0, \quad y(t_0) = a, \quad y'(t_0) = b$$

의 해를 구하는 실마리를 제공한다. $p(t)$와 $q(t)$가 연속이면 유일한 해가 존재한다. 우선 두 개의 서로 다른 해 y_1, y_2를 알고 있다고 하자. 그러면

$$y = c_1y_1 + c_2y_2$$

도 식 (5.26)의 해이다. 초기조건이 $y(t_0) = a$, $y'(t_0) = b$이므로

$$\begin{aligned} c_1y_1(t_0) + c_2y_2(t_0) &= a \\ c_1y'_1(t_0) + c_2y'_2(t_0) &= b \end{aligned} \tag{5.27}$$

를 만족하는 상수 c_1과 c_2가 유일하게 존재하면 $y = c_1y_1 + c_2y_2$는 우리가 구하고자 하는 유일한 해이다.

보기 2 두 함수 $y_1(t) = e^t$, $y_2(t) = te^t$는 각각 다음 미분방정식

$$y'' - 2y' + y = 0$$

의 해임을 보여라. 또한 초기조건

$$y(1) = 0, \quad y'(1) = e$$

를 만족하는 해를 구하여라.

풀이 y_1과 y_2가 각각 주어진 미분방정식을 만족함을 보이는 것은 연습문제로 남긴다. $y = c_1e^t + c_2te^t$라 하면

$$y' = c_1e^t + c_2e^t + c_2te^t$$

이다. 따라서 주어진 초기조건을 이용하면 다음 연립방정식을 얻는다.

$$\begin{aligned} y(1) &= c_1e + c_2e &&= 0 \\ y'(1) &= c_1e + c_2e + c_2e &&= e \end{aligned}$$

연립방정식을 풀면 $c_1 = -1$, $c_2 = 1$이므로 주어진 초깃값문제의 해는

$$y(t) = -e^t + te^t$$

이다. ■

보기 3 두 함수 $y_1(t) = \cos 2t$, $y_2(t) = \sin^2 t - \dfrac{1}{2}$은 각각 다음 미분방정식

$$y'' + 4y = 0$$

의 해임을 보여라. 초기조건 $y(0) = 0$, $y'(0) = 1$을 만족하는 해를 y_1과 y_2의 일차결합으로 구할 수 있는지 확인하여라.

풀이 y_1과 y_2가 주어진 미분방정식을 만족하는 것을 보이는 것은 연습문제로 남긴다.

$$y = c_1\cos 2t + c_2\left(\sin^2 t - \frac{1}{2}\right)$$

라 하면

$$y' = -2c_1\sin 2t + c_2(2\sin t\cos t)$$

이다. 따라서 주어진 초기조건을 대입하면 다음 연립방정식을 얻는다.

$$y(0) = c_1 - \frac{c_2}{2} = 0$$

$$y'(0) = -2c_1 \cdot 0 + 2c_2 \cdot 0 = 1$$

이때 두 식이 동시에 성립하는 상수 c_1, c_2는 존재하지 않는다. 따라서 이 초깃값문제의 해는 $y = c_1y_1 + c_2y_2$꼴로 나타낼 수 없다. ■

5.6.2 함수의 일차독립

연립방정식 (5.27)에서

$$y_1(t_0)y'_2(t_0) - y'_1(t_0)y_2(t_0) \neq 0$$

이면 주어진 초깃값문제는 유일한 해를 갖는다. 이때

$$y_1(t_0)y'_2(t_0) - y'_1(t_0)y_2(t_0)$$

를 t_0에서 y_1과 y_2의 **론스키언**(Wronskian)이라 하고, $W[y_1, y_2](t_0)$로 표시한다.

보기 3에서

$$y_1 = -2y_2, \quad 즉\ \cos 2t = 1 - 2\sin^2 t = -2\left(\sin^2 t - \frac{1}{2}\right)$$

의 관계식이 성립한다. 이렇게 한 함수가 다른 함수의 상수배로 표현이 가능할 때 두 함수를 **일차종속**(linearly dependent)이라 한다. 일차종속이 아닌 두 함수는 **일차독립**(linearly independent)이라 한다. 두 함수 y_1, y_2가 일차종속인지 아닌지는 론스키언을 계산하면 쉽게 알 수 있다. y_1, y_2가 일차종속이면 $y_1 = ky_2$로 쓸 수 있으므로 론스키언은

$$W[y_1, y_2](t) = y_1y'_2 - y_2y'_1 = k(y_1y'_1 - y_1y'_1) = 0$$

이다. 즉 일차종속인 두 함수의 론스키언은 항상 0이다. 대우를 생각하면 $W[y_1, y_2](t) \neq 0$인 t가 하나라도 존재하면 두 함수 y_1과 y_2는 일차독립이다.

론스키언과 일차독립

- 두 함수 $y_1(t)$, $y_2(t)$가 일차종속이면 모든 t에 대하여 $W[y_1, y_2](t) = 0$이다.
- 어떤 $t = t_0$에 대하여 $W[y_1, y_2](t_0) \neq 0$이면 두 함수 $y_1(t)$, $y_2(t)$는 일차독립이다.

보기 4 e^t와 e^{-t}은 론스키언이

$$W[e^t, e^{-t}](t) = e^t \cdot (-e^{-t}) - e^t \cdot e^{-t}$$
$$= -1-1 = -2 \neq 0$$

이므로 일차독립이다. 다음은 일차독립인 함수들의 예이다(론스키언을 직접 계산해 보라).

$$e^t\text{와 } te^t, \quad t\text{와 } t^2$$
$$t\text{와 } t+1, \quad \cos t\text{와 } \sin t$$

반면에 두 함수

$$f(t) = \sin 2t, \quad g(t) = \sin t \cos t$$

는 $f(t) = 2g(t)$이므로 일차종속이다. ■

이계선형미분방정식에서 일차독립인 두 개의 해를 찾으면 임의의 해는 이 두 해를 이용하여 나타낼 수 있다.

일반해

함수 $p(t)$와 $q(t)$가 연속이라 하자. 이계선형미분방정식 (5.26)의 두 해 y_1과 y_2가 일차독립이라 하자. 초기조건

$$y(t_0) = a, \quad y'(t_0) = b$$

를 만족하는 해 Y는 y_1과 y_2의 일차결합으로 표현될 수 있다. 즉,

$$Y(t) = c_1 y_1(t) + c_2 y_2(t)$$

를 만족하는 상수 c_1과 c_2가 존재한다.

다시 말하면 식 (5.26)의 일차독립인 두 해 y_1과 y_2를 찾으면 식 (5.26)의 모든 해를 구한 것과 마찬가지이다. 이런 의미에서 식 (5.26)의 일차독립인 두 해 y_1과 y_2를 식 (5.26)의 **기본해**(basic solution)라 하고, $c_1y_1 + c_2y_2$를 **일반해**(general solution)라 한다.

보기 5 e^t와 e^{-t}는 $y'' - y = 0$의 일차독립인 해이다. 따라서

$$\{e^t,\ e^{-t}\}$$

는 이 미분방정식의 기본해이다. 한편, e^t+e^{-t}와 e^t-e^{-t}도 $y''-y=0$의 일차독립인 해이다. 그러므로

$$\{e^t+e^{-t},\ e^t-e^{-t}\}$$

도 기본해이다. 즉, 선형방정식의 기본해는 여러 가지 방법으로 표현할 수 있으며 그 중에서 가장 다루기 좋은 것을 선택하여 사용한다. ■

5.6.3 이계선형방정식의 해

우리는 5.3절에서 상수계수를 갖는 일계선형방정식

$$y'+ry=0 \quad \text{또는} \quad y'=-ry$$

의 해는 $y=Ce^{-rt}$임을 보았다. 비슷한 방법으로 계수가 상수인 이계미분방정식, 즉

$$ay''+by'+cy=0 \ \ (a\neq 0) \tag{5.28}$$

의 해를 구하는 것은 항상 가능하다. 일계선형방정식의 경우와 마찬가지로 이계선형방정식의 경우도

$$y=e^{rt}$$

꼴의 해가 존재할 것이라고 추측할 수 있다. 이 경우 y는 자신을 미분하면 자신의 상수배가 된다는 성질을 갖고 있다. 즉

$$y'=re^{rt}, \quad y''=r^2e^{rt}$$

이므로 $y=e^{rt}$가 식 (5.28)의 해가 되기 위해서는

$$ar^2e^{rt}+bre^{rt}+ce^{rt}=0 \quad \text{또는} \quad (ar^2+br+c)e^{rt}=0$$

이 성립하여야 한다. $e^{rt}\neq 0$이므로

$$ar^2+br+c=0 \tag{5.29}$$

을 만족하는 r에 대하여 $y=e^{rt}$는 식 (5.28)의 해이다. 이때 이차방정식 (5.29)를 식 (5.28)의 **특성방정식**(characteristic equation)[74]이라 한다.

특성방정식

이계선형방정식 $ay'' + by' + cy = 0$의 특성방정식은 이차방정식

$$ar^2 + br + c = 0$$

이다.

특성방정식의 두 근은 다음과 같이 근의 공식으로 구할 수 있다.

$$r_1 = \frac{-b + \sqrt{b^2 - 4ac}}{2a}, \quad r_2 = \frac{-b - \sqrt{b^2 - 4ac}}{2a}$$

식 (5.27)의 기본해는 판별식 $D = b^2 - 4ac$의 값에 따라 다른 양상을 보인다.

서로 다른 두 실근을 가질 때: $D = b^2 - 4ac > 0$

$b^2 - 4ac > 0$이면 특성방정식 (5.29)는 서로 다른 두 실근 r_1과 r_2를 갖는다. 따라서 $y_1 = e^{r_1 t}$와 $y_2 = e^{r_2 t}$는 일차독립이고 미분방정식 (5.28)의 해이다.

보기 6 다음 초깃값문제를 풀어라.

$$y'' - y' - 2y = 0, \quad y(0) = 1, \quad y'(0) = -4$$

풀이 특성방정식 $r^2 - r - 2 = 0$의 두 근은 $r_1 = -1$, $r_2 = 2$이다. 따라서 일반해는

$$y = c_1 e^{-t} + c_2 e^{2t}$$

이다. $y' = -c_1 e^{-t} + 2c_2 e^{2t}$이므로 초기조건은 다음과 같은 연립방정식으로 쓸 수 있다.

$$y(0) = c_1 + c_2 = 1$$
$$y'(0) = -c_1 + 2c_2 = -4$$

따라서 $c_1 = 2$, $c_2 = -1$이고, 구하는 해는

$$y = 2e^{-t} - e^{2t}$$

이다. ■

74) 또는 **보조방정식(auxiliary equation)**이라고도 한다.

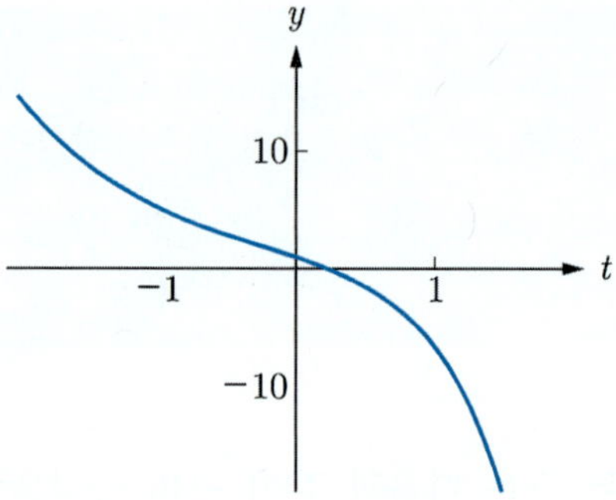

중근을 가질 때: $D = b^2 - 4ac = 0$

판별식 $D = b^2 - 4ac = 0$이면 특성방정식 (5.29)는 하나의 근

$$r_1 = r_2 = -\frac{b}{2a}$$

를 갖는다. 따라서 식 (5.28)의 지수꼴의 해도 $y_1 = e^{r_1 t}$ 하나만 얻는다. 그러므로 y_1과 일차독립인 두 번째 해를 구하여야 한다. 어떤 함수 u에 대하여 $y = ue^{r_1 t}$가 미분방정식 (5.28)의 해라 하자. 그러면

$$\begin{aligned} y &= ue^{r_1 t} \\ y' &= u'e^{r_1 t} + r_1 ue^{r_1 t} \\ y'' &= u''e^{r_1 t} + 2r_1 u'e^{r_1 t} + r_1^2 ue^{r_1 t} \end{aligned}$$

이므로

$$ay'' + by' + cy = (ar_1^2 + br_1 + c)ue^{r_1 t} + (au'' + bu' + 2ar_1 u')e^{r_1 t} = 0$$

이 되어야 한다. r_1은 $ar^2 + br + c = 0$의 근이므로 위 식의 첫 항은 0이다. 또한

$$r_1 = -\frac{b}{2a} \quad \text{또는} \quad 2ar_1 = -b$$

이므로

$$ay'' + by' + cy = au''e^{r_1 t} = 0$$

이다. $ae^{r_1 t} \neq 0$이므로 $u'' = 0$이어야 한다. $u = t$라고 하면 $u'' = 0$이 되므로 $y_2 = te^{r_1 t}$는 y_1과 일차독립인 식 (5.28)의 해이다. 그러므로 미분방정식 (5.28)

의 일반해는

$$y(t) = c_1 e^{r_1 t} + c_2 t e^{r_1 t}$$

이다.

보기 7 다음 초깃값문제를 풀어라.

$$4y'' - 4y' + y = 0, \quad y(0) = 4, \quad y'(0) = 1$$

풀이 특성방정식 $4r^2 - 4r + 1 = 0$은 중근 $r_1 = 1/2$을 갖는다. 따라서 일반해는

$$y = (c_1 + c_2 t)e^{\frac{1}{2}t}$$

이다.

$$y' = \frac{1}{2}(c_1 + c_2 t)e^{\frac{1}{2}t} + c_2 e^{\frac{1}{2}t}$$

이므로 초기조건은 다음과 같은 연립방정식을 만족한다.

$$y(0) = c_1 = 4$$

$$y'(0) = \frac{1}{2}c_1 + c_2 = 1$$

따라서 $c_1 = 4$, $c_2 = -1$이고 구하는 해는 다음과 같다.

$$y = (4 - t)e^{\frac{1}{2}t}$$

■

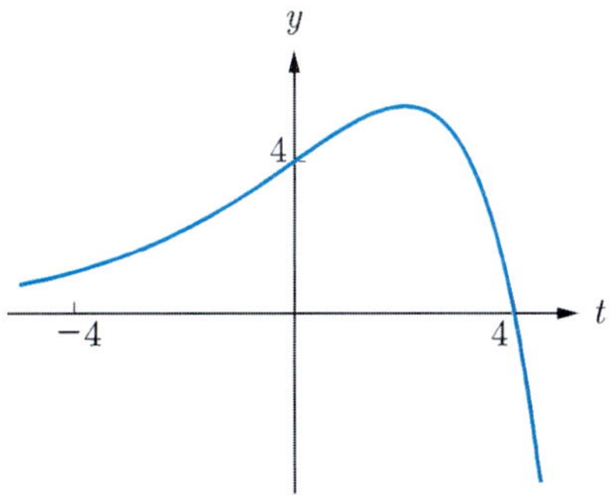

두 개의 복소근을 가질 때: $D = b^2 - 4ac < 0$

$D = b^2 - 4ac < 0$이면 특성방정식 (5.28)은 복소켤레근 r_1과 r_2를 갖는다.

$$r_1 = \alpha + \beta i, \quad r_2 = \alpha - \beta i, \qquad \alpha = -\frac{b}{2a}, \ \beta = \frac{\sqrt{4ac - b^2}}{2a}$$

그러므로 미분방정식 (5.28)의 일반해는

$$y = c_1 e^{(\alpha + \beta i)t} + c_2 e^{(\alpha - \beta i)t}$$

로 쓸 수 있다. 복소수 지수함수는 **오일러의 공식**[75)]

$$e^{it} = \cos t + i \sin t$$

와 지수의 성질을 이용하여

$$e^{(\alpha + \beta i)t} = e^{\alpha t} e^{i\beta t} = e^{\alpha t}(\cos \beta t + i \sin \beta t)$$

으로 정의한다. 그러므로

$$Y_1(t) = e^{r_1 t} = e^{\alpha t}(\cos \beta t + i \sin \beta t), \quad Y_2(t) = e^{r_2 t} = e^{\alpha t}(\cos \beta t - i \sin \beta t)$$

는 식 (5.28)의 기본해가 된다.

$$y_1 = \frac{Y_1 + Y_2}{2} = e^{\alpha t} \cos \beta t, \quad y_2 = \frac{Y_1 - Y_2}{2i} = e^{\alpha t} \sin \beta t$$

로 정의하면 y_1과 y_2는 각각 식 (5.28)을 만족하는 일차독립인 해이다. 즉, y_1과 y_2는 식 (5.28)의 기본해이고 일반해는 다음과 같이 쓸 수 있다.

$$y = e^{\alpha t}(c_1 \cos \beta t + c_2 \sin \beta t), \quad \text{단 } \alpha = -\frac{b}{2a}, \ \beta = \frac{\sqrt{4ac - b^2}}{2a}$$

보기 8 다음 미분방정식을 풀어라.

$$y'' + \omega^2 y = 0$$

풀이 특성방정식 $r^2 + \omega^2 = 0$은 복소켤레근 $\pm \omega i$를 갖는다. 즉 $\alpha = 0$, $\beta = \omega$이다. 따라서 일반해는

$$y = c_1 \cos \omega t + c_2 \sin \omega t$$

이다. ■

75) 테일러 급수를 배우면 쉽게 이해할 수 있다.

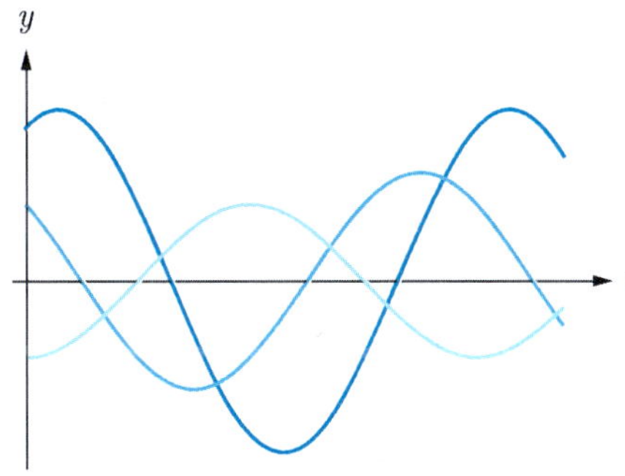

보기 9 다음 초깃값문제를 풀어라.

$$y'' - 4y' + 5y = 0, \quad y(0) = 1, \quad y'(0) = 5$$

풀이 특성방정식 $r^2 - 4r + 5 = 0$은 복소켤레근 $2 \pm i$를 갖는다. 따라서 일반해는

$$y = e^{2t}(c_1 \cos t + c_2 \sin t)$$

이다.

$$y' = 2e^{2t}(c_1 \cos t + c_2 \sin t) + e^{2t}(-c_1 \sin t + c_2 \cos t)$$

이므로 초기조건은 다음과 같은 연립방정식을 만족한다.

$$y(0) = c_1 = 1$$
$$y'(0) = 2c_1 + c_2 = 5$$

따라서 $c_1 = 1$, $c_2 = 3$이고 구하는 해는 다음과 같다.

$$y = e^{2t}(\cos t + 3 \sin t)$$ ■

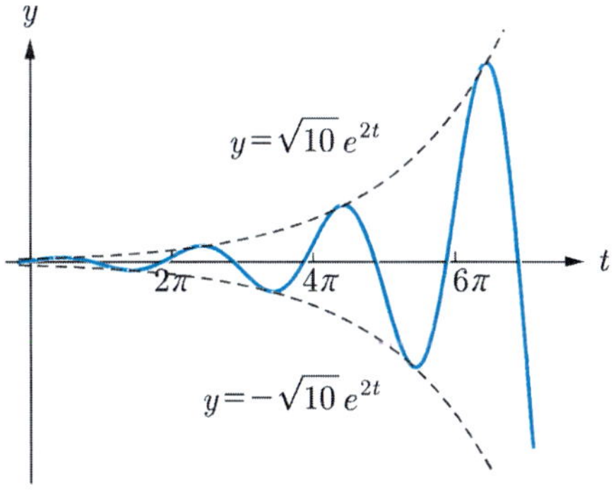

NOTE $b^2 - 4ac < 0$인 경우, $\alpha > 0$이면 미분방정식 (5.28)의 해는 t가 증가함에 따라 진동하며 절댓값이 무한대로 발산한다. 반면에 $\alpha < 0$이면 미분방정식 (5.28)의 해는 t가 증가함에 따라 0으로 수렴한다. $\alpha = 0$이면 진폭이 일정한 주기운동을 한다.

미분방정식 $ay'' + by' + cy = 0$에 대한 결과를 정리하면 다음과 같다.

판별식	특성방정식의 근	기본해	일반해
$D > 0$	서로 다른 두 실근 r_1, r_2	$e^{r_1 t}$, $e^{r_2 t}$	$y = c_1 e^{r_1 t} + c_2 e^{r_2 t}$
$D = 0$	하나의 중근 r_1	$e^{r_1 t}$, $te^{r_1 t}$	$y = e^{r_1 t}(c_1 + c_2 t)$
$D < 0$	한 쌍의 켤레복소근 $\alpha \pm \beta i$	$e^{\alpha t}\cos\beta t$ $e^{\alpha t}\sin\beta t$	$y = e^{\alpha t}(c_1 \cos\beta t + c_2 \sin\beta t)$

연습문제 5.6

01 다음 두 함수가 일차독립인지 일차종속인지 판단하여라.

(a) $f(t) = 1$, $g(t) = \cos^2 t + \sin^2 t$ (b) $f(t) = 1 + t$, $g(t) = 1 - t$

(c) $f(t) = 1$, $g(t) = t$ (d) $f(t) = e^t$, $g(t) = e^{-2t}$

(e) $f(t) = e^t \cos t$, $g(t) = e^t \sin t$ (f) $f(t) = e^t + e^{-t}$, $g(t) = e^t - e^{-t}$

02 다음 함수 $y_1 = f_1(t)$, $y_2 = f_2(t)$가 주어진 미분방정식의 해가 됨을 보여라.

(a) $f_1(t) = \cos 5t$, $f_2(t) = \sin 5t$; $y'' + 25y = 0$

(b) $f_1(t) = e^{4t}$, $f_2(t) = e^{-4t}$; $y'' - 16y = 0$

(c) $f_1(t) = e^t$, $f_2(t) = e^{-2t}$; $y'' + y' - 2y = 0$

(d) $f_1(t) = e^{-t}\cos t$, $f_2(t) = e^{-t}\sin t$; $y'' + 2y' + 2y = 0$

(e) $f_1(t) = e^{-t}$, $f_2(t) = te^{-t}$; $y'' + 2y' + y = 0$

(f) $f_1(t) = t^2$, $f_2(t) = t^{-2}$; $t^2 y'' + ty' - 4y = 0$

03 다음 미분방정식의 일반해를 구하여라.

(a) $y'' = 0$

(b) $y'' - 9y = 0$

(c) $y'' - 3y' + 2y = 0$

(d) $y'' + 2y' + y = 0$

(e) $y'' - 6y' + 9y = 0$

(f) $y'' + 2y' - y = 0$

(g) $y'' + 9y = 0$

(h) $y'' - 4y' + 5y = 0$

(i) $y'' + 2y' + 4y = 0$

(j) $y'' - 10y' + 26y = 0$

04 다음 초깃값문제를 풀어라.

(a) $y'' - 25y = 0,\ y(0) = 1,\ y'(0) = 0$

(b) $y'' + 2y' + y = 0,\ y(0) = 0,\ y'(0) = 1$

(c) $y'' - 6y' + 9y = 0,\ y(0) = 0,\ y'(0) = -1$

(d) $y'' + y' - 6y = 0,\ y(0) = 1,\ y'(0) = 1$

(e) $y'' + 4y = 0,\ y(0) = 1,\ y'(0) = -1$

(f) $y'' + 2y' + 2y = 0,\ y(0) = 1,\ y'(0) = 0$

(g) $y'' - 4y' + 7y = 0,\ y(0) = 0,\ y'(0) = -1$

(h) $y'' + 2y' + 5y = 0,\ y(0) = 1,\ y'(0) = -1$

05 이계미분방정식 $y'' + ay' + by = 0$의 서로 다른 두 근을 r_1, r_2라고 하자. r_1, r_2가 다음과 같은 경우, $t \to \infty$일 때 일반해 $y(t) = c_1 e^{r_1 t} + c_2 e^{r_2 t}$의 움직임을 서술하여라.

(a) $r_1 < r_2 < 0$

(b) $r_1 < 0,\ r_2 = 0$

(c) $r_1 < 0 < r_2$

(d) $r_1 = 0,\ r_2 > 0$

(e) $r_1 > r_2 > 0$

(f) $r = \pm \beta i,\ \beta \neq 0$

(g) $r = \alpha \pm \beta i,\ \alpha > 0$

(h) $r = \alpha \pm \beta i,\ \alpha < 0$

06 다음 그림 중에서 다음 미분방정식들의 해곡선으로 가능한 것을 찾아보아라.

(a) $y'' - 3y' - 4y = 0$

(b) $y'' + 4y = 0$

(c) $y'' + 2y' + y = 0$

(d) $y'' - 2y' + 10y - 0$

(e) $y'' + 2y' + 10y = 0$

(f) $y'' - 3y' + 2y = 0$

(1)

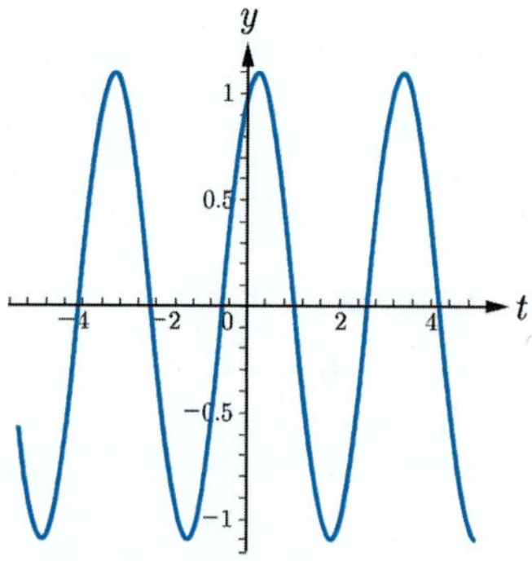
y
t
1
0.5
−0.5
−1
−4
−2
0
2
4

(2)

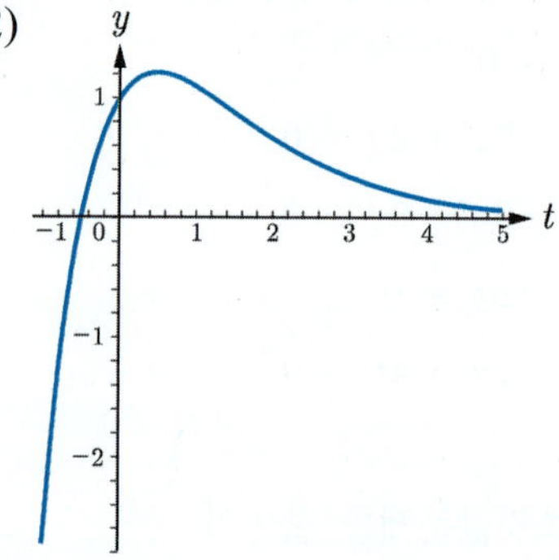
y
t
1
−1
−2
−1
0
1
2
3
4
5

(3)

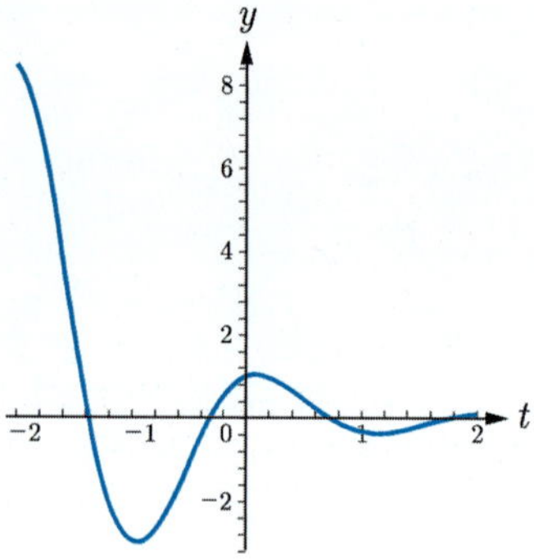
y
t
8
6
4
2
−2
−2
−1
0
1
2

(4)

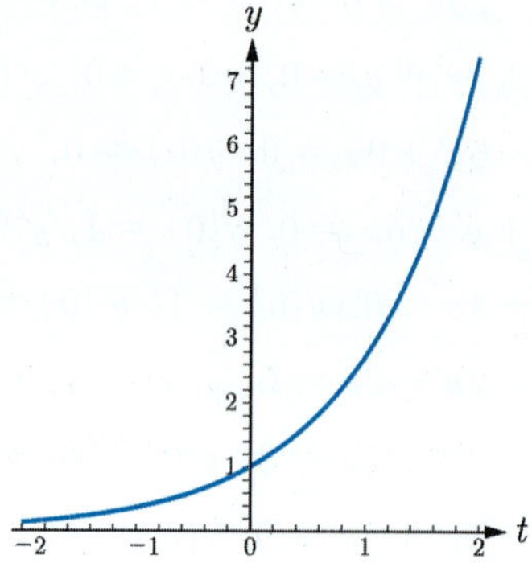
y
t
7
6
5
4
3
2
1
−2
−1
0
1
2

(5)

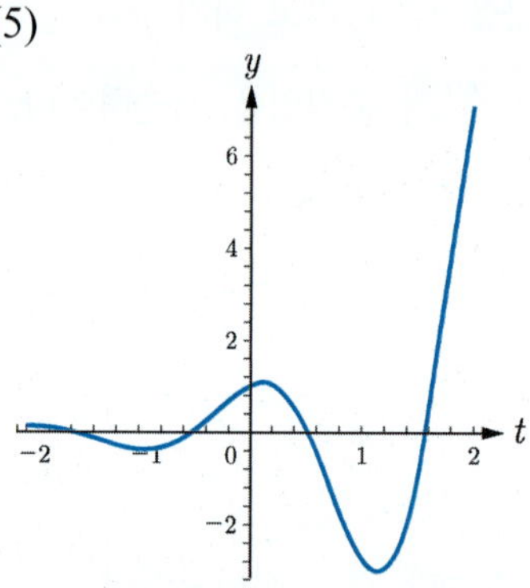
y
t
6
4
2
−2
−2
−1
0
1
2

(6)

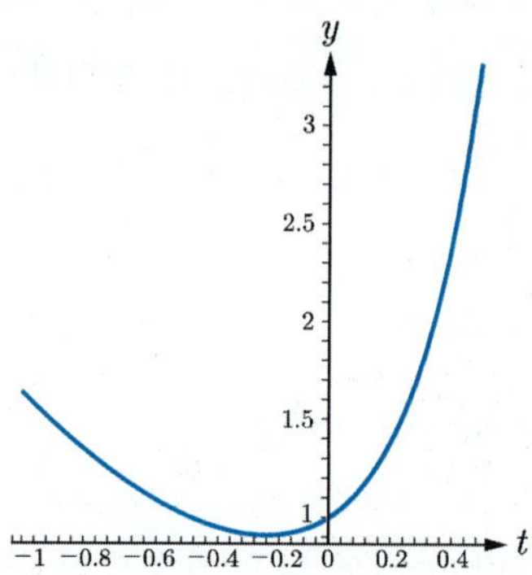
y
t
3
2.5
2
1.5
1
−1
−0.8
−0.6
−0.4
−0.2
0
0.2
0.4

CHAPTER

6

미분방정식계

6.1 먹이사슬 모형

우리는 지금까지 종속변수가 하나인 미분방정식을 살펴보았다. 그러나 많은 경우 문제들은 두 개 또는 그 이상의 종속변수를 필요로 한다.[76] 이러한 문제들은 연립미분방정식을 도입하여 수학적으로 모형화할 수 있다. 여기서 우리는 독립변수를 t로, 종속변수는 x, y, z 등으로 나타내기로 한다.

6.1.1 로트카–볼테라 방정식

5장에서 우리는 지수성장 모형, 로지스틱 모형 등 한 종류의 인구에 대한 수학적 모형을 살펴보았다. 그러나 지구상에는 수많은 종류의 생물이 존재하며 그들 사이에는 다양한 상호작용이 존재한다. 풀과 토끼, 토끼와 여우처럼 먹이사슬 관계에 있는 것들도 있고, 토끼와 사슴, 사자와 하이에나처럼 같은 먹이 또는 공간을 두고 경쟁을 벌이는 경우도 있다. 그 외에도 꽃과 꿀벌처럼 서로의 생존에 긍정적인 영향을 미치는 공생관계도 있다. 이 절에서는 이렇게 두 종류의 생물 사이에 상호작용이 존재하는 경우 수학적 모형화에 대하여 살펴본다. 우선 **먹이사슬 모형**(predator–prey model) 중에서 로트카[77]–볼테라[78] 방정식에 대하여 살펴보기로 하자.

초목이 풍성한 섬에 풀을 먹고 사는 초식동물과 초식동물을 먹고 사는 육식동물이 있다고 하자. 편의상 초식동물은 토끼, 육식동물은 여우라 부르기로 한다. 여우의 유일한 식량은 토끼이고 토끼를 잡아먹는 맹수도 여우뿐이라 가정하자. 그렇다면 토끼와 여우는 공존하는 것이 가능한가? 만약 그렇다면 토끼와 여우의 개체 사이에는 어떤 관계가 성립하겠는가?

시간 t에서 토끼의 수를 $x(t)$, 여우의 수를 $y(t)$라 하자. 토끼와 여우의 개체 수 함수를 찾기 위하여 다음과 같은 가정을 하기로 한다.

- 여우가 없는 경우 토끼는 자연성장을 한다.

---

76) 물론 독립변수가 두 개 이상인 경우도 있을 수 있다. 그런 경우의 문제들은 편미분방정식으로 모형화가 가능하지만 이 교재에서는 다루지 않는다.

77) Lotka, A.J.(1880–1949): 미국의 생물학자이자 수학자. 1924년 수리생물학의 첫번째 저서로 간주되는 *Elements of Mathematical Biology*를 출간하였다. 이 모형은 이 책에서 처음 소개되었다.

78) Volterra, V.(1860–1940): 이탈리아의 수학자. 로트카와 독립적으로 먹이사슬 모형을 연구하였다.

$$\frac{dx}{dt} = k_1 x, \quad k_1 > 0$$

- 토끼가 없는 경우 여우는 자연감소한다. 즉 개체 수에 비례하여 감소한다.

$$\frac{dy}{dt} = -k_2 y, \quad k_2 > 0$$

- 토끼와 여우가 같이 존재하는 경우, 토끼와 여우가 만나는 횟수는 토끼 수와 여우 수의 곱 $x \cdot y$에 비례한다.
- 토끼 수는 여우와 만나는 횟수에 비례하여 감소한다.
- 여우 수는 토끼와 만나는 횟수에 비례하여 증가한다.

이러한 가정은 다음과 같은 연립미분방정식으로 표현된다.

로트카-볼테라 방정식

$$\begin{cases} dx/dt = & k_1 x - c_1 xy \\ dy/dt = & -k_2 y + c_2 xy \end{cases} \tag{6.1}$$

여기서 k_1, k_2, c_1, c_2는 양의 상수이다. 이러한 모형을 먹이사슬에 대한 **로트카-볼테라 방정식**(Lotka-Volterra equations)이라 한다.

보기 1 실험 결과 로트카-볼테라 방정식의 상수가 다음과 같이 주어졌다고 하자.

$$k_1 = 0.6, \quad k_2 = 0.4, \quad c_1 = 0.02, \quad c_2 = 0.001$$

그러면 다음과 같은 미분방정식계[79]를 얻는다(시간의 단위는 개월).

$$\begin{cases} dx/dt = & 0.6x - 0.02xy \\ dy/dt = & -0.4y + 0.001xy \end{cases} \tag{6.2}$$

처음 섬에 토끼 500마리가 있었다고 하자. 여우의 초깃값이 다음과 같을 때 토끼와 여우의 개체 수는 어떻게 변하는지 살펴보기로 하자.

$$y(0) = 10, \quad y(0) = 32, \quad y(0) = 60$$

오일러의 방법을 응용하여 이 초깃값들에 대하여 그래프를 그려 보면 다음과 같다. 여기서 파란 선은 토끼의 수를, 검은 선은 여우의 수에 10을 곱한 것이다.[80]

79) 연립미분방정식을 **미분방정식계(system of differential equations)**라 부른다.

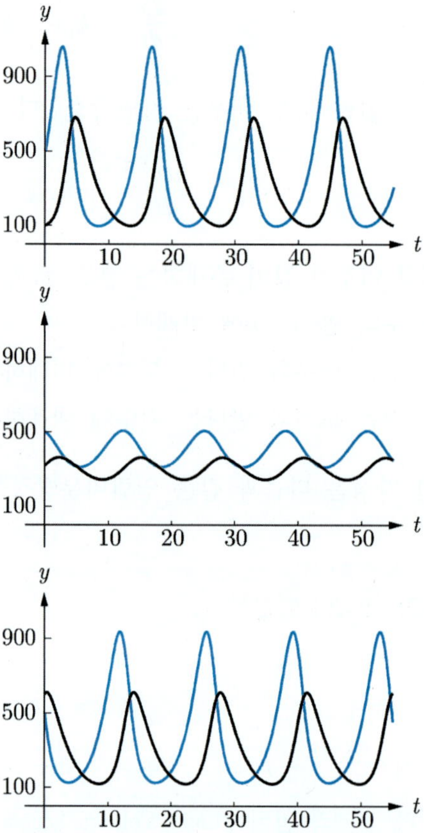

이 그래프들을 관찰하면 다음 사실들을 알 수 있다.

- 처음 여우가 10마리였을 때($y(0) = 10$)는 초기에 토끼와 여우가 동시에 증가한다. 이는 여우에 의한 토끼의 사망률이 토끼의 자연성장률보다 작음을 의미한다. 또한 여우는 풍부한 먹이가 있으므로 개체 수가 증가한다.
- 처음 여우가 32마리인 경우($y(0) = 32$)는 초기에 토끼는 감소하고 여우는 증가한다. 이는 토끼의 자연성장률이 여우에 의한 사망률보다 작음을 의미한다. 여우의 경우도 초기에 증가하는 기간이 여우가 10마리였을 때보다 짧아졌음을 볼 수 있다. 이는 토끼의 감소로 인하여 먹이에 대한 경쟁이 심해졌기 때문이다.
- 마지막으로 여우가 60마리인 경우($y(0) = 60$)는 초기에 토끼와 여우가 모두 감소하는 것을 볼 수 있다. 토끼의 감소는 여우에 의한 사망이 자연성장보다 크기 때문이고 여우의 감소는 처음부터 여우의 식량이 부족함을

80) 왜 10을 곱했을까?

의미한다. ■

세 경우 모두 토끼의 개체 수와 여우의 개체 수는 일정한 규칙에 따라 주기적인 움직임을 보여준다. 토끼의 증가는 여우의 개체 수를 증가시키고 여우의 증가는 토끼의 감소를, 토끼의 감소는 여우의 감소를, 또 여우의 감소는 토끼의 증가를 유발한다. 이러한 규칙은 시간에 상관없이 토끼와 여우의 개체 수에 의존하여 진행된다.

6.1.2 일계자율계와 궤적

일반적으로 다음과 같은 연립미분방정식

$$\begin{cases} dx/dt = P(t, x, y) \\ dy/dt = Q(t, x, y) \end{cases}$$

를 **일계미분방정식계**(system of first order differential equations)라 한다. 초기조건

$$x(t_0) = x_0, \quad y(t_0) = y_0$$

가 주어지면 **초깃값문제**(initial value problem)라 한다. 로트카-볼테라 방정식 (6.1)처럼 P, Q가 독립변수 t와 독립인 경우 이 시스템을 **자율적**(autonomous)이라 하고, 간단히 **일계자율계**(first order autonomous system)라고 부른다.

일계자율계

연립미분방정식

$$\begin{cases} \dfrac{dx}{dt} = P(x, y) \\ \dfrac{dy}{dt} = Q(x, y) \end{cases} \tag{6.3}$$

를 일계자율계라고 한다. 두 함수의 순서쌍 $(x(t), y(t))$가 식 (6.3)을 만족하면 $(x(t), y(t))$를 식 (6.3)의 해라 한다.

궤적

종속변수 x, y를 순서쌍으로 써 주면 평면의 점으로 표현된다. 이런 순서쌍 (x, y)를 **상태**(state)라 하고, 가능한 상태들의 집합을 **상태공간**(state space)이라 한다. 자율계의 초깃값문제의 해집합을 상태공간에 그려준 것을 **궤적** 또는 **자취**(trajectory)라고 한다.[81)]

보기 2 (a) $x(t) = \cos t$, $y(t) = \sin t$ $(t \geq 0)$는 다음 미분방정식계의 해이다.

$$\begin{cases} x' = -y \\ y' = x \\ x(0) = 1, \quad y(0) = 0 \end{cases}$$

이때

$$x^2 + y^2 = 1$$

이므로 초깃값문제의 궤적은 반지름이 1인 원이다.

(b) $x(t) = e^t$, $y(t) = e^{2t}$ $(t \geq 0)$은 다음 미분방정식계의 해이다.

$$\begin{cases} x' = x \\ y' = 2y \\ x(0) = 1, \quad y(0) = 1 \end{cases}$$

이때 $y = x^2$이므로 초깃값문제의 궤적은 포물선의 일부이다.

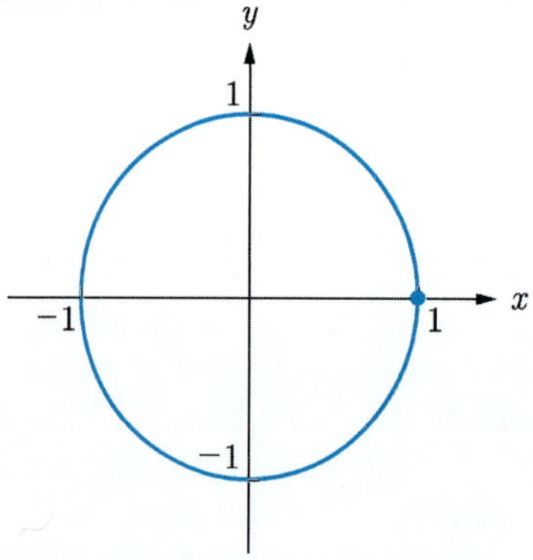

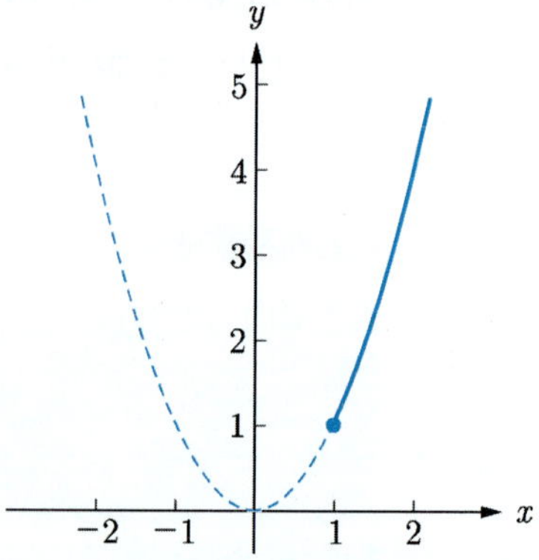

(c) $x(t) = e^{-t}$, $y(t) = e^{-2t}$ $(t \geq 0)$은 다음 미분방정식계의 해이다.

$$\begin{cases} x' = -x \\ y' = -2y \\ x(0) = 1, \quad y(0) = 1 \end{cases}$$

81) 이것은 2장에서 배운 매개곡선 또는 궤적과 같은 정의이다.

이 경우 $y = x^2$이므로 초깃값문제의 궤적은 포물선의 일부이다.

(d) $x(t) = e^t + e^{-t}$, $y(t) = e^t - e^{-t}(t \geq 0)$은 다음 미분방정식계의 해이다.

$$\begin{cases} x' = y \\ y' = x \\ x(0) = 2, \quad y(0) = 0 \end{cases}$$

이때 $x^2 - y^2 = 4$이므로 초깃값문제의 궤적은 쌍곡선의 일부이다. ■

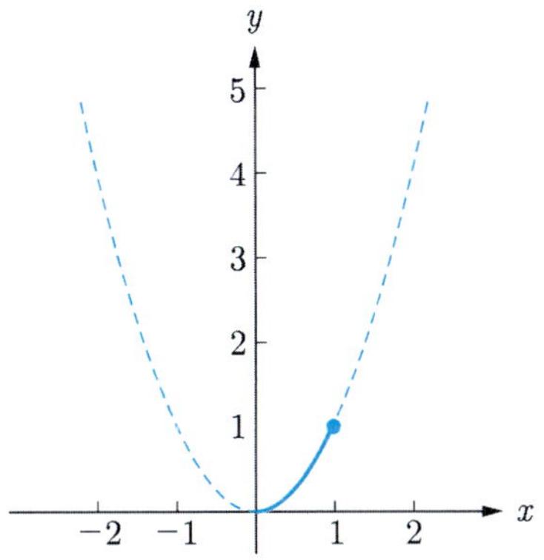

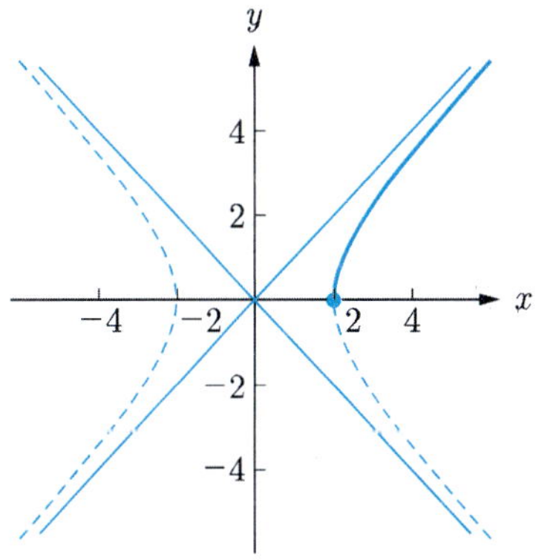

6.1.3 속도벡터와 평형점

상태공간의 각 점에서 x의 속도(변화율)와 y의 속도는 궤적의 움직임을 설명하는 데에 중요한 역할을 한다. 주어진 점 (x_0, y_0)에서 x 방향의 속도 x'과 y 방향의 속도 y'을 성분으로 갖는 속도벡터 (x', y')은 궤적에 접하므로 **접선벡터** (tangent vector)라 부르기도 한다.

속도벡터의 기울기

$$\frac{dy}{dx} = \frac{dy/dt}{dx/dt}$$

는 궤적이 움직이는 방향을 나타낸다. 또 속도벡터의 크기, 즉 속력

$$\sqrt{\left(\frac{dx}{dt}\right)^2 + \left(\frac{dy}{dt}\right)^2} = \sqrt{\{P(x, y)\}^2 + \{Q(x, y)\}^2}$$

은 궤적이 얼마나 빠르게 움직이는가를 나타낸다(2장 5절 참조).

평형점

자율계 (6.3)의 **평형점**(equilibrium) 또는 **평형해**는

$$\frac{dx}{dt}=0, \quad \frac{dy}{dt}=0$$

을 동시에 만족하는 상태 (x_E, y_E) 또는 상수해 $x=x_E$, $y=y_E$를 의미한다. 일계자율방정식과 마찬가지로 자율계에서도 평형점은 중요한 의미를 갖는다. 평형점 근방에서 (x, y)가 어떻게 움직이는가를 살펴보면 전체의 움직임을 이해할 수 있는데 이는 6.3절에서 다루도록 한다.

보기 1에서 평형해를 구하기 위하여는 다음 연립방정식을 풀어야 한다.

$$0.6x-0.02xy=0.02x(30-y)=0$$
$$-0.4y+0.001xy=0.001y(-400+x)=0$$

따라서 이 경우 로트카–볼테라 방정식은 두 개의 평형점 (0, 0), (400, 30)을 갖는다. 평형점 (0, 0)은 토끼와 여우가 모두 멸종함을 의미한다. 반면 평형점 (400, 30)에서는 토끼와 여우가 안정적인 생태계를 유지한다. 즉, 여우의 생존을 위한 충분한 먹이(토끼)와 토끼의 개체 수를 조절할 만큼의 여우가 존재한다.

평형해와 속도벡터에는 아주 많은 정보가 들어 있다. 이제 그 중에서 우리에게 필요한 정보를 추출하는 몇 가지 기법을 살펴보기로 한다.

$$\frac{dx}{dt}=0 \quad \text{또는} \quad \frac{dy}{dt}=0$$

을 만족하는 직선 또는 곡선을 **분기선**(nullcline)이라 부르기로 한다.

보기 3 **보기 1**에서 $dx/dt=0$이면 두 직선 $x=0$, $y=30$을 얻는다.

- $x=0$이면 $x'=0$이므로 y축($x=0$)과 한 번이라도 만나는 궤적은 계속 y축에 머무른다. 즉, y축에서 시작한 궤적은 수직으로만 움직인다.
- $y=30$인 경우 토끼의 변화율은 $x'=0$이므로 속도벡터는 수직방향이 된다. 즉, 직선 $y=30$을 지나는 궤적은 이 직선을 수직으로 교차하여야만 한다.

한편 $dy/dt=0$이면 두 직선 $y=0$, $x=400$을 얻는다.

- $y=0$이면 x축($y=0$)과 한 번이라도 만나는 궤적은 계속 x축에 머무른다. 즉, x축에서 시작한 궤적은 수평으로만 움직인다.
- $x=400$인 경우 여우의 변화율은 0이므로 속도벡터는 수평방향이 된다. 즉, 직선 $x=400$을 지나는 궤적은 이 직선을 수평으로 교차하여야만 한다.

분기선 $x=400$과 $y=30$은 상태공간을 네 개의 영역으로 분할한다. 각 영역에서 토끼와 여우의 개체 수의 증감은 다음과 같다.

	토끼	여우	속도벡터
I	증가	감소	↘
II	증가	증가	↗
III	감소	증가	↖
IV	감소	감소	↙

분기선에서의 움직임과 위 표를 참조하여 각 영역에서 속도벡터를 그려 보면 다음과 같다.

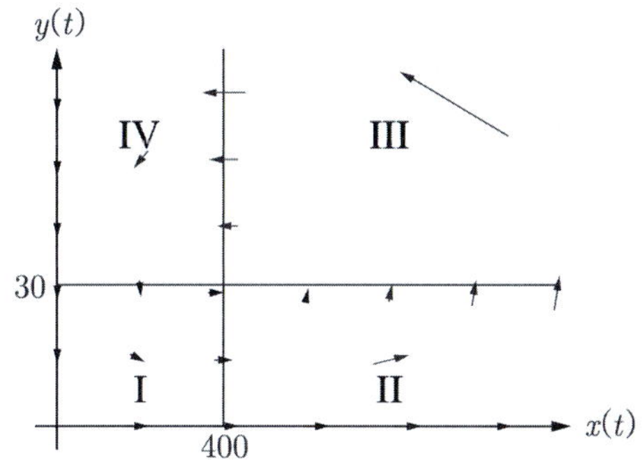

$\frac{dx}{dt}=0$이고 $\frac{dy}{dt}=0$인 점 $(0,\ 0)$, $(400,\ 30)$은 평형점이 된다. ■

일반적으로 자율계에서 $\frac{dx}{dt}=0$이면 속도벡터는 $(0,a)$ 꼴이므로 x-축에 수직이다. 이런 의미에서 $\frac{dx}{dt}=0$인 직선 또는 곡선을 **수직분기선**이라 부르기로 한다. 마찬가지로 $\frac{dy}{dt}=0$인 직선 또는 곡선을 **수평분기선**이라 부르기로 한다.

6.1.4 벡터장과 위상묘사

자율계의 경우, 상태공간의 각 점에 대응하는 속도벡터를 그려준 것을 **벡터장**(vector field)이라 한다. 즉, 벡터장이란 상태공간의 각 점 $(x(t^*),\ y(t^*))$에서 시점이 $(x(t^*),\ y(t^*))$, 종점이 $(x(t^*)+x'(t^*),\ y(t^*)+y'(t^*))$인 벡터를 대응시켜 준 것이다.

보기 1에서 세 개의 초깃값 $(500,10)$, $(500,32)$, $(500,60)$에 대하여 세 개의 궤적을 상태공간에 그려보면 다음과 같다.

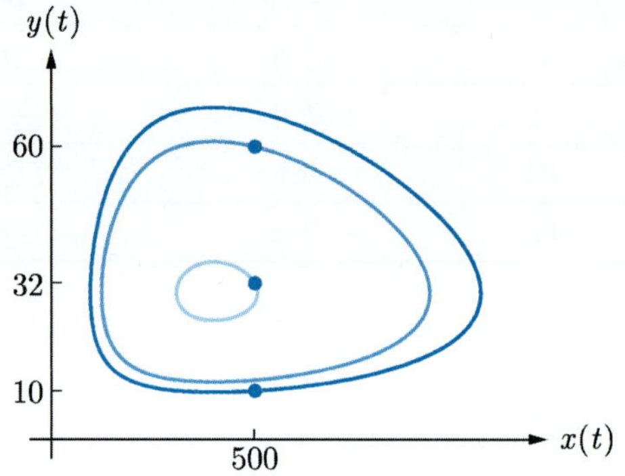

이렇게 가능한 여러 궤적을 같은 상태 공간에 그려놓은 것을 **위상묘사**(phase portrait)라 한다. 궤적만 가지고는 그 자율계가 어떤 방향으로 움직이는지, 어떤 빠르기로 움직이는지 판단할 수가 없다. 그러나 벡터장과 궤적을 같이 그려보면 많은 것들을 알 수 있다.

NOTE 메이플에서 미분방정식계의 위상묘사는 명령어 phaseportrait를 사용한다. 기본적인 형식은 다음과 같다.

```
> with(DEtools):
> phaseportrait({ diff(x(t),t) =f(t,x,y), diff(y(t),t) =
  g(t,x,y)},
  {x(t),y(t)},t=a..b,[ 초기조건] );
```

예를 들어 다음과 같이 입력하면

```
> with(DEtools):
> phaseportrait({ diff(x(t),t) = 0.6*x(t)-0.02*x(t)*y(t),
  diff(y(t),t) = -0.4*y(t)+0.001*x(t)*y(t)},
  {x(t),y(t)},t=0..20,
  [[ x(0)=500,y(0)=10] ,[ x(0)=500,y(0)=32] ,[ x(0)=500,y(0)=60] ] );
```

자율계 (6.2)의 벡터장과 세 초기조건에 대한 궤적이 같이 그려진다.

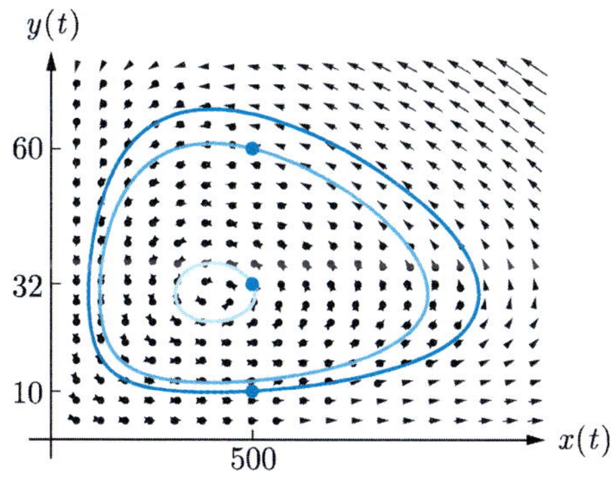

이 그림으로부터 다음과 같은 사실들을 추론할 수 있다.

- 궤적은 닫힌 곡선이며, 상태 (400, 30)은 항상 궤적의 내부에 있다.
- 궤적은 시계반대방향으로 움직인다.
- 궤적은 오른쪽 위에서 가장 빨리 움직이며, 원점과 (400, 30) 근방에서는 아주 천천히 움직인다.
- 상태 (400, 30)에 가까운 초깃값을 갖는 궤적은 상태 (400, 30)에 먼 초깃값을 갖는 궤적의 내부에 포함된다.

위에서 살펴본 마지막 사실로부터 상태 (400, 30)에 가까운 초깃값을 갖는 경우는 토끼의 개체 수와 여우의 개체 수의 변동이 작음을 알 수 있다. 이러한 변동은 초깃값이 상태 (400, 30)에 가까울수록 작아진다.

6.1.5 유한성장 로트카-볼테라 방정식

로트카-볼테라 방정식에서 여우가 없는 경우 토끼는 자연성장을 한다는 가정을 하였다. 그러나 실제로 여우가 없는 경우 토끼는 로지스틱 성장을 한다는 가정이 더 현실적이다. 따라서 이번에는 토끼가 수용용량 1000인 로지스틱 성장을 한다고 가정해 보자. 그러면 로트카-볼테라 방정식 (6.2)는 다음과 같이 수정된다.

$$\begin{cases} dx/dt = 0.6x\left(1-\dfrac{x}{1000}\right)-0.02xy \\ dy/dt = -0.4y+0.001xy \end{cases} \tag{6.4}$$

이러한 방정식을 **유한성장 로트카-볼테라 방정식**이라 한다.

보기 4 이번에도 처음 토끼의 수는 500마리이고, 여우의 수는 10, 32, 60인 경우를 살펴보기로 한다. 오일러의 방법을 이용하여 시간에 따른 개체 수의 변화를 살펴보면 다음과 같다.

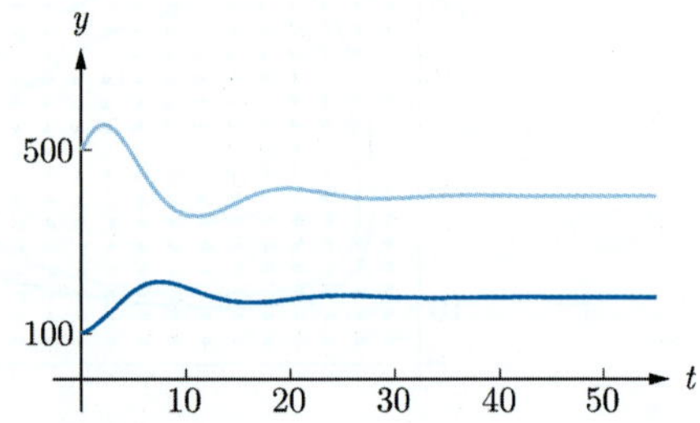

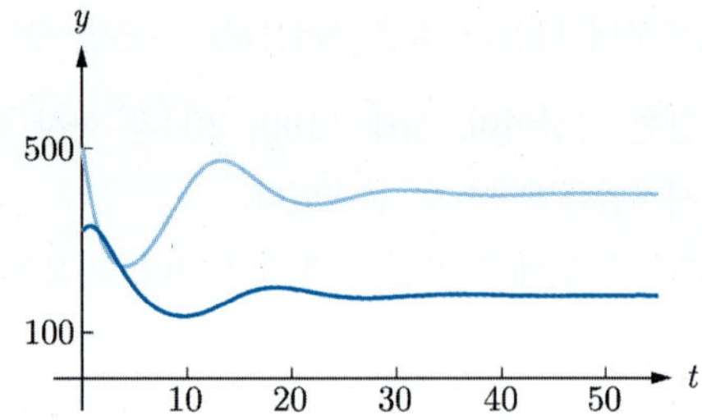

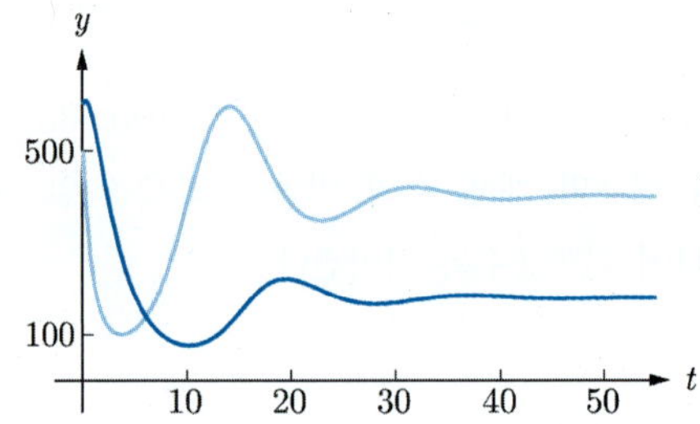

세 경우 모두 처음은 변동의 폭이 크다가 점점 변동의 폭이 줄어드는 것을 알 수 있다. 그리고 시간이 지남에 따라 토끼의 수도 여우의 수도 하나의 값으로 수렴하는 것을 볼 수 있다. 이러한 현상은 궤적을 그려보면 더욱 명확해진다.

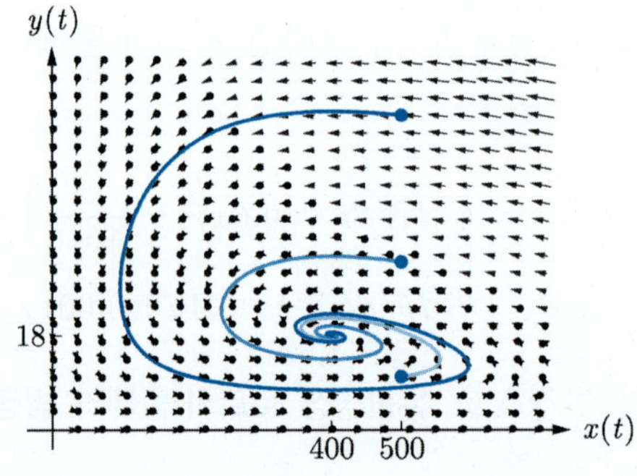

세 개의 궤적은 모두 하나의 점에 수렴하는 나선 모양이다. 이러한 현상은 궤적이 1사분면의 어떤 점에서 출발해도 항상 똑같이 관찰되는 현상이다. ■

유한성장모형 (6.4)의 평형해는 다음 연립방정식의 해이다.

$$0.6x\left(1-\frac{x}{1000}\right)-0.02xy=0.6x\left(1-\frac{x}{1000}-\frac{y}{30}\right)=0$$

$$-0.4y+0.001xy=0.001y(x-400)=0$$

첫 번째 식으로부터 두 개의 수직분기선

$$x=0, \quad 3x+100y=3000$$

을 얻는다. 두 번째 식에서는 다음과 같은 두 개의 수평분기선을 얻는다.

$$y=0, \quad x=400$$

평형해는 수직분기선과 수평분기선의 교점으로 찾을 수 있으며, 이 경우 세 개의 평형해 (0, 0), (1000, 0), (400, 18)을 갖는다. 또한 수직분기선 $3x+100y=3000$과 수평분기선 $x=400$은 상태공간을 다음과 같이 네 개의 영역으로 분할한다.

	dx/dt	dy/dt	속도벡터
I	+	−	↘
II	+	+	↗
III	−	+	↖
IV	−	−	↙

분기선에서의 움직임과 위 표를 참고하여 벡터장을 간단히 그려 보면 다음과 같다.

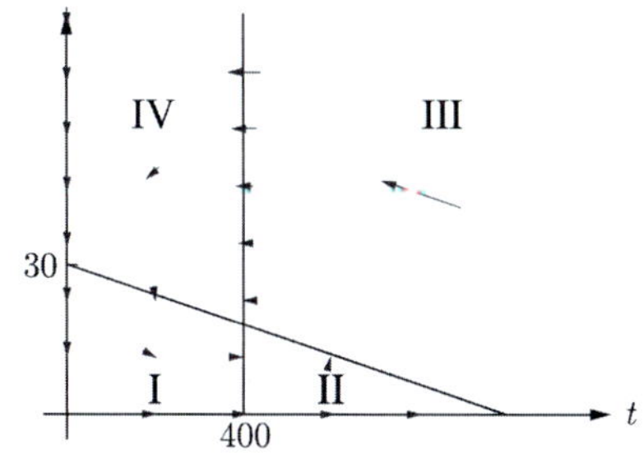

평형점 근방에서 시스템이 어떻게 움직이는가에 따라 평형점은 안정적 또는 비안정적이라고 한다. 즉 (400, 18)의 경우처럼 모든 궤적이 평형점 방향으로 움직이든가,[82] 적어도 로트카–볼테라 방정식 (6.2)에서의 평형점 (400, 30)처럼 평형점 근방에서 계속 머무르는 경우 평형점은 **안정적**(stable)이라 한다. 반면 (0, 0)이나 (1000, 0)처럼 적어도 한 방향으로는 궤적이 평형점에서 멀어질 때 그 평형점은 **비안정적**(unstable)이라 한다.

NOTE 유한성장 로트카–볼테라 방정식 (6.4)의 x축$(y=0)$에서의 위상묘사는 로지스틱 모형

$$\frac{dx}{dt} = 0.6x\left(1 - \frac{x}{1000}\right)$$

의 1차원 위상도와 일치한다. 이때 평형점 $x = 1000$은 1차원 위상도에서는 안정적이었지만, 2차원 위상묘사에서는 비안정적이다. 즉 토끼만 있을 때에는 항상 토끼의 수용용량인 1000마리로 토끼의 수가 수렴하지만, 여우가 같이 존재하는 경우는 토끼가 수용용량까지 번식하지 못한다.

연습문제 6.1

※ (01~03) 먹이사슬 모형에서 여우의 수는 토끼의 성장률에 부정적인 영향을 미치는 반면 토끼의 수는 여우의 성장률에 긍정적인 영향을 미친다. 이러한 영향을 수학적으로 어떻게 표현하는가에 따라 우리는 다양한 수학적 모형을 얻게 된다. 다음 두 문제는 메이에 의하여 제안된 모형으로 로트카-볼테라 방정식의 변형이다.

01 베딩턴과 메이(1982)[83]는 고래와 고래의 먹이인 크릴(새우의 일종)의 개체 수 변화를 모형화하기 위하여 다음과 같은 가정을 제시하였다.

- 고래가 없는 경우 크릴은 수용용량 L인 로지스틱 성장을 한다.
- 크릴이 없는 경우 고래는 자연감소를 한다.

---

82) 벡터장만으로 궤적이 평형점 방향으로 움직이는지를 판단할 수는 없다. 이 경우는 보기 3에서 그린 궤적을 참고하였다. 그러나 6.3절을 공부하면 궤적을 그리지 않아도 평형해가 안정적인지 아닌지를 판단할 수 있다.

83) Beddington, J.R., May, R.M. The harvesting of interacting species in a natural ecosystem. *Sci. Am.*, November 1982, pp.62–69

- 고래는 로지스틱 성장을 하는데 수용용량은 크릴의 질량에 비례한다.
- 크릴과 고래가 만나는 횟수는 두 수의 곱에 비례하며 크릴의 질량은 고래와 만나는 횟수에 비례하여 감소한다.

x를 크릴의 총 질량, y를 고래의 수라 할 때 이러한 가정을 미분방정식계로 표현하면 다음과 같다.

$$\begin{cases} x' = rx\left(1-\dfrac{x}{L}\right) - axy \\ y' = \begin{cases} sy\left(1-\dfrac{y}{bx}\right), & x \neq 0 \\ -cy, & x = 0 \end{cases} \end{cases}$$

여기서 r, s, a, b, c는 모두 양의 실수이다. $L = 1000$, $r = 1$, $s = 0.1$, $a = 0.01$, $b = 0.1$, $c = 0.2$일 때 다음 질문에 답하여라.

(a) 수직분기선과 수평분기선을 구하여 상태공간에 나타내어라.
(b) 평형점을 구하고 상태공간에 표시하여라.
(c) 분기선으로 나누어진 공간에 대표적인 속도벡터를 그려라.
(d) x축과 y축에서 속도벡터를 그려보아라.
(e) 메이플 등의 수학용 소프트웨어를 이용하여 벡터장 또는 위상묘사를 그리고, 이로부터 평형점의 안정성을 판단할 수 있으면 판단하여라.

02 (메이 모형) 메이는 다음과 같은 가정을 하였다. x는 토끼의 수를, y는 여우의 수를 나타낸다.

- 여우가 없는 경우 토끼는 수용용량 L인 로지스틱 성장을 한다.
- 토끼가 없는 경우 여우는 자연감소를 한다.
- 여우는 로지스틱 성장을 하는데 수용용량은 토끼의 개체 수에 비례한다.
- 한 마리의 여우가 단위 시간에 먹을 수 있는 토끼의 수는 함수 $D(x)$로 주어진다. 이때 $D(x)$는 단순증가하는 함수이며 다음 성질을 만족한다(다음 식이 의미하는 바는 무엇인가?).

$$D(0) = 0, \quad \lim_{x\to\infty} D(x) = c$$

(a) d가 양의 상수일 때,

$$D(x) = \frac{cx}{x+d}$$

는 위의 가정을 만족함을 보여라.

(b) 다음 미분방정식계가 메이의 가정을 어떻게 반영하는지 설명하여라.

$$\begin{cases} x' = rx\left(1 - \dfrac{x}{L}\right) - \dfrac{cxy}{x+d} \\ y' = \begin{cases} sy\left(1 - \dfrac{y}{bx}\right), & x \neq 0 \\ -ay, & x = 0 \end{cases} \end{cases}$$

03 (메이 모형 계속) $L = 1000$, $r = 1$, $s = 0.1$, $a = 0.2$, $b = 0.02$, $c = 12$, $d = 160$일 때, **문제 01**의 질문에 답하여라.

※ (04~07) **경쟁모형**(competition model) 여러 종류의 물고기들은 같은 먹이를 놓고 경쟁을 한다. 사자나 하이에나는 같은 먹이를 놓고 경쟁을 하는 동시에 서로 죽이기도 한다.[84)] 이렇게 같은 공간에서 먹이와 영토를 차지하기 위하여 경쟁하는 두 종의 개체 A, B를 생각해 보자. 시간 t에서 A의 수를 $x(t)$, B의 수를 $y(t)$라 하자. A와 B의 성장률을 찾기 위하여 다음과 같은 가정을 하기로 한다.

- B가 없는 경우 A는 로지스틱 성장을 한다.

$$\frac{dx}{dt} = a_1 x\left(1 - \frac{x}{L_1}\right) = x(a_1 - b_1 x), \quad a_1 > 0, \quad b_1 > 0, \quad L_1 = \frac{a_1}{b_1}$$

- A가 없는 경우 B는 로지스틱 성장을 한다.

$$\frac{dy}{dt} = a_2 y\left(1 - \frac{y}{L_2}\right) = y(a_2 - b_2 y), \quad a_2 > 0, \quad b_2 > 0, \quad L_2 = \frac{a_2}{b_2}$$

- A와 B가 같이 존재하는 경우, A와 B는 각각 그 곱 xy에 비례하여 감소한다.

이러한 가정을 미분방정식으로 표현하면 다음과 같다.

$$\begin{cases} dx/dt = x(a_1 - b_1 x - c_1 y) \\ dy/dt = y(a_2 - b_2 y - c_2 x) \end{cases}$$

다음과 같이 미분방정식이 주어졌을 때 **문제 01**의 질문에 답하여라.

04 $\begin{cases} dx/dt = x(20 - 0.5x - 0.5y) \\ dy/dt = y(25 - y - 0.5x) \end{cases}$

---

84) 이런 현상은 생물학적인 현상뿐만 아니라 국가 간 또는 회사 간의 경쟁 등에도 존재한다.

05 $\begin{cases} dx/dt = x(20 - 0.5x - 0.5y) \\ dy/dt = y(25 - 0.5y - x) \end{cases}$

06 $\begin{cases} dx/dt = x(20 - 0.5x - 0.5y) \\ dy/dt = y\left(25 - \dfrac{3}{4}y - x\right) \end{cases}$

07 $\begin{cases} dx/dt = x(20 - 0.5x - 0.5y) \\ dy/dt = y\left(25 - \dfrac{1}{3}y - \dfrac{1}{4}x\right) \end{cases}$

※ (08~09) **공생모형**(mutualism model) 꿀벌과 꽃 같이 서로의 존재가 상대방의 성장률에 긍정적인 영향을 미치는 상호관계를 갖는 경우를 **공생**(mutualism)이라 한다.

08 다음은 꽃(x)과 꿀벌(y) 사이의 공생관계를 수학적으로 모형화한 식이다.

$$x' = 0.1x(1 - 0.01x + 0.005y)$$
$$y' = 0.03y(1 + 0.04x - 0.01y)$$

(a) 꿀벌이 없거나 꽃이 없는 경우 꽃과 꿀벌의 개체 수 성장은 각각 어떤 양상을 보이는가?

(b) 공생을 나타내는 항은 무엇인가?

(c) **문제 01**의 질문에 답하여라.

09 다음은 공생에 대한 모형이다. 단, $\beta_1 > 0$, $\beta_2 > 0$, $\beta_1\beta_2 < 1$이라 가정한다.

$$x' = rx\left(1 - \frac{x}{L_1 + \beta_1 y}\right)$$
$$y' = sy\left(1 - \frac{y}{L_2 + \beta_2 x}\right)$$

여기서 r, s, β_1, β_2, L_1, L_2는 모두 양의 상수이다.

(a) 이 모형이 공생을 나타내는 이유를 설명하여라.

(b) $L_1 = 50$, $L_2 = 20$, $\beta_1 = 0.5$, $\beta_2 = 0.4$일 때, **문제 01**의 질문에 답하여라.

6.2 선형미분방정식계

6.2.1 이계미분방정식과 선형미분방정식계

5.6절에서 살펴본 이계미분방정식의 초깃값문제를 다시 살펴보자. 편의상 $a=1$이라 가정한다.

$$y''+by'+cy=0, \quad y(0)=y_0, \quad y'(0)=v_0 \tag{6.5}$$

초깃값문제 (6.5)에서 $v=y'$이라 하면 $y''=v'$이 된다. 따라서 이계미분방정식 (6.5)는 다음과 같은 일계자율계로 표현할 수 있다.

$$\begin{cases} y'=v \\ v'=-by'-cy=-cy-bv \\ y(0)=y_0,\ v(0)=v_0 \end{cases}$$

역으로 다음과 같이 상수계수를 갖는 미분방정식계는 이계미분방정식으로 바꾸어 쓸 수 있다.

$$\begin{cases} x'=ax+by \\ y'=cx+dy \end{cases} \tag{6.6}$$

만약 $b=c=0$이면 식 (6.6)은 단순히 두 개의 일계미분방정식을 푸는 것이 되며 그 해는 다음과 같다.

$$\begin{cases} x(t)=c_1e^{at} \\ y(t)=c_2e^{dt} \end{cases}$$

따라서 $b\neq 0$ 또는 $c\neq 0$라고 가정한다. 편의상 $b\neq 0$이라 하자. 식 (6.6)에서 첫 번째 식의 양변을 한번 더 미분하면

$$\begin{aligned} x''&=ax'+by'=ax'+b(cx+dy) \\ &=ax'+bcx+d(by) \end{aligned}$$

이다. 이 식에 식 (6.6)의 첫 번째 관계식 $by=x'-ax$를 대입하면 다음 이계미분방정식을 얻는다.[85]

85) 같은 방법으로 x를 소거하면 y에 대한 이계미분방정식을 얻는다.

$$y''-(a+d)y'+(ad-bc)y=0$$

$$x'' - (a+d)x' + (ad-bc)x = 0$$

이때 이계미분방정식의 특성방정식

$$r^2 - (a+d)r + (ad-bc) = 0 \tag{6.7}$$

을 미분방정식계 (6.6)의 **특성방정식**(characteristic equation)이라고 정의한다.

미분방정식계의 특성방정식

미분방정식계

$$\begin{cases} x' = ax + by \\ y' = cx + dy \end{cases}$$

는 이계미분방정식

$$x'' - (a+d)x' + (ad-bc)x = 0$$

으로 바꾸어 쓸 수 있다. 여기서

$$r^2 - (a+d)r + (ad-bc) = 0$$

을 주어진 미분방정식계의 특성방정식이라 한다.

6.2.2 미분방정식계의 일반해

미분방정식계 (6.6)의 일반해는 특성방정식 $r^2 - (a+d)r + (ad-bc) = 0$의 판별식

$$D = (a+d)^2 - 4(ad-bc) = (a-d)^2 + 4bc$$

의 부호에 따라 다른 양상을 보인다.

$D = (a-d)^2 + 4bc > 0$

특성방정식은 서로 다른 두 개의 실근을 갖는다. 두 실근을 r_1, r_2라 하면

$$x = c_1 e^{r_1 t} + c_2 e^{r_2 t}$$

이다. 미분방정식계의 첫 번째 식에 대입하면 다음과 같이 y를 구할 수 있다.

$$y = \frac{1}{b}(x' - ax) = \frac{r_1 - a}{b} c_1 e^{r_1 t} + \frac{r_2 - a}{b} c_2 e^{r_2 t}$$

보기 1 $\begin{cases} x' = 2x + 2y \\ y' = x + 3y \end{cases}$ 에서 y를 소거하면

$$x'' - 5x' + 4x = 0$$

이다. 특성방정식은

$$r^2 - 5r + 4 = 0 \Rightarrow r_1 = 4,\ r_2 = 1$$

이고 x의 일반해는

$$x(t) = c_1 e^{4t} + c_2 e^{t}$$

이다. 미분방정식계의 첫 번째 식에 대입하면

$$\begin{aligned} y(t) &= \frac{1}{2}x' - x = \frac{1}{2}(4c_1 e^{4t} + c_2 e^t) - (c_1 e^{4t} + c_2 e^t) \\ &= c_1 e^{4t} - \frac{1}{2} c_2 e^t \end{aligned}$$

이다. 따라서 일반해는

$$\begin{cases} x(t) = c_1 e^{4t} + c_2 e^t \\ y(t) = c_1 e^{4t} - \frac{1}{2} c_2 e^t \end{cases}$$

이다. 이 미분방정식계의 위상묘사는 다음 그림과 같다. $c_1 = 0$이면 궤적은 직선 $y = -\frac{1}{2}x$, $c_2 = 0$이면 궤적은 직선 $y = x$이다. ■

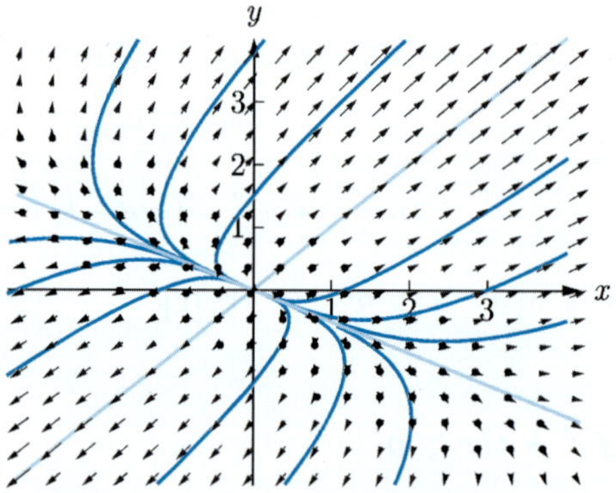

$D = (a-d)^2 + 4bc = 0$

특성방정식은 하나의 중근 r_1을 갖는다.

보기 2 미분방정식계 $\begin{cases} x' = x + y \\ y' = -x + 3y \end{cases}$ 에서 y를 소거하면

$$x'' - 4x' + 4x = 0$$

이다. 특성방정식은

$$r^2 - 4r + 4 = 0 \Rightarrow r_1 = 2$$

이므로 x의 일반해는

$$x(t) = (c_1 + c_2 t)e^{2t}$$

이다. 미분방정식계의 첫 번째 식에 대입하면 y의 일반해는

$$\begin{aligned} y = x' - x &= (c_2 + 2(c_1 + c_2 t))e^{2t} - (c_1 + c_2 t)e^{2t} \\ &= (c_1 + c_2 + c_2 t)e^{2t} \end{aligned}$$

이다. 위상묘사는 다음과 같다. ■

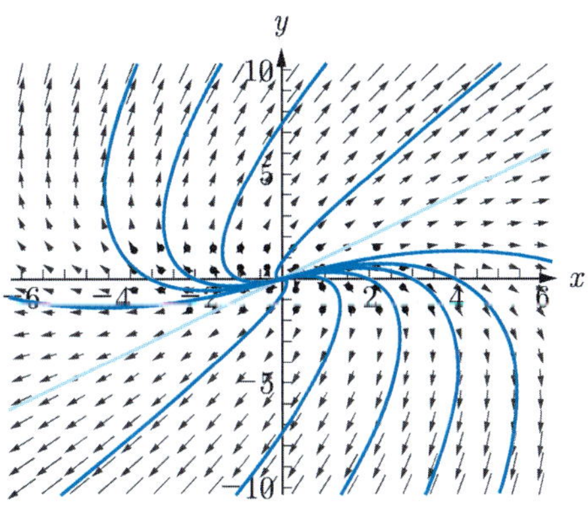

$D = (a-d)^2 + 4bc < 0$

특성방정식은 한 쌍의 켤레복소근 $\alpha \pm \beta i$를 갖는다.

$$\left(\alpha = \frac{a+d}{2}, \quad \beta = \frac{\sqrt{-D}}{2}\right)$$

보기 3 미분방정식계 $\begin{cases} x' = y \\ y' = -4x \end{cases}$ 에서 첫 빈째 식을 다시 미분하면

$$x'' = y' = -4x$$

이므로 다음 이계미분방정식을 얻는다.

$$x'' + 4x = 0$$

따라서 x의 일반해는

$$x(t) = c_1 \cos 2t + c_2 \sin 2t = A\cos(2t - \phi)$$

여기서 $A = \sqrt{c_1^2 + c_2^2}$, $\cos\phi = c_1/A$, $\sin\phi = c_2/A$이다. y의 일반해는 첫 번째 식에서 구할 수 있다. 즉

$$y = x' = -2A\sin(2t - \phi)$$

임의의 θ에 대하여 $\cos^2\theta + \sin^2\theta = 1$이므로

$$\frac{x^2}{A^2} + \frac{y^2}{(2A)^2} = 1$$

이다. 즉 이 자율계의 궤적은 타원이 되며 시계방향으로 움직인다. ■

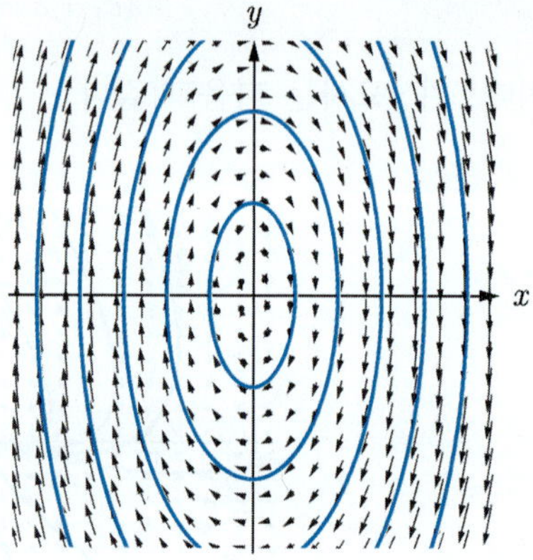

보기 4 미분방정식계 $\begin{cases} x' = 6x - y \\ y' = 5x + 4y \end{cases}$ 에서 y를 소거하면

$$x'' - 10x' + 29x = 0$$

이므로 특성방정식은

$$r^2 - 10r + 29 = 0 \Rightarrow r = 5 \pm 2i$$

이다. 따라서 x의 일반해는

$$x(t) = e^{5t}(c_1 \cos 2t + c_2 \sin 2t)$$

이다. 미분방정식계의 첫 번째 식에 대입하면 y의 일반해는

$$\begin{aligned} y &= 6x - x' \\ &= e^{5t}[(c_1 - 2c_2)\cos 2t + (2c_1 + c_2)\sin 2t] \end{aligned}$$

이다. 위상묘사를 그려보면 다음과 같다. 모든 궤적은 원점에서 멀어지는 나선모양이다. ■

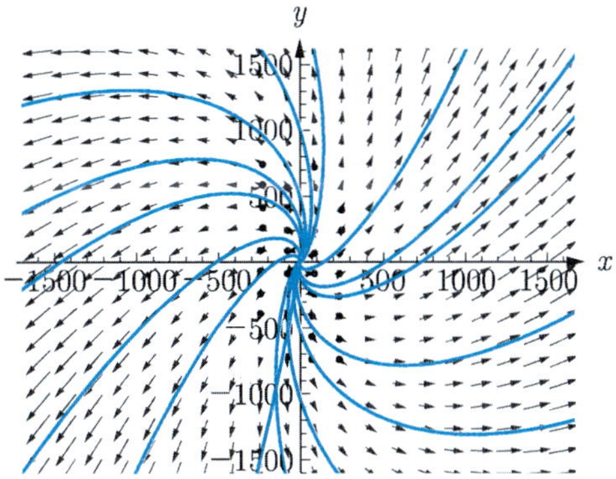

6.2.3 직선궤적

자율계 (6.6)에 대하여 직선 $y = mx$가 직선궤적이 된다면 직선 위의 점 $(x, y) = (x, mx)$에서 속도벡터의 기울기는 m이어야 한다.

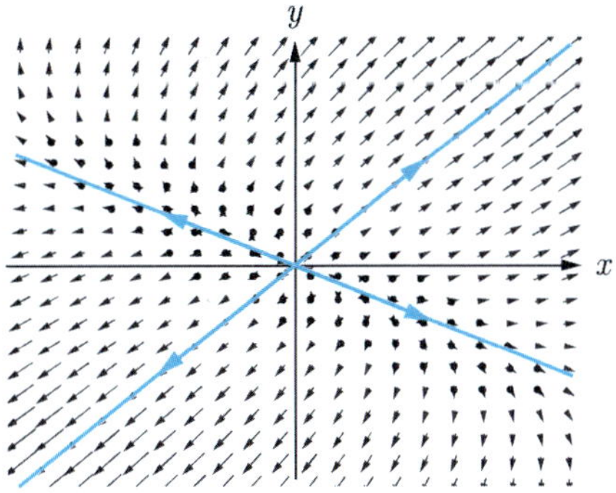

직선궤적 위에서 속도벡터의 기울기는

$$\frac{dy}{dx} = \frac{dy/dt}{dx/dt} = \frac{cx + dy}{ax + by} = \frac{cx + dmx}{ax + bmx} = \frac{c + dm}{a + bm}$$

이므로 다음 방정식이 성립한다.

$$m = \frac{c + dm}{a + bm} \Rightarrow bm^2 + (a - d)m - c = 0$$

따라서 몇 쌍의 직선궤적(엄밀히 말하자면 직선궤적의 기울기)이 존재하는지는 판별식

$$D = (a-d)^2 + 4bc$$

의 부호에 따라 결정된다. 이 판별식은 미분방정식계 (6.6)의 특성방정식

$$r^2 - (a+d)r + (ad-bc) = 0$$

의 판별식과 일치함을 주의하여 기억하자.

- $D = (a-d)^2 + 4bc > 0$:

  두 쌍의 직선궤적을 갖는다.

$$x = c_1 e^{r_1 t} + c_2 e^{r_2 t}, \qquad y = \frac{r_1 - a}{b} c_1 e^{r_1 t} + \frac{r_2 - a}{b} c_2 e^{r_2 t}$$

  이므로 직선궤적의 기울기는 각각 다음과 같다.

$$m_1 = \frac{r_1 - a}{b}, \quad m_2 = \frac{r_2 - a}{b}$$

직선궤적의 기울기와 일반해

일계자율계 (6.6)에서 특성방정식이 두 개의 서로 다른 실근 r_1, r_2를 가질 때 일반해는 다음과 같이 표현된다.

$$x = c_1 e^{r_1 t} + c_2 e^{r_2 t}$$
$$y = m_1 c_1 e^{r_1 t} + m_2 c_2 e^{r_2 t}$$

벡터식으로 표현하면 다음과 같이 쓸 수 있다.

$$\begin{pmatrix} x \\ y \end{pmatrix} = c_1 \begin{pmatrix} 1 \\ m_1 \end{pmatrix} e^{r_1 t} + c_2 \begin{pmatrix} 1 \\ m_2 \end{pmatrix} e^{r_2 t}$$

여기서 m_1, m_2는 직선궤적의 기울기이며, $m_i = (r_i - a)/b$이다.

- $D = (a-d)^2 + 4bc = 0$:

  한 쌍의 직선궤적을 갖는다. 이때 기울기는 $m = \dfrac{-(a-d)}{2b}$이다.

- $D = (a-d)^2 + 4bc < 0$:

  직선궤적은 존재하지 않는다.

직선궤적의 수

일계자율계 (6.6)에 대하여 다음 사실들이 성립한다.

- $D = (a-d)^2 + 4bc > 0$: 두 쌍의 직선궤적이 존재한다.
- $D = (a-d)^2 + 4bc = 0$: 한 쌍의 직선궤적이 존재한다.
- $D = (a-d)^2 + 4bc < 0$: 직선궤적은 존재하지 않는다.

NOTE 더 정확하게 말하자면 각 직선궤적은 다음과 같이 세 개의 서로 다른 궤적으로 이루어진다.

- $x > 0$인 점들로 이루어진 궤적
- $x < 0$인 점들로 이루어진 궤적
- $x = 0$인 점, 즉 평형점

보기 5 미분방정식계 $\begin{cases} x' = x + y \\ y' = 4x + y \end{cases}$의 직선궤적을 구하고 미분방정식계를 풀어라.

풀이 미분방정식계에서 y를 소거하면

$$x'' - 2x' - 3x - 0$$

이다. 따라서 특성방정식에서

$$r^2 - 2r - 3 = 0 \quad \Rightarrow \quad r_1 = -1,\ r_2 = 3$$

이다. 따라서 직선궤적은 2개 존재하며 그 기울기는 각각

$$m_1 = \frac{-1-1}{1} = -2, \quad m_2 = \frac{3-1}{1} = 2$$

이다. 미분방정식계의 해는 다음과 같이 쓸 수 있다.

$$\begin{pmatrix} x \\ y \end{pmatrix} = c_1 \begin{pmatrix} 1 \\ 2 \end{pmatrix} e^{-t} + c_2 \begin{pmatrix} 1 \\ -2 \end{pmatrix} e^{3t}$$

직선궤적이 시간이 흐름에 따라 어떻게 움직이는지는 주어진 미분방정식계에서 알 수 있다. 예를 들어 점 (1, 2)에서

$$x' = 1 + 2 = 3, \quad y' = 4 \cdot 1 + 2 = 6$$

이므로 원점 반대방향으로 궤적은 움직인다. 반면 점 (1, −2)에서는

$$x' = 1 - 2 = -1, \quad y' = 4 \cdot 1 - 2 = 2$$

이므로 원점 방향으로 움직인다. ■

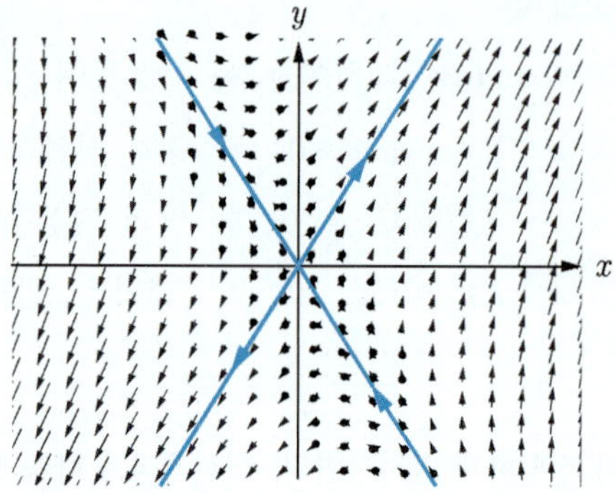

6.2.4 평형점의 분류

일계자율계

$$\begin{cases} dx/dt = P(x,\ y) \\ dy/dt = Q(x,\ y) \end{cases}$$

에서 평형점 $(x_E,\ y_E)$는 다음 연립방정식의 해이다.

$$\begin{cases} P(x,\ y) = 0 \\ Q(x,\ y) = 0 \end{cases}$$

자율계가 평형점에서 시작한다면 시간에 따라 자율계에 변화는 생기지 않는다. 즉, 평형점은 점 하나로 이루어진 궤적이 된다. 평형점 근방에서 궤적의 움직임에 따라 다음과 같이 평형점을 안정적, 또는 비안정적 평형점으로 분류한다. 즉, 평형해에서 약간의 변동이 있을 때 다시 평형해로 돌아오려 하거나 적어도 그 근방에서 계속 머무르려는 성질을 갖는 경우, 그 평형해를 **안정적**(stable)이라 한다. 반면, 평형해에서 조금만 벗어나면 평형해에서 점점 멀어지는 쪽으로 움직이는 경우는 **비안정적**(unstable)이라 한다.

상수계수를 갖는 일계선형자율계

$$\begin{cases} x' = ax + by \\ y' = cx + dy \end{cases}$$

은 $ad - bc \neq 0$이면 유일한 평형점 $(0,\ 0)$을 갖는다. 이제 $ad - bc \neq 0$일 때, $(0,\ 0)$ 근방에서 궤적의 움직임을 좀 더 자세히 관찰함으로써 평형점을 분류하기로 한다.

두 개의 실근을 갖는 경우: $D=(a-d)^2+4bc>0$

특성방정식의 두 실근을 r_1과 r_2라고 하면 일반해는 다음과 같이 쓸 수 있다.

$$\begin{aligned} x &= c_1 e^{r_1 t} + c_2 e^{r_2 t} \\ y &= m_1 c_1 e^{r_1 t} + m_2 c_2 e^{r_2 t} \end{aligned}$$

이때 m_1, m_2는 직선궤적의 기울기이다. 궤적의 움직임은 두 실근의 부호에 따라 다른 양상을 보인다.

- $r_1 < r_2 < 0$

  $t \to \infty$이면 $x^2+y^2 \to 0$이다. 따라서 모든 궤적은 시간이 흐름에 따라 평형점(원점)에 가까워진다. 이런 경우 평형점을 **마디끌개**(attracting node)라 한다.

- $0 < r_1 < r_2$

  $t \to \infty$이면 $x^2+y^2 \to \infty$이다. 따라서 모든 궤적은 시간이 흐름에 따라 평형점(원점)에서 멀어진다. 이런 경우 평형점을 **마디밀개**(repelling node)라 한다.

- $r_1 < 0 < r_2$

  $t \to \infty$이면 $e^{r_1 t} \to 0$, $e^{r_2 t} \to \infty$이다. 한 쌍의 직선궤적 $y=m_1 x$는 원점 방향으로, 다른 한 쌍의 직선궤적 $y=m_2 x$는 원점 반대방향으로 움직인다. 이런 경우 평형점을 **안장점**(saddle point)이라 한다.

위의 세 경우 모두 $(x(t),\ y(t))$가 직선궤적이 아니라면 다음이 성립한다.

$$\lim_{t\to\infty}\frac{y(t)}{x(t)} = \lim_{t\to\infty}\frac{m_1 c_1 e^{r_1 t} + m_2 c_2 e^{r_2 t}}{c_1 e^{r_1 t} + c_2 e^{r_2 t}} = m_2$$

$$\lim_{t\to-\infty}\frac{y(t)}{x(t)} = \lim_{t\to\infty}\frac{m_1 c_1 e^{r_1 t} + m_2 c_2 e^{r_2 t}}{c_1 e^{r_1 t} + c_2 e^{r_2 t}} = m_1$$

다시 말해서 $t \to \infty$일 때 $y \fallingdotseq m_2 x$이고, $t \to -\infty$일 때 $y \fallingdotseq m_1 x$이다.

보기 6 다음 자율계의 평형점은 어떤 성질을 갖는지 살펴보자.

(a) $\begin{cases} x' = -2x+y \\ y' = x-2y \end{cases}$ (b) $\begin{cases} x' = 2x+2y \\ y' = x+3y \end{cases}$ (c) $\begin{cases} x' = x+y \\ y' = 4x+y \end{cases}$

풀이 (a) 특성방정식은

$$r^2+4r+3=0 \Rightarrow r_1=-1,\ r_2=-3$$

이다. 따라서 (0, 0)은 마디끌개이다.

(b) 특성방정식은

$$r^2-5r+4=0 \Rightarrow r_1=4,\ r_2=1$$

이므로 (0, 0)은 마디밀개이다.

(c) 특성방정식은

$$r^2-2r-3=0 \Rightarrow r_1=-1,\ r_2=3$$

이다. 따라서 (0, 0)은 안장점이다. ■

하나의 실근을 갖는 경우: $D=(a-d)^2+4bc=0$

특성방정식의 하나의 실근을 r_1이라 하자. 이 경우 직선궤적도 하나 존재하며 이 직선궤적의 기울기를 m이라 하면 일반해는 다음과 같이 쓸 수 있다.

$$x=(c_1+c_2t)e^{r_1t}$$

$$y=(c_2/b+mc_1+c_2mt)e^{r_1t}$$

r_1의 부호에 따라 궤적의 움직임은 다른 양상을 보인다.

- $r_1<0$: $t\to\infty$이면 $x\to 0$, $y\to 0$이다. 따라서 모든 궤적은 시간이 흐름에 따라 평형점(원점)에 가까워진다. 이런 경우 평형점을 **특수마디끌개**(attracting degenerate node)라 한다. 특수마디끌개는 안정적이다.
- $r_1>0$: $t\to\infty$이면 $|x|\to\infty$, $|y|\to\infty$이다. 따라서 모든 궤적은 시간이 흐름에 따라 평형점(원점)에서 멀어진다. 이런 경우 평형점을 **특수마디밀개**(repelling degenerate node)라 한다. 특수마디밀개는 비안정적이다.

$(x(t),\ y(t))$가 직선궤적이 아니라면 r_1의 부호에 상관없이

$$\lim_{t\to\infty}\frac{y(t)}{x(t)}=\lim_{t\to\infty}\frac{c_2/b+mc_1+mc_2t}{c_1+c_2t}=m$$

$$\lim_{t \to -\infty} \frac{y(t)}{x(t)} = \lim_{t \to -\infty} \frac{c_2/b + mc_1 + mc_2 t}{c_1 + c_2 t} = m$$

이 성립한다.

보기 7 다음 자율계의 평형점은 어떻게 분류되는가?

(a) $\begin{cases} x' = x + y \\ y' = -x + 3y \end{cases}$ (b) $\begin{cases} x' = -x + y \\ y' = -x - 3y \end{cases}$

풀이 (a) 특성방정식은

$$r^2 - 4r + 4 = 0 \Rightarrow r_1 = r_2 = 2$$

이다. 따라서 (0, 0)은 특수마디밀개이다.

(b) 특성방정식은

$$r^2 + 4r + 4 = 0$$

이고 $r = -2$이므로 (0, 0)은 특수마디끌개이다. ■

실근을 갖지 않는 경우: $D = (a-d)^2 + 4bc < 0$

특성방정식의 두 개의 복소근을

$$r_1 = \alpha + \beta i, \quad r_2 = \alpha - \beta i$$

라 하자. 여기서 $\alpha = (a+d)/2$, $\beta = \sqrt{-D}$이다. 직선궤적은 존재하지 않으며 $\alpha \neq 0$이면 궤적은 **나선**(spiral), $\alpha = 0$이면 **루프**(loop) 모양이다. 일반해는 다음과 같이 쓸 수 있다.

$$x = e^{\alpha t}(c_1 \cos \beta t + c_2 \sin \beta t)$$
$$y = e^{\alpha t}(d_1 \cos \beta t + d_2 \sin \beta t)$$

여기서 d_1과 d_2는 c_1, c_2로 나타낼 수 있다.

- $\alpha = 0$: 일반해는 다음 꼴이 된다.

$$x = c_1 \cos \beta t + c_2 \sin \beta t$$

$$y = d_1 \cos \beta t + d_2 \sin \beta t$$

따라서 이 자율계는 주기적이며 궤적은 평형점 (0, 0)을 내부점으로 갖는 닫힌 루프이다. 이런 경우 평형점을 **중심**(center)이라 한다.

- $\alpha < 0$: $t \to \infty$이면 $x^2 + y^2 \to 0$이다. 따라서 모든 궤적은 나선모양을 가지며 시간이 흐름에 따라 평형점(원점)에 가까워진다. 이런 경우 평형점을 **나선끌개**(attracting spiral)라 한다.
- $\alpha > 0$: $t \to \infty$이면 $x^2 + y^2 \to \infty$이다. 따라서 모든 궤적은 시간이 흐름에 따라 평형점(원점)에서 멀어진다. 이런 경우 평형점을 **나선밀개**(repelling spiral)라 한다.

보기 8 다음 자율계의 평형점을 분류하여라.

(a) $\begin{cases} x' = y \\ y' = -4x \end{cases}$ (b) $\begin{cases} x' = 6x - y \\ y' = 5x + 4y \end{cases}$ (c) $\begin{cases} x' = -6x - y \\ y' = 5x - 4y \end{cases}$

풀이 (a) 특성방정식은 $r^2 + 4 = 0$이므로 $r = \pm 2i$이다. 따라서 (0, 0)은 중심이 된다.

(b) 특성방정식은

$$r^2 - 10r + 29 = 0 \Rightarrow r = 5 \pm 2i$$

이다. 따라서 (0, 0)은 나선밀개이다.

(c) 특성방정식은

$$r^2 + 10r + 29 = 0 \Rightarrow r = -5 \pm 2i$$

이므로 (0, 0)은 나선끌개이다. ■

상수계수를 갖는 일계선형자율계($ad - bc \neq 0$)[86)]

$$\begin{cases} x' = ax + by \\ y' = cx + dy \end{cases}$$

의 특성방정식의 두 근을 r_1, r_2라고 하면

$$r_1 + r_2 = a + d, \quad r_1 r_2 = ad - bc$$

이다. 이 특성방정식의 판별식 D와 평형점 (0, 0)에 대한 결과를 정리하면 다

86) $ad - bc = 0$인 경우는 연습문제 8을 참고할 것.

음과 같다.

판별식	실근의 수	계수조건	평형점의 종류	안정성
$D>0$	2개	$ad-bc>0$, $a+d>0$	마디밀개	비안정적
		$ad-bc>0$, $a+d<0$	마디끌개	안정적
		$ad-bc<0$	안장점	비안정적
$D=0$	1개	$a+d>0$	특수마디밀개	비안정적
		$a+d<0$	특수마디끌개	안정적
$D<0$	없음	$a+d>0$	나선밀개	비안정적
		$a+d<0$	나선끌개	안정적
		$a+d=0$	중심	안정적

연습문제 6.2

01 다음 미분방정식계를 풀어라. 직선궤적이 있으면 직선궤적의 기울기를 구하고 평형점의 종류를 말하여라.

(a) $x' = x+2y$, $y' = 2x+y$

(b) $x' = 3x+4y$, $y' = 3x+2y$

(c) $x' = 6x-7y$, $y' = x-2y$

(d) $x' = -x+y$, $y' = -4x+3y$

(e) $x' = 3x+2y$, $y' = -8x-5y$

(f) $x' = x-2y$, $y' = 2x+y$

(g) $x' = 2x-5y$, $y' = 4x-2y$, $x(0)=1$, $y(0)=2$

(h) $x' = 5x-9y$, $y' = 2x-y$, $x(0)=0$, $y(0)=1$

02 다음 초깃값문제를 풀어라.

(a) $x' = x-y$, $y' = -2x+2y$, $x(0)=0$, $y(0)=3$

(b) $x' = -x$, $y' = x-y$, $z' = y-z$, $x(0)=2$, $y(0)=1$, $z(0)=0$

(c) $x' = x-y$, $y' = y-z$, $z' = z-x$, $x(0)=2$, $y(0)=-1$, $z(0)=-1$

(d) $x' = y-z$, $y' = z-x$, $z' = x-y$, $x(0)=2$, $y(0)=-1$, $z(0)=-1$

03 다음 미분방정식계에 대하여

(i) 분기선을 구하고 평형해를 구하여라.

(ii) 분기선으로 구분된 영역에 속도벡터의 방향을 나타내어라.

(iii) 벡터장과 위상묘사를 그려보고 이를 바탕으로 평형해가 안정적인지 비안정적인지 판단하여라.

(a) $x' = x, \ y' = y$

(b) $x' = -y, \ y' = -x$

(c) $x' = y, \ y' = -5x - 2y$

(d) $x' = x + 2y - 2, \ y' = y - 1$

(e) $x' = y - 1, \ y' = 2x - y - 2$

(f) $x' = -2x + 4, \ y' = -x - y - 1$

04 다음 미분방정식계의 일반해를 구하여라. 일반적인 궤적의 모습은 어떻게 되는가? 원점은 안정적인가?

(a) $x' = 2x, \ y' = 2y$

(b) $x' = -2x, \ y' = -2y$

05 다음 미분방정식계는 유일한 평형해 $(0, 0)$을 갖는다.

$$x' = ax - y, \quad y' = x + ay$$

(a) $a = 0$이면 $(0, 0)$은 중심이 됨을 보여라.

(b) $a < 0$이면 $(0, 0)$은 나선끌개가 됨을 보여라.

(c) $a > 0$이면 $(0, 0)$은 나선밀개가 됨을 보여라.

따라서 다음 미분방정식계

$$x' = -y, \quad y' = x$$

에서 약간의 변동이 생겼을 때 평형점의 안정성이 달라짐을 볼 수 있다.

06 다음 미분방정식계는 유일한 평형해 $(0, 0)$을 갖는다.

$$x' = -x + ay, \quad y' = x - y$$

(a) $a = 0$이면 $(0, 0)$은 특수마디끌개가 됨을 보여라.

(b) $a < 0$이면 $(0, 0)$은 나선끌개가 됨을 보여라.

(c) $0 < a < 1$이면 $(0, 0)$은 마디끌개가 됨을 보여라.

따라서 다음 미분방정식계

$$x' = -x, \quad y' = x - y$$

에서 약간의 변동이 생겼을 때, 평형점의 안정성의 변화없이 유형이 달라짐을 볼 수 있다.

07 다음 미분방정식계의 일반해를 구하고 궤적은 어떤 형태인지 말하여라. 평형점이 안정적인지 말하여라.

(a) $x' = -x$, $y' = -y$ (b) $x' = -x$, $y' = y$

(c) $x' = x$, $y' = 2y$ (d) $x' = 2x$, $y' = y$

08 다음 미분방정식계는 $ad - bc = 0$인 경우이다. 평형점을 구하여라. 또 일반해를 구하고 궤적은 어떤 형태인지 말하여라.

(a) $x' = x - y$, $y' = x - y$

(b) $x' = x - y$, $y' = -x + y$

(c) $x' = 2x - y$, $y' = -4x + 2y$

6.3 국소적 선형화

6.2절에서 우리는 선형미분방정식계의 해를 구하는 방법을 살펴보았다. 그러나 대부분의 미분방정식계는 비선형미분방정식으로 표현되고 또한 대부분의 비선형미분방정식계의 해를 정확히 구하는 것은 아주 어려운 일이다. 이 절에서는 비선형미분방정식계를 선형화를 이용하여 분석하는 방법을 소개하도록 한다.

6.3.1 평행이동

미분가능한 이변수함수 f, g에 대하여 자율계

$$\begin{cases} dx/dt = f(x,\ y) \\ dy/dt = g(x,\ y) \end{cases} \tag{6.8}$$

가 상태공간의 점 $(a,\ b)$에서 어떻게 움직이는지를 살펴보자. 6.2절의 결과를 이용하기 위하여 다음과 같은 두 과정을 거친다.

- 좌표축을 이동하여 점 $(a,\ b)$가 원점이 되도록 평행이동을 한다.
- 새로운 좌표계의 원점 근방에서 자율계를 선형화하여 벡터장과 위상묘사를 살펴본다.

$(a,\ b)$를 미분방정식계 (6.8)의 상태공간의 임의의 점이라 하자.

$$u = x - a, \quad v = y - b$$

라 하면 xy-평면에서의 점 $(a,\ b)$는 uv-평면의 원점으로 옮겨진다.

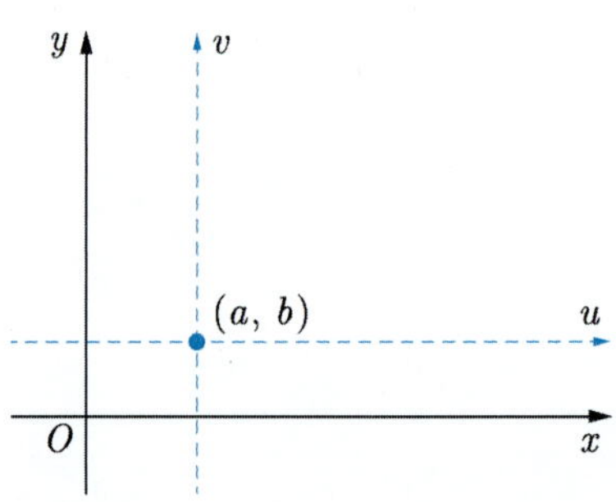

그리고 uv-평면에서 다음과 같은 새로운 미분방정식계를 얻는다.

$$\begin{cases} \dfrac{du}{dt} = f(u+a,\ v+b) \\ \dfrac{dv}{dt} = g(u+a,\ v+b) \end{cases} \tag{6.9}$$

따라서 점 $(a,\ b)$ 근방에서 미분방정식계 (6.8)의 움직임은 점 $(0,\ 0)$ 근방에서 미분방정식계 (6.9)의 움직임과 동일하다.

보기 1 다음 미분방정식계의 평형점은 $(1,\ 2)$이다.

$$\begin{cases} \dfrac{dx}{dt} = 2-y \\ \dfrac{dy}{dt} = x-1 \end{cases}$$

$(1,\ 2)$ 근방에서 움직임을 보기 위하여 $u = x-1,\ v = y-2$로 치환하면

$$\begin{cases} \dfrac{du}{dt} = -v \\ \dfrac{dv}{dt} = u \end{cases}$$

를 얻는다. 그러므로 6.2절의 결과에 의하면

$$u = c_1 \cos t + c_2 \sin t = A\cos(t-\phi)$$
$$v = -c_2 \cos t + c_1 \sin t = A\sin(t-\phi)$$

이다. 여기서 $A = \sqrt{c_1^2 + c_2^2}$, $\cos\phi = c_1/A$, $\sin\phi = c_2/A$이다. 따라서

$$x = 1 + A\cos(t-\phi)$$
$$y = 2 + A\sin(t-\phi)$$

이다. 일반적인 위상묘사는 중심이 $(1,\ 2)$인 동심원이다. ■

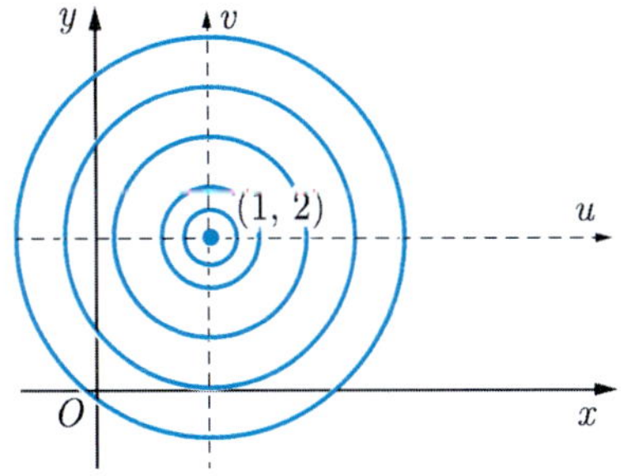

보기 2 다음과 같이 두 개의 용기가 연결되었다고 하자. 용기 A에는 소금 1kg이 녹아 있는 소금물 100L가 들어 있고, 용기 B에는 소금 5kg이 녹아 있는 소금물 100L가 들어 있다. A에서 B로는 1분당 2L의 소금물이, B에서 A로는 1분당 3L의 소금물이 흘러 들어간다. 또한 1L에 100g의 소금이 녹아 있는 소금물이 용기 A로 1분당 3L씩 흘러 들어가고, 잘 섞인 소금물은 1분당 4L의 비율로 A에서 빠져나온다. 한편 용기 B에는 1L에 50g의 소금이 녹아 있는 소금물이 1분당 2L씩 흘러 들어가고 잘 섞인 소금물은 1분당 1L의 비율로 B에서 빠져나온다.

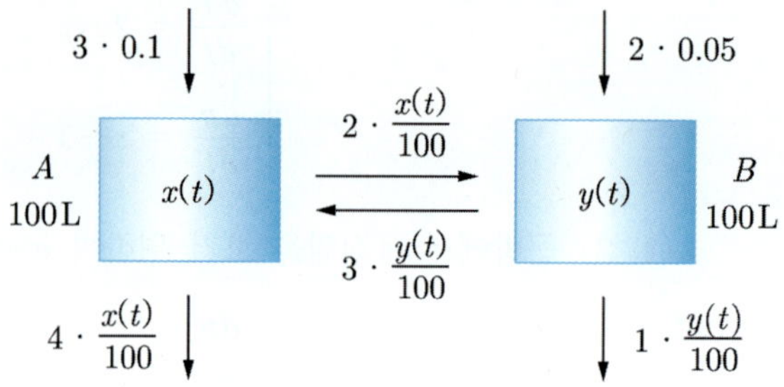

두 용기에 들어 있는 소금물의 양은 시간이 지나도 변화가 없다는 사실을 기억하자. 시간 t에서 용기 A에 있는 소금의 양을 $x(t)$, 용기 B에 있는 소금의 양을 $y(t)$라 하자. 그러면 용기 A에 1분당 들어오는 소금의 양(유입률)은 외부에서 들어오는 소금의 양 + B에서 들어오는 소금의 양이므로

$$0.1 \cdot 3 + 3 \cdot \frac{y}{100}$$

이다. 반면 용기 A에서 1분당 빠져나가는 소금의 양(유출률)은 외부로 빠져나가는 소금의 양 + B로 빠져나가는 소금의 양이므로

$$4 \cdot \frac{x}{100} + 2 \cdot \frac{x}{100} = \frac{6}{100}x$$

이다. 따라서

$$\begin{aligned}\frac{dx}{dt} &= \text{유입률} - \text{유출률} \\ &= 0.3 + \frac{3}{100}y - \frac{6}{100}x\end{aligned}$$

이다. 마찬가지 방법으로 y의 변화율은

$$\frac{dy}{dt} = \frac{2}{100}x - \frac{4}{100}y + 0.1$$

이 됨을 알 수 있다. 따라서 다음과 같은 미분방정식계를 얻는다.

$$\begin{cases} \dfrac{dx}{dt} = -\dfrac{6}{100}x + \dfrac{3}{100}y + 0.3 \\ \dfrac{dy}{dt} = \dfrac{2}{100}x - \dfrac{4}{100}y + 0.1 \end{cases}$$

평형점 $(x_E,\ y_E)$는 다음 연립방정식의 해이다.

$$\begin{cases} -\dfrac{6}{100}x + \dfrac{3}{100}y + 0.3 = 0 \\ \dfrac{2}{100}x - \dfrac{4}{100}y + 0.1 = 0 \end{cases}$$

따라서

$$(x_E,\ y_E) = \left(\frac{25}{3},\ \frac{20}{3}\right)$$

이다. 위의 미분방정식계는 다음과 같이 쓸 수 있다.

$$\begin{cases} \dfrac{dx}{dt} = -\dfrac{6}{100}\left(x - \dfrac{25}{3}\right) + \dfrac{3}{100}\left(y - \dfrac{20}{3}\right) \\ \dfrac{dy}{dt} = \dfrac{2}{100}\left(x - \dfrac{25}{3}\right) - \dfrac{4}{100}\left(y - \dfrac{20}{3}\right) \end{cases}$$

따라서

$$u = x - \frac{25}{3}, \quad v = y - \frac{20}{3}$$

으로 치환하면 다음 미분방정식계를 얻는다.

$$\begin{cases} \dfrac{du}{dt} = -\dfrac{6}{100}u + \dfrac{3}{100}v \\ \dfrac{dv}{dt} = \dfrac{2}{100}u - \dfrac{4}{100}v \end{cases}$$

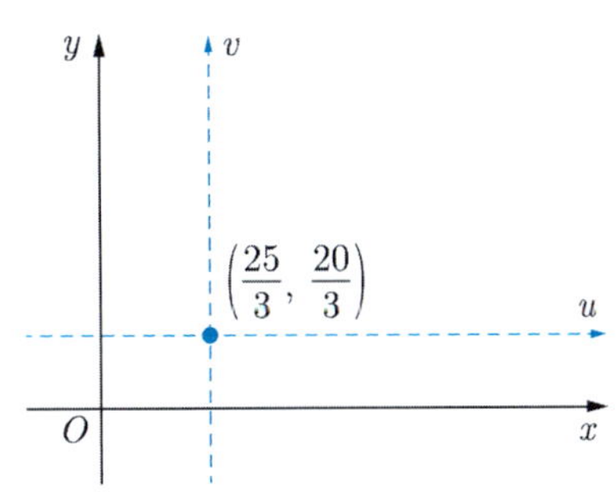

이 미분방정식계의 특성방정식은

$$r^2 + \frac{1}{10}r + \frac{18}{10000} = 0$$

이므로 두 개의 실근은

$$r_1 < 0, \quad r_2 < 0$$

이다. 그러므로 평형점 uv 좌표계에서 (0, 0)은 마디끌개이다. 따라서 시간이 흐름에 따라

$$u \to 0, \quad v \to 0$$

이다. 즉 시간이 흐름에 따라 ($t \to \infty$)

$$x(t) \to \frac{25}{3}, \quad y(t) \to \frac{20}{3}$$

임을 알 수 있다. $x(t)$, $y(t)$를 구하는 것은 연습문제로 남긴다. ■

6.3.2 사례연구: 경쟁모형

같은 자원을 놓고 경쟁을 벌이는 두 종을 수학적으로 모형화하면 다음과 같은 자율계로 쓸 수 있다.[87)]

$$\begin{cases} dx/dt = x(20 - 0.5x - 0.5y) \\ dy/dt = y(25 - 0.5y - x) \end{cases} \tag{6.10}$$

이 미분방정식계의 궤적과 벡터장을 그려보면 다음과 같다.

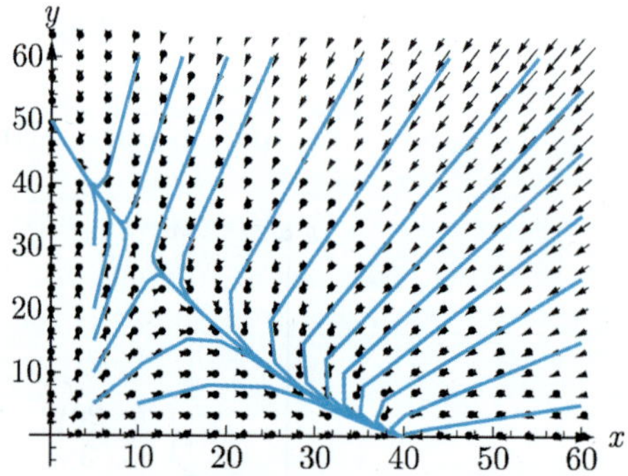

이 미분방정식계는 네 개의 평형점

$$(0, 0), \quad (40, 0), \quad (0, 50), \quad (10, 30)$$

87) 6.1절 연습문제의 경쟁모형을 참조하라.

을 갖는다. 벡터장을 살펴보면 두 개의 평형점 (0, 0)과 (10, 30)은 비안정적이고, 나머지 두 개의 평형점 (40, 0)과 (0, 50)은 끌개라 추측할 수 있다.[88]

평형점이 아닌 점

상태공간의 임의의 점에서 위상묘사가 국소적으로 어떻게 보이는지 자세히 살펴보기로 하자. 평형점이 아닌 점 근방을 확대하면 어떤 점을 선택하더라도 궤적들은 평행한 직선들처럼 보인다(만약 평행한 직선처럼 보이지 않는다면 더 크게 확대하여 보라). 예를 들어 점 (10, 10)과 점 (40, 40) 근방에서 위상묘사를 확대하면 다음과 같다.

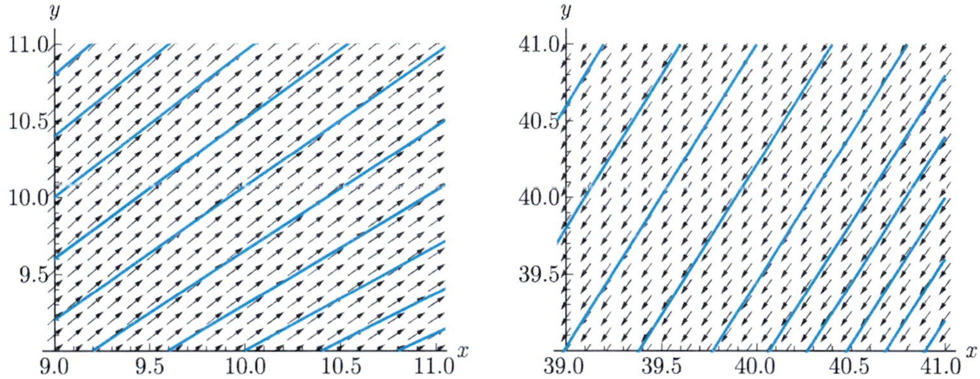

그렇다면 점 (10, 10) 근방에서 이 직선들의 기울기는 어떻게 되는가? 우선

$$\frac{dx}{dt} = f(10,\ 10) = 100, \quad \frac{dy}{dt} = g(10,\ 10) = 100$$

이므로 점 (10, 10)에서 궤적의 기울기는

$$\frac{dy}{dx} = \frac{dy/dt}{dx/dt} = \frac{100}{100} = 1$$

이다. 한편

$$f_x(x,\ y) = 20 - x - 0.5y, \qquad f_y(x,\ y) = -0.5x$$

$$g_x(x,\ y) = \quad y, \qquad g_y(x,\ y) - 25 - y - x$$

88) (40, 0), (0, 50)이 끌개가 된다는 것은 두 종류의 생물이 모두 상대방에게 적대적이란 사실을 의미한다. 즉 어떤 경우에도 시간이 흐르면 이 두 종류의 생물이 공존하는 것은 불가능하다는 것을 의미한다. 이러한 현상을 생태학에서는 **경쟁적 배척 원리**(**principle of competitive exclusion**)라 부른다.

이므로 점 (10, 10) 근방에서 f, g의 선형근사는 다음과 같다.

$$\begin{aligned} f(x,\ y) &\fallingdotseq f(10,\ 10) + f_x(10,\ 10)(x-10) + f_y(10,\ 10)(y-10) \\ &= 100 + 5(x-10) - 5(y-10) \end{aligned}$$

$$\begin{aligned} g(x,\ y) &\fallingdotseq g(10,\ 10) + g_x(10,\ 10)(x-10) + g_y(10,\ 10)(y-10) \\ &= 100 - 10(x-10) + 5(y-10) \end{aligned}$$

따라서 (10, 10) 근방에서, 즉 $(x-10)$과 $(y-10)$의 값이 작으면

$$x' = f(x,\ y) \fallingdotseq 100, \quad y' = g(x,\ y) \fallingdotseq 100$$

이 된다. 그러므로 (10, 10) 근방에서의 궤적은 근사적으로 기울기가 1인 직선이다.

평형점이 아닌 점 $(a,\ b)$ 근방에서의 궤적

일반적으로 평형점이 아닌 점 $(a,\ b)$ 근방에서 자율계

$$\begin{cases} x' = f(x,\ y) \\ y' = g(x,\ y) \end{cases}$$

의 궤적은 국소적으로 직선이며[89] 그 기울기는 $m = \dfrac{g(a,\ b)}{f(a,\ b)}$이다.

평형점에서의 선형근사

평형점 근방에서는 평형점이 아닌 점의 경우와는 다른 양상을 보인다. 즉 평형점 근방에서는 아무리 크게 확대를 하여도 궤적들은 평행한 직선들처럼 보이지 않는다. 실제로 임의의 평형점 $(x_E,\ y_E)$에서

$$x' = f(x_E,\ y_E) = 0$$

이므로 궤적의 기울기가 정의되지 않는다. 예를 들어, 평형점 (10, 30) 근방을 확대하면 다음과 같이 복잡한 움직임을 보여 준다.

89) 그러므로 평형점이 아닌 근방에서 자율계의 움직임은 방해물이 없는 경우 강물이 흐르는 것처럼 움직인다고 생각할 수 있다.

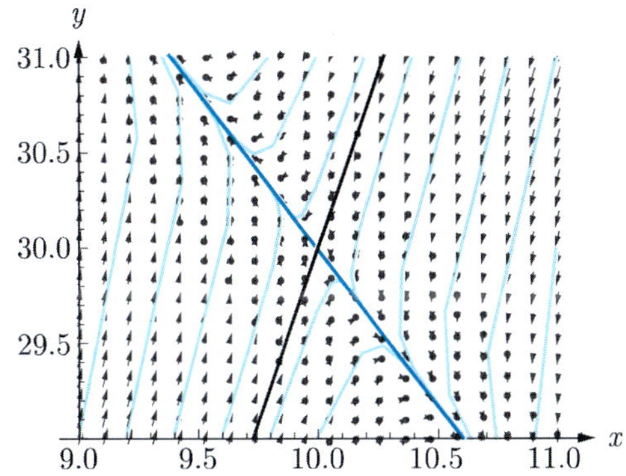

평형점 (10, 30)에서

$$f_x(10,\ 30) = -5, \quad f_y(10,\ 30) = -5$$
$$g_x(10,\ 30) = -30, \quad g_y(10,\ 30) = -15$$

이므로 다음과 같은 선형근사를 갖는다.

$$\begin{aligned}\frac{dx}{dt} &\fallingdotseq f(10,\ 30) + f_x(10,\ 30)(x-10) + f_y(10,\ 30)(y-30)\\ &= -5(x-10) - 5(y-30)\end{aligned}$$

$$\begin{aligned}\frac{dy}{dt} &\fallingdotseq g(10,\ 30) + g_x(10,\ 30)(x-10) + g_y(10,\ 30)(y-30)\\ &= -30(x-10) - 15(y-30)\end{aligned}$$

$f(10,\ 30) = g(10,\ 30) = 0$이므로 $u = x-10$, $v = y-30$으로 놓으면 다음과 같은 선형근사미분방정식계를 갖는다.

$$\begin{cases}\dfrac{du}{dt} = -5u - 5v\\[2mm] \dfrac{dv}{dt} = -30u - 15v\end{cases}$$

미분방정식계의 특성방정식은

$$r^2 + 20r - 75 = 0$$

이며 두 실근은 $-10+5\sqrt{7}$, $-10-5\sqrt{7}$이다. 따라서 원점은 안장점이고 원래의 자율계 (6.10)에서 평형점 (10, 30)은 안장점이다. 이 경우, (10, 30) 근방에서는 초깃값의 작은 차이가 전혀 다른 결과를 야기할 수 있다(예를 들어 초깃값이 (10, 29)인 경우와 (10, 31)인 경우 궤적이 어떻게 되겠는지 생각해 보라).

일반적으로 미분방정식계

$$\begin{cases} \dfrac{dx}{dt} = f(x, y) \\ \dfrac{dy}{dt} = g(x, y) \end{cases}$$

의 평형점 (x_E, y_E)에서 f와 g의 선형근사식은 다음과 같다.

$$f(x, y) \fallingdotseq f_x(x_E, y_E)(x-x_E)+f_y(x_E, y_E)(y-y_E)$$
$$g(x, y) \fallingdotseq g_x(x_E, y_E)(x-x_E)+g_y(x_E, y_E)(y-y_E)$$

$u = x-x_E$, $v = y-y_E$라 하면

$$f(u+x_E, v+y_E) \fallingdotseq f_x(x_E, y_E)u+f_y(x_E, y_E)v$$
$$g(u+x_E, v+y_E) \fallingdotseq g_x(x_E, y_E)u+g_y(x_E, y_E)v$$

를 얻는다.

$$\frac{du}{dt} = \frac{dx}{dt}, \quad \frac{dv}{dt} = \frac{dy}{dt}$$

이므로 다음과 같은 선형근사미분방정식계[90]를 얻는다.

$$\begin{cases} \dfrac{du}{dt} = f_x(x_E, y_E)u+f_y(x_E, y_E)v \\ \dfrac{dv}{dt} = g_x(x_E, y_E)u+g_y(x_E, y_E)v \end{cases} \tag{6.11}$$

미분방정식계 (6.10)의 평형점 (x_E, y_E) 근방에서의 움직임은 선형근사계 (6.11)의 평형점 (0, 0) 근방에서의 움직임과 아주 유사하다.[91] 그리고 식 (6.11)의 원점에서의 움직임은 6.2절에서 논의된 방법으로 살펴볼 수 있다.

90) 간단히 선형근사계라고 부르기도 한다.

91) 선형미분방정식은 규칙적이고 질서잡힌 세상을 표현하는 데에 적합하다. 비록 우리가 관찰하는 대상이 규칙적으로 보이지 않는 경우에도 많은 수학자들은 그 근본적인 원리는 수학적으로 표현할 수 있을 정도로 규칙적이고 따라서 예측 가능하다고 믿었다. 그런 비규칙성은 단지 잡음(noise)에 의한 교란일 뿐이지 구조적인 문제에서 야기된 것이라고는 생각하지 않았다. 이러한 믿음은 비슷한 위치에서 출발하여 같은 운동규칙에 따라 움직이는 경우와, 같은 위치에서 출발하여 비슷한 운동규칙에 의하여 움직이는 경우, 그 운동의 양상은 유사하게 흐르리라는 것이 국소적 선형화의 기반에 깔려있는 믿음이다. 그러나 20세기 중반 이후 컴퓨터의 발달에 의하여 이러한 믿음을 깨트리는 여러 현상이 발견되었다. 즉 비규칙성이 잡음에 의한 것이 아니라 구조적인 문제에서 야기되는 경우들이 관측되었는데, 그런 운동규칙을 갖는 경우를 무질서운동(Chaotic motion)이라 한다. 이런 경우 출발점의 위치가 조금만 달라져도 운동의 양상이 아주 달라질 수가 있다.

평형점에서의 선형화

이변수함수 f, g가 두 번 미분가능한 함수일 때 미분방정식계

$$\begin{cases} \dfrac{dx}{dt} = f(x, y) \\ \dfrac{dy}{dt} = g(x, y) \end{cases}$$

의 평형점 (x_E, y_E)에서 선형근사계는 다음과 같다.

$$\begin{cases} \dfrac{du}{dt} = f_x(x_E, y_E)u + f_y(x_E, y_E)v \\ \dfrac{dv}{dt} = g_x(x_E, y_E)u + g_y(x_E, y_E)v \end{cases}$$

여기서 $u = x - x_E$, $v = y - y_E$이다.

보기 3 6.1절의 유한성장 로트카-볼테라 방정식

$$\begin{cases} \dfrac{dx}{dt} = f(x, y) = 0.6x\left(1 - \dfrac{x}{1000}\right) - 0.02xy \\ \dfrac{dy}{dt} = g(x, y) = -0.4y + 0.001xy \end{cases} \tag{6.12}$$

는 세 개의 평형점 (0, 0)과 (400, 18), (1000, 0)을 갖는다. 평형점 (0, 0)과 (400, 18)에서 선형화를 구하여 그 움직임을 관찰하기로 하자. 각 함수의 편도함수를 구하면 다음과 같다.

$$\begin{aligned} f_x(x, y) &= 0.6 - \frac{1.2}{1000}x - 0.02y \\ f_y(x, y) &= -0.02x \\ g_x(x, y) &= 0.001y \\ g_y(x, y) &= -0.4 + 0.001x \end{aligned}$$

(a) $f_x(0, 0) = 0.6$, $f_y(0, 0) = 0$, $g_x(0, 0) = 0$, $g_y(0, 0) = -0.4$이므로 선형근사계는 다음과 같다.

$$\begin{cases} x' = 0.6x \\ y' = -0.4y \end{cases}$$

따라서 선형근사계에서 $(0,\ 0)$은 안장점이다.

(b) 평형점 $(400,\ 18)$에서

$$f_x(400,\ 18) = 0.6 - \frac{1.2}{1000} \cdot 400 - 0.02 \cdot 18 = -0.24$$

$$f_y(400,\ 18) = -0.02 \cdot 400 = -8$$

$$g_x(400,\ 18) = 0.001 \cdot 18 = 0.018$$

$$g_y(400,\ 18) = -0.4 + 0.001 \cdot 400 = 0$$

이므로 $u = x - 400$, $v = y - 18$로 치환하면 다음과 같은 근사선형계를 얻는다.

$$\begin{cases} u' = -0.24u - 8v \\ v' = 0.018u \end{cases}$$

6.2절의 결과에 의하면 이 미분방정식계의 특성방정식은 다음과 같다.

$$r^2 + 0.24r + 0.144 = 0$$

$D = (0.24)^2 - 4(0.144) < 0$이므로 이 특성방정식은 복소켤레근을 갖는다. 또한 복소켤레근의 실수부는 $-0.24/2 < 0$이므로 근사선형계의 평형점 $(0,\ 0)$은 나선끌개이다. 따라서 식 (6.12)에서 평형점 $(400,\ 18)$도 나선끌개이다. ■

6.3.3 부분으로 전체보기

미분방정식계의 평형점이 아닌 점 $(a,\ b)$에서 궤적은 국소적으로 직선의 모양을 보인다. 이때 직선의 기울기는

$$y'/x' = g(a,\ b)/f(a,\ b)$$

이다. $(a,\ b)$ 근방에서 궤적은 평행한 직선으로 보인다. 반면에 평형점인 경우 여러 가지 다른 양상을 보이는데 선형화한 결과와 비교하면 다음과 같다.

- 평형점 근방에서 미분방정식계를 선형화하였을 때 두 미분방정식계의 움직임은 평형점 근방에서 아주 비슷하게 움직인다. 따라서 선형미분방정식계에서 평형점이 끌개라면 원래 미분방정식계에서도 대응되는 평형점은 끌개가 된다. 마찬가지로 밀개는 밀개, 안장점은 안장점이 된다.

- 근사선형미분방정식계에서 직선궤적이 원래 미분방정식계에서도 직선궤적이 되는 것은 아니다. 그러나 직선궤적이 두 개인 경우 원래 미분방정식계에서도 평형점 근방에서 근사적으로 두 개의 직선궤적이 존재한다. 또한 근사선형미분방정식계에서 나선인 궤적은 원래 미분방정식계에서도 항상 나선꼴을 갖는다.
- 비선형미분방정식계에서 직선궤적이 하나밖에 없는 경우, 직선궤적은 원래 미분방정식계에서의 궤적이 근사적으로 선형이 될 수도, 나선형이 될 수도 있다.
- 비선형미분방정식계에서는 마디와 특수마디를 구분하지 않으며 국소적으로 직선궤적이 있는 경우는 모두 마디라 부르기로 한다.
- 근사선형미분방정식계에서 중점의 경우는 비선형미분방정식계에서는 중점이 될 수도, 끌개가 될 수도, 또는 밀개가 될 수도 있다. 그러므로 이 경우 국소적 선형화에 의하여 안정성을 판단할 수 없다.

미분방정식계에서 평형점은 근사선형미분방정식계의 평형점과의 관계를 표로 정리하면 다음과 같다. 특성방정식이 실근을 갖는 경우일 때 두 실근은 r_1, r_2로 나타낸다. 복소켤레근을 갖는 경우일 때 실수부와 허수부는 각각 α, β로 나타낸다.

특성방정식의 근	근사선형계		비선형계	
	분류	안정성	분류	안정성
$r_1 < r_2 < 0$	마디끌개	안정적	마디끌개	안정적
$r_1 > r_2 > 0$	마디밀개	비안정적	마디밀개	비안정적
$r_1 < 0 < r_2$	안장점	비안정적	안장점	비안정적
$r_1 = r_2 < 0$	특수마디끌개	안정적	끌개(마디 또는 나선)	안정적
$r_1 = r_2 > 0$	특수마디밀개	비안정적	밀개(마디 또는 나선)	비안정적
$\alpha > 0$	나선밀개	비안정적	나선밀개	비안정적
$\alpha < 0$	나선끌개	안정적	나선끌개	안정적
$\alpha = 0$	중심	안정적	중심, 또는 나선	판정불가

연습문제 6.3

01 (0, 0)은 다음 미분방정식계의 평형점이다. 원점에서 선형근사계를 구하고, 이때 평형점의 종류를 말하여라. 원래 미분방정식계의 평형점은 어떤 종류인가?

(a) $x' = x - 3y + 2xy,\ y' = 4x - 6y - 2xy$

(b) $x' = x - 3y - 2xy,\ y' = 4x - 6y + 2xy$

(c) $x' = x + 2y + x^2 + y^2,\ y' = 2x - 2y - 3xy$

(d) $x' = x + 2y + x^2 - y^2,\ y' = 2x - 2y - x^2 + xy$

(e) $x' = 2x - 5y + x^4,\ y' = 4x - 6y - 3xy^2$

(f) $x' = 2x - 5y + xy^4,\ y' = 4x - 6y - 3x^2y^2$

(g) $x' = 5x - 3y + y(x^2 + y^2),\ y' = 5x + x(x^2 + y^2)$

(h) $x' = 5x - 3y + x(x^2 + y^2),\ y' = 5x + y(x^2 + y^2)$

02 다음 미분방정식계의 평형점을 모두 구하고 각 평형점에서 선형근사계를 구하여라. 각 평형점은 안정적인가?

(a) $x' = x - y,\ y' = x^2 - y$

(b) $x' = 1 - y,\ y' = x^2 - y$

(c) $x' = x - xy,\ y' = xy - y$

(d) $x' = xy - 2,\ y' = x - 2y$

(e) $x' = x^2 - y^2 - 3,\ y' = x(1 - y)$

(f) $x' = x^2 - y^2 + 2,\ y' = x^2 - y$

03 **6.1절 01번**에서 1사분면의 평형점 (500, 50)에 대하여 선형근사계를 구하고, 평형점의 종류를 말하여라.

04 **6.1절 02번**에서 1사분면의 평형점 (800, 16)에 대하여 선형근사계를 구하고, 평형점의 종류를 말하여라.

05 **6.1절 03번**에서 1사분면의 평형점 (30, 10)에 대하여 선형근사계를 구하고, 평형점의 종류를 말하여라.

06 **6.1절 05번**에서 1사분면의 평형점 (10, 30)에 대하여 선형근사계를 구하고, 평형점의 종류를 말하여라.

07 **6.1절 09번**에서 1사분면의 평형점 (75, 50)에 대하여 선형근사계를 구하고, 평형점의 종류를 말하여라.

6.4 구획분석

대부분의 복잡한 과정은 여러 개의 단순한 과정으로 단계화할 수 있다. 전체 시스템은 상호작용이 있는 여러 부분으로 나누어 생각해 볼 수 있다. 이렇게 하나의 과정 또는 시스템을 여러 부분으로 나누었을 때 한 부분을 **구획**(compartment)이라 하고, 시스템을 여러 구획으로 나누어 상호관계를 기술하여 분석하는 것을 **구획분석**(compartment analysis)이라 한다. 이제 여러 유형의 구획분석 문제를 살펴보기로 한다.

6.4.1 혼합문제

보기 1 (a) 5.5절에서 다룬 농도가 다른 두 용액의 혼합 문제는 단일구획시스템이다. 이때 용질의 양 y의 변화율 y'은 유입률과 유출률의 차이로 나타낼 수 있다.

$$\frac{dy}{dt} = \text{유입률} - \text{유출률}$$

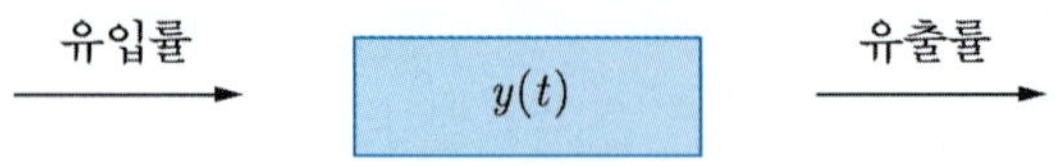

(b) 5.5절 **보기 6**에서 다룬 항히스타민제 문제는 두 개의 구획을 갖는 문제이다. 각 구획(위장과 혈액)에서 변화율은 단일구획시스템과 마찬가지로 유입률에서 유출률을 뺀 것으로 구할 수 있다. ■

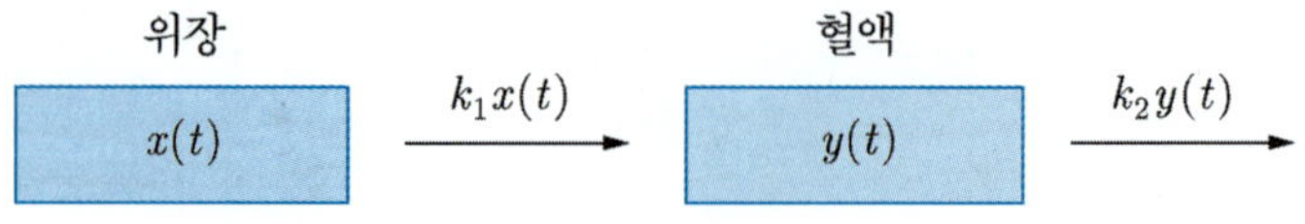

용액의 혼합문제는 전형적인 구획분석 문제이다.

보기 2 용기 A에는 200 L의 소금물에 10 kg의 소금이 녹아 있고, 용기 B에는 200 L의 순수한 물이 들어 있다. 다음 그림처럼 용기 A와 용기 B는 펌프를 이용하여 1분당 A에서 B로는 5 L, B에서 A로는 2 L의 소금물이 교환된다. 용기 A로는 1분당 3 L의 순수한 물이 흘러 들어가는 반면 용기

B에서는 1분당 3L의 비율로 물이 흘러 나온다.

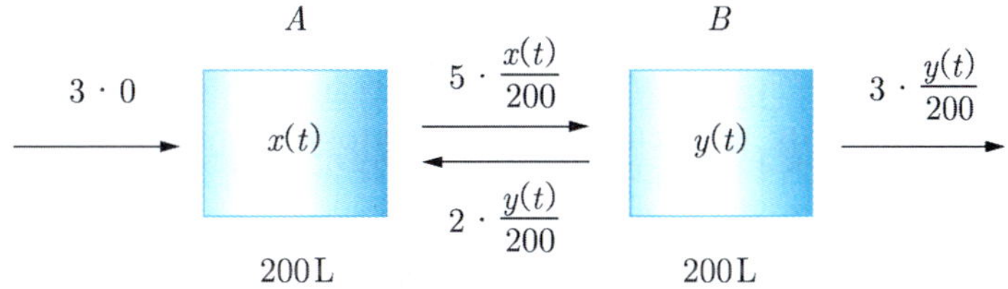

시간 t에서 용기 A와 B에 녹아 있는 소금의 양을 각각 $x(t)$, $y(t)$라고 하자. 그러면 x의 변화율은

x' = 1분당 들어 오는 소금의 양 − 1분당 빠져 나가는 소금의 양

이다. 따라서

$$x' = 2 \cdot \frac{y}{200} - 5 \cdot \frac{x}{200}$$

이다. 같은 방법으로

$$y' = 5 \cdot \frac{x}{200} - \left(2 \cdot \frac{y}{200} + 3 \cdot \frac{y}{200}\right)$$

이다. 따라서 다음과 같은 미분방정식계가 성립한다.

$$x' = -\frac{x}{40} + \frac{y}{100}$$
$$y' = \frac{x}{40} - \frac{y}{40}$$

이때 초기조건은 $x(0) = 10$, $y(0) = 0$으로 주어진다. $x(t)$, $y(t)$를 구하는 것은 연습문제로 남긴다. ■

6.4.2 방사성 물질의 붕괴과정

우리는 5.3절에서 지수적으로 감소하는 방사성 물질을 살펴보았다. 대부분의 방사성 물질은 한 단계에 안정적 물질로 변하는 것이 아니라 여러 단계를 거쳐 안정적 물질로 변한다. 예를 들어 우라늄의 붕괴 과정은 다음과 같다.

U-238 ⟶ Th-234 ⟶ ⋯ ⟶ Pb-206

여기서 Pb-206은 납의 안정적 동위원소이다.

문제를 단순화하여 다음과 같이 두 단계에 걸쳐 안정물질로 변하는 방사성 물질 붕괴 과정을 생각해 보자. 여기서 방사성 물질 X는 붕괴되어 방사성 물질 Y로 변하며 감소상수는 k_1이다. 또한 방사성 물질 Y는 붕괴되어 안정적인 물질 Z로 변하며 감소상수 k_2를 갖는다.

$$X \to Y \to Z$$

시간 t에 남아 있는 물질 X, Y, Z의 양을 각각 $x(t)$, $y(t)$, $z(t)$라 하자. 물질 X의 변화율은 다음과 같이 표현된다.

$$x' = -k_1 x$$

그러나 두 번째 원소인 Y의 경우 X가 붕괴되어 얻어지는 양과 붕괴하여 Z로 변하는 양이 동시에 존재하므로 변화율은 다음과 같이 쓸 수 있다.

$$y' = k_1 x - k_2 y$$

마지막으로 물질 Z는 안정적이므로 Y가 붕괴되어 얻어지는 양만이 변화율에 영향을 준다. 즉,

$$z' = k_2 y$$

그러므로 이 방사성 물질의 붕괴 과정은 다음과 같은 미분방정식계로 표현할 수 있다.

$$\begin{cases} x' = -k_1 x \\ y' = k_1 x - k_2 y \\ z' = k_2 y \end{cases}$$

여기서

$$x' + y' + z' = 0$$

임을 주목하자. 따라서 $m_0 = x(0) + y(0) + z(0)$라 하면

$$x + y + z = m_0$$

이므로 다음 미분방정식계를 푸는 것으로 충분하다.

$$\begin{cases} x' = -k_1 x \\ y' = k_1 x - k_2 y \end{cases}$$

6.4.3 인구성장모형-박테리아

실험실에서 박테리아를 배양하기 위하여는 박테리아 성장에 필요한 영양액을 배양기에 채워 놓고 배양을 시작한다. 배양에 적절한 조건(예를 들어, 온도 등)을 맞추어 주면 박테리아는 이분법에 의하여 빠른 속도로 증가한다.

5장에서 박테리아와 같은 단세포 생물의 인구는 먹이와 공간이 충분한 경우 자연성장 모형으로 모형화할 수 있음을 보았다. 즉, 시간 t에서 박테리아의 수를 $y(t)$라 할 때 비례상수가 k이면

$$y' = ky$$

의 관계가 성립하고, 따라서 다음과 같은 인구에 대한 식을 얻었다.

$$y(t) = y_0 e^{kt}$$

그러나 상대변화율 $\frac{y'}{y}$가 상수로 주어지는 자연성장 모형은 시간이 조금만 흘러도 실제 데이터와 큰 오차를 주는 것을 볼 수 있었는데, 이는 인구가 커지면 성장률이 낮아지는 것으로 해석할 수 있다. 그래서 비례상수 k가 상수가 아닌 인구의 감소함수로 주어진다는 가정이 설득력을 가지며, 이 감소함수가 가장 간단한 선형함수로 주어지는 경우 다음과 같은 로지스틱 모형을 얻었다.

$$\frac{y'}{y} = a - by$$

박테리아의 성장 모형을 일반화시킬 수 있는 또 하나의 방법은, 인구의 증가가 인구의 크기에 의존한다고 가정하는 대신 획득 가능한 영양분에 의존한다고 가정하는 것이다. 시간 t에서 영양분의 양을 $x(t)$라고 하자. 박테리아의 성장과 영양분 사이에는 다음과 같은 관계가 있다고 가정한다.

박테리아 성장에 대한 가정

(가정 1) 박테리아의 상대성장률은 남아 있는 영양분의 양에 의존한다. 즉

$$\frac{y'}{y} = k(x)$$

여기서 영양분이 많을수록 박테리아의 성장은 활발해지므로 함수 $k(x)$는 증가함수라고 가정한다.

(가정 2) 하나의 박테리아가 새로 만들어지기 위해서는 α만큼의 영양분이 소모된다.

이러한 가정 아래 다음과 같은 미분방정식계를 얻는다.

$$\begin{cases} \dfrac{dx}{dt} = -\alpha\dfrac{dy}{dt} \\ \dfrac{dy}{dt} = k(x)y \end{cases}$$

두 번째 관계식을 첫 번째 식에 대입하면 다음과 같은 미분방정식계를 얻는다.

$$\begin{cases} \dfrac{dx}{dt} = -\alpha k(x)y \\ \dfrac{dy}{dt} = k(x)y \end{cases}$$

첫 번째 식에 두 번째 식의 α배를 더하면 0이 된다.

$$\frac{dx}{dt} + \alpha\frac{dy}{dt} = 0$$

따라서 $x(0) = x_0$, $y(0) = y_0$라면

$$x(t) + \alpha y(t) = x_0 + \alpha y_0, \quad \text{즉} \quad x(t) = x_0 + \alpha y_0 - \alpha y(t) \tag{6.13}$$

가 된다.

보기 3 증가함수 $k(x)$에 대하여 가장 간단한 가정은 박테리아의 상대성장률은 영양분의 양에 비례한다는 것이다. 즉, 상수 $k > 0$에 대하여

$$\frac{y'}{y} = kx$$

라 가정하고 이 식에 식 (6.13)을 대입하면

$$\frac{dy}{dt} = k(x_0 + \alpha y_0 - \alpha y)y$$

를 얻는다. 즉, 상대성장률이 영양분의 양에 비례한다는 가정은 수용용량이 $(x_0 + \alpha y_0)/\alpha$인 로지스틱 모형과 동일한 모형을 만든다. ■

6.4.4 배양기 모형

비커나 플라스크에서 박테리아를 배양하는 방법은 일정 시간이 지나면 더 이상 인구의 변화가 없게 된다. 이는 별로 효율적인 방법이 아니어서 일반적으로

실험실에서 박테리아 같은 미생물을 배양하기 위하여 다음과 같이 박테리아를 수확하고 영양분을 보충할 수 있는 **배양기**(chemostat)를 사용한다.

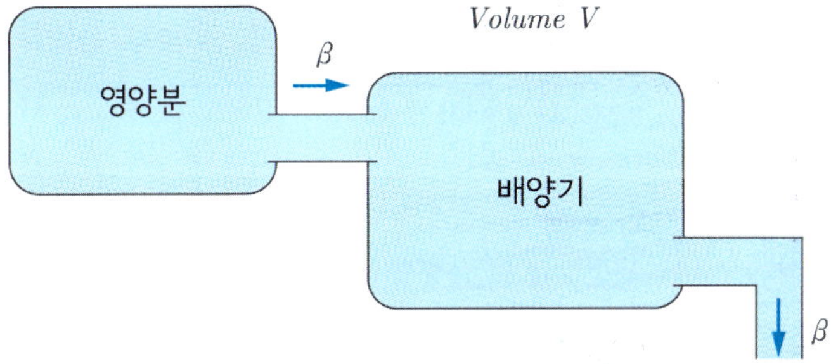

이 배양기는 두 개의 기관으로 구성된다. 하나는 영양분을 저장하고 있는 영양분 저장기이고 하나는 배양이 이루어지는 배양기이다. 영양분 저장기에는 농도가 x_0인 영양분이 들어 있으며 단위시간에 βL씩 배양기로 흘러 들어간다. 영양분 저장기에서 배양기로 흘러 들어간 양만큼의 영양분이 지속적으로 보충된다고 한다. 한편 배양기에 있는 배양액은 박테리아를 채취하기 위하여 단위 시간에 역시 βL의 배양액이 흘러 나간다. 따라서 배양기에 있는 배양액의 양 V는 항상 일정하다. 영양분과 박테리아의 수 사이에는 (가정 1), (가정 2)가 성립한다고 가정한다. 그러면 배양기 내에서의 박테리아 수의 변화율은 다음과 같다.

$$\underset{\text{박테리아의 변화율}}{\frac{dy}{dt}} = \underset{\text{재생산에 의한 증가율}}{k(x)y} - \underset{\text{유출에 의한 감소}}{\beta\frac{y}{V}}$$

한편 배양기 내에서 영양분의 변화율은 다음과 같이 쓸 수 있다.

$$\underset{\text{영양분의 변화율}}{\frac{dx}{dt}} = \underset{\text{재생산에 의한 감소율}}{-\alpha k(x)y} - \underset{\text{유출에 의한 감소율}}{\beta\frac{x}{V}} + \underset{\text{유입에 의한 증가율}}{\beta x_0}$$

우리는 **보기 3**에서 박테리아의 상대성장률은 영양분의 양에 비례한다는 가정을 하였다. 그러나 일반적으로 박테리아의 상대성장률 $k(x)$는 영양분의 양 x가 증가함에 따라 초기에는 선형적으로 증가하지만 일정 수치는 넘어서지 못한다고 한다. 이러한 가정을 만족하는 함수 가운데 많이 사용되는 것은

$$k(x) = \frac{Mx}{b+x}$$

이다. 다음 두 그림은 $M=3$, $b=24$일 때 x의 범위가 $[0, 10]$인 경우와 $[0, 1000]$인 경우 그래프를 그린 것이다.

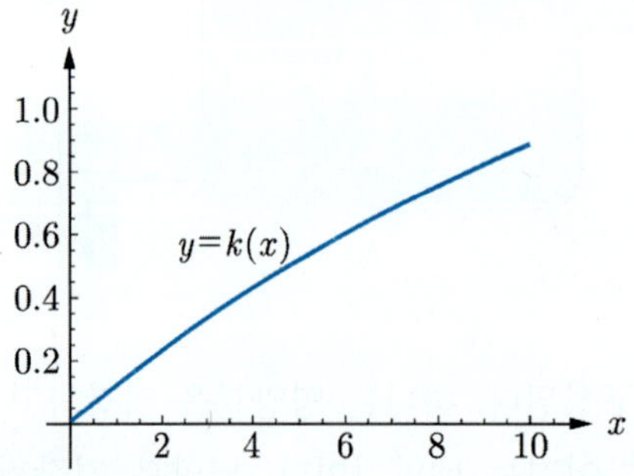

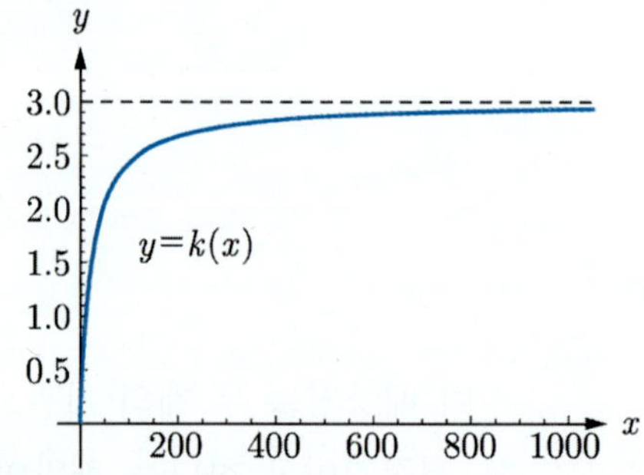

$k(x)$는 영양분이 작을 때 영양분의 양(x)에 비례하는 형태가 된다. 반면 영양분이 많아지면 - 포화상태에 가까워지면 - 상수 M에 수렴한다.[92)]

보기 4 용량이 3L인 배양기에 영양분 저장기가 연결되어 있다고 한다. 영양분 저장기에는 L당 10단위의 영양분이 들어 있으며 배양기로 1분당 1L의 영양분이 배양기로 흘러 들어간다. 한편 배양기에서는 1분당 1L의 배양액이 흘러 나온다. 영양분 저장기에는 소모되는 만큼의 양이 계속 보충된다고 가정한다. 영양분의 양에 따른 박테리아의 성장 비례함수 $k(x)$는 다음과 같이 정의된다고 한다.

$$k(x) = \frac{3x}{24+x}$$

하나의 박테리아가 만들어지기 위하여 1/3단위의 영양분이 소모된다고 한다. 그러면 박테리아의 양 $y(t)$와 영양분의 양 $x(t)$의 미분방정식계는 다음과 같이 자율계로 표현된다.

$$\frac{dx}{dt} = -\frac{1}{3}\frac{3x}{24+x}y + 10 - \frac{x}{3}$$
$$\frac{dy}{dt} = \frac{3x}{24+x}y - \frac{y}{3}$$

첫 번째 식에서

92) 생물학에서 특히 많이 나타나는 비례함수이며, 이러한 비례함수를 갖는 미분방정식계를 **Michaelis-Menton 동력학계**라고 부른다.

$$\frac{dx}{dt} = -\frac{1}{3}\frac{3x}{24+x}y + 10 - \frac{x}{3} = 0$$

이면 수직분기선이 되는데 이 식은 다음과 같은 곡선으로 나타난다.

$$y = \frac{240}{x} + 2 - \frac{x}{3}$$

$x > 0$이면 이 식은 단순감소하며 $x = 30$에서 x-절편을 갖는다. 두 번째 식에서

$$\frac{dy}{dt} = y\left(\frac{3x}{24+x} - \frac{1}{3}\right) = 0$$

이면 두 개의 수평분기선

$$y = 0, \quad x = 3$$

을 얻는다.

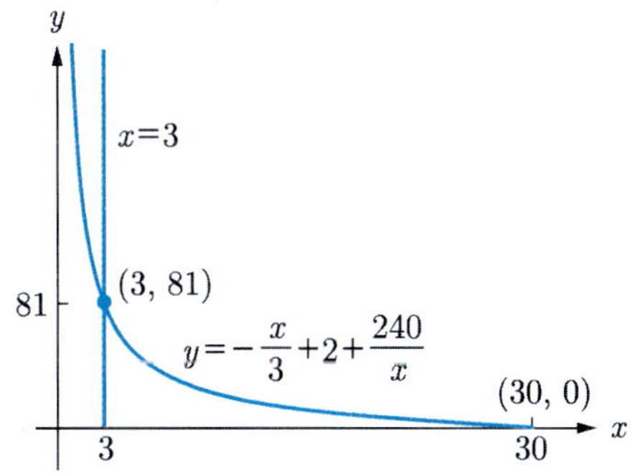

따라서 두 개의 평형점 (30, 0)과 (3, 81)이 존재한다. 두 개의 분기선

$$y = \frac{240}{x} + 2 - \frac{x}{3}, \quad x = 3$$

에 의하여 나뉘는 각 영역에서 속도벡터의 움직임은 다음과 같다.

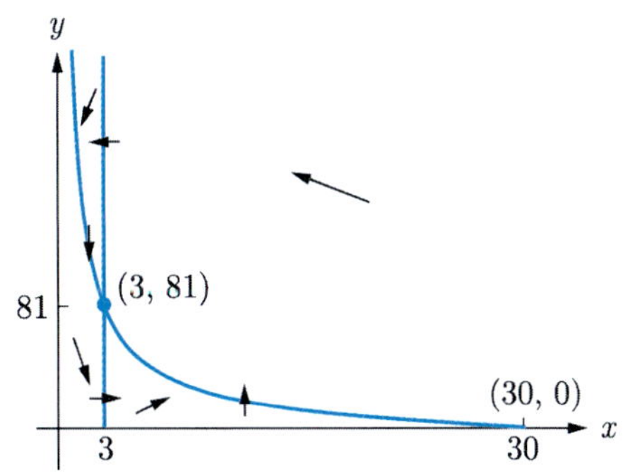

평형점 (30, 0)이 비안정적인 것은 벡터장의 움직임에서 쉽게 알 수 있다.

그러나 벡터장을 분석하는 것만으로는 평형점 (3, 81)의 성격을 판단할 수 없다. 이제 6.3절에서 배운 국소적 선형화를 이용하여 이 평형점들이 끌개인지 아니면 밀개인지 살펴보기로 하자.

$$f(x,\ y) = -\frac{x}{24+x}y + 10 - \frac{x}{3}$$

$$g(x,\ y) = \frac{3x}{24+x}y - \frac{y}{3}$$

라 놓으면

$$f_x(x,\ y) = \frac{-y(24+x)+xy}{(24+x)^2} - \frac{1}{3} = -\frac{24y}{(24+x)^2} - \frac{1}{3}$$

$$f_y(x,\ y) = -\frac{x}{24+x}$$

$$g_x(x,\ y) = \frac{3y(24+x)-3xy}{(24+x)^2} = \frac{72y}{(24+x)^2}$$

$$g_y(x,\ y) = \frac{3x}{24+x} - \frac{1}{3}$$

이다. $f_x(3,81) = -3,\ f_y(3,81) = -\frac{1}{9},\ g_x(3,81) = 8,\ g_y(3,81) = 0$ 이므로 다음과 같은 선형근사계를 얻는다 ($u = x-3,\ v = y-81$).

$$\begin{cases} u' = -3u - \frac{1}{9}v \\ v' = 8u \end{cases}$$

이 선형근사계의 특성방정식은

$$r^2 + 3r + \frac{8}{9} = 0$$

이므로 음의 실근을 두 개 갖는다. 따라서 평형점 (3, 81)은 마디끌개이다. 다시 말해서 시간이 충분히 흐르면 배양기에 있는 영양분은 3단위, 박테리아의 양은 81단위로 수렴한다. ■

박테리아 배양기의 수학적 모형은 여러 분야에 활용될 수 있다. 그 중 의학적으로 중요한 보기들은 연습문제에서 살펴보기로 한다.

연습문제 6.4

01 두 개의 물탱크가 있다. 첫 번째 물탱크에는 100 L의 소금물에 10 kg의 소금이 녹아 있고 두 번째 물탱크에는 증류수 100 L가 들어 있다. 첫 번째 물탱크로는 수도를 통하여 1분당 15 L의 물이 흘러 들어 가고, 두 번째 물탱크에서는 1분당 15 L의 물이 바깥으로 흘러 나온다. 또한, 첫 번째 물탱크에서 두 번째 물탱크로 분당 20 L의 물이, 두 번째 물탱크에서 첫 번째 물탱크로 분당 5 L의 물이 흘러 들어 간다고 한다. 첫 번째 물탱크에 있는 소금의 양을 $x(t)$, 두 번째 물탱크에 있는 소금의 양을 $y(t)$라 하자.

(a) 수도에서 나오는 물이 증류수 일 때 이 구조를 설명하는 미분방정식계를 구하여라. 시간 t에서 각 물탱크에 들어 있는 소금의 양을 구하여라.

(b) 수도에서 나오는 물 1 L당 소금이 200 g 녹아 있을 때, 이 구조를 설명하는 미분방정식계를 구하여라. 시간 t에서 각 물탱크에 들어 있는 소금의 양은 어떻게 되겠는가? 단, $x(0) = 10$, $y(0) - 0$이다.

02 다음 미분방정식계의 평형점을 구하고 평형점의 종류를 말하여라.

(a) $x' = x - 2y$, $y' = 3x - 4y - 2$　　(b) $x' = 2x - y - 2$, $y' = 3x - 2y - 2$

(c) $x' = x - y$, $y' = 5x - 3y - 2$　　(d) $x' = x - 5y - 5$, $y' = x - y - 3$

03 세 개의 용기 A, B, C가 다음과 같이 연결되어 있다. 각각 100 L의 혼합물을 담고 있는 용기에 시간 t에 들어 있는 알코올의 양은 $x(t)$, $y(t)$, $z(t)$라고 하자. 각 용기 사이에는 분당 10 L의 순환이 일어난다고 가정하면 다음과 같은 미분방정식계를 얻는다.

$$x' = \frac{1}{10}z - \frac{1}{10}x$$
$$y' = \frac{1}{10}x - \frac{1}{10}y$$
$$z' = \frac{1}{10}y - \frac{1}{10}z$$

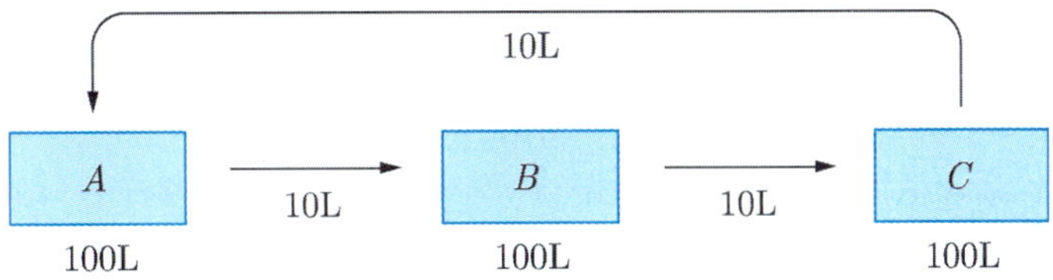

초기조건이 $x(0)=30$, $y(0)=20$, $z(0)=10$일 때, $\lim_{t\to\infty} x(t)$, $\lim_{t\to\infty} y(t)$, $\lim_{t\to\infty} z(t)$를 구하여라.

04 방사성 물질 X는 붕괴되어 방사성 물질 Y로 변하며 감소상수는 0.01이다. 또한 방사성 물질 Y는 붕괴되어 안정적인 물질 Z로 변하며 감소상수는 0.005이다.

$$\begin{aligned} x' &= -0.01x \\ y' &= 0.01x - 0.005y \\ z' &= 0.005y \end{aligned}$$

초기조건이 $x(0)=100$, $y(0)=0$, $z(0)=0$일 때 다음 질문에 답하여라.

(a) $x(t)$, $y(t)$, $z(t)$를 구하여라.

(b) $x(t)=50$이 되는 t를 구하여라. 이때 $y(t)$, $z(t)$를 구하여라.

(c) $y(t)=50$이 되는 t를 구하여라. 이때 $x(t)$, $z(t)$를 구하여라.

(d) $z(t)=50$이 되는 t를 구하여라. 이때 $x(t)$, $y(t)$를 구하여라.

05 다음 그림과 같이 세 개의 물탱크가 연결되어 있다. $y_i(t)$를 시간 t에 i번째 물탱크에 존재하는 소금의 양이라 하자. 첫 번째 탱크에 분당 2L의 정제수가 유입되고 잘 섞인 소금물은 분당 2L의 비율로 탱크 2로 흘러 들어간다. 탱크 2에서 다시 잘 섞인 소금물은 분당 2L의 비율로 탱크 3으로 흘러 들어간다. 마지막으로 탱크 3에서 분당 2L의 소금물이 외부로 유출된다.

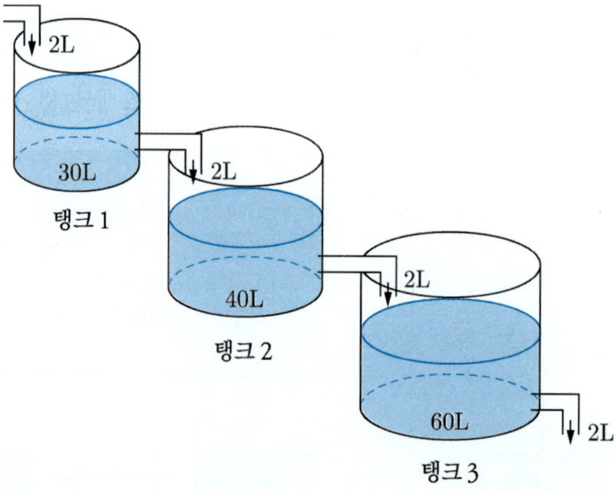

(a) 이 시스템을 설명하는 미분방정식계를 구하여라.

(b) 초기조건이 $y_1(0)=15$, $y_2(0)=y_3(0)=0$으로 주어질 때, 초깃값문제를 풀어라

(c) 시간이 충분히 흐르면 각 탱크에 존재하는 소금량은 어떻게 되는가?

06 **문제 05**에서 첫 번째 탱크로 유입되는 물이 1L에 소금이 100g 녹아 있는 소금물이라 하자.

(a) 이 시스템을 설명하는 미분방정식계를 구하여라.

(b) 초기조건이 $y_1(0) = 0$, $y_2(0) = 12$, $y_3(0) = 0$으로 주어질 때, 초깃값문제를 풀어라.

(c) 시간이 충분히 흐르면 각 탱크에 존재하는 소금량은 어떻게 되는가?

※ (07~08) **질병과 치료제** 많은 질병의 경우 치료제를 약으로 복용하는 것보다는 혈액에 직접 투약하는 것이 여러 가지 장점을 갖는다. 혈액에 투약하는 경우 긴 시간에 걸쳐 일정한 농도의 치료제를 연속적으로 투약한다. 최근에는 체내 이식이 가능한 치료제 주입 기구가 개발되었다. 얇은 원반 모양으로 생긴 이 기구는 오랜 기간 약물치료를 필요로 하는 환자에게 시술이 가능하다. 이러한 기구는 외부에서 약물을 투입함으로써 생기는 감염을 줄이고 필요 이상의 약물이 투입되어 생기는 부작용을 줄일 수 있다. 이러한 기구의 사용이 고려되는 대표적인 질병으로는 종양과 당뇨병을 들 수 있다.

다음과 같이 두 변수를 정의하자.

x =간에 존재하는 치료제의 양

y =간에 존재하는 종양세포의 단위 수

수학적 단순성을 위하여 다음과 같은 가정을 하기로 한다.

- 치료제가 없는 경우 종양세포는 지수성장을 하며 비례상수는 0.5이다. 즉,

$$\frac{dy}{dt} = 0.5y$$

- 치료제에 의한 종양세포의 상대사망률(y'/y)은 치료제의 양(x)의 함수 $k(x)$로 나타난다.

$$k(x) = \frac{x}{1+x}$$

- 한 단위의 종양세포를 없애는 데에는 1단위의 치료제가 소모된다.
- 치료제는 간에 존재하는 혈액에 균일하게 퍼져 있고 순환에 의하여 지수적으로 감소하며 감소상수는 1이다. 즉, 종양세포가 없고 투여되는 치료제가 없을 경우 다음 관계식이 성립한다.

$$\frac{dx}{dt} = -x$$

치료제 주입기구에는 농도가 c인 치료제가 분당 1단위로 혈액으로 들어 간다. 그러면 박테리아 배양기에서와 유사한 방법으로 종양세포의 수와 치료제의 양은 다음과 같이 표현할 수 있다.

$$\frac{dx}{dt} = \text{치료제의 주입률} - \text{종양에 의한 감소율} - \text{순환에 의한 감소율}$$

$$\frac{dy}{dt} = \text{종양의 성장률} - \text{치료제에 의한 사망률}$$

07 위의 가정을 미분방정식계를 이용하여 나타내어라.

08 $c = 2$일 때, 평형점을 모두 구하고 평형점을 분류하여라.

6.5 사례연구: 전염병 모형

전염병(epidemic)은 짧은 기간에 광범위한 지역에서 창궐하는 질병을 일컫는다. 전염병은 매개체를 기준으로 크게 두 가지로 구분된다. 하나는 **감기**(cold)나 **홍역**(measles)처럼 바이러스나 박테리아 같은 세균에 의한 감염이고, 다른 하나는 **말라리아**(malaria)나 **콜레라**(cholera)처럼 모기나 쥐 등, 매개체에 의한 감염이다. 두 경우의 가장 큰 차이점은, 전자의 경우 환자와의 접촉(공기 접촉 포함)에 의하여 전염이 이루어지는 반면, 후자의 경우는 모기나 쥐 등의 매개체에 의하여 전염이 이루어진다는 것이다. 이 절에서는 세균성 감염의 경우 전염병의 전파가 어떤 양상으로 이루어지는지를 살펴보기로 한다.

주어진 시간 t에서의 인구가 $N(t)$라고 하자. 이 인구는 다음과 같이 세 부류로 구분한다.

$S(t)$: **감염가능자**[93](*the Susceptible*) 수

$I(t)$: **감염자**(*the Infective*) 수

$R(t)$: **면역을 가진 사람**(*the Removed*) 수

관찰 기간 동안 인구변화는 일어나지 않는다고 가정한다.

$$N(t) = S(t) + I(t) + R(t) \equiv N$$

또한 전염병에 대하여 다음과 같은 가정을 하기로 한다.

- 전염병은 감염자와 비감염자의 접촉에 의하여만 전염된다.
- 하루 동안 감염자와 비감염자의 접촉 횟수는 $S(t)I(t)$에 비례한다. 즉, 접촉 횟수는 양의 실수 a에 대하여 $aS(t)I(t)$이다.
- 감염자와 비감염자가 접촉했을 경우 비감염자가 감염될 확률은 p이다.

6.5.1 SI 모형

가장 간단한 경우로 전염병이 한 번 걸리면 회복되지 않는 경우를 생각해 보자. 이때 모든 사람은 감염가능자(S)이거나 감염자(I)이다($R(t) \equiv 0$). 가정에

93) 전염병에 걸릴 가능성이 있는 사람

의하여 하루 동안 발생하는 새로운 감염자 수는

$$apS(t)I(t)$$

이다. 그러므로 하루 후 감염자 수는

$$I(t+1) = I(t) + apS(t)I(t)$$

이다. 따라서 $\Delta t = 1$일 때, 다음과 같은 관계식을 갖는다.

$$\frac{\Delta I(t)}{\Delta t} = \alpha S(t)I(t), \quad \alpha = ap$$

그러므로 근사적으로 다음과 같은 미분방정식을 갖는다.

$$I' = \alpha S(t)I(t) \tag{6.14}$$

이때 α를 **전이계수**라 부른다. 또한 $I(t) + S(t) = N$이므로

$$S' = -\alpha S(t)I(t)$$

이다.

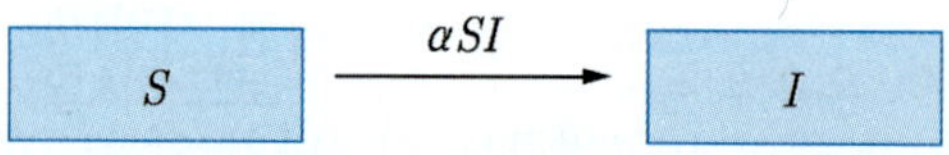

관계식 $S(t) = N - I(t)$를 식 (6.14)에 대입하면

$$I' = \alpha I(N-I) = \alpha NI\left(1 - \frac{I}{N}\right)$$

을 얻는다. 즉, I는 수용용량이 N이고 자연성장률이 αN인 로지스틱 모형을 따른다. 따라서 $I(0) = I_0$이라면

$$I(t) = \frac{NI_0 e^{N\alpha t}}{(N-I_0) + I_0 e^{N\alpha t}}, \quad S(t) = \frac{N(N-I_0)}{(N-I_0) + I_0 e^{N\alpha t}}$$

이다. 따라서 $t \to \infty$일 때

$$I(t) \to N, \quad S(t) \to 0$$

이다.

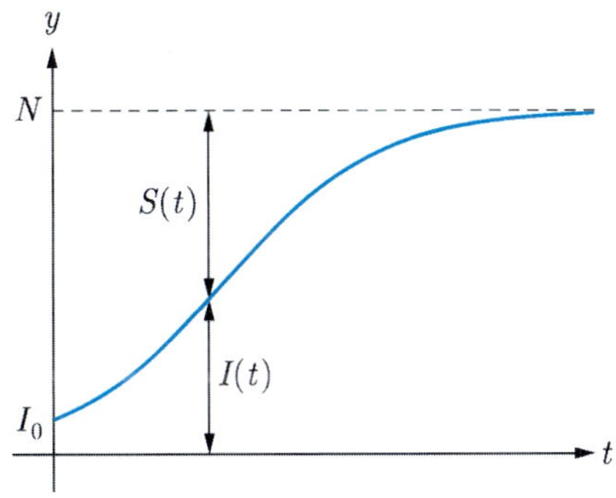

이 모형에 따르면 전염병이 한 번 퍼지면 결국은 모든 사람이 감염자가 된다. 이러한 결과는 감염자는 회복되지 않고 계속 감염자로 남아 있는다는 가정에 의한 것이다.

6.5.2 SIS 모형

전염병에서 회복되고 나서도 면역이 생기지 않는 경우를 생각해 보자. SI 모형의 경우와 마찬가지로 모든 사람은 감염가능자(S) 또는 감염자(I)이다 ($R(t) \equiv 0$). 그러나 SI 모형의 경우와는 달리 하루에 감염자의 일정비율(β)은 회복되어 감염가능자가 된다고 한다. 이때 β를 **회복계수**라 부른다. 감염기간이 n일인 경우, 회복계수로는 $\beta = 1/n$을 많이 사용한다.

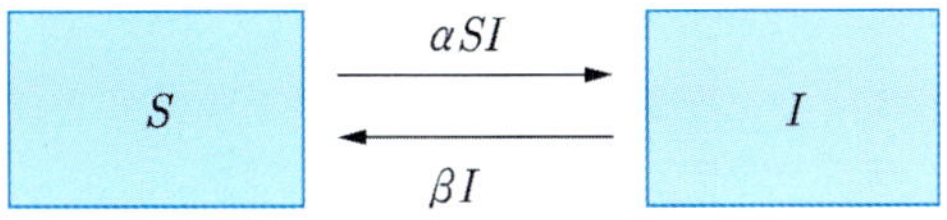

따라서

$$I(t+1) = I(t) + \alpha S(t)I(t) - \beta I(t)$$

의 관계식이 성립한다. 그러므로 다음과 같은 미분방정식을 얻는다.

$$I' = \alpha SI - \beta I \tag{6.15}$$

$S' = -I'$이므로

$$S' = -\alpha SI + \beta I$$

이다. 또한 관계식 $S = N - I$를 식 (6.15)에 대입하면

$$I' = \begin{cases} \alpha(N-I)I - \beta I = rI\left(1 - \dfrac{\alpha}{r}I\right), & r = \alpha N - \beta \neq 0 \\ -\alpha I^2, & r = 0 \end{cases}$$

이다. 변수분리법으로 이 미분방정식을 풀면 다음과 같다.

$$I(t) = \begin{cases} \dfrac{e^{rt}}{\dfrac{\alpha}{r}(e^{rt}-1) + \dfrac{1}{I_0}}, & r \neq 0 \\ \dfrac{1}{\alpha t + \dfrac{1}{I_0}}, & r = 0 \end{cases}$$

따라서 $r = \alpha N - \beta > 0$이면, 즉 $\beta/\alpha < N$이면

$$\lim_{t\to\infty} I(t) = \frac{r}{\alpha} = N - \frac{\beta}{\alpha}$$

이다. 반면 $r \leq 0$이면, 즉 $\beta/\alpha \geq N$이면

$$\lim_{t\to\infty} I(t) = 0$$

이다.

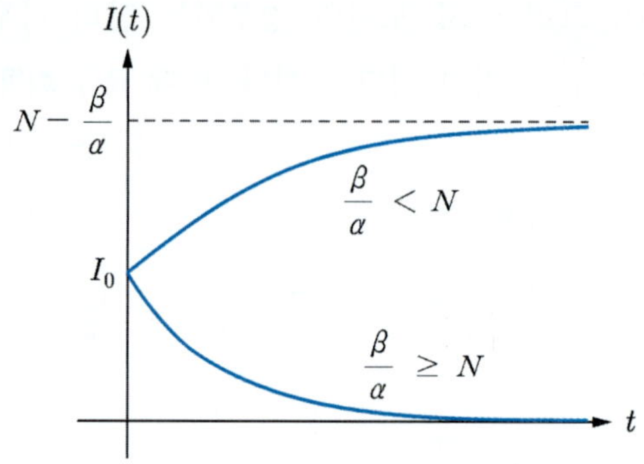

6.5.3 SIR 모형

홍역이나 간염과 같이 병에서 회복되고 나면 영구면역이 생기는 경우를 생각해 보자. 이 경우도 SIS 모형과 마찬가지로 하루에 감염자의 일정비율(β)은 회복되지만 SIS 모형과는 다르게 회복한 환자는 영구면역을 얻는다고 하자.

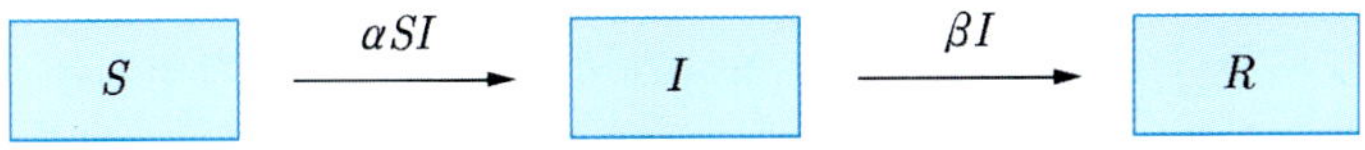

그러면 다음과 같은 미분방정식계를 얻는다.

$$\begin{cases} S' = -\alpha SI \\ I' = \alpha SI - \beta I \\ R' = \beta I \end{cases} \tag{6.16}$$

전염병이 시작되는 시점을 $t=0$이라 할 때, 다음과 같은 초깃값을 갖는다고 하자.

$$S(0) = S_0, \quad I(0) = I_0, \quad R(0) = 0, \quad N = S_0 + I_0$$

$S' \le 0$이므로 S는 항상 감소한다. 따라서 $S_0 \le \beta/\alpha$이면 모든 t에 대하여 $S(t) \le \beta/\alpha$이다. 이는 모든 t에 대하여

$$I' = \alpha SI - \beta I \le 0$$

이며 이 경우는 전염병이 더 이상 퍼지지 않음을 의미한다. 따라서

$$S_0 = \beta/\alpha$$

를 감염가능자의 **문턱값**(threshold)이라 부른다.

재생산 상수

생리학자들은 다음과 같이 정의된 수를 **재생산 상수**(reproduction constant)라 한다.

$$R_c = \frac{\alpha}{\beta} S_0$$

감염가능자의 문턱값 $S_0 = \beta/\alpha$에서 $R_c = 1$이다. 이제 재생산 상수가 갖는 의미를 생물학적 관점에서 살펴보기로 한다. 전염병이 발생한 초기에 하루 동안 감염되는 수는 근사적으로 $\alpha S_0 I_0$이므로

$$R_c = \left(\frac{1}{\beta}\right)(\alpha S_0)$$

에서 αS_0는 한 명의 감염자에 의하여 하루 동안 감염되는 새로운 감염자 수를

나타낸다. 그러나 감염자는 하루만에 회복되는 것이 아니므로, 감염기간을 n일이라 한다면 한 감염자에 의하여 감염기간 동안 감염되는 새로운 감염자 수는 $n(\alpha S_0)$이다. 더군다나 만약 전염병이 회복되는 데에 n일이 걸린다면, 즉 감염지속기간이 n일이라면 회복계수는

$$\beta = \frac{1}{n}$$

이라 가정하는 것이 자연스럽다. 그러므로 재생산 상수는 다음과 같은 의미를 갖는다.

$$R_c = \left(\frac{1}{\beta}\right)(\alpha S_0) = n(\alpha S_0)$$

$$= \left(\begin{matrix}\text{평균}\\ \text{회복(감염지속)}\\ \text{기간}\end{matrix}\right)\left(\begin{matrix}\text{하루에 한 명의 감염자에 의하여}\\ \text{감염되는 새로운 감염자 수}\end{matrix}\right)$$

$$= \left(\begin{matrix}\text{감염지속기간 동안 한 명의 감염자에 의하여}\\ \text{감염되는 새로운 감염자 수}\end{matrix}\right)$$

따라서 $R_c < 1$이면 전염병은 더 이상 확대되지 않는다. R_c의 값이 클수록 전염도는 강한 것으로 해석할 수 있다.

보기 1 인구가 501명인 섬에 SIR 모형을 따르는 전염병에 감염된 환자가 한 명 발생했다. 한 명의 건강한 사람이 한 명의 감염자와 접촉에 의하여 감염될 확률은 0.1%이고, 평균 회복기간은 10일이라고 한다. 섬의 크기는 충분히 작아서 모든 주민은 매일 만날 기회가 있다고 가정한다. 그러면 다음과 같은 전이계수와 회복계수를 갖는다.

$$\alpha = 0.001, \quad \beta = 0.1$$

따라서 다음과 같은 미분방정식계를 갖는다.

$$\begin{cases} S' = -0.001SI \\ I' = 0.001SI - 0.1I \\ R' = 0.1I \end{cases}$$

또한 초깃값은

$$S_0 = 500, \quad I_0 = 1, \quad R_0 = 0$$

으로 주어진다. 이때 재생산상수는

$$R_c = \frac{1}{\beta}(\alpha S_0) = 5$$

이다. 즉, 한 명의 환자에 의하여 감염되는 환자의 수는 5명이다. 오일러의 방법을 구간의 크기 $h = 1$에 대하여 사용하면

$$S_1 = S_0 - 0.001 S_0 I_0 = 500 - 0.5 = 499.5$$
$$I_1 = I_0 + 0.001 S_0 I_0 - 0.1 I_0 = 1 + 0.5 - 0.1 = 1.4$$
$$R_1 = R_0 + 0.1 I_0 = 0.1$$

이다. 오일러의 방법을 이용하여 $t = 60$일 때까지 S, I, R의 그래프를 그려 보면 다음과 같다.

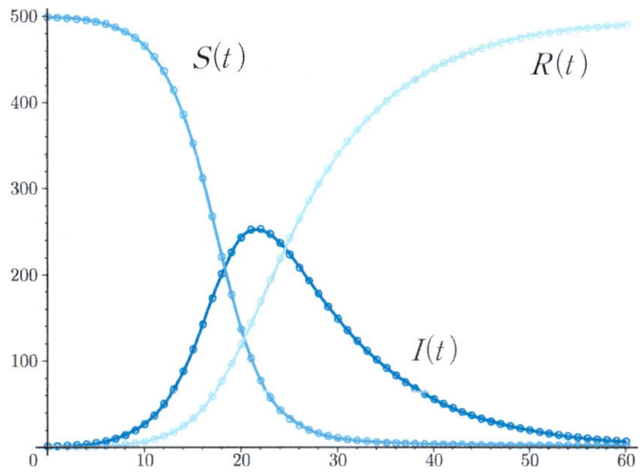

그래프에 의하면 감염자 수가 최대가 되는 것은 최초의 감염자 발생 후 약 21 ~22일 후로 최대 감염자 수는 약 250명 정도이다. 이는 전체 인구의 절반에 해당하는 숫자로 전염병의 전염 정도가 심한 경우라고 할 수 있다. 감염자 수의 최댓값은 미분방정식계 (6.16)로 구할 수도 있다. 즉, I'의 값이 양에서 음으로 바뀌는 순간에 I는 최댓값을 갖는다. 따라서 감염가능자의 수가 $S = \beta/\alpha = 100$일 때 감염자의 수는 최대가 되며 그 이후 감염자 수는 감소하기 시작한다. ■

SIR 모형의 위상묘사와 벡터장을 살펴보기로 한다. 총 인구 $N = S(t) + I(t) + R(t)$는 상수이므로 SIR 모형을 분석하기 위하여는 다음 미분방정식계를 분석하는 것으로 충분하다.

$$\begin{cases} S' = -\alpha SI \\ I' = \alpha SI - \beta I \end{cases} \tag{6.17}$$

시간 $t=0$에서 감염자의 수가 I_0라 하면 다음과 같은 초기조건을 얻는다.

$$S(0) = N - I_0, \quad I(0) = I_0, \quad R(0) = 0$$

따라서 모든 궤적은 직선 $S+I=N$ 위의 점에서 시작한다. 또한 $S+I \le N$이므로 상태공간은

$$I+S \le N, \quad I \ge 0, \quad S \ge 0$$

이다. 식 (6.17)의 첫 번째 식으로부터 수직분기선은 다음과 같은 두 직선이다.

$$S=0, \quad I=0$$

식 (6.17)의 두 번째 식으로부터 수평분기선을 구하면

$$I=0, \quad S=\frac{\beta}{\alpha}$$

따라서 $I=0$, 즉 S축 위의 모든 점은 평형점이다. 분기선에 의하여 구분되는 영역에서의 속도벡터를 그려 보면 다음과 같다.

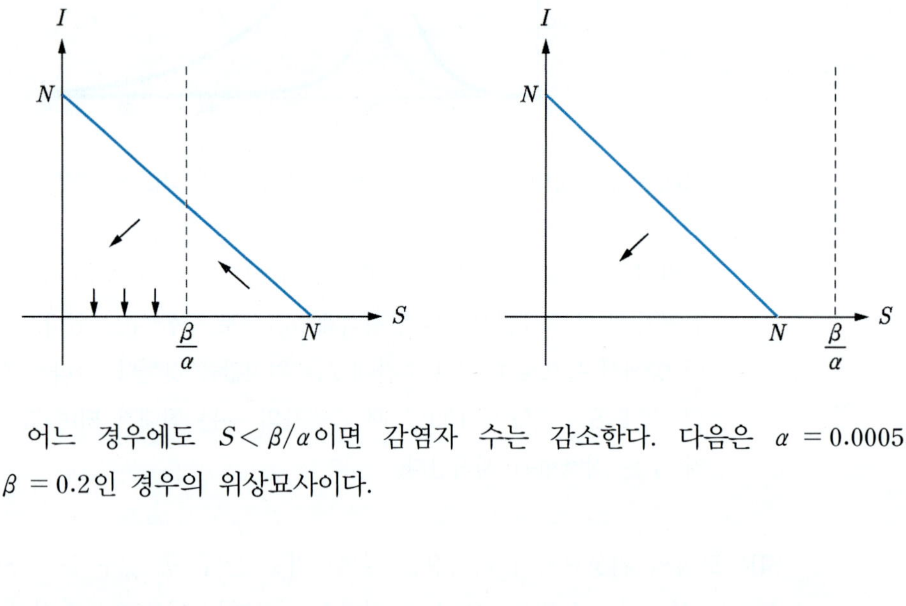

어느 경우에도 $S<\beta/\alpha$이면 감염자 수는 감소한다. 다음은 $\alpha=0.0005$, $\beta=0.2$인 경우의 위상묘사이다.

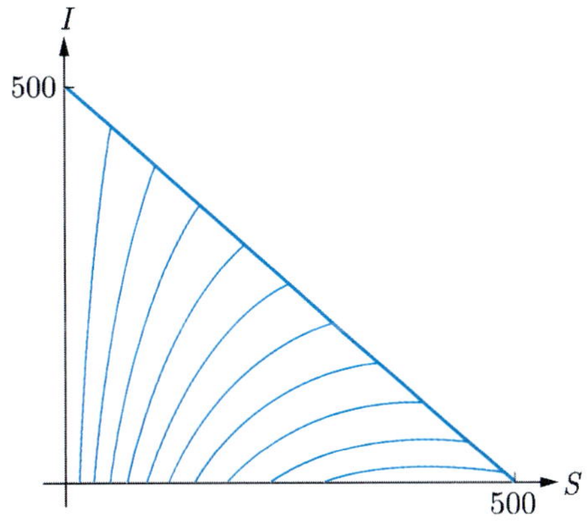

SIR 모형의 경우 시간이 흐름에 따라 I는 모두 0으로 수렴한다. 즉, 전염병은 소멸한다. 하지만 S는 초깃값에 따라 0이 아닌 양의 값으로 수렴한다. 이는 전염병이 소멸할 때까지 감염되지 않은 사람이 존재함을 의미한다. 위의 그림에서 $N = 500$일 때, $I_0 = 1$, 10, 100이면 $\lim_{t\to\infty} S(t)$의 값은 각각 약 310, 290, 180임을 볼 수 있다

6.5.4 SIRS 모형

어떤 종류의 전염병은 병에서 회복되고 나면 면역이 생기지만 그 효력은 한시적이어서 시간이 지나면 면역이 없어져 다시 감염가능자가 된다. 이 경우, 하루에 면역을 가진 사람 중에서 일정 비율(γ)의 사람이 면역성을 잃는다고 하자. 이러한 모형을 SIRS **모형**이라 한다.

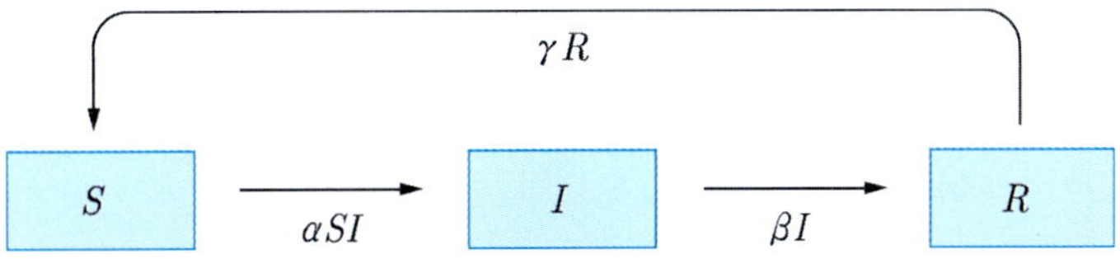

이러한 현상을 반영하여 미분방정식계를 쓰면 다음과 같다.

$$\begin{cases} S' = -\alpha SI + \gamma R \\ I' = \alpha SI - \beta I \\ R' = \beta I - \gamma R \end{cases} \tag{6.18}$$

전체 인구는 상수이므로 관계식

$$R = N - S - I$$

를 이용하여 미분방정식계 (6.18)에서 R을 소거하면 다음과 같은 미분방정식계를 얻는다.

$$\begin{cases} S' = -\alpha SI + \gamma(N - S - I) = f(S, I) & (6.19) \\ I' = \alpha SI - \beta I = g(S, I) & (6.20) \end{cases}$$

국소적 선형화를 이용하여 미분방정식계를 분석해 보기로 한다. 식 (6.20)으로부터 두 개의 수평분기선

$$I = 0, \quad S = \frac{\beta}{\alpha}$$

와 식 (6.19)로부터 하나의 수직분기선

$$\alpha SI = \gamma(N - S - I)$$

를 얻는다. 이 수직분기선은 다음과 같이 고쳐 쓸 수 있다.

$$I = \frac{\gamma(N - S)}{\alpha S + \gamma}$$

이 함수는 S에 대한 감소함수이며, S-절편과 I-절편은 각각 $(N,\ 0)$과 $(0,\ N)$이다. 문턱값 β/α의 값에 따라 미분방정식계는 다른 양상을 보인다.

보기 2 총 인구 $N = 1000$, 전이계수 $\alpha = 0.0001$인 SIRS 모형을 생각해 보자. 감염 후 평균적으로 회복하는 데에 걸리는 시간은 5일이며, 회복 후 면역이 생기지만 20일 후면 면역이 없어진다고 한다. 그러면

$$\beta = 1/5 = 0.2, \quad \gamma = 1/20 = 0.05$$

이다.

$$\frac{\beta}{\alpha} = \frac{0.2}{0.0001} = 2000 > 1000 = N$$

이므로 이 경우 하나의 평형점 $(1000,\ 0)$을 갖는다. 분기선에 의하여 상태공간은 두 개의 영역으로 나뉜다. 이 경우 상태공간은 $S + I \leq 1000$이다. 다음 그래프는 각 영역과 분기선에서 대표적인 속도벡터를 그린 것이다.

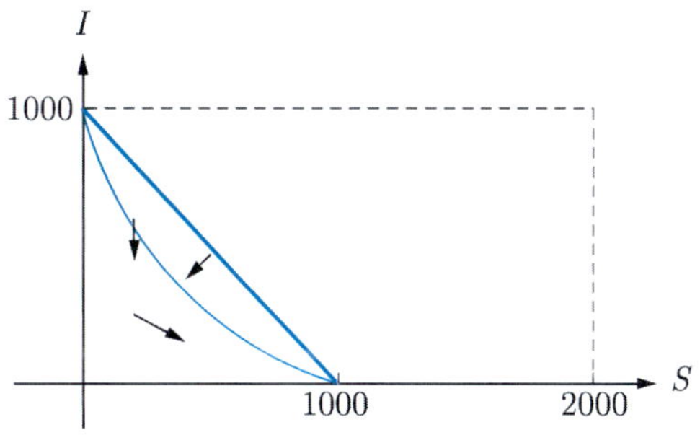

$$f_S(S, I) = -\alpha I - \gamma, \qquad f_I(S, I) = -\alpha S - \gamma$$
$$g_S(S, I) = \alpha I, \qquad g_I(S, I) = \alpha S - \beta$$

이므로 평형점 (1000, 0)에서 근사선형계의 특성방정식은

$$r^2 - (-0.05 - 0.1)r + (-0.05)(-0.1) = 0$$

이고 특성방정식의 두 근은 -0.05, -0.1이다. 따라서 평형점 (1000, 0)은 마디끌개이고 시간이 지나면 전염병은 완전히 소멸된다고 할 수 있다. 다음은 몇 개의 초깃값에 대하여 궤적을 그린 것이다. $R(0) = 0$으로 가정하는 것이 자연스러우므로 모든 궤적은 항상 직선 $S + I = N$에서 출발한다. ■

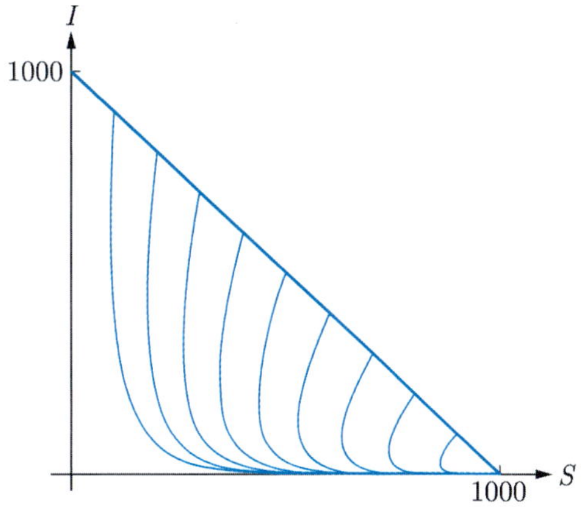

보기 3 총 인구 $N = 1000$, 전이계수 $\alpha = 0.0002$인 SIRS 모형을 생각해 보자. 평균적으로 회복하는 데에 걸리는 시간은 10일이며, 회복 후 면역이 생기지만 40일 후면 면역이 없어진다고 한다. 그러면

$$\beta = 1/10 = 0.1, \quad \gamma = 1/40 = 0.025$$

가 된다.

$$\frac{\beta}{\alpha} = \frac{0.1}{0.0002} = 500 < 1000 = N$$

이므로 두 개의 평형점 (1000, 0)과 (500, 100)을 갖는다. 수평분기선

$$S = \frac{\beta}{\alpha} = 500$$

과 수직분기선

$$I = \frac{125(1000 - S)}{S + 125}$$

에 의하여 상태공간은 네 개의 영역으로 나뉜다. 다음 그래프는 각 영역에서의 속도벡터를 그린 것이다.

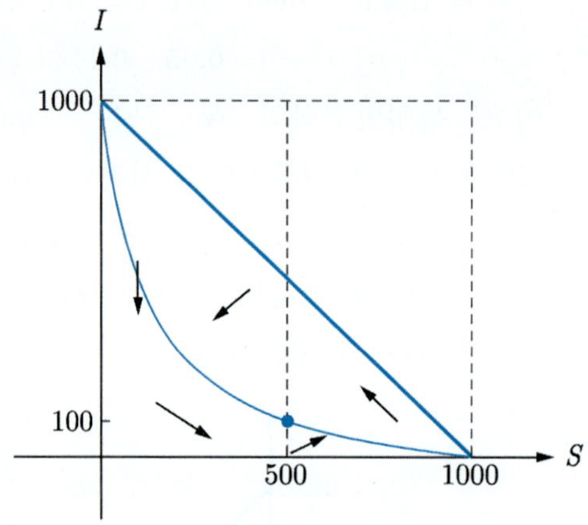

$$f_S(500, 100) = -0.045, \qquad f_I(500, 100) = -0.125$$
$$g_S(500, 100) = 0.02, \qquad g_I(500, 100) = 0$$

이므로 특성방정식은 다음과 같다.

$$r^2 + 0.045r + 0.0025 = 0$$

특성방정식의 판별식은

$$(0.045)^2 - 4 \cdot 0.0025 < 0$$

이므로 복소근을 가지며 복소근의 실수부는 음수이다. 따라서 평형점 (500, 100)은 나선끌개이다. 따라서 전염병은 시간이 지나도 소멸되지 않으며 전체 인구의 약 10%는 전염병에 감염된 상태가 지속된다. 평형점 (1000, 0)이 비안정적임을 보이는 것은 연습문제로 남긴다. 다음 그림은 몇 개의 초깃값에 대하여 궤적을 그린 것이다. ■

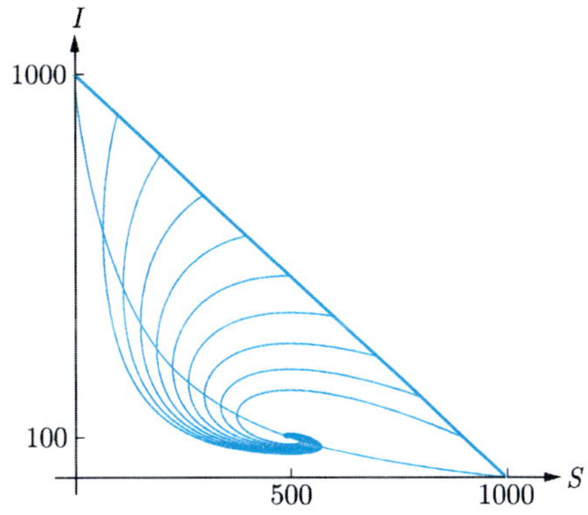

연습문제 6.5

01 SI 모형에서 감염자 수의 증가율이 가장 빠를 때 S의 값은 어떻게 되는가?

02 SIS 모형에서 $N > \beta/\alpha$라고 하자. $0 < I_0 < N - \beta/\alpha$이면 $S > \beta/\alpha$임을 보여라.

03 다음은 SIR 모형에서 같은 초깃값 $S(0) = 500$, $I(0) = 1$에 대하여 전이계수와 회복계수가 다음과 같은 경우 궤적을 그린 것이다.

(i) $\alpha = 0.001$, $\beta = 0.1$

(ii) $\alpha = 0.0005$, $\beta = 0.2$

(iii) $\alpha = 0.001$, $\beta = 0.2$

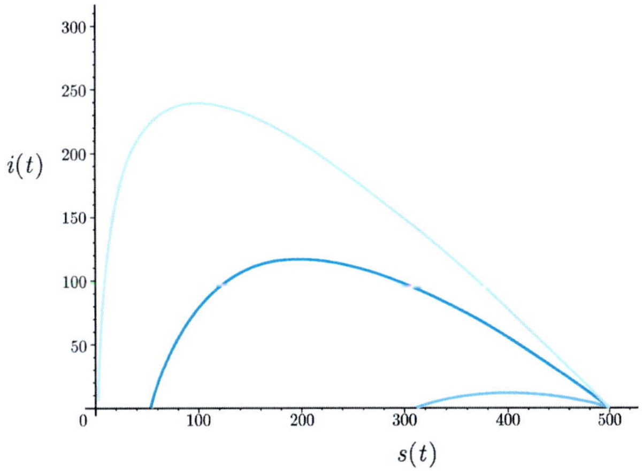

(a) 각 경우의 재생산 상수를 구하여라.

(b) 계수들과 궤적을 짝지울 수 있겠는가?

(c) 어느 경우의 전염도가 가장 심각하다고 말할 수 있는가?

04 SIR 모형에서 다음 관계식이 성립함을 증명하여라.

$$I(t) = N - S(t) + \frac{\beta}{\alpha}\ln\left[\frac{S(t)}{S_0}\right], \qquad S(t) = S_0 \exp\left[-\frac{\alpha}{\beta}R(t)\right]$$

05 **보기 3**에서 평형점 (1000, 0)은 비안정적임을 보여라.

※ (06~08) 앤더슨과 메이는 ≪인간의 전염병(Infectious Diseases of Humans)≫이라는 책에서 바이러스가 체내에 침투하였을 때 면역체계를 설명하기 위한 수학적 모형을 소개하였다. 여기서는 바이러스와 바이러스를 죽이는 림프구가 존재한다. 시간 t에서 바이러스의 양을 $V(t)$, 림프구의 양을 $E(t)$라 나타내기로 하자. 다음은 그들이 제안한 모형이다.

$$\frac{dE}{dt} = a - bE + cVE$$

$$\frac{dV}{dt} = dV - eVE$$

여기서 a는 1분 동안 골수에서 생성되는 림프구 수이고, b는 하나의 림프구가 1분에 사망할 확률이다(a, $b > 0$). 림프구가 존재하지 않는 경우 바이러스는 비례상수가 d인 자연성장을 한다. 림프구의 증가와 바이러스의 사망은 두 수의 곱으로 표현되는 상호작용에 비례해서 진행된다.

06 바이러스가 없을 경우 림프구의 수는 시간이 흐름에 따라 어떤 양상을 보이는가?

07 $a = 1$, $b = d = 0.5$, $c = e = 0.01$일 때 다음 질문에 답하여라.

(a) 평형점을 구하여라.

(b) 각 평형점의 종류를 말하여라.

(c) 시간이 흐르면 어떤 현상이 벌어지는가?

08 $a = 1$, $b = 0.5$, $c = d = e = 0.1$일 때 다음 질문에 답하여라.

(a) 평형점을 구하여라.

(b) 각 평형점의 종류를 말하여라.

(c) 시간이 흐르면 어떤 현상이 벌어지는가?

APPENDIX

부록

연습문제 해답

연습문제 1.1

01. (a) $-\dfrac{1}{(x+1)^2}$ (b) $\dfrac{1}{3}x^{-\frac{2}{3}}$ (c) $-\dfrac{x}{\sqrt{1-x^2}}$

02. (a) $y(0)=0$, 국소선형 아님 (b) $y(0)=0$, 국소선형

03. (a) 미분불가능 (b) 미분가능

04. (a) $f'(x)=10-9.8x$ (b) $f'(x)=\dfrac{e^{-0.1x}}{(1+e^{-0.1x})^2}$

(c) $f'(x)=\dfrac{1-\ln(1+x)}{(1+x)^2}$ (d) $f'(x)=x^x(\ln x+1)$

05. (a) $y=0.2x+4.9$ (b) $y=\dfrac{x}{4}+5$

(c) $y=x$ (d) $y=x$

06. (a) 5.09 (b) 5.025

(c) 0.1 (d) 1.01

07. (a) 1.24 (b) 0.9998

(c) 0.188 (d) 2.05

08. (a) 96 (b) 70.24

09. (a) $24\pi(\text{cm}^2)$ (b) 1.5% (또는 0.015)

10. (a) $100\pm 2\,\text{cm}^2$ (b) $\dfrac{\Delta A}{A}=2\dfrac{\Delta s}{s}$ (c) 0.05 cm

11. 28%

12. (a) 122.5 m (b) 2.45 m

13. (a) $\dfrac{337.5}{\sqrt{283}}\fallingdotseq 20.06$ (b) $v(T)\fallingdotseq\dfrac{337.5}{2\cdot 283}(T-283)+337.5$

(c) $\dfrac{337.5}{283}\fallingdotseq 1.19$

연습문제 1.2

01. (a) 1/2 (b) *ND* (c) 0

(d) 1 (e) 1/2 (f) 1

(g) e^{-2} (h) 0 (i) 0

(j) 1 (k) e^{ab} (l) 1

(m) 2

03. $2a$

08. (a) 1 (b) 14/9 (c) $\sqrt{3}$

연습문제 1.3

01. (a) $\dfrac{x^2}{100}+\dfrac{y^2}{64}=1$ (b) $\dfrac{x^2}{4}+\dfrac{y^2}{9}=1$ (c) $\dfrac{x^2}{5}+y^2=1$

(d) $\dfrac{x^2}{4}+\dfrac{y^2}{3}=1$ (e) $x^2+\dfrac{y^2}{9}=1$

02. (a) 10, 8, $(\pm 3,0)$ (b) $4\sqrt{2}$, $2\sqrt{2}$, $(\pm\sqrt{6},0)$

(c) 1, $\dfrac{2}{3}$, $\left(0, \pm\dfrac{\sqrt{5}}{6}\right)$

03. 20

04. (a) $x-2\sqrt{3}y-4=0$ (b) $y=1$, 또는 $2x-3y-5=0$

(c) $x-y=\pm\sqrt{5}$ (d) $y=-2x\pm\sqrt{17}$

05. (a) $5x^2-\dfrac{5y^2}{4}=1$ (b) $\dfrac{5y^2}{4}-5x^2=1$

(c) $x^2-\dfrac{y^2}{3}=1$ (d) $y^2-\dfrac{x^2}{3}=1$

06. (a) 초점의 좌표 : $(\pm\sqrt{2},0)$, 꼭짓점의 좌표: $(\pm 1,0)$

(b) 초점의 좌표 : $(0,\pm\sqrt{2})$, 꼭짓점의 좌표: $(0,\pm 1)$

(c) 초점의 좌표 : $(\pm\sqrt{3},0)$, 꼭짓점의 좌표: $(\pm\sqrt{2},0)$

(d) 초점의 좌표 : $(0,\pm\sqrt{3})$, 꼭짓점의 좌표: $(0,\pm 1)$

07. (a) $\sqrt{2}x+2y+2=0$ (b) $x-\sqrt{3}y-1=0$ 또는 $x+\sqrt{3}y-1=0$

(c) $2x-y=\pm\sqrt{15}$ (d) $3x-y=\pm\sqrt{35}$

08. (a) $\dfrac{dy}{dx}=-\dfrac{y(2x+y)}{x(x+2y)}$ (b) $\dfrac{dy}{dx}=-\dfrac{2y-1}{2x+2y-1}$

(c) $\dfrac{dy}{dx} = -\dfrac{y(-1+4x\sqrt{xy})}{x(-1+2x\sqrt{xy})}$ (d) $\dfrac{dy}{dx} = \dfrac{\sin(x-y)+e^{2x}+2xe^{2x}}{\sin(x-y)}$

(e) $\dfrac{dy}{dx} = \dfrac{1-3x^2-2xy}{1+x^2}$ (f) $\dfrac{dy}{dx} = -\dfrac{(-1+e^{x+y}x)y}{x(-1+e^{x+y}y)}$

(g) $\dfrac{dy}{dx} = \dfrac{\ln y - \dfrac{y}{x}}{\ln x - \dfrac{x}{y}}$

09. (a) $\dfrac{dy}{dx} = -\dfrac{x}{4y},\ \dfrac{d^2y}{dx^2} = -\dfrac{x^2+4y^2}{16y^3}$

(b) $\dfrac{dy}{dx} = \dfrac{2\sqrt{y}}{(1+2\sqrt{y})},\ \dfrac{d^2y}{dx^2} = \dfrac{2}{(1+2\sqrt{y})^3}$

(c) $\dfrac{dy}{dx} = \dfrac{e^x+2x}{2y},\ \dfrac{d^2y}{dx^2} = \dfrac{(2y^2-4x)e^x+4y^2-4x^2-e^{2x}}{4y^3}$

10. (a) $y = \dfrac{7}{4}x - \dfrac{1}{2}$ (b) $y = -\dfrac{\sqrt{3}}{3}x + 4$

(c) $y = \sqrt{3}x - \dfrac{1}{4}$ (d) $y = -\dfrac{9}{13}x + \dfrac{40}{13}$

11. (a) $-\dfrac{69}{10}$ (b) 14

(c) $2\ln 2 + 1$ (d) 1

13. (b) $\sqrt{1-a}\,x + \sqrt{a}\,y = \sqrt{a(1-a)}$ (c) 길이는 1

14. k의 값에 상관없이 두 점에서 만난다. 만나는 점을 (x_1, y_1)이라 하자. 이 점에서 타원의 기울기와 쌍곡선의 기울기는 음함수 미분법을 이용하면 각각 $m_1 = -\dfrac{2x_1}{y_1},\quad m_2 = \dfrac{1}{2y_1}$이다. 첫번째 식에서 $x_1 = y_1^2$을 대입하면 $m_1 = -\dfrac{2y_1^2}{y_1} = -2y_1,\ m_2 = \dfrac{1}{2y_1}$이다. 따라서 $m_1 \cdot m_2 = -1$이고 두 곡선은 직교한다.

연습문제 1.4

01. (a) $g(x) = (11-x^2)/2$ (b) $g(x) = -(3x+1)/(5x-2)$

(c) $g(x)=(\ln x)^2$ (d) $g(x)=(x-2)^{1/3}$

(e) $g(x)=e^x-1$ (f) $g(x)=\ln[(1+x)/(1-x)]$

02. (a) $f'(x)=2+\cos x>0$, 따라서 역함수 존재, $g'(-1)=1/f'(0)=1/3$

(b) $g'(-3)=1/f'(1)=1$

03. $4/17$

04. $y=(x+1)/2$

05. (a) $-\frac{\pi}{6}$ (b) $\frac{2\pi}{3}$ (c) $\frac{\pi}{2}$ (d) 0

(e) $\frac{\pi}{3}$ (f) $\frac{\pi}{6}$ (g) 0 (h) $\frac{\pi}{2}$

(i) $\frac{\pi}{6}$ (j) $\frac{\pi}{4}$ (k) $-\frac{\pi}{3}$ (l) $-\frac{\pi}{4}$

06. (a) $\frac{1}{3}$ (b) $\frac{\pi}{12}$ (c) $-\frac{1}{3}$ (d) $\frac{\pi}{3}$

(e) $\frac{1}{4}$ (f) $\frac{7\pi}{12}$ (g) 10 (h) 0

(i) $\frac{12}{13}$ (j) $\frac{3\sqrt{10}}{10}$ (k) $-\frac{\sqrt{7}}{3}$ (l) $\frac{4}{5}$

07. (a) $\sqrt{1-x^2}$ (b) $\frac{\sqrt{4-x^2}}{x}$ (c) $\frac{\sqrt{x^2-2x}}{(x-1)}$

08. $2/3$

10. $\frac{\pi r^2}{2}-\arcsin r+r\sqrt{1-r^2}$

11. (a) 참 (b) 참 (c) 참 (d) 참

(e) 거짓 (f) 거짓

16. (a) $x=y$이면 등식이 성립한다. $x\neq y$이면 평균값 정리에 의하여

$$\frac{\sin x-\sin y}{x-y}=f'(c)=\cos c$$

을 만족하는 c가 x와 y 사이에 존재한다. 따라서

$$\left|\frac{\sin x-\sin y}{x-y}\right|=|f'(c)|\leq 1$$

이므로 $|\sin x-\sin y|\leq|x-y|$이다.

17. (a) $\cosh x=2$, $\tanh x=\frac{\sqrt{3}}{2}$

(b) $\sinh x = 2\sqrt{2}$, $\tanh x = \dfrac{2\sqrt{2}}{3}$

(c) $\sinh x = \dfrac{12}{5}$, $\cosh x = \dfrac{13}{5}$

18. (a) $\ln\dfrac{3}{2}$ (b) $\ln 2$ (c) $\dfrac{1}{2}\ln 3$

19. (a) $x+\dfrac{1}{x}$ (b) $\dfrac{1}{2}\left(x^2-\dfrac{1}{x^2}\right)$ (c) $\dfrac{x^2-1}{x^2+1}$ (d) $2x$

20. (a) $\sinh x \cosh y + \cosh x \sinh y = \dfrac{e^x-e^{-x}}{2}\dfrac{e^y+e^{-y}}{2}+\dfrac{e^x+e^{-x}}{2}\dfrac{e^y-e^{-y}}{2}$

$$= \frac{2e^{x+y}-2e^{-x-y}}{4} = \frac{e^{x+y}-e^{-x-y}}{2} = \sinh(x+y)$$

연습문제 1.5

01. (a) $\dfrac{19}{12}$, $n=5$, $x_5 = 1.442249570$ (c) $\dfrac{25}{14}$, $n=4$, $x_4 = 1.727753501$

02. 0.618033989, -1.618033989

03. (a) 다른 해 없음 (c) -0.486047418

04. (a) 0.739085133 (b) 0.703467422 (c) -0.386470914, 0.574213334

05. (a) 3.20753433 (b) 2.51188643 (c) 2.58772004

08. (a) 0.31831319 (b) 0.36787969 (c) 0.40824991

연습문제 2.1

1. (a) $\displaystyle\int_0^1 x^3\,dx$ (b) $\displaystyle\int_0^1 (1+x^3)\,dx$

(c) $\displaystyle\int_0^1 (1+x)^3\,dx$ (d) $\displaystyle\frac{1}{2}\int_0^2 (1+x^3)\,dx$

2. (a) 8 (b) -11 (c) 1

5. $\dfrac{\pi}{2}$

7. (a) $\dfrac{1}{(1+x^2)}$ (b) $e^{-x^2/2}$ (c) $\dfrac{\sqrt{x}\cos x}{2}$

(d) 1 (e) -1 (f) $\frac{2(1-x^2)}{1+x^2}$

(g) $2e^x - 2$ (h) $-1-\frac{x}{\sqrt{1-x^2}}$

8. (a) e^{-1} (b) $e^{-1}/2$

(c) $1/3$ (d) $1/3$

10. (a) $\frac{3}{2}x^{2/3}+C$ (b) $2(\sqrt{x}-1/\sqrt{x})+C$

(c) $\ln|x|-\frac{1}{2x^2}+C$ (d) $\ln|x|+C$

(e) $-\ln|2-x|+C$ (f) $\frac{1}{2}\ln\left|\frac{1+x}{1-x}\right|+C$

(g) $\frac{e^{2x}}{2}+C$ (h) $\frac{2}{\ln 2}(\sqrt{2})^x+C$

(i) $2\tan x - x + C$ (j) $\sec x + \tan x + C$

11. (a) 2 (b) 136

(c) $\ln 3 + 4/9$ (d) $2\ln(3/2)$

(e) $2\sqrt{2}-2$ (f) $11/6$ (g) 0

12. (a) $0 < A < 1$ (b) $1-A$

13. (a) $0 < A < ab$ (b) $ab - A$

14. $\int_0^1 \frac{1}{1+x}\,dx = \ln 2$

연습문제 2.2

01. (a) $\frac{2(x-2)^{3/2}(4+3x)}{15}+C$ (b) $\frac{2}{9}(x^3+2)^{3/2}+C$

(c) $-2\cos\sqrt{x}+C$ (d) $\frac{1}{3}(\ln x)^3+C$

(e) $2\sqrt{\ln x}+C$ (f) $2\sqrt{1+3x+x^2}+C$

(g) $\frac{1}{2}\arctan^2(x)+C$ (h) $x-e^{-x}+C$

(i) $\ln(e^x+1)+C$

02. (a) $-(1+x)e^{-x}+C$ (b) $x\tan x+\ln|\cos x|+C$

(c) $x(\ln x)^2-2x\ln x+2x+C$ (d) $\frac{1}{2}e^{-t}(\sin t-\cos t)+C$

(e) $t^{3/2}\left(\frac{2}{3}\ln t-\frac{4}{9}\right)+C$ (f) $\frac{1}{2}t(\cos(\ln t)+\sin(\ln t))+C$

(g) $\frac{1}{24}\sqrt{4t^2+1}(2t^2-1)+C$ (h) $2(\sin\sqrt{x}-\sqrt{x}\cos\sqrt{x})+C$

(i) $2e^{\sqrt{x}}(\sqrt{x}-1)+C$ (j) $\frac{1}{2}e^{x^2}(x^2-1)+C$

03. (a) $\ln(2+\sqrt{3})-\frac{1}{2}\ln 3$ (b) -1 (c) 2π

(d) $\frac{13}{3}$ (e) 0 (f) $\frac{211}{15}$ (g) $\frac{a^3}{3}$

(h) $\frac{\pi}{8}$ (i) $\frac{\pi-2\ln 2}{4}$ (j) $\frac{5\ln 2-3}{4}$ (k) 0

05. (b) $\frac{1}{272}$

연습문제 2.3

01. (a) $\ln(2+\sqrt{3})-\frac{1}{2}\ln 3$ (b) $2\sqrt{2}-2$

(c) $\sqrt{2}$ (d) $\frac{1}{4}\sin^4 x+C$

(e) $\frac{1}{3}\sin^3 x-\frac{1}{5}\sin^5 x+C$ (f) $\frac{3}{8}x+\frac{1}{4}\sin 2x+\frac{1}{32}\sin 4x+C$

(g) $\frac{1}{8}\cos^8 x-\frac{1}{6}\cos^6 x+C$

02. (a) $\frac{1}{3}\sec^3 x-\sec x+C$ (b) $\frac{1}{5}\sec^5 x-\frac{1}{3}\sec^3 x+C$

03. (a) $\frac{1}{3}\tan^3 x+C$ (b) $\frac{1}{6}\tan^6 x+\frac{1}{4}\tan^4 x+C$

04. (a) $\frac{1}{3}$ (b) $\frac{2}{3}$ (c) 0 (d) $-\frac{1}{3}$

05. (a) $\frac{x\sqrt{4-x^2}}{2}+2\arcsin\left(\frac{x}{2}\right)+C$ (b) $\frac{1}{4}(\sqrt{2}+\ln(\sqrt{2}+1))$

(c) $\dfrac{\sqrt{3}}{3}-\dfrac{\pi}{6}$

(d) $\dfrac{\pi}{4}$

(e) $\dfrac{\pi}{6}$

(f) $\dfrac{25}{2}\arcsin\left(\dfrac{t}{5}\right)+\dfrac{t\sqrt{25-t^2}}{2}+C$

(g) $\dfrac{\sqrt{x^2-1}}{x}+C$

(h) $-\dfrac{2\sqrt{4-s^2}}{s}+C$

(i) $\dfrac{\pi}{12}$

(j) $\dfrac{\pi}{2}$

06. (a) $\arctan(x-1)+C$

(b) $2x+2\ln(x^2-2x+2)+\arctan(x-1)+C$

(c) $\dfrac{1}{2}\arctan(x-1)+\dfrac{x-1}{2(x^2-2x+2)}+C$

(d) $\dfrac{x-1}{\sqrt{x^2-2x+2}}+C$

08. $2\displaystyle\int_1^2 \sqrt{x^2-1}\,dx = 2\sqrt{3}-\ln(2+\sqrt{3})$

연습문제 2.4

01. (a) $\dfrac{1}{2}$ (b) D (c) 1 (d) D

(e) $-\dfrac{1}{4}$ (f) $2\sqrt{2}$ (g) D (h) $\dfrac{\pi}{2}$

(i) $\dfrac{\pi}{2}$ (j) $\dfrac{\pi}{3}$ (k) $\dfrac{\pi}{4}$ (l) D

(m) $\ln\dfrac{e+1}{e-1}$ (n) D

02. (a) $\dfrac{1}{2}\ln\left|\dfrac{1-x}{1+x}\right|+C$ (b) $\ln\left|\dfrac{x}{x+1}\right|+C$

(c) $\dfrac{1}{5}\ln\left|\dfrac{x-3}{x+2}\right|+C$

03. (a) D (b) $\dfrac{1}{2}\ln 3$ (c) D

(d) $\ln 2$ (e) D (f) $-\dfrac{1}{5}\ln 6$

04. (a) C (b) C (c) C (d) C

(e) C (f) D (g) C (h) C

05. $p>1$

06. (c) $\sigma^3\sqrt{2\pi}$ (d) $\dfrac{1}{\sigma\sqrt{2\pi}}$

07. (a) $\dfrac{1}{s},\ s>0$ (b) $\dfrac{1}{s^2},\ s>0$ (c) $\dfrac{1}{s-a},\ s>a$

(d) $\dfrac{s}{s^2+a^2},\ s>0$ (e) $\dfrac{s}{s^2-a^2},\ s>|a|$

연습문제 2.5

01. (a) $y=-2x+5$ (b) $x=\left(\dfrac{3-y}{2}\right)^2+1$

(c) $y=1-x^2,\ x\ge 0$ (d) $x=y^{2/3}$

(e) $x^2+y^2=1,\ y\ge 0$ (f) $(x-1)^2+(y+1)^2=1,\ 1\le x\le 2$

(g) $\left(\dfrac{x}{2}\right)^2+\left(\dfrac{y}{3}\right)^2=1$ (h) $x=1-y^2,\ 0\le y\le 1$

(i) $y=x^2+2x+2$ (j) $x^2=1+y^2,\ x\ge 1$

(k) $|x|^{2/3}+|y|^{2/3}=1,\ y\ge 0$

02. (a) $x^2+y^2=2$ (b) $x^2+y^2=5$

(c) $y=x^2,\ x>0$ (d) $y=x^2,\ x>0$

(e) $(y-x)(2x-y)=1,\ x\ge 2,\ y\ge 2\sqrt{2}$

(f) $3(2x-y)=(x+y)^2,\ x+y>0$ (g) $(y-x)^2=3(2x+y),\ y-x<0$

03. (a) $x=\cos 2t,\ y=\sin 2t$ (b) $x=\cos 2t,\ y=-\sin 2t$

(c) $x=-\sin 3t,\ y=\cos 3t$ (d) $x=-\cos 3t,\ y=\sin 3t$

04. (a) $x=2t+1,\ y=-t,\ 0\le t\le 1$ (b) $x=2-t,\ y=3-t,\ t\ge 0$

(c) $x=t^2+1,\ y=-t,\ t\ge 0$ (d) $x=t,\ y=t^2-2t,\ t\ge 1$

05. (a) $y=\dfrac{4}{11}x+\dfrac{20}{11}$ (b) $y=-\dfrac{4}{3}x$

(c) $y=-\dfrac{1}{2}x+\dfrac{3}{2}$ (d) $y=\pi(x+\pi)$

06. (a) $t=\pm 1$일 때 (b) $t=\dfrac{1}{2}$일 때

07. $x=0.5t\cos 2\pi t$, $y=0.5t\sin 2\pi t$, 5초 후의 속력: $\sqrt{0.5^2+25\pi^2}=5\sqrt{\pi^2+0.01}$

08. (a) $1022/27$ (b) $\ln(\sqrt{2}+1)$

09. (b) $t=\sqrt{3}$일 때 $y=\dfrac{1}{\sqrt{3}}(x-9)$, $t=-\sqrt{3}$일 때, $y=-\dfrac{1}{\sqrt{3}}(x-9)$

(c) 수직접선: $x=0$ ($t=0$일 때), 수평접선: $y=\mp 2$ ($t=\pm 1$일 때)

(d) $12\sqrt{3}$ (e) $\dfrac{72\sqrt{3}}{5}$

10. (b) $t=\dfrac{\pi}{2}$일 때 $y=\dfrac{1}{2\sqrt{2}}x$, $t=\dfrac{3\pi}{2}$일 때, $y=-\dfrac{1}{2\sqrt{2}}x$

(c) 수직접선: $x=\pm 4\sqrt{2}$,

수평접선: $y=1(t=\pi/4,\ 5\pi/4)$, $y=-1(t=3\pi/4,\ 7\pi/4)$

(d) 4π (e) $\dfrac{16\sqrt{2}}{3}$

11. (a) $3/2$ (b) $(4\sqrt{17}+\ln(4+\sqrt{17}))/2$ (c) 4

연습문제 3.1

01. (a) $(4,2,0)$ (b) $(0,0,-1)$ (c) $(-4,-2,1)$

(d) $(-4,2,-1)$ (e) $(4,-2,1)$ (f) $(-2,0,3)$

02. (a) 4 (b) 3 (c) 7

(d) $\sqrt{65}$ (e) 5 (f) $\sqrt{58}$

03. $\left(0,0,-\dfrac{33}{4}\right)$

04. (a) $\left(\dfrac{13}{9},0,\dfrac{5}{3}\right)$ (b) $(-4,3,-6)$, $(2,1,2)$, $(8,5,4)$

05. (a) $(x-1)^2+(y-2)^2+(z-3)^2=7$ (b) $(x-1)^2+(y-2)^2+(z-3)^2=25$

(c) $(x-1)^2+(y-2)^2+(z-3)^2=9$ (d) $(x-1)^2+(y-2)^2+(z-3)^2=10$

(e) $(x-1)^2+(y-2)^2+(z-3)^2=13$

06. (a) $(3,-2,0)$, 5 (b) $(1,1,1)$, $\sqrt{3}$ (c) $(0,0,2)$, $\dfrac{\sqrt{30}}{2}$

(d) $(1,0,0), \frac{\sqrt{5}}{2}$

07. $x^2+y^2+z^2-2x-10z=0$, 구의 중심 $(1,0,5)$, 반지름 $\sqrt{26}$

08. $a=8$

09. $\sqrt{30}$

연습문제 3.2

1. $\overrightarrow{DA}$와 $\overrightarrow{CB}$, $\overrightarrow{AE}$와 $\overrightarrow{EC}$, $\overrightarrow{AB}$와 $\overrightarrow{DC}$, $\overrightarrow{BE}$와 $\overrightarrow{ED}$

2. (a) $\overrightarrow{PS}$ (b) $\overrightarrow{RS}$ (c) $\overrightarrow{PS}$ (d) $\overrightarrow{RP}$

3. (a) $\mathrm{b}-\mathrm{a}$ (b) $\frac{1}{2}(\mathrm{a}+\mathrm{b})$ (c) $\frac{1}{3}(\mathrm{a}+\mathrm{b})$ (d) $\frac{1}{3}(2\mathrm{a}-\mathrm{b})$

(e) $\frac{1}{3}(\mathrm{a}-2\mathrm{b})$ (f) $\frac{1}{2}(\mathrm{b}-\mathrm{a})$

4. (a) $\mathrm{b}-\mathrm{a}$ (b) $-\mathrm{a}$ (c) $-2\mathrm{a}$ (d) $2\mathrm{a}-2\mathrm{b}$

(e) $\mathrm{b}-2\mathrm{a}$ (f) 0

6. (a) $\overrightarrow{PQ}=(1-4)$, $\|\overrightarrow{PQ}\|=\sqrt{17}$, $\overrightarrow{QP}=(-1,4)$, $\|\overrightarrow{QP}\|=\sqrt{17}$.

(b) $\overrightarrow{PQ}=(-3,2,-1)$, $\|\overrightarrow{PQ}\|=\sqrt{14}$, $\overrightarrow{QP}=(3,-2,1)$, $\|\overrightarrow{QP}\|=\sqrt{14}$.

7. (a) $(-6,4), 2\sqrt{13}$ (b) $(-1,1), \sqrt{2}$

(c) $(-3,2), \sqrt{13}$ (d) $(-3,2), \sqrt{13}$

8. (a) $\frac{1}{5}(-3,4)$ (b) $\frac{1}{\sqrt{29}}(-3,2,4)$ (c) $\frac{1}{3}(-2,1,-2)$

9. (a) $\frac{1}{\sqrt{2}}(1,1)$ (b) $\frac{1}{\sqrt{5}}(1,2)$ (c) $\frac{1}{2}(1,\sqrt{3})$ (d) $\frac{1}{2}(-1,\sqrt{3})$

10. (a) $\mathrm{a}+\mathrm{b}=(2,-13)$, $2\mathrm{a}-3\mathrm{b}=(19,-21)$, $\|\mathrm{a}\|=13$, $\|\mathrm{a}-\mathrm{b}\|=\sqrt{185}$

(b) $\mathrm{a}+\mathrm{b}=(7,2,1)$, $2\mathrm{a}-3\mathrm{b}=(4,-11,7)$, $\|\mathrm{a}\|=\sqrt{30}$, $\|\mathrm{a}-\mathrm{b}\|=\sqrt{34}$

(c) $\mathrm{a}+\mathrm{b}=(0,6)$, $2\mathrm{a}-3\mathrm{b}=(5,2)$, $\|\mathrm{a}\|=\sqrt{17}$, $\|\mathrm{a}-\mathrm{b}\|=2\sqrt{2}$

(d) $\mathrm{a}+\mathrm{b}=(2,-4,0)$, $2\mathrm{a}-3\mathrm{b}=(-1,2,15)$, $\|\mathrm{a}\|=\sqrt{14}$, $\|\mathrm{a}-\mathrm{b}\|=6$

11. (a) $\mathrm{v}=(2,-3,5)$, $\frac{x-1}{2}=\frac{y}{-3}=\frac{z+2}{5}$

(b) $\mathrm{v}=(5,2,3)$, $\frac{x-3}{5}=\frac{y-3}{2}=\frac{z-7}{3}$

(c) $\mathbf{v} = (2,3,-1)$, $\dfrac{x}{2} = \dfrac{y}{3} = \dfrac{z}{-1}$

연습문제 3.3

01. (a) 27, $\dfrac{27}{13\sqrt{10}}$ (b) 5, $\dfrac{5}{2\sqrt{105}}$ (c) 7, $\dfrac{7}{\sqrt{85}}$ (d) -4, $-\dfrac{2}{7}$

02. (a) -3 (b) $\dfrac{3\sqrt{2}}{2}$

03. (a) $\dfrac{1}{2}$ (b) $-\dfrac{1}{2}$ (c) $\dfrac{3}{4}$ (d) $\dfrac{1}{2}$

(e) $\dfrac{1}{2}$ (f) $-\dfrac{1}{6}$

04. Hint. $\overrightarrow{BA} \cdot \overrightarrow{BC} = 0$임을 보인다.

05. (a) $\pm\dfrac{1}{\sqrt{3}}(1,1,-1)$ (b) $\pm\dfrac{1}{\sqrt{6}}(-1,2,-1)$

06. (a) 1 (b) -1 (c) $2 \pm \sqrt{3}$ (d) 0

07. (a) $\dfrac{1}{5}$ (b) -2 or 3

11. t의 2차식 $f(t) = \|t\mathbf{a} + \mathbf{b}\|^2 = t^2\|\mathbf{a}\|^2 + 2(\mathbf{a} \cdot \mathbf{b})t + \|\mathbf{b}\|^2 \geq 0$에 대하여 $f(t) \geq 0$이므로 판별식 $D = (2\mathbf{a} \cdot \mathbf{b})^2 - 4\|\mathbf{a}\|^2\|\mathbf{b}\|^2 \leq 0$이다. 즉, $(\mathbf{a} \cdot \mathbf{b})^2 \leq \|\mathbf{a}\|^2\|\mathbf{b}\|^2$이므로 원하는 결과를 얻는다.

13. $k = \dfrac{\mathbf{a} \cdot \mathbf{b}}{\|\mathbf{a}\|^2}$

14. (a) $x - 3y + 7z = 28$ (b) $3x - 5y + 7z - 65 = 0$

(c) $11x - 17y + 19z = 0$

15. (a) $(-5,18,17)$ (b) $(0,2,0)$

16. (a) 둘 다 아니다. (b) 둘 다 아니다. (c) 평행하다. (d) 수직이다.

연습문제 4.1

01. (a) $\mathbb{R}^2$, $\mathbb{R}$ (b) $\{(x,y) \mid x^2 + 4y^2 \leq 9\}$, $\{z \mid 0 \leq z \leq 3\}$

(c) $\{(x,\ y)|x^2+4y^2<9\}$, $\left\{z|z \geq \dfrac{1}{3}\right\}$ (d) $\mathbb{R}^2$, $\{0<z\leq 1\}$

(e) $\mathbb{R}^2$, $\{z|-1\leq z\leq 1\}$ (f) $\mathbb{R}^2$, $\{z|-1\leq z\leq 1\}$

02. (a) – (3) (b) – (1) (c) – (6)

(d) – (2) (e) – (4) (f) – (5)

03. (a) – (3) (b) – (4) (c) – (5)

(d) – (1) (e) – (6) (f) – (2)

05. (a) -1 (b) 3 (c) $\ln 2$ (d) e

06. (a) 1, -1, 극한값을 갖지 않는다.

(b) 0, 1, 극한값을 갖지 않는다.

07. (a) 0, $\dfrac{1}{2}$, 극한값을 갖지 않는다.

(b) 1, $\dfrac{2}{3}$, 극한값을 갖지 않는다.

08. (a) 1

(b) 극한값을 갖지 않는다. x축을 따라 원점에 다가갈 때는 극한값이 0, 직선 $y=x$를 따라 원점에 다가갈 때는 극한값이 $\dfrac{1}{2}$이 된다.

(c) 1 (d) 0

09. (a) 0 (b) 0

10. (a) -1 (b) 0

11. $c=1$

연습문제 4.2

01. $z=x+2y-1$

02. (a) $z=\dfrac{2}{3}x-2y$ (b) $z=-x+y+1$

03. (a) -18.4 (b) -25.6

04. (a) $\dfrac{\partial f}{\partial x}=15x^4-2y$, $\dfrac{\partial f}{\partial y}=-2x-3y^2$

(b) $\dfrac{\partial f}{\partial x} = \dfrac{7y}{(x+y)^2}$, $\dfrac{\partial f}{\partial y} = \dfrac{-7x}{(x+y)^2}$

(c) $\dfrac{\partial f}{\partial x} = \dfrac{x}{\sqrt{x^2+y^2}}$, $\dfrac{\partial f}{\partial y} = \dfrac{y}{\sqrt{x^2+y^2}}$

(d) $\dfrac{\partial f}{\partial x} = x^{y-1}y$, $\dfrac{\partial f}{\partial y} = x^y \ln x$

06. (a) $\left(\dfrac{1}{2},\ 0\right)$, $(0,\ 0)$, $(\pm 1,\ 0)$

07. (b) $L(x,\ y) = 3x + 7y + 6$

08. (a) $L(x,\ y) = 8 + 16(x-1) + 6(y-2)$

(b) $L(x,\ y) = \dfrac{4}{5}(x-4) + \dfrac{3}{5}(y-3) + 5$

(c) $L(x,\ y) = ex$

09. (a) 8.04 (b) 4.974 (c) $0.9e \fallingdotseq 2.4465$

10. $4200\pi\,\text{cm}^3$

11. (a) 20 m (b) 2.1214 m

12. $-17.38°\text{C}$

연습문제 4.3

01. (a) $(2,\ -2)$, 1 (b) $(2,\ -1)$, 2 (c) $(1,\ 1)$, -1

02. (a) $(2,\ -2)$, $2\sqrt{2}$ (b) $(2,\ -1)$, $\sqrt{5}$ (c) $(1,\ 1)$, $\sqrt{2}$

03. (a) $(60,\ 85)$ (b) $(10,\ 4)$ (c) $\left(\dfrac{\sqrt{2}\pi}{2},\ 0\right)$ (d) $\dfrac{1}{100}(2,\ -6)$

(e) $(-3,\ 0)$ (f) $(1,\ 6)$

04. (a) $\dfrac{23}{10}$ (b) 0 (c) $4\sqrt{2}$ (d) $\dfrac{4}{5}$

(e) $-\dfrac{3}{\sqrt{2}}$ (f) 2

05. (a) $\left(\dfrac{4}{5},\ \dfrac{3}{5}\right)$, 순간 변화율: 20 (c) $\pm\left(\dfrac{3}{5},\ -\dfrac{4}{5}\right)$

06. (b) $-\dfrac{1}{\sqrt{2}}(1,\ 1)$, $\dfrac{200\sqrt{2}}{3}$ (c) $\dfrac{1}{\sqrt{2}}(1,\ 1)$, $-\dfrac{200\sqrt{2}}{3}$

(d) $\pm\left(\frac{1}{\sqrt{2}},\ -\frac{1}{\sqrt{2}}\right)$

07. 얕아진다. $-\frac{18\sqrt{5}}{25}$

08. (a) 증가한다. 증가율: 2 (b) 방향미분계수 $=0$

(c) $\left(-\frac{1}{\sqrt{2}},\ -\frac{1}{\sqrt{2}}\right)$ 방향, $2\sqrt{2}$

연습문제 4.4

01. (a) $2(y^2-x^2)t$ (b) $\frac{xe^t-ye^{-t}}{\sqrt{x^2+y^2}}$ (c) $\frac{2(xe^t+y)}{x^2+y^2}$ (d) $e^{\frac{y}{x}}\left(2t-\frac{2ty}{x}-1\right)$

02. 8

06. (a) 연평균 기온이 1도 올라가면 쌀 수확량은 2단위 감소한다. 연강수량이 1 cm 증가하면 쌀 수확량은 3단위 증가한다.

(b) -0.8

07. (a) $10\pi\,\text{cm}^3/\text{min}$ (b) $4\pi\,\text{cm}^2/\text{min}$

08. (a) $1+3x-3y+3x^2-6xy+3y^2$ (b) $1-2x^2-y^2$

(c) $1-2x+y+4x^2-4xy+y^2$ (d) $1+x+\frac{x^2}{2}-\frac{y^2}{2}$

(e) $-y+x^2-\frac{y^2}{2}$

09. (a) 극대점: $(-1,\ 1/2)$

(b) 극소점: $(1,\ 1)$, $(-1,\ -1)$, 안장점: $(0,\ 0)$

(c) 안장점: $(1,\ -1)$, $(-1,\ 1)$ (d) 임계점이 없다.

(e) 안장점: $(0,\ n\pi)$, (n은 정수) (f) 극소점: $(0,\ 0)$, 안장점: $(\pm 1,\ 0)$

10. (a) 남북방향 벽의 길이를 x, 동서방향 벽의 길이를 y라 할 때,

$$f(x,\ y)=\frac{40000}{x}+\frac{32000}{y}+4xy.$$

정의역: $\{(x,\ y)\mid 0<x\le 30,\ 0<y\le 30,\ xy\ge 200\}$

(b) 임계점 $(5\cdot 10^{2/3},\ 4\cdot 10^{2/3})$, 극소점

11. $k>2$, $k<-2$: 안장점, $-2\le k\le 2$: 극소점

연습문제 4.5

01. (a) 최댓값은 없고, 최솟값만 있다. 주어진 영역이 유계가 아니다.

(b) 최댓값은 없고, 최솟값만 있다. 주어진 영역이 닫힌집합이 아니다.

(c) 최댓값, 최솟값 모두 있다.

(d) 최댓값, 최솟값 모두 있다.

(e) 최댓값은 있고, 최솟값은 없다. 주어진 함수가 연속함수가 아니다.

02. (a) 최댓값: 9, 최솟값: -14 (b) 최댓값: 7, 최솟값: 4

(c) 최댓값: 83, 최솟값: 0 (d) 최댓값: 2, 최솟값: -2

(e) 최댓값: 2, 최솟값: 0

03. $(0, 0, 1)$, $(0, 0, -1)$

04. $\frac{100}{3}, \frac{100}{3}, \frac{100}{3}$

05. $\frac{32\sqrt{3}}{9}$

06. (b) $p_1 = p_2 = 25$, 최대 수익: 4375

07. 한 변의 길이가 $(32)^{1/3}$ cm인 정육면체

09. (a) 최댓값: $\sqrt{2}$, 최솟값: $-\sqrt{2}$ (b) 최댓값: 2, 최솟값: -2

(c) 최댓값: 4, 최솟값: -4 (d) 최댓값: 2, 최솟값: -2

(e) 최댓값: $\sqrt{3}$, 최솟값: 1 (f) 최댓값: $\frac{2}{\sqrt{3}}$, 최솟값: $-\frac{2}{\sqrt{3}}$

10. (a) 최댓값: 8, 최솟값: 0 (b) 최댓값: $\frac{\sqrt{2}}{4}$, 최솟값: $-\frac{\sqrt{2}}{4}$

(c) 최댓값, 최솟값 모두 없다. (d) 최댓값: $e^{1/4}$, 최솟값: $e^{-1/4}$

11. $c\left(\frac{a}{P_1}\right)^a\left(\frac{b}{P_2}\right)^b T$

12. (a) 노동자의 수: 225, 설비의 양: 37.5

15. $\frac{3}{\sqrt{6}}$

16. 최댓값 1, 최솟값 -1

17. 5

연습문제 5.1

02. (a) 0이거나 감소하는 함수이어야 한다. (c) 존재한다, $y=0$

03. (a) $0 < P < 5600$ (b) $P > 5600$

(c) $P = 2800$

04. (a) $y=0,\ y=-2,\ y=-3$ (b) $y<-3,\ -2<y<0,\ y>0$

(c) $-3<y<-2$

05. (a) $r=\dfrac{2}{3}$ (b) $r=\pm\dfrac{1}{2}$

(c) $r=-2,\ 1$ (d) $r=-2,\ \dfrac{2}{3}$

06. (a) $\dfrac{dP}{dt}=k\sqrt{P}$ (b) $\dfrac{dv}{dt}=kv^2$

(c) $\dfrac{dv}{dt}=k(250-v)$ (d) $\dfrac{dP}{dt}=k(N-P)$

(e) $\dfrac{dP}{dt}=kP(N-P)$ (f) $\dfrac{dV}{dt}=-kV^{2/3}$

07. (a) $\dfrac{dy}{1+y}=dt$ (b) $\dfrac{dy}{y-y^3}=dt$

(c) 변수분리 불가능 (d) $\dfrac{dy}{e^y}=e^t dt$

(e) 변수분리 불가능 (f) $(y+1)e^{-y}dy=e^t dt$

(g) $\dfrac{dy}{2\ln y+1}=t^2 dt$ (h) 변수분리 불가능

08. (a) $\dfrac{1}{2}y^2=\dfrac{1}{3}t^3+C$ (b) $y^4=\dfrac{1}{2}e^{2t}+C$

(c) $y=Ct^4$ (d) $y=Ce^{-\cos t}$

(e) $y=C\dfrac{1-t}{1+t}$ (f) $e^{-y}+2e^{\sqrt{t}}=C$

(g) $e^{-y}+e^{\sin t}=C$ (h) $y=\dfrac{1}{2}\ln(2e^t+C)$

(i) $\dfrac{1}{3y^3}-\dfrac{2}{y}=\dfrac{1}{t}+\ln|t|+C$ (j) $\sec y=C\sqrt{t^2+1}$

(k) $\ln|1+y|=t+\dfrac{1}{2}t^2+C$

09. (a) $y = 2e^{e^t}$ (b) $y = \sqrt{1+\sqrt{t^2-16}}$

(c) $y = \frac{\pi}{2}\sin t$ (d) $y = \ln|3e^{2t}-2|$

(e) $y = -\sqrt{-2t^2+2t+4}$ (f) $y = \left(\frac{t^{3/2}+5}{3}\right)^2$

(g) $y = -\sqrt{t^2+\tan t+25}$ (h) $y = \ln\frac{2}{3-t^2}$

(i) $y = \frac{4a}{\sqrt{3}}\sin t - a$ (j) $y = \frac{1}{1-2t}$

10. (a) $y = \tan(t^2+C)$ (b) $y = \tan(t^2)$

11. (a) $\arcsin y = t^2 + C$ (b) $y = \sin(t^2)$

(c) $y = \sin\left(t^2 - \frac{\pi}{12}\right)$

연습문제 5.2

01. (a) – (5) (b) – (3) (c) – (1) (d) – (2)

(e) – (6) (f) – (4)

02. (b) $y=0,\ y=2,\ y=-2$

04. (a) 근삿값: $y(t_f)=1.6200$, 방정식의 해: $y=e^{-t}$, 참값: $y(t_f)=1.6375$

(b) 근삿값: $y(t_f)=1.2105$, 방정식의 해: $y=\tan\frac{t+\pi}{4}$, 참값: $y(t_f)=1.2230$

(c) 근삿값: $y(t_f)=0.8767$, 방정식의 해: $y=\sqrt{1-t^2}$, 참값: $y(t_f)=0.8$

(d) 근삿값: $y(t_f)=2.6025$

05. (a) 해: $y(t)=2-e^t$, $y(1)\fallingdotseq -0.7183$,

근삿값: $y(1)=-0.5937$, $y(1)=-0.7048$,

백분율오차: 17.35%, 1.88%

(b) 해: $y(t)=1-\frac{2}{t-2}$, $y(1)=3$, 근삿값: $y(1)=2.8844$, $y(1)=2.9864$,

백분율오차: 3.85%, 0.45%

(c) 해: $y(t)=\sqrt{t^4+8}$, $y(2)=\sqrt{24}\fallingdotseq 4.8990$,

근삿값: $y(2)=4.7972$, $y(2)=4.889$,

백분율오차: 2.08%, 0.20%

(d) 해: $y(t)=\dfrac{1}{1-\ln t}$, $y(2)=\dfrac{1}{1-\ln 2}\fallingdotseq 3.2589$,

근삿값: $y(2)=2.8454$, $y(2)=3.2031$,

백분율오차: 12.69%, 1.71%

(e) 해: $y(t)=t^2$, $y(3)=9$, 근삿값: $y(3)=8.9468$, $y(3)=8.9948$,

백분율오차: 0.59%, 0.06%

연습문제 5.3

01. 5.2만 명

02. 약 235마리

03. (a) $P(t)=60\cdot 2^{3t}$ (b) $3\ln 2$ (c) $60\cdot 2^{24}=1{,}006{,}632{,}960$

(d) $180\cdot 2^{24}\cdot \ln 2$ (e) 약 2.79시간 후

05. 0.585일

06. (a) $100\cdot 2^{-t/30}$ mg (b) 약 9.92 mg (c) 약 199.3년

07. 약 41년

08. $1.28\cdot 10^9(2\ln 2-\ln 3)\fallingdotseq 3.68\cdot 10^8$년

09. 약 60억년

10. 약 24,765,162원

11. (a) 649.8 (b) 658.4 (c) 660.5

(d) 661.5 (e) 661.6

12. (a) $p(x)=200e^{-\frac{x}{100}+1}$ (b) 492원, 221원 (c) 100개

13. (a) $P=1013e^{kh}$, $k\fallingdotseq -0.121$ (b) 약 2.389 mb (c) 약 1.95 km

14. 약 7분 41초

15. (a) $\dfrac{dQ}{dt}=-kQ+r$ (b) $Q(t)=\dfrac{r}{k}+\left(Q_0-\dfrac{r}{k}\right)e^{-kt}$ (c) $\dfrac{r}{k}$

16. 2585 mg

17. (a) 0.495 m (b) (8.32×10^{-7})배 (c) 3.29 m

18. 2.4분

19. (a) 8.27°C, (b) 3.55분 후

20. (a) 약 13.3°C (b) 약 67.74분

21. 약 $-50\ln(2/3) \fallingdotseq 20.27$분

22. -3°C

23. (a) 47.6°C (b) 방의 온도보다 27.8°C 더 높다. (c) 19°C

연습문제 5.4

01. (a) $y(t)=\dfrac{40}{8-3e^{-15t}}$ (b) $y(t)=\dfrac{10}{2+3e^{15t}}$

(c) $y(t)=\dfrac{77}{11-4e^{-28t}}$ (d) $y(t)=\dfrac{221}{17-4e^{91t}}$

02. (a) $y(t)=\dfrac{10000}{19\left(\dfrac{9}{19}\right)^t+1}$ (b) 약 $\ln(19)/\ln(19/9) \fallingdotseq 3.94$년 후

03. (a) $P(t)=\dfrac{200}{1+24e^{-0.3t}}$

(b) 약 $\dfrac{10}{3}\ln 24 \fallingdotseq 10.6$주, $\dfrac{10}{3}\ln 72 \fallingdotseq 14.3$주

04. (a) $P(t)=\dfrac{400}{1+15e^{-0.1t}}$ (b) 약 $10\ln 285 \fallingdotseq 56.5$년

05. (a) 27,146ton (b) 약 1.93년 후

06. (a) $\dfrac{dP}{dt}=\dfrac{1}{2650}P\left(1-\dfrac{P}{1000}\right)$, P의 단위는 억 명

(b) 58.6억 명 (c) 78.1억 명, 277.2억 명

(d) 76.1억 명, 224.1억 명

08. (b) $m=P_A(0)=P_B(0)$이라 하면

$$P_A(t)=\frac{Mm}{(M-m)e^{-r_1 t}+m},\quad P_B(t)=\frac{Mm}{(M-m)e^{-r_2 t}+m}$$

이므로 $t \ge 0$에 대하여 $P_A(t) \le P_B(t)$이다.

09. (b) $0<P<\dfrac{K}{2}$이면 $\dfrac{d^2P}{dt^2}>0$, $\dfrac{K}{2}<P<K$이면 $\dfrac{d^2P}{dt^2}<0$이므로 $\dfrac{dP}{dt}$는

$P=\dfrac{K}{2}$일 때 최대가 된다.

10. $\dfrac{\ln 2}{0.08} \fallingdotseq 8.7$개월 후

11. (b) $0 < P_0 < 200$이면 $P \to 0$, $P > 200$이면 $P \to 1000$.

평형해: $P=200$, $P=1000$

(c) $P(t)=\dfrac{m(K-P_0)+K(P_0-m)e^{(K-m)rt/K}}{K-P_0+(P_0-m)e^{(K-m)rt/K}}$

12. (c) $v \to \sqrt{13750g} \fallingdotseq 367\,\mathrm{m/sec}$

13. (a) $P(t)=\dfrac{m}{k}+\left(P_0-\dfrac{m}{k}\right)e^{kt}$ (b) $m < kP_0$

(c) 각각 $m=kP_0$, $m>kP_0$

14. (a) 물고기는 주당 15의 비율로 포획된다.

(c) $P=250$, $P=750$ (e) $\dfrac{750(3+e^{0.04t})}{9+e^{0.04t}}$

연습문제 5.5

01. (a) $y(t)=\dfrac{e^t+c}{t}$, $t>0$ (b) $y(t)=e^{-3t}(t^2+c)$

(c) $y(t)=(c+t)e^{t^2}$ (d) $y(t)=-\dfrac{1}{25}-\dfrac{1}{5}t+ce^{5t}$

(e) $y(t)=\dfrac{1}{4t^2}\sin 2t+\dfrac{1}{2t}+\dfrac{c}{t^2}$ (f) $y(t)=5\sqrt{t}+\dfrac{c}{\sqrt{t}}$

(g) $y(t)=(e^t+c)e^{-2t}$ (h) $y(t)=\dfrac{1}{2}\sin 2t+c\cos t$

(i) $y(t)=t(\ln t)^2+ct$ (j) $y(t)=\dfrac{c+e^t}{\ln t}$

(k) $y(t)=\dfrac{t^3-3t+c}{3(t-1)^4}$

02. (a) $y(t)=3te^{2t}$ (b) $y(t)=\dfrac{1}{5}\left(t^3-\dfrac{1}{t^2}\right)$

(c) $y(t)=-\dfrac{1}{t}\cos t+\dfrac{\pi}{2t}$ (d) $y(t)=t^3\sin t$

(e) $y(t)=\frac{1}{3}+\frac{16}{3(t^2+4)^{3/2}}$

(f) $y(t)=\frac{(t-1+\ln t)t}{1+t}$

03. $y(t)=e^{t^2}\left(c+\frac{\sqrt{\pi}}{2}\mathrm{erf}(t)\right)$

04. $y(t)=\sqrt{t}\,\mathrm{Ci}(t)$

05. $P(t)=M+ce^{-kt}$

06. A

07. 약 27.8분 후

08. 약 22.18일

09. (a) $\frac{dA}{dt}=\frac{r}{100}A+Q$

(b) 1,011,881원

10. (a) $\frac{dy}{dt}=\frac{1}{15}-\frac{1}{600}y,\quad y=24e^{-t/600}+40$

(b) $600\ln(4/3)\fallingdotseq 172.6$이므로 173일 후, $\lim_{t\to\infty}y(t)=40$

연습문제 5.6

01. (a) 일차종속

(b) ~ (f) 일차독립

03. (a) $y(t)=c_1+c_2t$

(b) $y(t)=c_1e^{3t}+c_2e^{-3t}$

(c) $y(t)=c_1e^{t}+c_2e^{2t}$

(d) $y(t)=c_1e^{-t}+c_2te^{-t}$

(e) $y(t)=c_1e^{3t}+c_2te^{3t}$

(f) $y(t)=c_1e^{(-1-\sqrt{2})t}+c_2e^{(-1+\sqrt{2})t}$

(g) $y(t)=c_1\cos 3t+c_2\sin 3t$

(h) $y(t)=e^{2t}(c_1\cos t+c_2\sin t)$

(i) $y(t)=e^{-t}(c_1\cos\sqrt{3}t+c_2\sin\sqrt{3}t)$

(j) $y(t)=e^{5t}(c_1\cos t+c_2\sin t)$

04. (a) $y(t)=\frac{1}{2}e^{5t}+\frac{1}{2}e^{-5t}$

(b) $y(t)=te^{-t}$

(c) $y(t)=-te^{3t}$

(d) $y(t)=\frac{4}{5}e^{2t}+\frac{1}{5}e^{-3t}$

(e) $y(t)=\cos 2t-\frac{1}{2}\sin 2t$

(f) $y(t)=e^{-t}(\cos t+\sin t)$

(g) $y(t)=-\frac{1}{\sqrt{3}}e^{2t}\sin\sqrt{3}t$

(h) $y(t)=e^{-t}\cos 2t$

05. (a) 0으로 수렴한다.

(b) c_2로 수렴한다.

(c) c_2가 양수이면 $+\infty$로 발산, 음수이면 $-\infty$로 발산, 0이면 0으로 수렴한다.

(d) c_2가 양수이면 $+\infty$로 발산, 음수이면 $-\infty$로 발산, 0이면 해는 상수함수 c_1이다.

(e) c_1이 양수이면 $+\infty$로 발산, 음수이면 $-\infty$로 발산한다.

$c_1 = 0$이면, c_2가 양수이면 $+\infty$로 발산하고, 음수이면 $-\infty$로 발산한다.

둘 다 0이면 자명하게 해는 0이다.

(f) 항상 타원 위를 움직인다.

(g) c_1, c_2 둘 중 하나라도 0이 아니면 해는 진폭이 점점 커지면서 발산한다.

(h) 항상 중심으로 수렴하는 나선 모양이 된다.

06. (a) – (6) (b) – (1) (c) – (2)

(d) – (5) (e) – (3) (f) – (4)

연습문제 6.1

01. (a) 수직분기선: $x=0,\ x+10y=1000$, 수평분기선: $y=0,\ 10y=x$

(b) 평형점: $(0,\ 0)$, $(1000,\ 0)$, $(500,\ 50)$

(e) $(0,\ 0)$, $(1000,\ 0)$: 비안정적, $(500,\ 50)$: 안정적

03. (a) 수직분기선: $x=0,\ y=\frac{1}{12}\left(1-\frac{x}{1000}\right)(x+160)$,

수평분기선: $y=0,\ y=0.02x$

(b) 평형점: $(0,\ 0)$, $(1000,\ 0)$, $(800,\ 16)$

(e) $(0,\ 0)$, $(1000,\ 0)$: 비안정적, $(800,\ 16)$: 안정적

04. (a) 수직분기선: $x=0,\ x+y=40$, 수평분기선: $y=0,\ x+2y=50$

(b) 평형점: $(0,\ 0)$, $(40,\ 0)$, $(0,\ 25)$, $(30,\ 10)$

(e) $(0,\ 0)$, $(40,\ 0)$, $(0,\ 25)$: 비안정적, $(30,\ 10)$: 안정적

05. (a) 수직분기선: $x=0,\ x+y=40$, 수평분기선: $y=0,\ 2x+y=50$

(b) 평형점: $(0,\ 0)$, $(40,\ 0)$, $(0,\ 50)$, $(10,\ 30)$

(e) $(0,\ 0)$, $(10,\ 30)$: 비안정적, $(40,\ 0)$, $(0,\ 50)$: 안정적

06. (a) 수직분기선: $x=0,\ x+y=40$, 수평분기선: $y=0,\ 4x+3y=100$

(b) 평형점: $(0,\ 0)$, $(40,\ 0)$, $(0,\ 100/3)$

(e) (0, 0), (0, 100/3): 비안정적, (40, 0): 안정적

07. (a) 수직분기선: $x = 0$, $x + y = 40$, 수평분기선: $y = 0$, $3x + 4y = 300$

(b) 평형점: (0, 0), (40, 0), (0, 75)

(e) (0, 0), (40, 0): 비안정적, (0, 75): 안정적

08. (a) 꿀벌이 없는 경우 꽃은 수용용량 100, 자연성장률 0.1인 로지스틱 모형을 따른다.

꽃이 없는 경우 꿀벌은 수용용량 100, 자연성장률 0.03인 로지스틱 모형을 따른다.

따라서 꿀벌과 꽃 중 하나만 존재할 때에는 시간이 지나면 모두 100으로 수렴한다.

(b) 첫 번째 식: $0.0005xy$, 두 번째 식: $0.0012xy$

(c) (a) 수직분기선: $x = 0$, $y = 2x - 200$, 수평분기선: $y = 0$, $y = 4x + 100$

(b) 평형점: (0, 0), (100, 0), (0, 100)

(e) 모두 비안정적

09. (a) x가 커지면 y'이 커지고 y가 커지면 x'가 커진다. 또는 x는 수용용량이 $50 + 0.5y$인 로지스틱 성장을, y는 수용용량이 $20 + 0.4x$인 로지스틱 성장을 한다. (결국 서로에게 긍정적인 영향을 미친다.)

(b) (a) 수직분기선: $x = 0$, $y = 2x - 100$, 수평분기선: $y = 0$, $y = 0.4x + 20$

(b) 평형점: (0, 0), (50, 0), (0, 20), (75, 50)

(e) (0, 0), (50, 0), (0, 20): 비안정적, (75, 50): 안정적

연습문제 6.2

01. (a) $x = c_1e^{3t} + c_2e^{-t}$, $y = c_1e^{3t} - c_2e^{-t}$ $m = \pm 1$, 안장점

(b) $x = c_1e^{-t} + c_2e^{6t}$, $y = -c_1e^{-t} + \frac{3}{4}c_2e^{6t}$, $m = 3/4$, -1, 안장점

(c) $x = 7c_1e^{5t} + c_2e^{-t}$, $y = c_1e^{5t} + c_2e^{-t}$, $m = 1$, $\frac{1}{7}$, 마디끌개

(d) $x = (c_1 + c_2t)e^{t}$, $y = (2c_1 + c_2 + 2c_2t)e^{t}$, $m = 2$, 특수마디밀개

(e) $x = (c_1 + c_2t)e^{-t}$, $y = \frac{e^{-t}}{2}(c_2 - 4c_1 - 4c_2t)$, $m = -2$, 특수마디끌개

(f) $x=e^{t}(c_1\cos(2t)+c_2\sin(2t)),\ \ y=e^{t}(c_1\sin(2t)-c_2\cos(2t))$,

직선궤적 없음, 나선밀개

(g) $x=-2\sin(4t)+\cos(4t),\ y=2\cos(4t)$, 직선궤적 없음, 중심

(h) $x=-3e^{2t}\sin(3t),\ y=e^{2t}(\cos(3t)-\sin(3t))$, 직선궤적 없음, 나선밀개

02. (a) $x=1-e^{3t},\ \ y=1+2e^{3t}$

(b) $x=2e^{-t},\ \ y=(2t+1)e^{-t},\ \ z=(t^2+t)e^{-t}$

(c) $x=2e^{\frac{3}{2}t}\cos\frac{\sqrt{3}}{2}t,\ \ y=e^{\frac{3}{2}t}\left(-\cos\frac{\sqrt{3}}{2}t+\sqrt{3}\sin\frac{\sqrt{3}}{2}t\right)$,

$z=e^{\frac{3}{2}t}\left(-\cos\frac{\sqrt{3}}{2}t-\sqrt{3}\sin\frac{\sqrt{3}}{2}t\right)$

(d) $x=2\cos(\sqrt{3}t),\ y=-\sqrt{3}\sin(\sqrt{3}t)-\cos(\sqrt{3}t)$,

$z=\sqrt{3}\sin(\sqrt{3}t)-\cos(\sqrt{3}t)$

03. (a) (i) 수직분기선: $x=0$, 수평분기선: $y=0$, 평형점: $(0,\ 0)$ (iii) 비안정적

(b) (i) 수직분기선: $y=0$, 수평분기선: $x=0$, 평형점: $(0,\ 0)$ (iii) 비안정적

(c) (i) 수직분기선: $y=0$, 수평분기선: $y=-\frac{5}{2}x$, 평형점: $(0,\ 0)$ (iii) 안정적

(d) (i) 수직분기선: $x=2-2y$, 수평분기선: $y=1$, 평형점: $(0,\ 1)$ (iii) 비안정적

(e) (i) 수직분기선: $y=1$, 수평분기선: $y=2x-2$, 평형점: $\left(\frac{3}{2},\ 1\right)$ (iii) 비안정적

(f) (i) 수직분기선: $x=2$, 수평분기선: $y=-x-1$, 평형점: $(2,\ -3)$ (iii) 안정적

04. (a) $x=c_1e^{2t},\ y=c_2e^{2t}$, 원점을 지나는 직선의 일부, 비안정적

(b) $x=c_1e^{-2t},\ y=c_2e^{-2t}$, 원점을 지나는 직선의 일부, 안정적

05. (a) 특성방정식이 $r^2+1=0$이므로 $r=\pm i$이고 따라서 원점은 중심이다.

07. (a) 일반해: $x=c_1e^{-t},\ y=c_2e^{-t}$, 궤적: $c_2x=c_1y$, 안정적

(b) 일반해: $x=c_1e^{-t},\ y=c_2e^{t}$, 궤적: $xy=c$, 비안정적

(c) 일반해: $x=c_1e^{t},\ y=c_2e^{2t}$, 궤적: $cx^2=dy$, 비안정적

(d) 일반해: $x=c_1e^{2t},\ y=c_2e^{t}$, 궤적: $cx=dy^2$, 비안정적

08. (a) 평형점: 직선 $x-y=0$ 위의 모든 점, 일반해: $x=c_1t+c_2,\ y=c_1t-c_1+c_2$,

궤적: $y=x+C$ 기울기가 1인 직선

(b) 평형점: 직선 $x-y=0$ 위의 모든 점, 일반해: $x=c_1+c_2e^{2t},\ y=c_1-c_2e^{2t}$,

궤적: $x+y=C$ 기울기가 -1인 직선

(c) 평형점: 직선 $2x-y=0$ 위의 모든 점,

일반해: $x=c_1+c_2e^{4t}$, $y=2c_1-2c_2e^{4t}$,

궤적: $y=-2x+C$ 기울기가 -2인 직선

연습문제 6.3

01. (a) $\begin{cases} x' = x-3y \\ y' = 4x-6y \end{cases}$, 마디끌개 (b) (a)와 동일

(c) $\begin{cases} x' = x+2y \\ y' = 2x-2y \end{cases}$, 안장점 (d) (c)와 동일

(e) $\begin{cases} x' = 2x-5y \\ y' = 4x-6y \end{cases}$, 나선끌개 (f) (e)와 동일

(g) $\begin{cases} x' = 5x-3y \\ y' = 5x \end{cases}$, 나선밀개 (h) (g)와 동일

02. (a) $(0, 0)$, $\begin{cases} x' = x-y \\ y' = -y \end{cases}$, 비안정적, $(1, 1)$, $\begin{cases} u' = u-v \\ v' = 2u-v \end{cases}$, 판단불가

(b) $(1, 1)$, $\begin{cases} u' = -v \\ y' = 2u-v \end{cases}$, 안정적, $(-1, 1)$, $\begin{cases} u' = -v \\ v' = -2u-v \end{cases}$, 비안정적

(c) $(0, 0)$, $\begin{cases} x' = x \\ y' = -y \end{cases}$, 판단불가, $(1, 1)$, $\begin{cases} u' = -v \\ v' = u \end{cases}$, 비안정적

(d) $(2, 1)$, $\begin{cases} u' = u+2v \\ v' = u-2v \end{cases}$, 안정적, $(-2, -1)$, $\begin{cases} u' = -u-2v \\ v' = u-2v \end{cases}$, 비안정적,

(e) $(2, 1)$, $\begin{cases} u' = 4u-2v \\ v' = -2v \end{cases}$, 비안정적, $(-2, 1)$, $\begin{cases} u' = -4u-2v \\ v' = 2v \end{cases}$, 비안정적

(f) $(\sqrt{2}, 2)$, $\begin{cases} u' = 2\sqrt{2}u-4v \\ v' = 2\sqrt{2}u-v \end{cases}$, 비안정적

$(-\sqrt{2}, 2)$, $\begin{cases} u' = -2\sqrt{2}u-4v \\ v' = -2\sqrt{2}u-v \end{cases}$, 비안정적

03. $\begin{cases} u' = -0.5u-5v \\ v' = 0.01u-0.1v \end{cases}$, 나선끌개

04. $\begin{cases} u' = -\dfrac{19}{30}u-10v \\ v' = 0.002u-0.1v \end{cases}$, 마디끌개

05. $\begin{cases} u' = -15u-15v \\ v' = -5u-10v \end{cases}$, 마디끌개

06. $\begin{cases} u' = \ \ -5u-5v \\ v' = -30u-15v \end{cases}$, 안장점

07. $\begin{cases} u' = -0.2u+0.1v \\ v' = \ 0.04u-0.1v \end{cases}$, 마디끌개

연습문제 6.4

01. (a) $\begin{cases} x' = -\dfrac{1}{5}x+\dfrac{1}{20}y \\ y' = \dfrac{1}{5}x-\dfrac{1}{5}y \end{cases}$, $\begin{cases} x(t) = 5e^{-t/10}+5e^{-3t/10} \\ y(t) = 10e^{-t/10}-10e^{-3t/10} \end{cases}$

(b) $\begin{cases} x' = 3-\dfrac{1}{5}x+\dfrac{1}{20}y \\ y' = \dfrac{1}{5}x-\dfrac{1}{5}y \end{cases}$, 모두 20으로 수렴

02. (a) (2, 1), 마디끌개 (b) (2, 2), 안장점

(c) (1, 1), 나선끌개 (d) (2.5, −0.5), 중심

03. 20, 20, 20

04. (a) $x(t) = 100e^{-0.01t}$, $y(t) = 200(e^{-0.005t}-e^{-0.01t})$

$z(t) = 100(e^{-0.01t}-2e^{-0.005t}+1)$

(b) $t = 100\ln 2$, $y(t) = 100(\sqrt{2}-1)$, $z(t) = 150-100\sqrt{2}$

(c) $t = 200\ln 2$, $x(t) = z(t) = 25$

(d) $t = 200\ln(2+\sqrt{2})$, $x(t) = 25(6-4\sqrt{2})$, $y(t) = 100(\sqrt{2}-1)$

05. (a) $y_1{}' = -\dfrac{1}{15}y_1$, $y_2{}' = \dfrac{y_1}{15}-\dfrac{y_2}{20}$, $y_3{}' = \dfrac{y_2}{20}-\dfrac{y_3}{30}$

(b) $y_1 = 15e^{-t/15}$, $y_2 = 60(e^{-t/20}-e^{-t/15})$, $y_3{}' = 90(e^{-t/15}-2e^{-t/20}+e^{-t/30})$

(c) 모두 0으로 수렴한다.

06. (a) $y_1{}' = 0.2-\dfrac{1}{15}y_1$, $y_2{}' = \dfrac{y_1}{15}-\dfrac{y_2}{20}$, $y_3{}' = \dfrac{y_2}{20}-\dfrac{y_3}{30}$

(b) $y_1 = 3-3e^{-t/15}$, $y_2 = 4-4e^{-t/20}+12e^{-t/15}$, $y_3 = 6-18e^{-t/15}+12e^{-t/20}$

(c) 탱크 1에서는 3, 탱크 2에서는 4, 탱크 3에서는 6으로 수렴

07. $x' = c-\dfrac{x}{1+x}y-x$, $y' = 0.5y-\dfrac{x}{1+x}y'$

08. (2, 0): 마디끌개, (1, 2): 안장점

연습문제 6.5

01. $S=\dfrac{N}{2}$

02. $0<I_0<N-\dfrac{\beta}{\alpha}$이면 $I'>0$이다. ($\because I$는 수용용량이 $\dfrac{r}{\alpha}=N-\dfrac{\beta}{\alpha}$인 로지스틱 모형을 따른다.) 따라서 $\alpha S-\beta>0$이다.

03. (a) (i) 5 (ii) 1.25 (iii) 2.5

(b) (i) 가장 위 (ii) 가장 아래 (iii) 가운데

(c) (i)

04. $\dfrac{dI}{dS}=\dfrac{dI/dt}{dS/dt}=\dfrac{\alpha SI-\beta I}{-\alpha SI}=-1+\dfrac{\beta}{\alpha}\dfrac{1}{S}$

이므로 변수분리하여 쓰면

$$dI=\left(-1+\frac{\beta}{\alpha}\frac{1}{S}\right)dS$$

이다. 양변을 적분하면 $I(t)=-S(t)+\dfrac{\beta}{\alpha}\ln S(t)+C$이다. 초기조건

$$I(0)=I_0,\ S(0)=S_0,\ R(0)=0$$

을 이용하면 $C=N-\dfrac{\beta}{\alpha}\ln S_0$ 이고

$$I(t)=N-S(t)+\frac{\beta}{\alpha}\ln\frac{S(t)}{S_0}$$

을 얻는다. 두 번째 식도 같은 방법으로 증명할 수 있다.

05. $(1000,0)$에서 근사선형계가 $\begin{cases}u'=-0.25u-0.45v\\ v'=\quad\quad\quad 0.1v\end{cases}$ 이므로 특성방정식의 두 해는 $r=-0.25,\ 0.1$이다. 따라서 $(1000,\ 0)$은 안장점이고 비안정적이다.

06. $E'=a-bE \Rightarrow E'+bE=a$이므로 양변에 적분인자 e^{bt}를 곱하여 풀면

$$(e^{bt}E)'=ae^{bt} \quad\Rightarrow\quad e^{bt}E=\frac{a}{b}e^{bt}+C$$

이다. $E(0)=E_0$라 하면 $C=E_0-\dfrac{a}{b}$이다.

$$E(t)=\frac{a}{b}+\left(E_0-\frac{a}{b}\right)e^{-bt}$$

이므로 시간이 지나면 림프구 수는 $\dfrac{a}{b}$로 수렴한다.

07. (a) $(2,\ 0)$, $(50,\ 48)$

(b) $\begin{cases} u' = -0.5u + 0.02v \\ v' = \quad\quad 0.48v \end{cases}$, 안장점, $\begin{cases} u' = -0.02u + 0.5v \\ v' = \quad\quad -0.48u \end{cases}$, 나선끌개

(c) 림프구와 바이러스는 공존하며 각각 50, 48로 수렴한다.

08. (a) $(2,\ 0)$ (b) $\begin{cases} u' = -0.5u + 0.2v \\ v' = \quad\quad -0.1v \end{cases}$, 마디끌개

(c) 바이러스는 소멸되고 림프구의 양은 2로 수렴한다.

쌍곡함수와 삼각함수표

$\cos^2 a + \sin^2 a = 1$

$\cosh^2 a - \sinh^2 a = 1$

$\tan' a = 1 + \tan^2 a = \sec^2 a$

$\tanh' a = 1 - \tanh^2 a = \text{sech}^2 a$

$\cos(a+b) = \cos a \cos b - \sin a \sin b$

$\cosh(a+b) = \cosh a \cosh b + \sinh a \sinh b$

$\sin(a+b) = \sin a \cos b + \cos a \sin b$

$\sinh(a+b) = \sinh a \cosh b + \cosh a \sinh b$

$\tan(a+b) = \dfrac{\tan a + \tan b}{1 - \tan a \tan b}$

$\tanh(a+b) = \dfrac{\tanh a + \tanh b}{1 + \tanh a \tanh b}$

$\sin 2a = 2 \sin a \cos a$

$\sinh 2a = 2 \sinh a \cosh a$

$\cos 2a = \cos^2 a - \sin^2 a$

$\cosh 2a = \cosh^2 a + \sinh^2 a$

$\sin^2 a = \dfrac{1}{2}(1 - \cos 2a)$

$\sinh^2 a = \dfrac{1}{2}(\cosh 2a - 1)$

$\cos^2 a = \dfrac{1}{2}(1 + \cos 2a)$

$\cosh^2 a = \dfrac{1}{2}(1 + \cosh 2a)$

$\sin a + \sin b = 2 \sin \dfrac{a+b}{2} \cos \dfrac{a-b}{2}$

$\sinh a + \sinh b = 2 \sinh \dfrac{a+b}{2} \cosh \dfrac{a-b}{2}$

$\sin a - \sin b = 2 \sin \dfrac{a-b}{2} \cos \dfrac{a+b}{2}$

$\sinh a - \sinh b = 2 \sinh \dfrac{a-b}{2} \cosh \dfrac{a+b}{2}$

$\cos a + \cos b = 2 \cos \dfrac{a+b}{2} \cos \dfrac{a-b}{2}$

$\cosh a + \cosh b = 2 \cosh \dfrac{a+b}{2} \cosh \dfrac{a-b}{2}$

$\cos a - \cos b = -2 \sin \dfrac{a+b}{2} \sin \dfrac{a-b}{2}$

$\cosh a - \cosh b = 2 \sinh \dfrac{a+b}{2} \sinh \dfrac{a-b}{2}$

$\sin(x) = \cos\left(x - \dfrac{\pi}{2}\right) = \sin(\pi - x)$

$\cos(x) = -\sin\left(x - \dfrac{\pi}{2}\right) = -\cos(\pi - x)$

$\tan(x) = -\tan(\pi - x)$

그리스 문자

대문자	소문자	명칭	대문자	소문자	명칭
A	α	alpha	N	ν	nu
B	β	beta	Ξ	ξ	xi
Γ	γ	gamma	O	o	omicron
Δ	δ	delta	Π	π	pi
E	ϵ, ε	epsilon	P	ρ	rho
Z	ζ	zeta	Σ	σ, ς	sigma
H	η	eta	T	τ	tau
Θ	θ, ϑ	theta	Y	υ	upsilon
I	ι	iota	Φ	ϕ, φ	phi
K	κ	kappa	X	χ	chi
Λ	λ	lambda	Ψ	ψ	psi
M	μ	mu	Ω	ω	omega

참고 도서

- 김성기 · 계승혁, 기초미적분학, 교우사, 2002
- 김성기 외, 대학수학, 교우사, 2016
- 김홍종, 미적분학 1, 서울대학교출판부, 2016
- 김홍종, 미적분학 2, 서울대학교출판부, 2016
- 이광웅 외 번역, 생명, 생물의 과학(Life, the Science of Biology), 교보문고, 2003
- 수학용어집, 대한수학회, 대한수학회, 1996
- Allman, E.S., *Mathematical Models in Biology:an Introduction*, Cambridge University Press, 2004
- Beltrami, E., *Mathematical Models for Society and Biology*, Academic Press, 2013
- Britton, N.F., *Essential Mathematical Biology*, Springer, 2003
- Callahan, J., etc, *Calculus in Context*, Freeman, 1995
  (강현배 외 역, 상황 속의 미적분학, 경문사, 2004)
- Daley, D.J. and Gani, J., *Epidemic Modelling:an Introduction*, Cambridge University Press, 2007
- Doucet, P., and Sloep, P.B., *Mathematical Modeling in the Life Science*, Ellise Horwood, 1992
- Edwards, H., Penny, D., *Differential Equations*, Prentice Hall, 2000
- Edelstein-Keshet, L., *Mathematical Models in Biology*, SIAM, 2005
- Eves, H., *An Introduction to the History of Mathematics*, Sauders Series, 1990
  (이우영, 신항균 역, 경문사, 1996)
- Farlow, J. etc, *Differential Equations and Linear Algebra*, Prentice Hall, 2002
- Hirsch, M.W. etc, *Differential Equations, Dynamical Systems & An Introduction to Chaos*, Elsevier, 2004
- Jones, D.S. and Sleeman, B.D., *Differential Equations and Mathematical Biology*, Chapman Hall, 2003
- Mazumdar, J., *An Introduction to Mathematical Physiology and Biology*, Cambridge University Press, 1999
- Murray, J.D., *Mathematical Biology*, Springer, 2013
- Neuhauser, C., *Calculus for Biology and Medicine*, Prentice Hall, 2004
- Stewart, J., *Calculus*, Thomson Brooks/Cole, 2017
- Tomas, G.B., *Thomas' Calculus*, Pearson, 2019

찾아보기

제4판

생명과학을 위한 수학 I

- 연속모형을 중심으로

지은이 강혜정
펴낸이 조경희
펴낸곳 경문사
펴낸날 2008년 2월 21일 1판 1쇄
2026년 1월 23일 4판 5쇄
등 록 1979년 11월 9일 제1979-000023호
주 소 04057, 서울특별시 마포구 와우산로 174
전 화 (02)332-2004 팩스 (02)336-5193
이메일 kyungmoon@kyungmoon.com

값 33,000원

ISBN 979-11-6073-414-0